超净排放技术的
1050MW 超超临界火电机组
化学安全运行

主　编　刘廷凤　李红艺
副主编　贲玉红　黄贤明　曹　莹　薛云波

北　京
冶　金　工　业　出　版　社
2019

内 容 提 要

本书以 1050MW 超超临界机组为对象，对其超净排放技术与化学安全运行进行了详细的阐述，主要包括原水预处理、锅炉补给水深度除盐、凝结水精处理、循环冷却水处理、电厂废水处理、热力设备的化学清洗、超超临界机组热力设备腐蚀和电厂水分析、油分析、煤分析、脱硫分析等。此外，还简述了超超临界机组化学安全运行涉及的化学基础知识和化学环保监督等。本书紧密结合生产现场实际，结构合理、内容翔实、实用性强。

本书可供从事电力工程、化学工程专业的高等院校师生阅读，也可供科研、生产企业的工程技术人员、管理人员等参考。

图书在版编目(CIP)数据

超净排放技术的 1050MW 超超临界火电机组化学安全运行/刘廷凤，李红艺主编. —北京：冶金工业出版社，2019.9

ISBN 978-7-5024-8223-7

Ⅰ.①超… Ⅱ.①刘… ②李… Ⅲ.①超临界—超临界机组—火力发电—发电机组—电力系统运行 Ⅳ.①TM621.3

中国版本图书馆 CIP 数据核字（2019）第 204735 号

出 版 人 谭学余
地　　址 北京市东城区嵩祝院北巷 39 号 邮编 100009 电话 (010)64027926
网　　址 www.cnmip.com.cn 电子信箱 yjcbs@cnmip.com.cn
责任编辑 王梦梦 美术编辑 吕欣童 版式设计 孙跃红
责任校对 卿文春 责任印制 李玉山

ISBN 978-7-5024-8223-7
冶金工业出版社出版发行；各地新华书店经销；三河市双峰印刷装订有限公司印刷
2019 年 9 月第 1 版，2019 年 9 月第 1 次印刷
787mm×1092mm 1/16；22 印张；531 千字；335 页
126.00 元

冶金工业出版社 投稿电话 (010)64027932 投稿信箱 tougao@cnmip.com.cn
冶金工业出版社营销中心 电话 (010)64044283 传真 (010)64027893
冶金工业出版社天猫旗舰店 yjgycbs.tmall.com

前　言

随着我国火电机组节能减排工作受到全社会的普遍关注，为提高火电机组的热效率以及达到新的环保要求，近年来我国大容量及高参数、高效率火电机组火电装机总容量所占比重持续增加，百万千瓦级超超临界火电机组的建设步伐不断加快，超超临界机组越来越多地成为火力发电的主力机型。为保证发供电设备的化学工况，即从化学角度保证发供电设备的安全经济运行，发电厂运行人员及相关专业技术人员迫切需要系统了解和掌握超超临界机组的超净排放技术与化学安全运行知识。

本书在编写过程中，以大量的技术资料为基础，紧密结合现场实际运行状况，全面介绍了 1050MW 超超临界机组中的原水预处理、锅炉补给水深度除盐、凝结水精处理、循环冷却水处理、电厂废水处理以及超超临界机组热力设备腐蚀、热力设备的化学清洗、电厂水分析、油分析、煤分析、脱硫分析等内容。本书实用性强，多处给出了案例，易于学习和掌握，适合生产、科研、管理和其他工程技术人员参考使用。

本书由南京工程学院刘廷凤和李红艺主编，常熟理工学院黄贤明、南京工程学院贲玉红、曹莹、薛云波参加了编写。全书共分 16 章，第 1~4 章由李红艺编写；第 5~9 章及第 11~15 章由刘廷凤编写；第 10 章由常熟理工学院黄贤明编写；贲玉红、曹莹、薛云波编写了第 16 章并对全书进行了校核。刘廷凤对全书进行了统稿。

本书在编写过程中得到了国家电力投资集团下属某电厂的领导班子及各专业技术人员的大力支持，并且编者参阅了各设备制造厂的说明书和技术协议、相应的电力行业法规和标准以及各兄弟单位的培训教材等，在此一并表示感谢。

由于作者水平有限，书中不妥之处敬请读者批评指正。

作　者

2019 年 6 月

目　录

1　火电厂水处理概述

1.1　火电厂概述

火电厂是利用煤、石油、天然气等固体、液体燃料燃烧所产生的热能转换为动能以生产电能的工厂。火电厂按燃料的类别可分为燃煤火电厂、燃油火电厂和燃气火电厂等。按功能又可分为发电厂和热电厂。发电厂只生产并供给用户电能；而热电厂除生产并供给用户电能外，还供应热能。按服务规模可分为区域性火电厂、地方性火电厂以及流动性列车电站。火电厂还按蒸汽压力分为低压电厂（蒸汽初压力约为 0.12～1.5MPa）、中压电厂（2～4MPa）、高压电厂（6～10MPa）、超高压电厂（12～14MPa）、亚临界压力电厂（16～18MPa）和超临界压力电厂（22.6MPa）。

1.1.1　火电厂系统及设备

现代化火电厂是一个庞大而又复杂的生产电能与热能的工厂，由下列 5 个系统组成：(1) 燃料系统；(2) 燃烧系统；(3) 汽水系统；(4) 电气系统；(5) 控制系统。上述系统中，最主要的设备是锅炉、汽轮机和发电机，它们安装在发电厂的主厂房内。主变压器和配电装置一般装放在独立的建筑物内或户外，其他辅助设备如给水系统、供水设备、水处理设备、除尘设备、燃料储运设备等，有的安装在主厂房内，有的则安装在辅助建筑中或在露天场地。火电厂基本生产过程是：燃料在锅炉中燃烧，将其热量释放出来传给锅炉中的水，从而产生高温高压蒸汽；蒸汽通过汽轮机又将热能转化为旋转动力，以驱动发电机输出电能。

近代火电厂由大量各种各样的机械装置和电工设备所构成。为了生产电能和热能，这些装置和设备必须协调动作，以达到安全经济生产的目的，这项工作就是火电厂的运行。为了保证炉、机、电等主要设备及各系统的辅助设备的安全经济运行，就要严格执行一系列运行规程和规章制度。(图 1-1 所示是电厂生产工艺流程，图 1-2 是超临界直流炉机组水汽循环流程。)

1.1.2　火电厂运行

火电厂的运行主要包括 3 个方面，即启动和停机运行、经济运行、故障与对策。火电厂运行的基本要求是保证安全性、经济性和电能的质量。

就安全性而言，火电厂如不能安全运行，就会造成人身伤亡、设备损坏和事故，而且不能连续向用户供电，酿成重大经济损失。保证安全运行的基本要求是：(1) 设备制造、安装、检修的质量要优良；(2) 遵守调度指令要求，严格按照运行规程对设备的启动与停机以及负荷的调节进行操作；(3) 监视和记录各项运行参数，以便尽早发现运行偏差和异常现象，并及时排除故障；(4) 巡回监视运行中的设备及系统是否处于良好状态，以便及

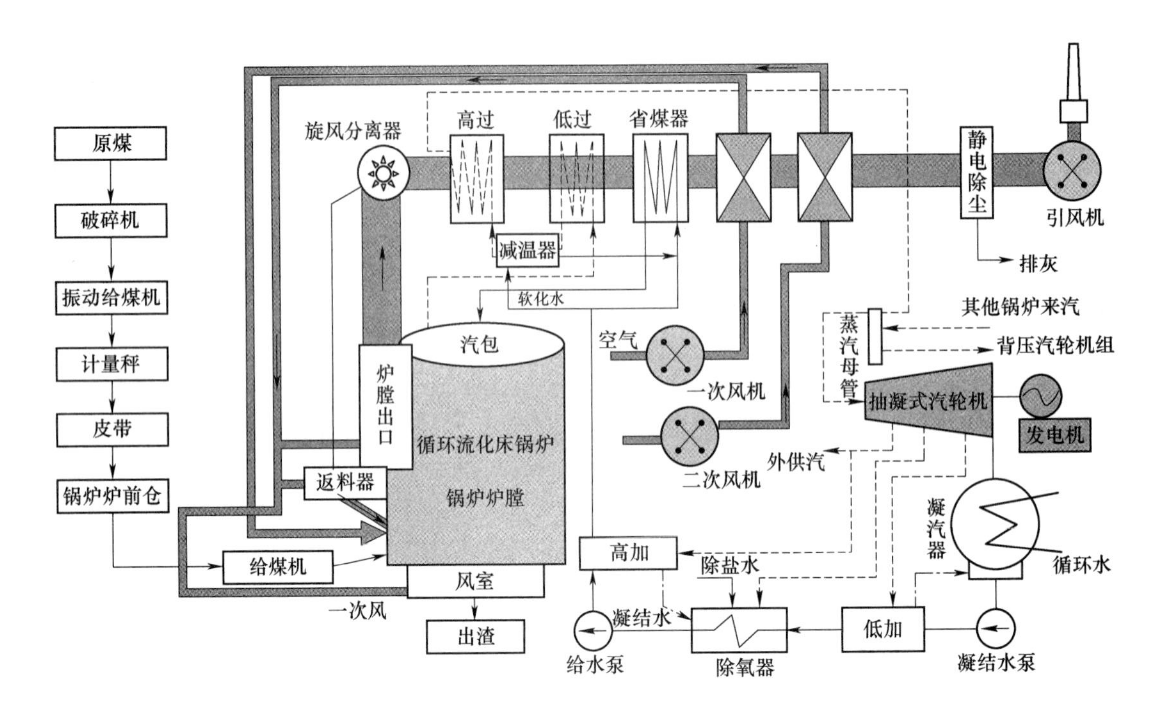

图 1-1　电厂生产工艺流程图

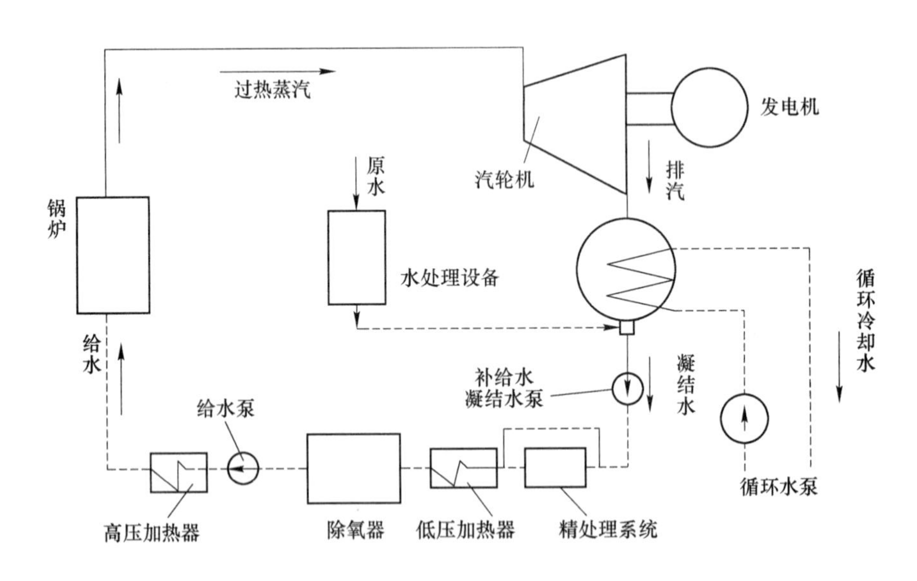

图 1-2　超临界直流炉机组水汽循环流程

时发现故障原因，采取预防措施；（5）定期测试各项保护装置，以确保其动作准确、可靠。

就经济性而言，火电厂的运行费用主要是燃料费。因此，采用高效率的运行方式以减少燃料消耗费是非常重要的。具体措施有以下 3 点：

（1）滑参数起停。滑参数起动可以缩短启动时间，具有传热效果好、带负荷早、汽水损失少等优点。滑参数停机可以使机组快速冷却，缩短检修停机时间，提高设备利用率和经济性。

（2）加强燃料管理和设备的运行管理。定期检查设备状态、运行工况，进行各种热平衡和指标计算，以便及时采取措施减少热损失。

（3）根据各类设备的运行性能及其相互间的协调、制约关系，维持各机组在具有最佳综合经济效益的工况下运行；在电厂负荷变动时，按照各台机组间最佳负荷分配方式进行机组出力的增、减调度。

电厂在安全、经济运行的情况下，还要保证电能的质量指标，即在负荷变化的情况下，通过调整保持电压和频率的额定值，以满足用户的要求。

1.1.3　火电厂效率

火电厂效率是衡量火电厂运行水平的一个重要指标。火电厂所需的能量是通过煤、石油或天然气等燃料的燃烧得来的。但是，燃料中所蕴藏的全部能量（即燃料的发热量）并不是100%都能转换为电能。截至20世纪80年代，世界上最好的火电厂也只能把燃料中40%左右的热能转换为电能。这种把热能转换为电能的百分比，称为火电厂效率。

1.1.4　火电厂保护

火电厂中锅炉、汽轮机、发电机之间的关系极为密切。任何一个环节出现事故都会影响电厂的安全经济运行。因此，为了保证火电厂的安全经济运行，必须装备完善的保护控制装置和系统。基本的保护方式有以下3种：

（1）联锁保护：当某一设备或工况出现异常现象时，相关联的设备联动跳闸，切除有故障的设备或系统，备用的设备或系统立即投入运行。

（2）继电器组成的保护：以热工参量和电气参量的限值以及设备元件的条件联系为动作判据，采用各种继电器组成保护回路，对某一设备或系统进行保护。

（3）固定的保护装置：有机械的、电动的保护装置，如锅炉的安全门、汽轮机的危急保安器、电机的过电压保护器等。

近代的单元机组均采用综合保护连锁系统，即将机、炉、电的分别保护与单元的整体保护系统相互协调，形成一个完善的保护系统。

1.1.5　火电厂控制

火电厂的基本控制方式有以下3种：

（1）就地控制：锅炉、汽轮机、发电机及辅助设备就地单独进行控制。这种方式适用于小型电厂。

（2）集中控制：将锅炉、汽轮机、发电机联系起来进行集中控制。例如大型电厂采用的机、炉、电单元的集中控制。

（3）综合自动控制：将电厂的整个生产过程作为一个有机整体进行控制，以实现全盘自动化。

1.2 火电厂用水概述

1.2.1 水在火力发电厂生产中的作用

在火力发电厂中，水是传递能量的工质。火力发电厂的生产过程是一个能量转化过程。水进入锅炉后，吸收燃料燃烧放出的热能转变为蒸汽，导入汽轮机。

在汽轮机中，蒸汽膨胀做功把热能转变为机械能，推动汽轮机转子旋转；汽轮机转子带动发电机转子一起旋转，将机械能转变为电能，送至电网。

另外，水在火力发电厂的生产过程中也担负着冷却介质的作用，用来冷却汽轮机排出的蒸汽、冷却转动机械设备的轴瓦等。

1.2.2 火力发电厂生产用水的名称

在火力发电厂中，根据生产实际上的需要，将水、汽循环中不同阶段的水冠以不同的名称，现简单介绍如下：

原水：原水是未经任何净化处理的天然水（如江、河、湖泊、海水、地下水等）。在火力发电厂中原水是所有工业用水的原料。

补给水：原水经过处理后用来补充火力发电厂水汽循环系统中损失的水称为补给水。

给水：送往锅炉的水称为给水。

锅炉水：给水进入锅炉后，在锅炉本体的蒸发系统中流动的水，称为锅炉水，简称炉水。

凝结水：蒸汽在汽轮机中做功后经凝汽器冷凝下来的水，称为凝结水。

疏水：各种蒸汽管道和用汽设备中的蒸汽凝结水，称为疏水。

循环冷却水：通过凝汽器用于冷却汽轮机排气的水，由于多为循环利用，故称为循环冷却水，简称循环水。

供热返回水：向用户供热后回收的蒸汽凝结水称为供热返回水。

1.2.3 火力发电厂水处理的重要性

水、汽质量的好坏，是影响火力发电厂热力设备安全、经济运行的重要因素之一。没有经过净化处理的天然水含有许多杂质，这种水是不允许进入水、汽循环系统的。为了保证热力系统有良好的水源，必须对天然水进行适当的净化处理，严格地监督水、汽循环系统中的水汽质量，否则会引起热力设备结垢、腐蚀，过热器和汽轮机积盐。

火力发电厂的水处理工作，就是为了保证热力系统各部分有良好的水汽品质。因此，在火力发电厂中，水处理工作对保证发电厂的安全、经济运行有十分重要的意义。

1.2.4 火力发电厂化学水处理

为了防止水中的杂质进入锅炉后发生沉淀和结垢，一般对原水进行预处理（混凝、澄清、过滤）和水的除盐处理（一级除盐、二级除盐或超滤、反渗透、EDI），尽量使锅炉补给水中的杂质最少；为了防止水、汽系统金属的腐蚀，防止腐蚀产物进入锅炉并引起水冷壁的腐蚀、结垢以及防止蒸汽携带杂质引起过热器和汽轮机腐蚀、积盐等，需要对给水和炉水进行处理。例如，给水中的腐蚀产物 Fe_3O_4、CuO 进入锅炉后，一方面在锅炉热负荷高的部位沉积，产生铜、铁垢，影响热的传递，严重时发生锅炉爆管；另一方面铜垢容易被高压蒸汽携带，它往往沉积在汽轮机的高压缸部分。因此，既要严格控制锅炉给水的质量，又要对给水、炉水进行合理的处理，防止发生任何形式的腐蚀。

1.2.4.1 锅炉补给水处理

锅炉给水通常由补给水、凝结水和生产返回水组成。因此，给水的质量通常与这些水的质量有关。为什么要不停地向锅炉补水呢？这是因为虽然火电厂中的水、汽理论上是密闭循环，但实际上总是有一些水、汽损失，包括以下几方面：

（1）锅炉：汽包锅炉的连续排污，定期排污、汽包安全阀和过热器安全阀排汽、蒸汽吹灰、化学取样等。

（2）汽轮机：汽轮机轴封漏汽、抽汽器和除氧器的对空排汽和热电厂对外供汽等。

（3）各种水箱：如疏水箱、给水箱溢流和其相应扩容器的对空排汽。

（4）管道系统：各种管道的法兰连接不严和阀门泄漏等。

因此，为了维护火电厂热力系统的正常水、汽循环，机组在运行过程中必须要补充这些水、汽损失，补充的这部分水成为锅炉的补给水。补给水要经过沉淀、过滤、除盐等水处理过程，把水中的有害物质除去后才能补入水、汽循环系统中。火电厂的补给水量与机组的类型、容量、水处理方式等因素有关。凝汽式 300MW 以上机组的补水量一般不超过锅炉额定蒸发量的 1.0%。

1.2.4.2 凝结水处理

对于直流锅炉和 300MW 及以上的汽包锅炉的机组，由于锅炉对水质要求非常严格，通常要对凝结水进行精处理。凝结水的处理方式有物理处理和化学处理。物理处理包括电磁过滤、纸浆过滤和树脂粉末过滤等。化学处理包括阳离子交换和精除盐等。在火电厂中应用最多的精处理设备是高速混床（混合离子交换器，简称混床）。

1.2.4.3 给水处理

给水水质即使很纯，也会对给水系统造成腐蚀。选择适当的给水处理方式就有可能将给水系统的金属腐蚀降到最低限度。目前有三种给水处理方式，即还原性全挥发处理、氧化性全挥发处理和加氧处理。各电厂可根据机组的材料特性、炉型及给水纯度采用不同的给水处理方式。

1.2.4.4 冷却水处理

对于所有的冷却水一般都应采取杀菌、灭藻措施。对于采用冷水塔冷却的机组，由于水在冷水塔蒸发而浓缩，容易发生腐蚀、结垢问题。一方面需要大量的补水，一般占整个电厂用水量的 70%左右；另一方面需要加阻垢剂防止结垢，加缓蚀剂防止凝汽器管发生腐蚀，加杀菌剂防止生物黏泥的附着引起微生物腐蚀、结垢。

1.3 水汽系统中的杂质来源

火力发电厂热力设备水汽循环系统中的工质总是含有一些杂质，这些杂质是引起热力设备结垢、腐蚀和蒸汽品质不纯等故障的主要根源。2×1050MW 超超临界压力机组，水汽系统中的杂质的来源主要有以下几方面。

1.3.1 补给水含有杂质

某电厂 2×1050MW 机组补给水处理系统采用超滤+反渗透预脱盐系统十二级除盐系统（一级除盐系统+混床）制备除盐水作为补给水。补给水水质控制标准如下：二氧化硅浓度不大于 10μg/L；电导率（25℃）不大于 0.15μS/cm。但是二级除盐水中仍然含有各种微量杂质（含量以 μg/L 计），这些微量杂质的种类包括盐类、硅化合物和有机物等多种。当水处理除盐系统的设备有缺陷或者运行操作管理不当时，除盐水中钠化合物、硅化合物和有机物等杂质的含量还会增加。除盐水中有机物种类和含量与原水中有机物的种类和含量有关，而且与预处理过程（特别是混凝过程）的进行程度有关。除盐水中还可能带有离子交换树脂的粉末等合成有机物和离子交换床内滋生的细菌、微生物等。

1.3.2 冷却水泄漏和不严密使杂质进入凝结水

凝汽器水侧流过的是冷却水。2×1050MW 机组采用敞开式循环冷却系统。当冷却水从凝汽器不严密处进入汽侧蒸汽凝结水中时，冷却水中的杂质就会随之进入凝结水，使凝结水含有各种盐类物质（包括 Ca^{2+}、Mg^{2+}、Na^{+}、HCO_3^-、Cl^-、SO_4^{2-}等）、硅化合物和各种有机物等杂质。每台机组设置 2×50%容量的前置过滤器，前置过滤器设计有 0%-50%-100%的旁路，4 台（正常时三用一备）出力各为 33%凝结水量的高速混床作为凝结水精处理设备，但它仍不能除尽从冷却水漏入的杂质，尤其是冷却水中的胶体硅和胶态有机物。凝汽器发生泄漏时，进入系统的杂质会更多。

1.3.3 金属腐蚀产物被水、汽携带

补给水系统、给水系统、凝结水系统、疏水系统中各种管道和热力设备不可避免遭受到的腐蚀都会给机组水汽系统带入金属腐蚀产物。这些金属腐蚀物主要是铁和铜的腐蚀产物。此外，在机组安装、检修期间也会使一些杂质残留在系统中。由于杂质的存在，热力设备中必然会发生各种结垢、腐蚀和蒸汽污染等问题，导致热力设备在短时间内发生重大故障，甚至造成停机、停炉等严重事件，影响机组的安全经济运行。所以必须弄清楚热力设备内水汽侧所发生的结垢、腐蚀和蒸汽污染等问题的实质以便找到解决的办法。

1.4 水汽中不良杂质的危害

水在火力发电厂的生产工艺中，既是热力系统的工作介质，也是某些热力设备的冷却介质。水质的好坏是影响电厂安全经济运行的重要因素。水处理的目的是改善水质，或采用其他措施消除由于水质异常而引起的危害。在火力发电厂中，如果汽水品质不符合规定，可能引起以下危害。

1.4.1 热力设备的结垢

进入锅炉的水中如果有易于沉积的物质，或发生反应后生成难溶于水的物质，则在运行过程中会发生结垢的现象。垢的导热性与金属相差几百倍，且它又极易在热负荷很高的部位生成，使金属壁的温度过高，引起金属强度下降，致使锅炉的管道发生局部变形、鼓包，甚至爆管；而且锅炉内结垢还降低锅炉的热效率，从而影响发电厂的经济效益。

锅炉给水中和的硬度盐类是造成结垢的主要因素，但对于高参数的大型锅炉，由于给水中硬度已被全部去除，故形成的水垢主要是铁的沉积物。在汽轮机凝汽器内，因冷却水水质问题而结垢会导致凝汽器真空下降，从而使汽轮机的热效率和出力降低。热力设备结垢后需要清洗，不但增加了检修工作量和费用，而且使热力设备的年运行时间减少。

1.4.2 热力设备腐蚀

火力发电厂中热力设备的金属面经常和水接触，会发生由于水质问题引起的金属腐蚀。易于发生腐蚀的设备有给水管道、加热器、锅炉的省煤器、水冷壁、过热器和汽轮机凝汽器等。

腐蚀不仅缩短设备本身的使用寿命，而且由于金属腐蚀产物转入水中，使给水中杂质增多，其结果是这些杂质会促进炉管内的结垢过程，结成的垢转而又加剧炉管的腐蚀，形成恶性循环。如果金属的腐蚀产物被蒸汽带到汽轮机中，则会因它们沉积下来严重影响汽轮机的安全和运行的经济性。

1.4.3 过热器和汽轮机内积盐

水质不良还会引起锅炉产生的蒸汽不纯，从而使蒸汽带出的杂质沉积在蒸汽通过的各个部位，例如过热器或汽轮机，这种现象称为积盐。

过热器管内积盐会引起金属管壁温度过高，以致爆管。汽轮机内积盐会大大降低汽轮机的出力和效率。当汽轮机内积盐严重时，还会使推力轴承负荷增大，隔板弯曲，造成事故停机。

火力发电厂水处理工作者的任务不仅仅是制出品质合格的除盐水，而且还应在以下各方面采取有效的措施：(1) 防止或减缓热力设备和系统的腐蚀；(2) 防止或减缓受热表面上结垢或形成沉积物；(3) 保证高纯度的蒸汽品质。

2 原水预处理

某电厂 2×1050MW 水源为附近河水，取水口位于该河流闸上游左岸约 4km 处，通过引水箱涵引水至泵房前池，取水泵房位于堤防外侧。泵房与厂址直线距离约为 5.9km，厂外补给水管长度约 8.5km。年取用水量为 $3.16\times10^6 m^3$，最大取水流量为 $0.16m^3/s$。原水泵提升至高密度沉淀池后，经沉淀及过滤处理后进入厂区水管网。

2.1 原水预处理概述

2.1.1 原水预处理方式

天然水中含有大量的悬浮物和胶体，如不除去，则会引起管道堵塞、泵与测量装置的擦伤、各种配件磨损，影响到后阶段水处理工艺的正常运行，如堵塞及损害反渗透膜、降低离子交换树脂的交换容量、使出水水质变坏。当有铁、铝化合物的胶体进入锅炉时，会引起锅炉内部结垢；如有机物进入炉内又可使炉水起泡，蒸汽品质恶化。有机物还会在锅内产生低分子有机酸溶于蒸汽中，并溶解于凝结水中，引起汽轮机的酸性腐蚀，所以在水处理工艺中，应首先除去水中的悬浮物和胶体。

某电厂工业、消防用水采用高密度沉淀池产水，化学水采用滤池产水，生活用水采用市政水。其中原水预处理流程如下：

（1）工业水供应流程。河水→原水配水池→高密度沉淀池→$2\times1500m^3$工业 & 消防水池→工业水泵→厂区工业水管网→用户。

（2）化学水供应流程。河水→原水配水池→高密度沉淀池→空气擦洗滤池→$700m^3$化水水池→化水水泵→厂区化水车间→用户。

（3）消防水供应流程。河水→原水配水池→高密度沉淀池→$2\times1500m^3$工业 & 消防水池→消防水泵→厂区消防水管网。

（4）生活水供应流程。厂外市政生活水管→$700m^3$生活水池→生活水泵→厂区生活水管网。

2.1.1.1 混凝处理

为了去除水中胶体，必须使胶体的稳定性遭到破坏，消除或减弱胶体稳定性的过程称为胶体脱稳。脱稳过程中通常凝聚作用和絮凝作用同时发生，所以称为混凝过程。因此通常把这种水处理工艺称为混凝处理。混凝处理就是在水中加入适当的化学药剂（通常称为混凝剂），使水中微小的悬浮物以及胶体脱稳、形成絮凝体并长大的过程。

对于混凝剂来说，影响其质量的因素主要包括起混凝作用的有效成分含量、水不溶物含量、重金属含量及聚合类混凝剂的盐基度等。

目前，常用的混凝剂有铁系和铝系。铝系混凝剂中，比较典型的是聚合铝。聚合铝加入水中后电离和水解，生成的氢氧化铝溶解度小，在水中析出时形成胶体，这些胶体在近乎中性的天然水中带正电荷，与原水中带相反电荷的胶体发生吸附和电中和作用，从而破坏了水中胶体颗粒的稳定性，渐渐凝聚成粗大的絮状物（通常称为矾花），然后在重力作用下下沉。同时，水解反应生成的沉淀物中还有多核羟基络合物离子等水解中间产物，它们呈链状结构，可在胶体之间发生架桥、凝聚作用；另外，水解生成的沉淀物、水中胶体颗粒之间发生吸附黏结，形成网状絮凝物沉淀，网捕水中胶体颗粒，形成共沉淀，从而除去了水中的胶体颗粒。

碱式氯化铝（PAC）是一种无机高分子的高价聚合电解质混凝剂，可视为介于三氯化铝和氢氧化铝之间的一种中间水解产物，其化学式为 $[Al_2(OH)_nCl_{6-n}]_m$。

混凝处理包括混凝剂与水的混合及混凝剂的电离、水解、形成胶体、吸附、聚集沉降等过程，所以影响混凝处理效果的因素很多，其中主要因素有水温、pH 值、加药量、原水中的杂质、接触介质及混合速度等。

在进行混凝处理时，为提高其效果有时还需添加助凝剂，其作用有：

（1）调整 pH 值：每种混凝剂在处理水时都有最佳的 pH 值。如果原水的 pH 值不能满足要求，则需加酸或加碱调整 pH 值。石灰、氢氧化钠和硫酸、二氧化碳等都是常用的碱化剂和酸化剂。

（2）加强氧化作用：使用硫酸亚铁作混凝剂时，有时需添加氧化剂如氯气（Cl_2）、次氯酸钠。

（3）提高絮凝物粒度的牢固性：这类助凝剂中最典型的为有机高分子聚合物聚丙烯酰胺（PAM）。它是一种非离子型絮凝剂，主要起架桥凝聚作用，在水中适宜的 pH 值范围也比较宽。

2.1.1.2 沉淀处理

将水中的固体颗粒借助重力下沉从水中分离出来的过程称为沉淀处理或沉降处理。这里说的固体颗粒包括水中原有的泥沙以及混凝处理中生成的絮凝物。

2.1.1.3 澄清处理

澄清处理是创造有利于水中泥沙等杂质及絮凝体沉淀的条件，使其尽快地与清水分离的处理工艺。在预处理工艺中通常把混凝、沉淀和澄清处理放在同一个设备中完成，这种设备称为澄清池。

2.1.1.4 过滤处理

原水经过混凝、沉淀和澄清处理后，虽然水中大部分的悬浮物和胶体已被除去，但还残留少量细小的悬浮颗粒，会对下一步深度水处理工艺过程产生不良影响。水通过各种材料层除去某些杂质的过程称为过滤。预处理工艺中水的过滤处理就是用滤料将水中剩余的悬浮颗粒进一步从水中分离出来的过程。

2.1.2 原水预处理系统

2.1.2.1 加药系统

在加药间内设液体混凝剂自动加药系统，通过分析进水量、进水水质及出水水质来自动调整加药量，自动加药系统采用单元制，即每座高密度沉淀池配 1 台升压泵、1 台进水流量计、1 台加药计量泵及 1 套进出水取样装置。药剂的存储方式按液态考虑。液体混凝剂采用 10%～15%碱式氯化铝溶液。加药点为反应沉淀池前。

碱式氯化铝溶液投加流程为：碱式氯化铝贮液槽槽车卸料→低位碱式氯化铝溶液卸料缓冲罐→提升泵→碱式氯化铝溶液储罐→混凝剂溶药箱→加药计量泵→自动控制投加至反应沉淀池进水管。

2.1.2.2　加氯系统

自动加氯装置通过在线流量计、余氯检测仪测到的标准信号来控制计量泵的加氯量，保证澄清、过滤的水质稳定，以防止藻类在池中生长及降低水中二价铁离子的含量。共 4 个加氯点，分别位于：（1）加氯至 $2\times600m^3/h$ 高密度沉淀池中（2 个）；（2）加氯至 $700m^3$ 生活水池中（1 个）；加氯至 $1000m^3$ 回用水池中（1 个）。

次氯酸钠溶液投加流程为：次氯酸钠贮液槽槽车→次氯酸钠卸料缓冲罐→次氯酸钠提升泵→次氯酸钠贮液罐→次氯酸钠稀释箱→次氯酸钠加药计量泵→自动控制投加至各加氯点。

2.1.2.3　污泥处理

高密度沉淀池排泥通过排泥泵，把含泥水排至排泥池，污泥进入污泥浓缩脱水处理完送至灰场，废水回流至排水池。重力式空气擦洗滤池排水至排水池。排水池内废水升压至高密度沉淀池重新处理使用。

2.1.2.4　原水预处理设备运行控制方式

原水预处理系统正常运行采用 DCS 自动控制方式，运行人员定期巡视，值班人员及控制盘设在化水车间控制室，远程监控。各水池水位、贮药罐液位、各泵的工作状态、水处理设备的出水水质、各管网压力、流量等监控信号均送至化水控制系统，以便实现远距离监控。除药剂补充外，所有水泵、控制阀门操作均可在程控系统上实现，最大限度地减轻运行人员工作量。

2.1.3　设备结构与原理

2.1.3.1　高密度沉淀池

高密度沉淀池的原理、结构如下所示。

（1）原理。高密度沉淀池是法国利得满公司专利技术，20 世纪 90 年代中期被引入国内。特点是集良好的机械混合、絮凝、澄清和高效混合于一体，分离效率高，排泥水量低，占地面积小，出水浊度低。高密度沉淀池主要的技术是载体絮凝技术，这是一种快速沉淀技术，其特点是在混凝阶段投加高密度的不溶介质颗粒（如细砂），利用介质的重力沉降及载体的吸附作用加快絮体的“生长”及沉淀。

美国 EPA（U. S. Environmental Protection Agency，美国环境保护署）对载体絮凝的定义是通过使用不断循环的介质颗粒和各种化学药剂强化絮体吸附从而改善水中悬浮物沉降性能的物化处理工艺。其工作原理是首先向水中投加混凝剂（如硫酸铁），使水中的悬浮物及胶体颗粒脱稳，然后投加高分子助凝剂和密度较大的载体颗粒，使脱稳后的杂质颗粒以载体为絮核，通过高分子链的架桥吸附作用以及微砂颗粒的沉积网捕作用，快速生成密度较大的矾花，从而大大缩短沉降时间，提高澄清池的处理能力，并有效应对高冲击负荷。

与传统絮凝工艺相比，该技术具有占地面积小、工程造价低、耐冲击负荷等优点。20世纪90年代以来，西方国家已开发了多种成熟的应用技术，并成功用于全球100多个大型水厂。

（2）结构。高密度沉淀池由快速混合区、絮凝区、浓缩沉淀区、外部污泥循环4部分组成。在快速混合区内投加混凝剂，通过机械搅拌使水中的悬浮杂质快速脱稳；在絮凝区投加聚合物，结合活性污泥循环和机械搅拌，使水中剩余的悬浮物和回流污泥更充分地接触，形成大尺寸、高密度的絮体颗粒；在浓缩沉淀区完成固液分离，斜管组件提高了沉淀分离的效率，澄清水从集水单元流出，形成的污泥在沉淀区底部浓缩，一部分回流至絮凝区，其余排放至污水处理系统。高密度沉淀池示意图如图2-1所示。

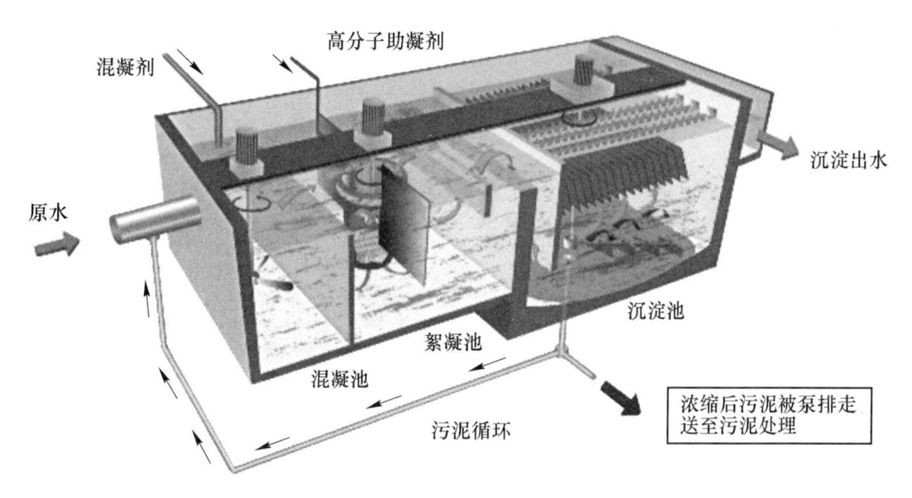

图2-1　高密度沉淀池示意图

（3）某电厂高密度沉淀池（某电厂高密度沉淀池及其配套设备技术参数见表2-1）。某电厂高密度沉淀池采用钢筋混凝土结构，具有机械搅拌混合功能，从而增强了抗击水量变化的能力，可以根据沉淀池的进水流量调节机械搅拌电机转速来控制搅拌速度梯度，使混合效果达到最佳。原水首先进入高密度沉淀池的混合段，混凝剂投加在高密度沉淀池的混合段，混凝剂与原水充分、快速混合后进入絮凝段，助凝剂投在絮凝段中，在此絮体不断长大，形成大而密实的矾花，然后经推流过渡段进入沉淀段，实现固液分离的过程，去除原水中的悬浮物、胶体等杂质，沉淀后设计出水浊度不大于5NTU。同时高密度沉淀池增加了外部污泥回流系统，污泥回流量可根据进出水水质变频调节，污泥回流管上设有絮凝强化装置，将回流污泥活化后送回絮凝区作为接触泥渣，对水质的抗击能力特别强，进水水质可以在很大的范围内变化。沉淀池根据泥位或定时排泥，排出的污泥进入污泥浓缩、脱水处理系统。

表 2-1　某电厂高密度沉淀池及其配套设备技术参数

序号	技术参数名称	单位	数值及内容	备　注
一、总体技术参数				
1	设备名称	—	高密度沉淀池	
2	设备本体材质	—	钢筋混凝土	
3	设备额定出力	m^3/h	2×600	
4	处理水质及水温	℃	0~35	
5	沉淀池进水浊度	NTU	按 10~200 设计	
6	沉淀池出水浊度	NTU	≤5	
7	胶体硅去除率	—	≥60%	
8	外形尺寸（长×宽×高）	m×m×m	16. 75×19. 5×7. 4	2 座沉淀池
9	凝聚区停留时间	min	1. 3	
10	絮凝区停留时间	min	10. 1	
11	推流区停留时间	min	2. 5	
12	沉淀区上升流速	m/h	9	≤9
13	沉淀区表面负荷	$m^3/(m^2 \times h)$	9	
14	水头损失	m	0. 15	≤0. 15
15	排泥水浓度（含水率）	%	97	
16	进水管径	mm	450	
17	进水管材质	—	Q235a+涂料防腐	
18	出水管径	mm	450	
19	出水管材质	—	Q235a+涂料防腐	
20	配供设备	—		
(1)	进水管电动蝶阀 DN450	只	2	
(2)	联络管电动蝶阀 DN600	只	2	
(3)	联络管手动闸阀 DN600	只	2	含法兰配件
(4)	进水管手动闸阀 DN450	只	2	含法兰配件
(5)	出水管手动闸阀 DN450	只	4	含法兰配件
(6)	DN450 PN10 传力式限位伸缩接头	只	4	进出水立管
(7)	DN600 PN10 传力式限位伸缩接头	只	2	联络管上
(8)	配套就地电控箱	套	配套	
(9)	配套进出水管道及支吊架	套	4	
(10)	配套电缆	套	2	
(11)	电缆套管及线槽	套	2	

序号	技术参数名称		单位	数值及内容	备　注
二、凝聚设备					
1	凝聚混合区	长度	m	1. 75	
2		宽度	m	1. 75	
3		水深	m	5. 4	

续表 2-1

序号	技术参数名称		单位	数值及内容	备 注
4	数量		台	2	
5	搅拌机运行方式		—	连续	
6	水流方向		—	垂直向上	
7	搅拌机叶轮直径		mm	ϕ900	
8	叶轮片数		片	3	
9	搅拌机轴长度		m	2.8	
10	搅拌机叶轮及轴材质		—	316L 不锈钢	
11	叶轮外缘线速		m/s	0.65~0.85	
12	搅拌机额定转速		r/min	60~80	
13	减速方式		—	分段减速	
14	速比		—	1∶17	
15	搅拌机电机型号		—	SK6382-112M/4	
16	搅拌机额定功率		kW	2.2	
17	供电方式		—	交流 380V，50Hz	
18	搅拌电机防护等级		—	IP55	
三、絮凝设备					
1	强化絮凝区	长度	m	3.8	
2		宽度	m	3.8	
3		水深	m	6.6	
4	数量		台	2	
5	搅拌机运行方式		—	连续	
6	水流方向		—	垂直向上	
7	搅拌机叶轮直径		m	1.6	
8	叶轮片数		—	三片式	
9	搅拌机轴长度		m	4.37	
10	搅拌机叶轮及轴材质		—	316L 不锈钢	
11	叶轮外缘线速		m/s	0.4	
12	搅拌机额定转速		r/min	2~39	
13	转速调节方式		—	变频调节	
14	减速方式		—	变频减速	
15	速比		—	1∶37.17	
16	搅拌机电机型号		—	SK7382-132MA/4	
17	搅拌机额定功率		kW	3.0	

续表 2-1

序号	技术参数名称		单位	数值及内容	备　注
18	供电方式		—	交流 380V，50Hz	
19	搅拌电机防护等级		—	IP55	
20	变频器型号		—	AS800 系列	
四、导流设备					
1	导流筒	直径	m	1.6	
2		高度	m	1.6	
3	数量		台	2	
4	运行方式		—	连续	
5	设计过水量		m^3/h	600	
6	本体材质		—	316L 不锈钢	
7	本体厚度		mm	6	≥6
8	安装地点		—	高密度沉淀池絮凝区	
五、沉淀设备					
1	型号		—	GD-XB1000	
2	规格		—	ϕ30mm，L=1000mm	
3	上升流速		m/h	9	≤9
4	单池设计过水量（最大浊度时）		m^3/h	600	
5	斜管间距		mm	25	
6	斜管安装角度		(°)	60	
7	单片斜管长度		mm	1000	
8	单片斜管厚度		mm	1	≥1
9	斜管材质		—	乙丙共聚工程塑料	
10	斜板面积		m^2	168	
11	支架材质		—	316L 不锈钢	
12	预埋件及紧固件		—	316L 不锈钢	
六、集水设备					
1	外形尺寸（长×宽×高）		m×m×m	4.45×0.3×0.25	
2	单池集水槽数量		根	16	
3	孔口间距		m	0.13	
4	最大流速		m/s	0.7	
5	材质		—	316L 不锈钢	
6	壁厚		mm	6	≥6

续表 2-1

序号	技术参数名称		单位	数值及内容	备 注
七、刮泥设备					
1	沉淀区	长度	m	9.0	
2		宽度	m	8.8	
3		水深	m	6.7	
4	数量		台	2	
5	刮泥机运行方式		—	连续	
6	刮板直径		m	8.7	
7	刮臂数目		—	与刮泥机配套	
8	刮泥机轴长度		m	7.85	
9	刮泥机材质		—	316L 不锈钢	
10	刮板外缘线速		m/min	0.5~1.5	
11	刮泥机额定转速		r/h	1~3	
12	减速方式		—	分段减速	
13	速比		—	1∶483	
14	扭矩		N·m	4520	
15	过载保护器		—	有	
16	刮泥机电机型号		—	SK0182NB-80/4	
17	刮泥机额定功率		kW	0.75	
18	供电方式		—	交流 380V，50Hz	
19	刮泥电机防护等级		—	IP55	
八、污泥回流泵					
1	型式及型号		—	B10-6L	螺杆泵
2	数量		台	3	2 用 2 备
3	额定流量		m^3/h	12	
4	额定扬程		MPa	0.2	
5	吸入口直径		mm	100	
6	出水口直径		mm	80	
7	过流部件材质		—	316L 不锈钢	
8	泵组自重		kg	175	
9	额定转速		r/min	960	
10	额定功率		kW	3.0	
11	供电方式		—	交流 380V，50Hz	
12	电机防护等级		—	IP55	

续表 2-1

序号	技术参数名称	单位	数值及内容	备　注
13	转速调节方式	—	变频调节	
14	变频器型号	—	AS800	
15	污泥回流管径	mm	DN150	暂定
16	污泥回流管材质	—	316L 不锈钢	
17	配供设备			
(1)	安装螺栓	套	4	
(2)	水泵进出口法兰配件	套	4	
(3)	配套就地压力表	只	4	
(4)	污泥回流管衬胶电动蝶阀数量	只	4	含法兰配件
(5)	污泥回流管衬胶手动蝶阀数量	只	4	含法兰配件
(6)	污泥回流管衬胶止回阀数量	只	4	含法兰配件
(7)	污泥回流管冲洗手动球阀数量	只	8	含法兰配件
(8)	排泥管橡胶伸缩节规格及数量	—	4	含法兰配件
九、絮凝强化装置				
1	规格型号	—	GDQH-600	
2	数量	套	2	
3	材质	—	316L 不锈钢	
4	微泥活化反应时间	min	1.5	
5	“絮凝核子” 密度	g/cm^3	1.85	
6	“絮凝核子” 电位	μV	3	
7	絮凝强化装置投加药剂种类	—	助凝剂 PAM	
8	配套搅拌电机功率	kW	0.4	可调速
9	供电方式	—	交流 380V，50Hz	
10	配套搅拌电机防护等级	—	IP55	
11	控制方式	—	比流量控制	

2.1.3.2　空气擦洗滤池

空气擦洗滤池的原理和结构以及某电厂空气擦洗滤池如下所示。

(1) 原理。空气擦洗滤池是一种将无阀滤池与机械过滤器空气擦洗功能相结合的新型过滤器，正常运行时可按无阀过滤器滤池方式进行，当滤层压差或出水浊度高于设定值时，可采用空气擦洗功能使反洗彻底，以确保出水品质。经混凝沉淀处理完毕的澄清水，通过空气擦洗滤池的进水管均匀地进入滤池隔水舱，经过滤区砂层、水帽至集水装置，自上而下进行重力过滤。滤后清水通过排水装置将部分滤池出水提升至上层水箱，供滤池反冲洗用水。清水从出水口进入清水池。当滤池正常运行一段时间后，滤层阻力增大，出水浊度升高，需对砂滤层自下而上进行反洗，反洗水源为滤池上部水箱内的清水，同时采用罗茨风机对砂层进行空气擦洗。

（2）结构。原水由进水管送入池内，经过滤层自上而下地过滤，清水即从连通管注入冲洗水箱内贮存，水箱充满后，通过出水管入清水池。滤层不断截留悬浮物，造成滤层阻力的逐渐增加，因而促使虹吸管内的水位不断地升高，当水位达到虹吸辅助管管口时，便发生虹吸作用。这时，冲洗水箱中的水自下而上地通过滤层，对滤料进行反冲洗。当冲洗水箱水面降至虹吸破坏管时，空气进入虹吸管，破坏虹吸作用。滤池反冲洗结束，进入下一个周期。无阀滤池结构示意图如图 2-2 所示。

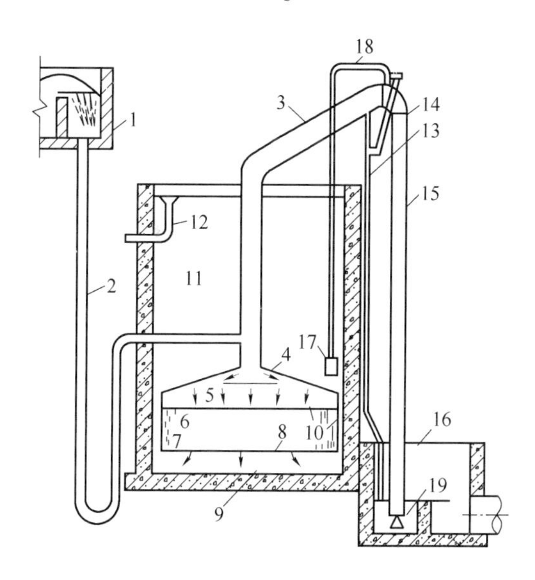

图 2-2　无阀滤池结构示意图

1—高位进水槽；2—进水管；3—虹吸上升管；4—顶盖；5—布水挡板；6—滤料；7—承托层；8—格栅；9—集水区；10—连通管（渠）；11—冲洗水箱；12—出水管；13—虹吸辅助管；14—抽气管；15—虹吸下降管；16—排水井；17—虹吸破坏斗；18—虹吸破坏管；19—反冲洗强度调节器

（3）某电厂空气擦洗滤池。某电厂原水预处理站内设有 2 座 $240m^3/h$ 重力式空气擦洗滤池及 2 套罗茨风机设施，风机布置在风机房。某电厂空气擦洗滤池及配套设备技术参数见表 2-2。

表 2-2　某电厂空气擦洗滤池及配套设备技术参数

序号	技术参数名称	单位	数值及内容	备注
一、总体技术参数				
1	设备名称	—	空气擦洗滤池	
2	设备本体材质	—	碳钢（Q235B）	
3	滤池直径	m	7	暂定
4	滤池高度	m	7.5	暂定
5	滤池壁厚	mm	12	≥12

续表 2-2

序号	技术参数名称	单位	数值及内容	备注
6	滤池底板壁厚	mm	16	≥16
7	多孔板厚度	mm	16	≥16
8	滤池空载总重量	t	约 110	
9	滤池运行总重量	t	约 420	
10	设备额定出力	m^3/h	2×240	
11	进水浊度	NTU	≤5	
12	出水浊度	NTU	≤1	
13	污染指数 SDI			≤4
14	反冲洗时间	min	8	
15	反冲洗周期	h	24~36	
16	反洗水强度	$L/(m^2 \cdot s)$	12	
17	反洗空气强度	$L/(m^2 \cdot s)$	15	
18	反洗空气压力	MPa	0.5	
19	设计滤速	m/h	8	
20	反洗控制器材质	—	316L 不锈钢	
21	进水管管径	mm	DN350	
22	出水管管径	mm	DN300	
23	反洗排水管管径	mm	DN400	
24	连通管管径	mm	DN300	
25	放水管管径	mm	DN300	
26	空气管管径	mm	DN150	
27	溢流管管径	mm	DN300	
28	反冲洗水箱有效容积	m^3	154	
29	滤料	m^3	26.9×2	稀土瓷砂
30	滤料级配		总高度 700mm ϕ4~6mm，粗砂高度 100mm ϕ2~4mm，粗砂高度 100mm ϕ0.5~1mm，粗砂高度 500mm	
31	设计滤速	m/h	8~10	
32	滤料层高	mm	1200	
33	稀土瓷砂均质滤料粒径	mm	0.9~1.2	暂定
34	滤料不均匀系数 K_{80}		1.20~1.30	暂定
35	稀土瓷砂承托料粒径	mm	2~4	暂定
36	稀土瓷砂滤料数量	m^3	26.9×2	
37	稀土瓷砂承托料数量	m^3	3.8×2	
38	滤池进水水头	m	8.0	

续表 2-2

序号	技术参数名称	单位	数值及内容	备注
39	滤池水头损失	m	0.7	
40	设计风压	kN/m^2	—	
41	雪荷载	kN/m^2	—	
42	顶盖附加荷载	kN/m^2	—	
43	配供设备，配套阀门 $P_g=1.0MPa$			
(1)	气动进水一次气动蝶阀	只	2，DN=300	
(2)	气动进水一次手动蝶阀	只	2，DN=350	
(3)	进水放空气手动截止阀	只	2，DN=300	
(4)	反洗排水气动蝶阀	只	2，DN=400	
(5)	连通管气动蝶阀	只	4，DN=300	
(6)	水封排水管气动蝶阀	只	2，DN=300	
(7)	水封排水管虹吸破坏管截止阀	只	4，DN=40	
(8)	反洗后运行前排水气动蝶阀	只	2，DN=350	
(9)	出水一次气动蝶阀	只	2，DN=300	
(10)	放空排水手动蝶阀	只	4，DN=200	
(11)	压缩空气进气气动蝶阀	只	2，DN=150	
(12)	压缩空气进气止回阀	只	2，DN=150	
(13)	顶部放气气动蝶阀	只	2，DN=50	
(14)	顶部放气管顶部放气截止阀	只	2，DN=25	
(15)	放气管顶部真空破坏排气阀	只	2，DN=25	
(16)	取样手动针形阀	只	2，DN=15	
二、水帽				
1	数量	套	2	
2	水帽型式	—	长柄水帽	
3	水帽材质	—	316L 不锈钢	
4	水帽数量	只	2900	
5	水帽缝隙宽度	mm	0.3 ±0.03	
6	水帽出力	m^3/h	1	
7	工作压力	MPa	0.2	≤0.2
三、罗茨风机				
1	数量	台	2	1用1备
2	额定流量（风机出力）	m^3/min	34.6	
3	额定扬程（风机风压）	MPa	0.05	≥0.05
4	出气口直径	mm	DN200	
5	额定转速	r/min	1150	

续表 2-2

序号	技术参数名称	单位	数值及内容	备注
6	额定功率	kW	40.09	
7	供电方式	—	交流 380V，50Hz	
8.1	电机防护等级	—	IP54	
8.2	电机型号		配套	
8.3	电动机功率	kW	45	
9	风机外壳材质	—	HT200	
10	风机叶轮材质	—	QT400	
11	风机轴材质	—	45	
12	风机传动齿轮材质	—	20CrMnTi	
13	空气反洗管径	mm	DN300	
14	空气反洗管材质	—	S30408 不锈钢	
15	配供设备			
(1)	安装螺栓、整体底座	套	2	
(2)	风机出口副法兰及配件	套	2	
(3)	风机配套附件（包括空气滤清器、进出口消音器、就地压力表、安全泄压阀、隔振垫、橡胶挠性接头等）	套	2	
(4)	差压变送器	台	2	
(5)	空气反洗气动蝶阀规格及数量	只	2，DN=200	含法兰配件
(6)	空气反洗手动蝶阀规格及数量	只	4，DN=200	含法兰配件
(7)	风机止回阀规格及数量	只	2，DN=200	含法兰配件
(8)	配套反洗空气管道及支吊架	套	1	
(9)	配套就地电控箱	只	1	
(10)	配套电缆	套	1	
(11)	电缆套管及线槽	套	1	
四、反冲洗升压泵				
1	数量	台	4	
2	额定流量	m^3/h	100	
3	额定扬程	MPa	12	
4	吸入口直径	mm	80	
5	出水口直径	mm	80	
6	过流部件材质	—	S30408 不锈钢	
7	泵组自重	kg	80	
8	额定转速	r/min	2900	
9	额定功率	kW	4.0	
10	供电方式	—	交流 380V，50Hz	

续表 2-2

序号	技术参数名称	单位	数值及内容	备注
11	电机防护等级	—	IP54	
12	反冲洗水管管径	mm	DN350	暂定
13	反冲洗水管材质		S30408 不锈钢	
14	配供设备			
(1)	安装配件	套	2	
(2)	水泵进出口法兰配件	套	2	
(3)	配套就地压力表	只	2	
(4)	反冲洗管电动衬胶调节阀规格及数量	只	4，DN=80	含法兰配件
(5)	反冲洗水管手动衬胶蝶阀规格及数量	只	8，DN=80	含法兰配件
(6)	反冲洗水管衬胶止回阀规格及数量	只	4，DN=80	含法兰配件
(7)	反冲洗水管橡胶伸缩节规格及数量	—	8，DN=80	含法兰配件
(8)	配套反洗水管道及支吊架	套	1	
(9)	配套就地电控箱	只	1	
(10)	配套电缆	套	1	
(11)	电缆套管及线槽	套	1	
五、仪用储气罐				
1	储气罐容积	m^3	5（水容积）	
2	数量	只	1	
3	工作压力	MPa	0.8	
4	设计压力	MPa	0.88	
5	工作温度	℃	-17.3~40	
6	材质	—	16MnR	
7	外形尺寸	m×m	ϕ1.5×2.5	
8	自重	kg	780	
9	进气管径	mm	DN50	
10	进气管材质	—	316L 不锈钢	
11	出气管径	mm	DN50	
12	出气管材质	—	316L 不锈钢	
13	储气罐人孔	mm	DN500	
14	配供设备			
(1)	安装配件	套	1	
(2)	就地压力表	只	1（0~1.6MPa）	
(3)	压力变送器	台	1	
(4)	排污阀	只	1（0~1.6MPa）	
(5)	储罐安全阀（全进口产品）	只	1	
(6)	储罐进气手动球阀	只	1	
(7)	储罐出气手动球阀	只	1	

原水经高密度沉淀池处理后的部分澄清水，通过进水管均匀地进入滤池隔水舱，经过滤区砂层、水帽至多孔板底的集水室，自上而下进行重力过滤。空气擦洗滤池反冲洗排水自流至排水池，通过原水回收水泵提升至高密度沉淀池。原水回收水泵置于清水池池顶，原水回收水泵一用一备，$Q=100m^3/h$，$H=30m$，电机额定功率约为$N=20kW$。

每座滤池直径约7m，高约7.5m。配置稀土陶瓷砂滤料或石英砂。初期运行水头损失约0.3m，最终不大于1.5～1.8m。滤池的运行滤速为6～8m/h，水反洗强度为12L/(m^2·s)，水反洗时间为5min，反冲洗周期为16h，空气反洗强度约15L/(m^2·s)，出水浊度不大于1NTU。

罗茨风机布置在风机房，1用1备，风量约$50m^3/min$、风压0.05MPa、配套电动机额定功率70kW。反洗升压水泵自滤池出水管取水，升压后存入滤池上部蓄水箱内。每座滤池配2台反洗升压水泵（1用1备），$Q=100m^3/h$，$H=12m$，电机额定功率$N=4kW$。滤池的进、出水均采用单元管路，每座滤池可独立运行。进水总渠之间设闸板门连通，反洗水、气管路采用单母管系统。

2.1.3.3 沉淀池配套加药设备

沉淀池配套加药设备包括混凝剂和助凝剂两种药剂的储存、制备、自动投加设备，采用单元制配置，即每座高密度沉淀池配置一根独立进水管、一台进水流量计、一套进出水取样装置、混凝剂和助凝剂加药计量泵各一台、加药管各一根、混凝剂和助凝剂加药计量泵变频控制设备各一套（备用一套），通过分析进水量、进水水质及出水水质来自动调整加药量，混凝剂加药点为沉淀池凝聚区，助凝剂加药点为沉淀池絮凝区。所有加药管均采用ABS（Acrylonitrile Butadiene Styrene Plastic，丙烯腈-丁二烯-苯乙烯塑料）管。加药加氯间预留二期工程安装位置。

混凝药剂拟采用10%～15%碱式氯化铝溶液，储罐容积（2只）$15m^3$，卧式圆形钢衬塑材质，内设搅拌机防止板结。卸料缓冲罐容积$2m^3$，卧式圆形钢衬塑材质。

助凝药剂拟采用聚丙烯酰胺PAM干粉制备，采用2套$5m^3/h$干粉药剂自动制备装置，溶液制备箱采用钢衬塑材质。助凝药剂主要制备、投加工艺流程如下：聚丙烯酰胺粉料→固体螺旋计量。

2.1.3.4 加氯设备

给料机→助凝剂溶液制备箱（预制、熟化、贮存三联箱）→加药计量泵→自动控制投加。

每座高密度反应沉淀池设一独立的进水管，自动加氯装置通过在线流量计、余氯检测仪测到的标准信号来控制计量泵的加氯量，保证澄清、过滤的水质稳定，以防止藻类在池中生长及降低水中二价铁离子的含量。另外对生活水池、回用水池进行加氯，共4个加氯点，分别位于：(1) 加氯至$2\times600m^3/h$高密度沉淀池中（2个）；(2) 加氯至$700m^3$生活水池中（1个）；(3) 加氯至$1000m^3$回用水池中（1个）。

加氯药剂拟采用有效含量为8%～10%液态次氯酸钠溶液。储罐容积1只$15m^3$，卧式圆形钢衬塑材质，内设搅拌机防止板结。卸料缓冲罐容积$2m^3$，卧式圆形钢衬塑材质。

2.1.3.5 泥水提升及清水回用系统

高密度沉淀池排出的泥水经过污泥排放泵，排放到排泥池内。然后通过污泥一次提升泵输送到污泥浓缩池进行浓缩处理，浓缩完的污泥通过污泥二次提升泵输送至脱水机间离心脱水机，污泥集中处理完送至灰场，污泥废液通过自流自排水池，通过原水回收水泵提升至高密度沉淀池。某电厂泥水提升及清水回用系统包括：1 座 600m^3排泥池（设潜水搅拌机 1 台）；1 座 600m^3排水池（设潜水搅拌机 1 台）；污泥水一次提升泵 3 台，2 用 1 备，$Q=40m^3/h$，$H=30m$，$N=10kW$；原水回用水泵 2 台，1 用 1 备，$Q=100m^3/h$，$H=30m$，$N=20kW$。某电厂泥水/清水提升回用设备技术参数见表 2-3。

表 2-3 某电厂泥水/清水提升回用设备技术参数

序号	技术参数名称	单位	数值及内容	备注
		一、污泥一次提升泵		
1	型式及型号，立式螺杆泵	—	BN17-6L	
2	安装地点		排泥池顶，露天布置	
3	数量	台	3	2 用 1 备
4	额定流量	m^3/h	20	
5	额定扬程	MPa	0.30	
6	进液口管径	mm	100	
7	出液口管径	mm	80	
8	额定转速	r/min	258	
9	额定功率	kW	4.0	
10	过流部件材质		316L 不锈钢	
11	供电方式	—	交流 380V，50Hz	
12	电机防护等级	—	IP55	
13	污泥管材质	—	316L 不锈钢	
14	配供设备			
(1)	安装底座及螺栓	套	3	
(2)	水泵进出口法兰配件	套	3	
(3)	配套就地压力表	只	3	
(4)	配套手动隔膜阀规格及数量	只	6	含法兰配件
(5)	配套电动隔膜阀规格及数量	只	3	含法兰配件
(6)	配套衬胶止回阀规格及数量	只	3	含法兰配件
(7)	配套污泥管道及支吊架	套	1	
(8)	配套法兰式传力接头	套	6	含法兰配件
(9)	配套就地电控箱	只	1	
(10)	配套电缆	套	1	
(11)	电缆套管及线槽	套	1	
		二、原水回用水泵（清水回用）		
1	安装地点		600m^3排水池顶，露天布置	

续表 2-3

序号	技术参数名称	单位	数值及内容	备注
二、原水回用水泵（清水回用）				
2	数量	台	2	1 用 1 备
3	额定流量	m^3/h	100	
4	额定扬程	MPa	0.30	
5	进液口管径	mm	100	
6	出液口管径	mm	80	
7	额定转速	r/min	2900	
8	额定功率	kW	18.5	
9	过流部件材质		Q235a+涂料防腐	
10	供电方式	—	交流 380V，50Hz	
11	电机防护等级	—	IP55	
12	排水管材质	—	Q235a+涂料防腐	
13	配供设备			
(1)	安装底座及螺栓	套	2	
(2)	水泵进出口法兰配件	套	2	
(3)	配套就地压力表	只	2	
(4)	配套手动隔膜阀规格及数量	只	4	含法兰配件
(5)	配套电动隔膜阀规格及数量	只	2	含法兰配件
(6)	配套衬胶止回阀规格及数量	只	2	含法兰配件
(7)	配套污泥管道及支吊架	套	1	
(8)	配套法兰式传力接头	套	4	含法兰配件
(9)	配套就地电控箱	只	1	
(10)	配套电缆	套	1	
(11)	电缆套管及线槽	套	1	
三、原水提升水泵（清水提升，500m^3 蓄水池提升至高密度沉淀池）				
1	安装地点		5000m^3蓄水水池顶，露天布置	
2	数量	台	3	1 用 2 备
3	额定流量	m^3/h	1200	
4	额定扬程	MPa	0.30	
5	进液口管径	mm	500	
6	出液口管径	mm	450	
7	额定转速	r/min	1450	
8	额定功率	kW	75	
9	过流部件材质		Q235a+涂料防腐	
10	供电方式	—	交流 380V，50Hz	
11	电机防护等级	—	IP66	
12	排水管材质	—	Q235a+涂料防腐	

续表 2-3

序号	技术参数名称	单位	数值及内容	备注
三、原水提升水泵（清水提升，500m³ 蓄水池提升至高密度沉淀池）				
13	配供设备			
(1)	安装底座及螺栓	套	3	
(2)	水泵进出口法兰配件	套	3	
(3)	配套就地压力表	只	6	
(4)	配套手动闸阀规格及数量（DN600，PN0.60MPa）	只	6	含法兰配件
(5)	配套电动闸阀规格及数量（DN600，PN0.60MPa）	只	6	含法兰配件，电动执行机构
(6)	配套衬胶止回阀规格及数量(DN600，PN0.60MPa)	只	6	含法兰配件
(7)	配套污泥管道及支吊架	套	1	
(8)	配套法兰式传力接头	套	6	含法兰配件
(9)	配套就地电控箱	只	1	
(10)	配套电缆	套	1	
(11)	电缆套管及线槽	套	1	
四、潜水搅拌机				
1	安装地点		一座 600m³ 排泥池，一座 600m³ 排水池	
2	数量	台	2	
3	尺寸		320	
4	供电方式	—	交流 380V，50Hz	
5	电机防护等级	—	IP67	
6	电机额定功率	kW	2.2	
7	搅拌机叶轮及轴材质	—	316L 不锈钢	
8	搅拌机外壳	—	316L 不锈钢	
9	搅拌机护笼	—	316L 不锈钢	
10	其他	—	—	

2.1.3.6 自动加药装置

A 自动加药装置

原水预处理自动加药设备包括混凝剂和助凝剂的储存、制备设备，1 套混凝剂自动投加设备，2 套助凝剂自动投加设备，1 套次氯酸钠自动投加设备。

混凝药剂槽车卸料后，通过卸药提升泵卸至混凝剂溶液储罐，再通过自流至加药间混凝剂溶药箱，加水稀释为设计浓度的药液，同时再一次搅拌和混合，然后通过计量泵自动投加至投加点。

混凝药剂拟采用 10%~15%碱式氯化铝溶液，储罐容积（2 只）15m³，卧式圆形钢衬塑，内设搅拌机防止板结。卸料缓冲罐容积 2m³，卧式圆形钢衬塑。混凝药剂主要储存、投加工艺流程如下：碱式氯化铝贮液槽槽车卸料→卸料缓冲罐→提升泵→高位混凝剂溶液储罐→混凝剂溶药箱→加药计量泵→自动控制投加至高密度沉淀池进水管。

助凝药剂拟采用聚丙烯酰胺PAM干粉制备，设置2套$5m^3/h$干粉药剂自动制备装置。开始溶配时，首先将溶解水电磁阀打开，向溶液制备箱内注水，同时安装在管路上的流量计将检测供水流量。将干粉药剂运至固体螺旋计量给料机料斗内，根据设定的浓度，变频控制定量的投加干粉药剂到制备箱中，保证药液浓度的恒定。同时，位于投加出口的加热器恒温定期加热，防止干粉遇潮在螺杆内结团。干粉药剂投加到制备箱后，搅拌器将会定时启动和停止，使药剂与水充分混合。当第一箱溶药箱充满后便自行推流至第二箱熟化溶药箱，并再一次进行搅拌和混合，待熟化完成后又自行推流至第三箱成品溶药箱储存。此时配制好的助凝药液便可通过计量泵自动投加至投加点。助凝药剂主要制备、投加工艺流程如下：聚丙烯酰胺粉料→固体螺旋计量给料机→助凝剂溶液制备箱（预制、熟化、贮存三联箱）→加药计量泵→自动控制投加。

次氯酸钠溶液投加流程为：次氯酸钠贮液槽车→卸药泵→高位次氯酸钠溶液储存罐→次氯酸钠溶液加药箱→次氯酸钠加药计量泵→自动控制投加至混合反应沉淀池进水管/消防水池进水管。

所有加药、加氯设备均安装在预处理站综合水泵房的加药间内。

B　加药系统主要设备

a　混凝剂自动加药设备

某电厂混凝剂自动加药及配套设备技术参数见表2-4。

表2-4　某电厂混凝剂自动加药及配套设备技术参数

序号	技术参数名称	单位	数值及内容	备注
一、碱式氯化铝溶液储罐				
1	药剂种类	—	10%~15%碱式氯化铝溶液	暂定
2	有效容积	m^3	15	
3	数量	只	2	
4	材质	—	钢衬塑	
5	结构型式	—	卧式椭圆	
6	壁厚	mm	10	
7	工作压力	—	正常大气压	
8	安装地点		原水预处理加药间	
9	空载重量	kg	3500	
10	满载总重	kg	21500	
11	外形尺寸	mm×mm	ϕ2020×4830	
12	搅拌机运行方式	—	连续	
13	搅拌机叶轮直径	m	ϕ1.0	
14	搅拌机轴长度	m	2.0	
15	搅拌机额定转速	r/min	60	
16	搅拌机额定功率	kW	1.1	

续表 2-4

序号	技术参数名称	单位	数值及内容	备注
17	供电方式	—	交流 380V，50Hz	
18	搅拌电机防护等级	—	IP55	
19	搅拌机叶轮及轴材质	—	316L	
20	配供设备			
(1)	搅拌机	只	2	
(2)	配套就地电控箱	只	1	含卸料泵、提升泵
(3)	手动隔膜阀	只	4（DN50 PN10）	
(4)	玻璃钢平台走道扶梯	套	2	
二、卸料缓冲罐				
1	药剂种类	—	10%~15%碱式氯化铝溶液	暂定
2	有效容积	m^3	2	
3	数量	只	1	
4	材质	—	钢衬塑	
5	结构型式	—	立式椭圆	
6	壁厚	mm	5	
7	工作压力	—	正常大气压	
8	安装地点		原水预处理加药间	
9	空载重量	kg	60	
10	满载总重	kg	280	
11	外形尺寸	mm×mm	ϕ1000×1500	
三、混凝剂提升泵				
1	型式及型号	—	KM1515	
2	数量	台	2	1用1备
3	额定流量	m^3/h	20	
4	额定扬程	MPa	0.15	
5	吸入口直径	mm	40	
6	出液口直径	mm	40	
7	过流部件材质	—	氟塑料合金 F46	耐药剂腐蚀
8	泵组自重	kg	50	
9	额定转速	r/min	1450	
10	额定功率	kW	2.2	
11	供电方式	—	交流 380V，50Hz	
12	电机防护等级	—	IP55	
13	加药管材质	—	ABS	
14	配供设备			

续表 2-4

序号	技术参数名称	单位	数值及内容	备注
(1)	安装底座及螺栓	套	2	
(2)	水泵进出口法兰配件	套	2	
(3)	配套就地压力表	只	4（0~1.6MPa）	
(4)	配套手动隔膜阀规格及数量	只	4 只 DN50 PN10	含法兰配件
(5)	配套衬胶止回阀规格及数量	只	2 只 DN50 PN10	含法兰配件
(6)	配套加药管道及支吊架	套	1	
(7)	配套电缆	套	1	
(8)	电缆套管及线槽	套	1	
四、混凝剂溶药箱				
1	药剂种类	—	10%~15%碱式氯化铝溶液	暂定
2	有效容积	m^3	10	
3	数量	只	2	
4	材质	—	立式	
5	结构型式	—	钢衬塑	
6	壁厚	mm	8	
7	工作压力	—	正常大气压	
8	空载重量	kg	3850	
9	满载总重	kg	14500	
10	外形尺寸	m×m	ϕ2.2×2.52	
11	搅拌机运行方式	—	连续	
12	搅拌机叶轮直径	m	1.20	
13	搅拌机轴长度	m	3.0	
14	搅拌机额定转速	r/min	60	
15	搅拌机额定功率	kW	2.2	
16	供电方式	—	交流 380V，50Hz	
17	搅拌电机防护等级	—	IP54	
18	搅拌机叶轮及轴材质	—	316L 不锈钢	
19	配供设备			
(1)	搅拌机	只	2	
(2)	配套就地电控箱	只	1	
(3)	进水电动球阀	只	2（DN50 PN10）	含法兰配件
(4)	出液电动隔膜阀	只	2（DN80 PN10）	含法兰配件
(5)	手动隔膜阀	只	4（DN50 PN10）	含法兰配件
(6)	玻璃钢平台走道扶梯	套	3	
五、混凝剂计量泵				
1	型式	—	机械隔膜式	

续表 2-4

序号	技术参数名称	单位	数值及内容	备注
2	型号		DM6	
3	数量	台	3	2用1备
4	额定流量	L/h	500	
5	额定扬程	MPa	0.70	
6	控制方式	—	变频调节（4~20mA 输入信号）	
7	柱塞直径	mm	—	
8	传动比	—	—	
9	调节精度		±2%	
10	吸入口直径	mm	40	
11	出液口直径	mm	25	
12	泵壳材料	—	316L 不锈钢	
13	泵头材质	—	PP/316L 不锈钢	耐药剂腐蚀
14	隔膜材质	—	PTFE（聚四氟乙烯）	
15	泵组自重	kg	50	
16	额定转速	r/min	1440	
17	额定功率	kW	0.75	
18	供电方式	—	交流 380V，50Hz	
19	电机防护等级	—	IP54	
20	变频器型号	—	ABB	
21	加药管材质	—	ABS	
22	配供设备			
(1)	安装底座及螺栓	套	3	
(2)	就地压力表	只	6（0~1.6MPa）	耐腐蚀
(3)	压力变送器	台	—	
(4)	脉动阻尼器	只	3（容积 4L，PVC 材质/不锈钢，免充气气囊型结构）	
(5)	安全阀	只	3（PVC 材质/不锈钢）	含法兰配件
(6)	背压阀	只	3（PVC 材质/不锈钢）	含法兰配件
(7)	Y 型过滤器	只	3（透明 PVC 材质/不锈钢）	含法兰配件
(8)	配套 PVC 单向逆止阀规格及数量	只	3（DN25 PN10）	含法兰配件
(9)	配套手动隔膜阀规格及数量	只	18（DN25 PN10）	含法兰配件
(10)	变频控制柜	套	1	
(11)	配套加药管道及支吊架	套	3	

续表 2-4

序号	技术参数名称	单位	数值及内容	备注
(12)	配套电缆	套	3	
(13)	电缆套管及线槽	套	3	
(14)	混凝剂计量泵	台	1	随机备件
(15)	共用备件包	套	1（包括2套阀球阀座、4片密封、2片隔膜）	随机备件

b 助凝剂自动加药设备

助凝剂自动加药及配套设备技术参数见表2-5。

表2-5 助凝剂自动加药及配套设备技术参数

序号	技术参数名称	单位	数值及内容	备注
一、干粉药剂自动制备装置				
1	药品种类	—	聚丙烯酰胺PAM干粉	暂定
2	最大制备量	m^3/h	5	
3	数量	套	2	
4	助凝剂溶液制备箱（预制、熟化、贮存三联箱）	m^3	4	
5	溶液制备箱结构型式	—	316L不锈钢	
6	溶液制备箱钢板厚度	mm	10	≥10
7	溶液制备箱工作压力	—	正常大气压	
8	溶液制备箱空载重量	kg	2250	
9	溶液制备箱满载总重	kg	6500	
10	溶液制备箱外形尺寸（长×宽×高）	m×m×m	3×1.16×1.16	
11	溶液制备箱搅拌机分包商	—	—	
12	搅拌机运行方式	—	连续	
13	搅拌机叶轮直径	m	0.8	
14	搅拌机轴长度	m	0.8	
15	搅拌机额定转速	r/min	95	
16	搅拌机额定功率	kW	2.2	
17	供电方式	—	交流380V，50Hz	
18	搅拌电机防护等级	—	IP54	
19	搅拌机叶轮及轴材质	—	316L不锈钢	
20	配供设备			
(1)	固体螺旋计量给料机	台	2	
(2)	干粉满料和断料监测报警仪	台	2	
(3)	防空穴料斗震动器	台	2	
(4)	螺杆防潮加热器	台	2	
(5)	搅拌机	只	4	

续表 2-5

序号	技术参数名称	单位	数值及内容	备注
(6)	配套就地电控箱	只	1	
(7)	进水电动球阀	只	2	含法兰配件
(8)	出液电动隔膜阀	只	2	含法兰配件
(9)	手动隔膜阀	只	4	含法兰配件
(10)	玻璃钢平台走道扶梯	套	2	
二、助凝剂计量泵				
1	型式	—	机械隔膜式	
2	型号		DM6	
3	数量	台	3	2用1备
4	额定流量	L/h	500	
5	额定扬程	MPa	0.70	
6	控制方式	—	变频调节（4~20mA 输入信号）	
7	柱塞直径	mm	—	
8	传动比	—	—	
9	调节精度	—	±2%	
10	吸入口直径	mm	40	
11	出液口直径	mm	25	
12	泵壳材料	—	316L 不锈钢	
13	泵头材质	—	PP/316L	耐药剂腐蚀
14	隔膜材质	—	PTFE（聚四氟乙烯）	
15	泵组自重	kg	50	
16	额定转速	r/min	1440	
17	额定功率	kW	0.75	
18	供电方式	—	交流 380V，50Hz	
19	电机防护等级	—	IP54	
20	变频器型号	—	ACS800 系列	
21	加药管材质	—	ABS	
22	配供设备			
(1)	安装底座及螺栓	套	3	
(2)	就地压力表	只	6（0~1.6MPa）	耐腐蚀
(3)	压力变送器	台	—	
(4)	脉动阻尼器	只	3（容积 4L，PVC 材质/不锈钢，免充气气囊型结构）	
(5)	安全阀	只	3（PVC 材质/不锈钢）	含法兰配件
(6)	背压阀	只	3（PVC 材质/不锈钢）	含法兰配件

续表 2-5

序号	技术参数名称	单位	数值及内容	备注
(7)	Y 型过滤器	只	3（透明 PVC 材质/不锈钢）	含法兰配件
(8)	配套 PVC 单向逆止阀规格及数量	—	3 只 DN25 PN10	含法兰配件
(9)	配套手动隔膜阀规格及数量	—	18 只 DN25 PN10	含法兰配件
(10)	变频控制柜	套	1	
(11)	配套加药管道及支吊架	套	3	
(12)	配套电缆	套	3	
(13)	电缆套管及线槽	套	3	
(14)	助凝剂计量泵	台	1	随机备件
(15)	共用备件包	套	1（包括 2 套阀球阀座、4 片密封、2 片隔膜）	随机备件
三、絮凝强化装置加药计量泵				
1	型式	—	机械隔膜式	
2	型号	—	DM6	
3	数量	台	3	2 用 1 备
4	额定流量	L/h	500	
5	额定扬程	MPa	0. 70	
6	控制方式	—	变频调节（4~20mA 输入信号）	
7	柱塞直径	mm	—	
8	传动比	—	—	
9	调节精度	—	±2%	
10	吸入口直径	mm	40	
11	出液口直径	mm	25	
12	泵壳材料	—	316L	
13	泵头材质	—	PP/316L	耐药剂腐蚀
14	隔膜材质	—	PTFE（聚四氟乙烯）	
15	泵组自重	kg	50	
16	额定转速	r/min	1440	
17	额定功率	kW	0. 75	
18	供电方式	—	交流 380V，50Hz	
19	电机防护等级	—	IP54	
20	变频器型号	—	ACS800 系列	
21	加药管材质	—	ABS	
22	配供设备			
(1)	安装底座及螺栓	套	3	

续表 2-5

序号	技术参数名称	单位	数值及内容	备注
(2)	就地压力表	只	6（0~1.6MPa）	耐腐蚀
(3)	压力变送器	台		
(4)	脉动阻尼器	只	3（容积4L，PVC材质/不锈钢，免充气气囊型结构）	
(5)	安全阀	只	3（PVC材质/不锈钢）	含法兰配件
(6)	背压阀	只	3（PVC材质/不锈钢）	含法兰配件
(7)	Y型过滤器	只	3（透明PVC材质/不锈钢）	含法兰配件
(8)	配套PVC单向逆止阀规格及数量	—	3只 DN25 PN10	含法兰配件
(9)	配套手动隔膜阀规格及数量	—	18只 DN25 PN10	含法兰配件
(10)	变频控制柜	套	1	
(11)	配套加药管道及支吊架	套	3	
(12)	配套电缆	套	3	
(13)	电缆套管及线槽	套	3	
(14)	絮凝强化加药计量泵	台	1	随机备件
(15)	共用备件包	套	1（包括2套阀球阀座、4片密封、2片隔膜）	随机备件
四、污泥脱水加药计量泵				
1	型式	—	机械隔膜式	
2	型号		DM6	
3	数量	台	3	2用1备
4	额定流量	L/h	500	
5	额定扬程	MPa	0.70	
6	控制方式	—	变频调节（4~20mA输入信号）	
7	柱塞直径	mm	—	
8	传动比	—	—	
9	调节精度	—	±2%	
10	吸入口直径	mm	40	
11	出液口直径	mm	25	
12	泵壳材料	—	316L不锈钢	
13	泵头材质	—	PP/316L	耐药剂腐蚀
14	隔膜材质	—	PTFE（聚四氟乙烯）	
15	泵组自重	kg	50	
16	额定转速	r/min	1440	
17	额定功率	kW	0.75	
18	供电方式	—	交流380V，50Hz	

续表 2-5

序号	技术参数名称	单位	数值及内容	备注
19	电机防护等级	—	IP54	
20	变频器型号	—	ACS800 系列	
21	加药管材质	—	ABS	
22	配供设备			
(1)	安装底座及螺栓	套	3	
(2)	就地压力表	只	6（0~1.6MPa）	耐腐蚀
(3)	压力变送器	台		
(4)	脉动阻尼器	只	3（容积 4L，PVC 材质/不锈钢，免充气气囊型结构）	
(5)	安全阀	只	3（PVC 材质/不锈钢）	含法兰配件
(6)	背压阀	只	3（PVC 材质/不锈钢）	含法兰配件
(7)	Y 型过滤器	只	3（透明 PVC 材质/不锈钢）	含法兰配件
(8)	配套 PVC 单向逆止阀规格及数量	—	3 只 DN25 PN10	含法兰配件
(9)	配套手动隔膜阀规格及数量	—	18 只 DN25 PN10	含法兰配件
(10)	变频控制柜	套	1	
(11)	配套加药管道及支吊架	套	3	
(12)	配套电缆	套	3	
(13)	电缆套管及线槽	套	3	
(14)	助凝剂计量泵	台	1	随机备件
(15)	共用备件包	套	1（包括 2 套阀球阀座、4 片密封、2 片隔膜）	随机备件

c　加氯设备

投加次氯酸钠杀菌药剂至进水管上。投加地点：（1）$2\times600m^3/h$ 高密度沉淀池中；（2）$700m^3$生活水池中；（3）$1000m^3$回用水池中。加氯设备及配套设备工艺参数见表 2-6。

表 2-6　加氯设备及配套设备工艺参数

序号	技术参数名称	单位	数值及内容	备注
一、次氯酸钠贮液罐				
1	药剂种类	—	液态次氯酸钠溶液	
2	有效容积	m^3	15	
3	数量	只	1	
4	材质	—	钢衬塑	
5	壁厚	mm	10	
6	工作压力	—	正常大气压	
7	安装地点		原水预处理加氯间	
8	空载重量	kg	3500	

续表 2-6

序号	技术参数名称	单位	数值及内容	备注
一、次氯酸钠贮液罐				
9	满载总重	kg	21500	
10	外形尺寸	mm×mm	ϕ2020×4830	
11	搅拌机运行方式	—	连续	
12	搅拌机叶轮直径	m	ϕ1.0	
13	搅拌机轴长度	m	2.0	
14	搅拌机额定转速	r/min	60	
15	搅拌机额定功率	kW	1.1	
16	供电方式	—	交流 380V，50Hz	
17	搅拌电机防护等级	—	IP55	
18	搅拌机叶轮及轴材质	—	316L 不锈钢	
19	配供设备			
(1)	搅拌机	只	1	
(2)	配套就地电控箱	只	1	
(3)	手动隔膜阀	只	4（DN50 PN10）	含卸料泵、提升泵
(4)	玻璃钢平台走道扶梯	套	2	
二、卸料缓冲罐				
1	药剂种类	—	液态次氯酸钠溶液	暂定
2	有效容积	m^3	2	
3	数量	只	1	
4	材质	—	钢衬塑	
5	结构型式	—	立式椭圆	
6	壁厚	mm	5	
7	工作压力	—	正常大气压	
8	安装地点		原水预处理加药间	
9	空载重量	kg	160	
10	满载总重	kg	2260	
11	外形尺寸	mm×mm	ϕ1200×1500	
三、次氯酸钠提升泵				
1	型式及型号	—	KM1515	
2	数量	台	2	1用1备
3	额定流量	m^3/h	20	
4	额定扬程	MPa	0.15	
5	吸入口直径	mm	40	
6	出液口直径	mm	40	
7	过流部件材质	—	氟塑料合金 F46	耐药剂腐蚀

续表 2-6

序号	技术参数名称	单位	数值及内容	备注
三、次氯酸钠提升泵				
8	泵组自重	kg	50	
9	额定转速	r/min	1450	
10	额定功率	kW	2.2	
11	供电方式	—	交流 380V，50Hz	
12	电机防护等级	—	IP55	
13	加药管材质	—	ABS	
14	配供设备			
(1)	安装底座及螺栓	套	2	
(2)	水泵进出口法兰配件	套	2	
(3)	配套就地压力表	只	4（0~1.6MPa）	
(4)	配套手动隔膜阀规格及数量	只	4 只 DN50 PN10	含法兰配件
(5)	配套衬胶止回阀规格及数量	只	2 只 DN50 PN10	含法兰配件
(6)	配套加药管道及支吊架	套	1	
(7)	配套电缆	套	1	
(8)	电缆套管及线槽	套	1	
四、次氯酸钠稀释箱				
1	药剂种类	—	次氯酸钠溶液	暂定
2	有效容积	m^3	2	
3	数量	只	2	
4	结构型式	—	立式	
5	材质	—	钢衬塑	
6	壁厚	mm	5	
7	工作压力	—	正常大气压	
8	空载重量	kg	160	
9	满载总重	kg	2260	
10	外形尺寸	mm×mm	ϕ1200×1500	
11	搅拌机运行方式	—	连续	
12	搅拌机叶轮直径	m	ϕ=0.4	
13	搅拌机轴长度	m	1.0	
14	搅拌机额定转速	r/min	1450	
15	搅拌机额定功率	kW	1.1	
16	供电方式	—	交流 380V，50Hz	
17	搅拌电机防护等级	—	IP54	
18	搅拌机叶轮及轴材质	—	316L 不锈钢	
19	配供设备			
(1)	搅拌机	只	2	

续表 2-6

序号	技术参数名称	单位	数值及内容	备注
四、次氯酸钠稀释箱				
(2)	配套就地电控箱	只	1	
(3)	进水电动球阀	只	2（DN50 PN1.0）	含法兰配件
(4)	出液电动隔膜阀	只	2（DN80 PN1.0）	含法兰配件
(5)	手动隔膜阀	只	4（DN50 PN1.0）	含法兰配件
(6)	玻璃钢平台走道扶梯	套	3	
五、次氯酸钠计量泵				
1	型式	—	机械隔膜式	
2	型号		DM3	
3	数量	台	7	4 用 3 备
4	额定流量	L/h	150	
5	额定扬程	MPa	0.70	
6	控制方式	—	变频调节（4~20mA 输入信号）	
7	柱塞直径	mm	—	
8	传动比	—	—	
9	调节精度	—	±2%	
10	吸入口直径	mm	15	
11	出液口直径	mm	15	
12	泵壳材料	—	316L 不锈钢	
13	泵头材质	—	PP/316L 不锈钢	耐药剂腐蚀
14	隔膜材质	—	PTFE（聚四氟乙烯）	
15	泵组自重	kg	20	
16	额定转速	r/min	1440	
17	额定功率	kW	0.25	
18	供电方式	—	交流 380V，50Hz	
19	电机防护等级	—	IP54	
20	变频器型号	—	ACS800 系列	
21	加药管材质	—	ABS	
22	配供设备			
(1)	安装底座及螺栓	套	7	
(2)	就地压力表	只	14（0~1.6MPa）	耐腐蚀
(3)	压力变送器	台	—	
(4)	脉动阻尼器	只	7（容积 4L，PVC 材质/不锈钢，免充气气囊型结构）	
(5)	安全阀	只	7（PVC 材质/不锈钢）	含法兰配件
(6)	背压阀	只	7（PVC 材质/不锈钢）	含法兰配件

续表 2-6

序号	技术参数名称	单位	数值及内容	备注
		五、次氯酸钠计量泵		
(7)	Y 型过滤器	只	7（透明 PVC 材质/不锈钢）	含法兰配件
(8)	配套 PVC 单向逆止阀规格及数量	—	7 只 DN25 PN10	含法兰配件
(9)	配套手动隔膜阀规格及数量	—	42 只 DN25 PN10	含法兰配件
(10)	变频控制柜	套	1	
(11)	配套加药管道及支吊架	套	7	
(12)	配套电缆	套	7	
(13)	电缆套管及线槽	套	7	
(14)	混凝剂计量泵	台	1	随机备件
(15)	共用备件包	套	1（包括 2 套阀球阀座、4 片密封、2 片隔膜）	随机备件

d 配套在线仪表

配套在线仪表及其技术参数见表 2-7。

表 2-7 配套在线仪表及其技术参数

序号	技术参数名称	单位	数值及内容	备注
		一、原水浊度检测仪（在线）		
1	型号	—	HACH	户外型
2	数量	台	2	
3	规格	NTU	0~1000	
4	量程范围	NTU	0~1000	
5	精度		±5%	
6	信号输出	mA	4~20	
7	防护等级	—	IP67	
8	电源	V	220	
9	设备本体材料	—	PVC（耐海水腐蚀、防尘、防水）	
10	安装位置	—	高密度沉淀池进口	
		二、清水浊度检测仪（在线）		
1	型号	—	T53-8320	户外型
2	数量	台	4	
3	规格	—	0~100	
4	量程范围	NTU	0~100	
5	精度		±2%	
6	信号输出	mA	4~20	
7	防护等级	—	IP67	
8	电源	—	220V	
9	设备本体材料	—	PVC	
10	安装位置	—	沉淀池出口、滤池出口	

续表 2-7

序号	技术参数名称	单位	数值及内容	备注
三、磁翻板液位计（在线）				
1	数量	台	7	
2	规格	—	滤池 0~6，其余 0~3	
3	量程范围	m	滤池 0~6，其余 0~3	
4	精度		±2%	
5	性能	—		
6	信号输出	mA	4~20	
7	防护等级	—	IP67	
8	电源	—	24V	
9	安装位置	—	混凝剂溶液储罐 2 台、混凝剂溶药箱 2 台、次氯酸钠贮液罐 1 台、次氯酸钠稀释箱 2 台	
四、泥位计（在线）				
1	型号	—	CUC101	户外型
2	数量	台	2	
3	规格	—	0~8*M*	
4	量程范围	m	0~8	
5	精度	%	0~8*M*	
6	性能	—	LED 编程，智能化故障诊断指示，抑制搅拌桨障碍物的反射波干扰	
7	信号输出	mA	4~20	
8	防护等级	—	IP67	
9	电源	mA	4~20	
10	安装位置	—	高密度沉淀池沉淀区 2 台	
五、沉淀池进水电磁流量计（在线）				
1	型号	—		户外型
2	数量	台	3	
3	规格	—	0~1000	
4	量程范围	m^3/h	0~1000	
5	精度		±5%	
6	信号输出	mA	4~20	
7	防护等级	—	IP67	
8	电源	V	24	

续表 2-7

序号	技术参数名称	单位	数值及内容	备注
9	设备本体材料	—	测量部分为 316L（耐腐蚀、防尘、防水）	
10	安装位置	—	沉淀池进口、提升泵出口	
六、超声波液位计（在线）				
1	型号	—	FMU230	
2	数量	台	3	
3	规格	m	0.05~6.0	
4	量程范围	m	滤池 0~6，其余 0~3	
5	精度		±0.15%（满量程）	
6	性能	—	LED 编程，智能化故障诊断指示，抑制搅拌桨障碍物的反射波干扰	
7	信号输出	mA	4~20	
8	防护等级	—	IP67	
9	电源	—	24V	
10	安装位置	—	排泥池 1 台，排水池 1 台，5000m^3原水池 1 台	
七、流动电流仪（在线）				
1	型号	—	SC-3000A	户外型
2	数量	台	2	含传感器和测控仪
3	精度		±0.5%	
4	信号输出	mA	4~20	
5	防护等级	—	IP67	
6	电源	—	220VAC 50Hz 38W	
7	设备本体材料	—	接触部分为 PVC（耐腐蚀、防尘、防水）	
8	安装位置	—	沉淀池进口	
八、余氯仪（在线）				
1	型号	—	HACH 余氯检测仪	
2	数量	台	4	
3	规格	mg/L	0~8	
4	量程范围	mg/L	0~8	
5	精度		±0.2%	
6	信号输出	mA	4~20	
7	防护等级	—	IP67	

续表 2-7

序号	技术参数名称	单位	数值及内容	备注
8	电源	—	24V （耐腐蚀、防尘、防水）	
9	设备本体材料	—	硅检测器	
10	安装位置	—	生活水泵出口、 回用水泵出口、滤池出口	
九、污泥流量计（在线）				
1	型号	—		户外型
2	数量	台	4	
3	规格	m^3/h	0~500	
4	量程范围	m^3/h	0~500	DN200
5	精度		±2%	
6	信号输出	mA	4~20	
7	防护等级	—	IP67	
8	电源	V	24	
9	设备本体材料	—	测量部分为陶瓷 （耐腐蚀、防尘、防水）	
10	安装位置	—	沉淀池污泥回流管 2 台、 排泥管 2 台	
十、污泥密度计（在线）				
1	型号	—		户外型
2	数量	台	2	
3	规格	—	0.0000~5.0000g/cm^3可选	
4	精度		±0.001g/cm^3	
5	信号输出	mA	4~20	
6	防护等级	—	IP67	
7	电源	—	12~45VDC	
8	设备本体材料	—	316L （耐海水腐蚀、防尘、防水）	
9	安装位置	—	沉淀池污泥回流管 2 台	
十一、原水预处理程控机柜、控制调试站				

2.1.4 污泥沉淀池

净化站污泥沉淀池接受各反应池溢流、排污水和滤池排放及反洗水。池体采用钢筋混凝土结构，长 25m，宽 15m，高 4m。沉淀池内设有污泥浓缩区，泥水在池内改变方向时在浓缩区聚积，泥水沿池体水平改变方向流动而逐渐澄清，通过排水泵排入下水道。污泥浓缩区装有3台排泥泵，当污泥达到一定高度后经排泥泵排至污泥脱水机脱水。污泥浓缩池设计进泥含水率为98%，出泥含水率为93%。污泥排泥泵共设置3台。

2.1.4.1 消防气压稳压装置

稳压装置工作原理：气压稳压装置主要由气压水罐、封闭式水力平衡补气系统、独立补水系统和电控系统组成，可以维持消防供水管网水压稳定，并提供消防泵起动瞬间的应急消防用水，电控系统还能控制电动消防主泵运行。消防稳压泵和补气泵应能及时、自动地向气压罐中补充水和空气，使其迅速达到设定的工况，备用泵应能自动切换投入运行。

气压罐按设计压力1.76MPa、工作压力按1.1MPa配备。气压罐壁厚为14mm，材质为Q235B，补气罐壁厚为8mm，材质为Q235B。

2.1.4.2 消防泵

消防系统安装1台出力670m³/h电动消防泵，用于厂区消防工作，1台出力670m³/h备用柴油消防泵。

2.1.4.3 化学水池、消防水池、工业水箱

为满足化学用水、工业用水及消防用水的需要，某电厂原水处理站设置一座700m³化学水池，两座1500m³工业消防水池，分别通过2台120m³/h化学水泵、2台670t/h消防泵及3台300m³/h工业水泵分别供给化学用水、消防系统及工业水系统。水泵设备参数见表2-8。

表2-8 水泵设备参数

泵种类	化学水泵	反洗水泵	原水升压泵	原水回用水泵	污泥一次提升泵	污泥池排泥泵	污泥池排水泵
型　式	卧式离心泵	卧式离心泵	卧式离心泵	卧式离心泵	立式自吸泵	导轨式潜水泵	立式自吸泵
数　量	3	4	3	2	3	4	2
叶轮型式	闭式	闭式	闭式	闭式	半开式	闭式	半开式
轴　承	SKF滚动轴承	SKF滚动轴承	SKF滚动轴承	SKF滚动轴承	SKF滚动轴承	滚动轴承	SKF滚动轴承
机械密封	单端面	单端面	单端面	单端面	付叶轮密封	单端面	付叶轮密封
骨架油封	NAK	NAK	NAK	NAK	NAK	NAK	NAK
流量范围 /$m^3 \cdot h^{-1}$	127	50	1200	100	20	20	65
扬程范围/m	40	20	20	30	30	30	30

低压交流电机采用国标2级能效标准的节能优质电机。户内电动机防护等级为IP54，户外电动机防护等级为IP55（户外），其绝缘等级为F级（温升按B级考核）。55kW以上的电动机装有电压为380V的空间加热器并设置单独的接线盒，电动机停时自动起动加热器。

2.1.4.4 设备性能及材料要求

混凝剂、次氯酸钠自动加药通过在线流量计、胶体电荷远程传感器、余氯表、浊度仪

等检测到的标准信号（4~20mA）来控制计量泵的加药量，不管外部气候、进水浊度、水量、药剂浓度等情况如何变化都要保证澄清池出水水质稳定，从而达到以下目的：

（1）迅速反映水质、水量和药量的变化，实现加药效果自动跟踪，保证出水水质稳定。

（2）相同水质条件下，降低混凝剂的投加量，从而降低成本。

（3）保持最佳投加量，延长滤池冲洗周期，提高产水量。

（4）实现加药和加氯过程自动化，提高可靠性，防止人为操作失灵。

（5）实时监测反应过程，能及时发现投加系统的故障。

2.1.4.5 运行要求

运行要求为：

（1）变频器、计量泵、加药箱、管道、阀门等尽可能装在一个底盘上。在底盘上应尽可能最大范围地配置好连接管件。

（2）药剂高位槽内药液自流至加药箱，加药箱液位与进药电动门开关联锁。

（3）药剂高位槽及加药箱均设有液位信号报警。

（4）（混凝剂）自动加药装置通过在线流量计、浊度仪检测到的标准信号来控制计量泵的加药量，保证澄清池出水水质稳定；（消毒剂）自动加氯装置通过在线流量计、余氯检测仪测到的标准信号来控制计量泵的加药量，保证澄清、过滤、生活水的水质稳定。

2.1.4.6 控制系统

自动加药/加氯系统控制系统描述：

（1）就地控制。

在加药间 MCC 柜应可对以下设备实现就地操作。

1）碱式氯化铝/次氯酸钠加药计量泵：运行/停止、手动/自动切换。

2）碱式氯化铝/次氯酸钠提升泵：运行/停止、手动/自动切换。

3）各加药箱进出口门、出口联络门：开/关、手动/自动切换。

（2）辅网控制室远方操作。

1）碱式氯化铝/次氯酸钠加药计量泵：运行/停止。

2）碱式氯化铝/次氯酸钠提升泵：运行/停止。

3）各加药箱进出口门、出口联络门：开/关。

（3）显示。

1）MCC 柜就地显示：提升泵、计量泵的运行/停止、故障状态，电动阀开/关状态，变频器的工频、变频、故障状态。

2）仪表柜就地显示：各高位储存罐、加药箱液位，各沉淀池进水流量、胶体电荷远程传感器测量值，各沉淀池出水余氯、出水浊度、生活水余氯等。

3）设备处显示：各高位储存罐、加药箱液位，计量泵、提升泵出口处压力。

4）辅网控制室根据原水预处理输出信号可显示：提升泵、计量泵的运行/停止、故障状态，变频器的工频、变频、故障状态；各高位储存罐、加药箱液位；各沉淀池进水流量、胶体电荷远程传感器测量值；各沉淀池出水余氯、出水浊度、生活水余氯等。

（4）报警。

化水控制室根据净水输出信号可报警：各高位储存罐、加药箱、高液位、低液位、低低液位报警，各计量泵、提升泵故障报警，化学仪表测量值超过规定值报警等。

2.2　超滤

超滤是以压力为推动力的膜分离技术之一。以大分子与小分子分离为目的，膜孔径在 $2\times10^{-9}\sim1\times10^{-7}$m 之间。中空纤维超滤器（膜）具有单位容器内充填密度高，占地面积小等优点。

2.2.1　超滤工作原理

在水处理膜法分离的领域，在分离精度上划分从粗到精的顺序为：微滤、超滤、纳滤和反渗透四种膜分离过程。它们的分离机理主要为“筛分”机理，即含有杂质的水源在压力作为驱动力的作用下，根据膜分离孔径的不同，大于膜孔径的物质截留下来，小于膜孔径的物质通过膜，如此达到分离的目的。它的孔径分别为：微滤不大于 1μm、超滤不大于 0.1μm、纳滤不大于 0.001μm 和反渗透不大于 0.0001μm。某电厂选用超滤（UF）（见图 2-3）和反渗透（RO）两种膜，超滤可除掉胶体物质、悬浮固体、微生物等，反渗透除了 CO_2和 H_2S 以外一般盐分都可去除，除盐率可达 95%以上。

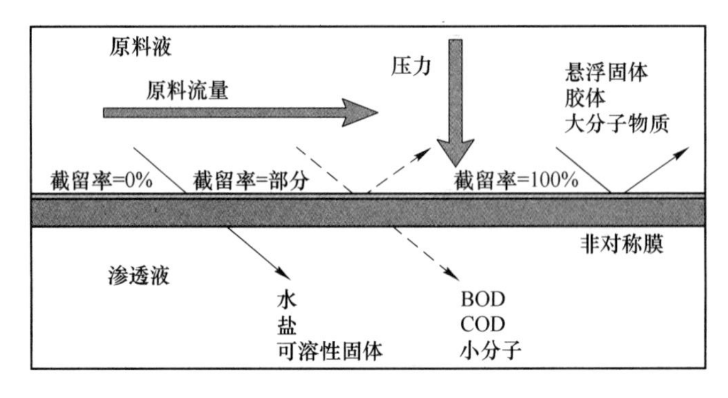

图 2-3　超滤原理示意图

2.2.2　超滤膜

2.2.2.1　超滤膜结构

超滤膜结构示意图如图 2-4 所示。膜断面结构为非对称结构。膜有三层结构：膜表面为薄而致密的细孔表皮层；皮层下是较厚、较粗孔径的支撑层，使其可承受水力压差；最外为保护层。超滤过滤是膜表皮层的过滤过程，过滤的分离性能主要取决于膜表面皮层的孔径分布。

2.2.2.2　超滤膜的表征

截留分子量：超滤膜的孔径通常用它截留物质的分子量大小来定义，将能截留 90%的

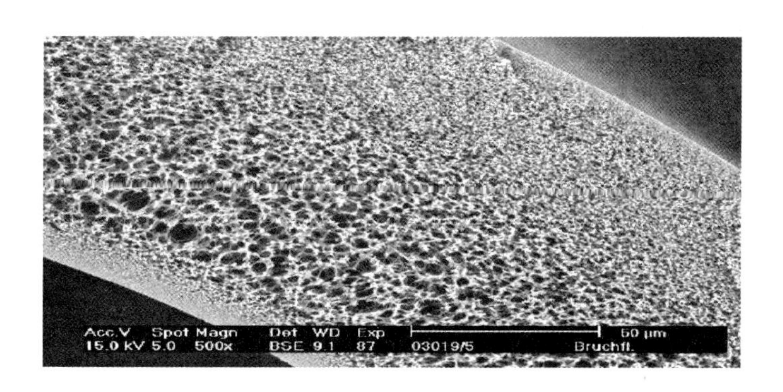

图 2-4　超滤膜结构示意图

物质的分子量称为膜的截留分子量。截留分子量与平均孔径的对应关系见表 2-9。通常用典型的已知分子量的球形分子如葡聚糖、蔗糖、杆菌肽、肌红蛋白、胃蛋白酶、球蛋白等作基准物进行此种测定。

表 2-9　截留分子量与平均孔径的对应关系

截留分子量	500	1000	10000	30000	50000	100000
孔径/nm	2.1	2.4	3.8	4.7	6.6	11.0

2.2.2.3　常见膜材料的性能

常见膜材料的性能见表 2-10。

表 2-10　常见膜材料及其参数

膜	SPES	CTA/CA	PS	PVDF	PES	PAN
膜材料	磺化聚醚砜	醋酸纤维素	聚砜	聚偏氟乙烯	聚醚砜	聚丙烯腈
接触角/(°)	45~50	50~55	65~81	74~86	65~70	52~58
水膨胀率/%	7~8	4.7~6.5	0.5~0.8	0.3~0.5	0.4~0.6	25~36
牛血清蛋白吸附量/$mg \cdot m^{-2}$	0.4	0.5	2.3	5.4	3.5	1.3
带电性能/mV（pH 值为 7）	-40	-30	-4.6	-3.7	-4.2	-7.5

某电厂超滤膜采用立式中空纤维，材质为聚砜、聚醚砜或 PVDF，过滤的截留分子量为不大于 100000~150000 道尔顿。

2.2.2.4　亲水性和疏水性

若膜表面呈亲水性，在水处理中它具有更好的抗污染能力，因为水中绝大多数污染物如蛋白质、脂肪等都是疏水性物质。当制膜材料为亲水材料（如醋酸纤维、聚丙烯腈、聚乙烯醇），这类膜称为亲水超滤膜（见图2-5）。这类膜虽具有较好的亲水性，但其化学稳定性稍差，只允许在较狭窄pH值范围内使用。聚砜、聚醚砜、聚偏氟乙烯等疏水高分子聚合物材料制成的疏水膜，其化学性能更为稳定，机械强度高，因而被广泛采用。为改进疏水膜的抗污染能力，现各厂家采用不同化学改性方法，将其原疏水膜改性为偏亲水性。这类膜也被称为亲水超滤膜。目前，常被采用的多属这类改性的亲水超滤膜，其亲水改性程度因各厂家改性方法不同而不同。

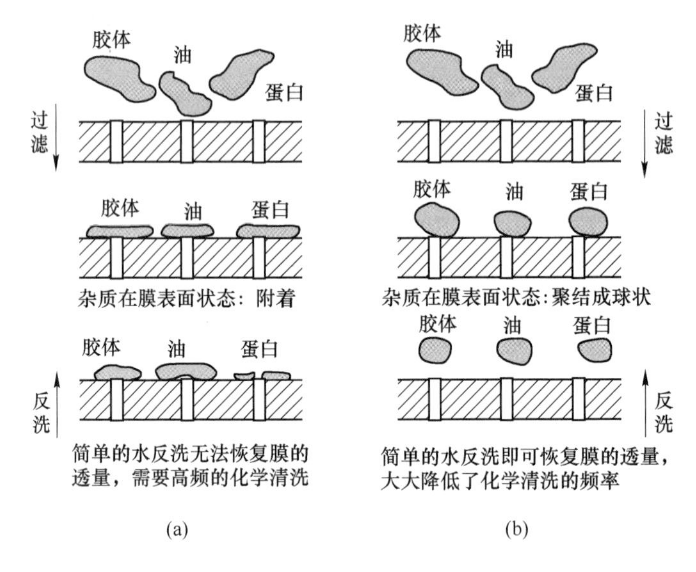

图2-5　膜的性质与工作原理示意图

（a）非亲水性膜；（b）亲水性膜

2.2.2.5　外压膜与内压膜的区别

在水处理应用中，中空纤维超滤膜的操作方式既可以是外压式的，也可以是内压式的。

采用外压式时，料液先进入组件外壳，从膜丝外壁施压，产水透过膜壁，从膜丝内腔流出。反洗时从膜丝内腔施压，反洗水透过膜壁，从膜丝外壁流出。

内压式操作过程中，料液先进入组件外壳，从膜丝内腔施压，产水透过膜壁，从膜丝外壁流出。反洗过程中，高速反洗液从膜丝的整个长度上透过膜壁，从膜丝内腔流出。

外压式操作在进行反洗时无法保证清洗的效率。过滤过程中料液从膜丝外壁进入膜丝内腔，反洗时采用透过液，流道方向恰恰相反。为了保证反洗效果，需要大流量注入透过液。但膜丝内腔的流道狭小，限制了反洗液的流量，反洗的效果会大打折扣。最终的结果是膜污染和透量下降。外压式操作的反洗过程均采用了空气辅助措施。空气可以从膜丝内腔直接透过膜壁，也可以在反洗时在膜丝外侧加入空气扰动膜丝。真正的空气反冲洗可以彻底清除膜面的沉积物，但在清理膜面的同时对膜丝也会造成拉伸、疲劳等伤害，最终导致膜丝失效。

2.2.3 超滤膜的运行和控制方式

2.2.3.1 直流运行（死过滤）和错流运行

超滤膜运行方式如图 2-6 所示。

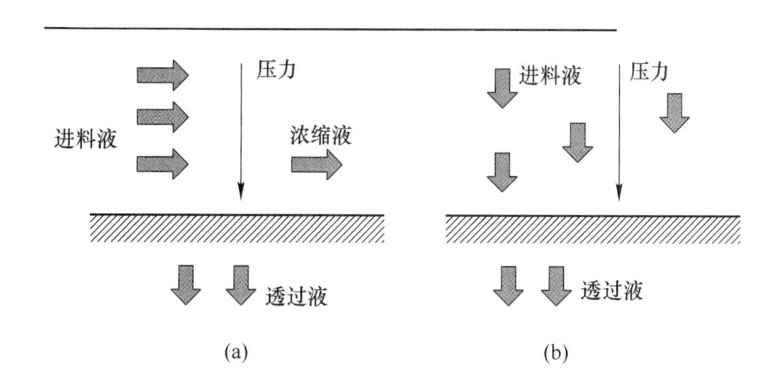

图 2-6 超滤膜运行方式示意图
（a）错流过滤；（b）死过滤

错流过滤：错流过滤可以增大膜表面的液体流速，使膜表面凝胶层厚度降低，从而可以有效降低膜的污染。错流过滤的浓水流量与产水量的比称为汇流比，一般在 10%～100%。采用错流过滤可以降低膜的污染，但需要更大的水输送量，消耗更大的能耗，一般用在水质较差的条件下，为了避免错流过滤的缺点一般采用微错流过滤。微错流过滤的特点为浓水汇流比的范围在 1%～10%，这部分浓水全部排放。微错流过滤介于错流和直流过滤之间，兼顾了污染和能耗因数，缺点是降低了水的回收率。

直流运行（死过滤）：主要用在所处理的水质较好（通常浊度小于 10NTU）时，其膜上的截留物不能通过浓水带出。这种操作能节省能耗，但在相同水质条件下，需要更大的膜面积。

2.2.3.2 恒水流量控制和恒进水压力控制

恒水流量控制：控制超滤产水流量恒定不变。

（1）优点：确保不会超过临界流量控制，有利于上下道工序运行稳定。

（2）缺点：系统压力不断升高。

恒进水压力控制：控制超滤进水压力恒定不变。

（1）优点：易于控制，系统不会超压。

（2）缺点：不利于上下道工序运行稳定。

2.2.3.3 超滤系统典型工艺流程

超滤系统典型工艺流程如图 2-7 所示。

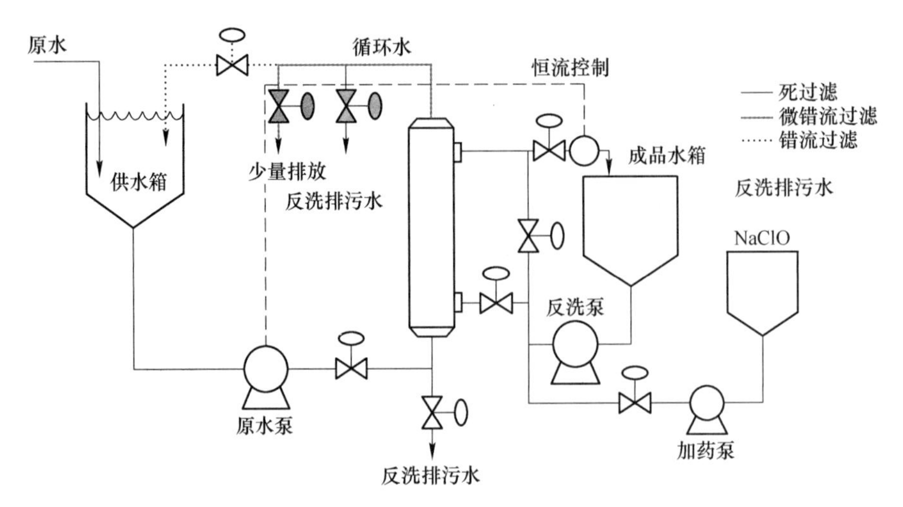

图 2-7　超滤典型工艺流程图

2.2.4　超滤系统装置及设备

2.2.4.1　系统组成

某电厂系统设置 2 套 100m³/h（20℃时）净出力的超滤装置，后续反渗透系统。正常运行时，两套超滤装置的出水作为两套反渗透的进水。超滤膜组件的出口压力为出口管道阻力和超滤产水箱的静压，水箱静压稳定，约为 0.1MPa。膜元件采用立式中空纤维，材质为聚砜、聚醚砜或 PVDF，过滤的截留分子量为不大于 100000~150000 道尔顿。基本指标：回收率大于 90%，出水 SDI 不大于 2。超滤装置的药品投加和化学清洗药剂如次氯酸钠、酸、碱等所用的计量泵应按药品种类分开设置，不兼用。流程为：化学水池→化学水泵→加热器→自清洗过滤器→超滤膜组件→超滤产水箱。

经凝聚、澄清、过滤后的清水（浊度小于 2NTU）贮存于清水池中，然后送至超滤系统。在冬季水温比较低的情况下对原水进行蒸汽加热处理；其他季节则直接经过旁路，进入超滤保安过滤器；拦截原水中可能存在的大颗粒杂质。在超滤装置中，绝大部分的悬浮物、浊度、色度以及部分有机物都被去除，使得出水的 SDI 小于 2，保证出水符合反渗透装置的进水水质要求，进入超滤产水箱，作为反渗透的进水。

2.2.4.2　超滤系统设备

超滤系统设备包括 3 台出力 127t/h 的化学水泵、2 台出力 250t/h 的管式加热器、2 台 125t/h 的自清洗过滤器、2 套出力 100t/h 的超滤装置、2 台 300m³ 的超滤产水箱，以及有关的加药设备和一套与反渗透装置共用的清洗设备。

2.2.4.3　各设备的技术参数

超滤装置、超滤反洗次氯酸钠泵、超滤次氯酸钠泵、超滤酸、碱泵、管式加热器的技术参数如下所示。

(1) 超滤装置。

超滤装置的技术参数见表 2-11。

表 2-11 超滤装置技术参数

序号	超滤装置	参 数
1	装置数量	2 套
2	单套超滤净出力	100t/h (20℃)
3	进水回收率	≥90%
4	过滤型式	死端过滤
5	最大允许透膜压差	≤0.1MPa
6	膜的平均水通量	≤60L/(m^2·h)
7	型式	立式中空纤维外压膜
8	型号	K2000T
9	材料	PVDF
10	膜切割分子量	(1.0~1.5) ×10^5Ng
11	膜的水通量范围	≤60L/(m^2·h)
12	膜组件运行压力	0.2MPa
13	膜组件反洗透膜压差	0.1MPa
14	膜组件最大允许压力	0.1~0.3MPa
15	膜组件数量	35 根/套
16	膜组件保证使用年限	5 年
17	膜组件保证年更换率	5%

(2) 超滤反洗次氯酸钠泵 (共 2 台)。

超滤反洗次氯酸钠泵的技术参数见表 2-12。

表 2-12 超滤反洗次氯酸钠泵技术参数

泵			电 机		
序号	规 范	参 数	序号	规 范	参 数
1	型号	7220-s-e	1	型式	液压隔膜式
2	流量	560L/H	2	电压	220/380V
3	压力	0.6MPa	3	功率	0.55kW

(3) 超滤次氯酸钠泵 (共 2 台)。

超滤次氯酸钠泵技术参数见表 2-13。

表 2-13 超滤次氯酸钠泵技术参数

泵			电 机		
序号	规 范	参 数	序号	规 范	参 数
1	型号	7220-s-e	1	型式	液压隔膜式
2	流量	10L/H	2	功率	0.37kW
3	压力	1.0MPa	3	电压	220/380V

（4）超滤酸、碱泵（共4台）。

超滤酸、碱泵技术参数见表2-14。

表2-14 超滤酸、碱泵技术参数

泵			电机		
序号	规范	参数	序号	规范	参数
1	型号	7220-s-e	1	型式	液压隔膜式
2	流量	450L/H	2	电压	220/380V
3	压力	0.6MPa	3	功率	0.37kW

（5）管式加热器。

加热器为管式加热装置，加热器水、汽过流部分材料为S31603。

加热器设置温度自动调节系统，以恒定其出水温度在（25±3）℃，温度高于28℃时报警，温度高于30℃时自动切断加热蒸汽，具有失电自动关断加热蒸汽阀门功能。

进入加热器的蒸汽无需进行减温和减压。加热器的蒸汽母管设手动截止阀、气动调节阀，最低点设排放阀。

蒸汽管道设安全阀和疏水阀，疏水温度小于45℃，正常运行时，加热器疏水通过疏水箱和疏水泵回收至预脱盐水箱（如必要设隔离门和逆止门）。

加热器有关参数见表2-15。

表2-15 加热器有关参数

型式	换热式	单位或牌号
出力	250	m^3/h
数量	1	台
加热温度调节范围	5~25	℃
加热方式	蒸汽加热	
控制方式	自动可调	
材料	壳体	S31608
	换热材料	S31608
噪声	≤85dB（1m距离处）	

被加热水源水水质参数见表2-16。

表2-16 某电厂水源河取水口水质全分析数据表

监测项目	符号	单位	数值									
			2012年12月	2013年1月	2013年3月	2013年4月	2013年5月	2013年6月	2013年7月	2013年8月	2013年9月	2013年10月
pH值（25℃）	pH	—	7.89	7.92	8.09	8.01	8.65	7.40	7.77	7.38	7.40	7.22

续表 2-16

监测项目	符号	单位	数值									
			2012年12月	2013年1月	2013年3月	2013年4月	2013年5月	2013年6月	2013年7月	2013年8月	2013年9月	2013年10月
悬浮物	SS	mg/L	17	43	19	166	106	18	15	28	20	12
溶解固形物	TDS	mg/L	565	531	1259	856	679	600	725	820	880	740
全固形物	QG	mg/L	582	574	1278	1022	785	618	740	848	900	752
电导率（25℃）	DD	μS/cm	937	860	2095	1409	1000	1050	1200	1367	1455	1266
游离二氧化碳	CO_2	mg/L	5.74	6.04	6.63	5.74	6.27	9.90	4.59	16.38	14.65	12.07
化学需氧量	COD_{Mn}	mg/L	3.16	3.27	4.66	4.78	5.26	11.8	10.7	12.72	10.37	5.68
钙	Ca	mg/L	46.23	46.19	65.03	48.98	24.11	47.2	36.6	48.30	56.70	30.68
镁	Mg	mg/L	19.54	25.89	57.31	40.48	22.44	25.0	10.04	17.50	23.88	16.45
钠	Na	mg/L	111	93.98	291	189	172	106.9	182	190.6	188.5	143.8
钾	K	mg/L	14.11	13.27	23.89	21.66	23.14	14.7	22.1	26.80	30.02	1.95
铁	Fe	mg/L	0.42	0.14	0.03	0.02	0.005	1.51	0.02	0.52	0.32	0.03
铝	Al	mg/L	0.61	0.22	0.05	0.05	0.03	0.01	0.04	0.12	0.10	0.01
铁铝氧化物	R_2O_3	mg/L	1.75	0.62	0.14	0.12	0.06	2.18	0.095	0.97	0.65	0.07
碳酸盐	CO_3	mg/L	—	—	—	—	3.00	—	—	—	—	—
重碳酸盐	HCO_3	mg/L	184	192	359	215	155	161	209	240.3	180.5	209
硫酸盐	SO_4	mg/L	81.31	59.15	102	40.37	43.70	115	111	101.7	120.7	111
硝酸盐	NO_3	mg/L	6.98	7.05	13.12	7.55	5.30	8.69	17.98	12.87	13.88	8.87
全硅	$SiO_{2(全)}$	mg/L	3.61	6.14	2.34	1.78	0.12	10.62	13.88	9.87	10.37	2.59
溶硅	$SiO_{2(溶)}$	mg/L	2.48	4.09	1.89	1.21	0.09	9.57	12.80	5.68	6.33	0.66
胶硅	$SiO_{2(胶)}$	mg/L	1.13	2.05	0.45	0.57	0.03	1.05	1.08	4.19	4.04	1.93
全硬度	$YD_{(全)}$	mg/L	196	222	398	289	152	222	132.5	192.5	239.5	144
碳酸盐硬度	$YD_{(碳酸盐)}$	mg/L	151	157	294	176	127	132	171	196.9	147.9	101
非碳酸盐硬度	$YD_{(非碳酸盐)}$	mg/L	45	65	104	113	25	90	—	—	91.6	43
甲基橙碱度	$JD_{(甲基橙)}$	mg/L	151	157	294	176	127	132	171	196.9	147.9	101
酚酞碱度	$JD_{(酚酞)}$	mg/L	—	—	—	—	5.00	—	—	—	—	—
氯化物	Cl	mg/L	154	158	462	357	267	154	181	196.9	253.2	115
总有机碳	TOC	mg/L	4.49	3.92	5.72	3.54	3.65	3.42	4.78	5.68	3.23	4.78
钡	Ba	mg/L	—	—	—	—	—	0.04	0.03	—	—	0.03
锶	Sr	mg/L	—	—	—	—	—	0.32	0.23	0.14	0.21	0.22

2.3 反渗透除盐

2.3.1 反渗透的基本原理

反渗透是一种新型的膜分离技术，目前发展很快，并越来越多地用于许多行业的水处理上。反渗透工艺是利用反渗透膜将淡水和盐水隔开，并在盐水一侧施加压力，使盐水中的水透过膜到淡水一侧，从而达到溶质与水分离的目的。反渗透膜分离过程不需加热，没有相的变化，具有消耗能量少、设备简单、操作简便、适用范围广等优点。随着反渗透膜质量的不断提高，应用前景十分广阔。

如果将淡水和盐水（或两种不同浓度的溶液）用只透水而不透过溶质的半透膜隔开，淡水中水分子将自发地透过半透膜向盐水（或从低浓度溶液向高浓度溶液）侧流动，这种自然现象叫作渗透，如图 2-8（a）所示。当渗透进行到盐水侧的液面达到某一高度而产生一个压力时，水通过膜的净流量等于零，此时达到平衡，这个平衡压力就叫作渗透压，如图 2-8（b）所示。当在盐水一侧施加一个大于渗透压的压力时，水的流向就会逆转，盐水中的水分子向淡水侧渗透，这种现象就叫作反渗透。如图 2-8（c）所示。

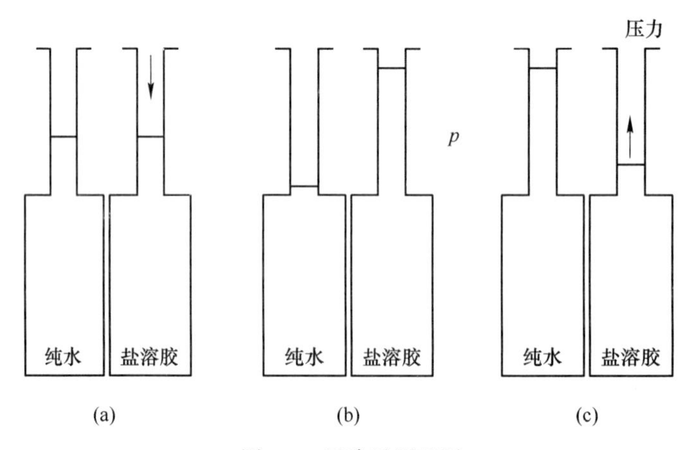

图 2-8 反渗透原理图

（a）渗透；（b）渗透压；（c）反渗透

反渗透脱盐必须满足两个基本条件：（1）半透膜具有选择地透水而不透盐的特性；（2）盐水与淡水两室间的外加压差（Δp）大于渗透压差 $\Delta \Pi$，即（$\Delta p-\Delta \Pi$）>0。符合条件（1）的半透膜通常称之为反渗透膜。目前，反渗透膜多用高分子材料制成，常见的有芳香聚酰胺反渗透膜和醋酸纤维素反渗透膜。

2.3.2 反渗透膜

2.3.2.1 反渗透膜材料

膜的分离性能与膜材料的分子结构密切相关。人们根据脱盐的要求，从大量的高分子材料中筛选出醋酸纤维素（CA）和芳香聚酰胺（PA）两大类膜材料。此外，复合膜的表皮层还用到其他一些特殊材料。

醋酸纤维素又称乙酰纤维素或纤维素醋酸酯。常以含纤维素的棉花、木材等为原料，经过酯化和水解反应制成醋酸纤维素，再加工成反渗透膜。

聚酰胺膜材料包括脂肪族聚酰胺和芳香族聚酰胺两类。目前使用最多的是芳香族聚酰胺膜，膜材料为芳香族聚酰胺、芳香族聚酰胺-酰肼以及一些含氮芳香聚合物。

复合膜的特征是由两种以上的材料制成，它是由很薄的致密层与多孔支撑复合而成的。多孔支撑层又称基膜，起增强机械强度作用；致密层也称表皮层，起脱盐作用，故又称脱盐层。

2.3.2.2 反渗透膜的结构

膜的结构包括宏观结构和微观结构。前者是指膜几何形状，主要有板式、管式、卷式和中空纤维式四种；后者是指膜的断面结构和结晶状态等。

从形貌看，膜大致可分为二类：均相膜和非均相膜。非均相膜又称非对称结构膜。其形貌特征是在垂直于膜表面的截面上孔隙分布不均匀，由表向里孔隙渐增，表层孔隙最小，底层孔隙最大。目前应用最为广泛的是非对称膜。膜的非对称结构，决定了膜的方向性。例如反渗透膜，当致密层面向高压侧时，可获得预期的脱盐率；反之，当多孔层面向高压侧时，膜的脱盐率明显变差。所以，使用膜时应注意方向。膜的致密层表面比多孔层表面平滑有光泽。

2.3.2.3 反渗透膜的分类

基于不同考虑，膜的分类有许多方法。

（1）按膜材料分。主要有芳香聚酰胺膜和醋酸纤维素膜。此外，还有聚酰亚胺膜、磺化聚砜膜、磺化聚砜醚膜等。

（2）按制膜工艺分。可分为溶液相转化膜、熔融热相转变膜、复合膜和动力膜。目前，普遍应用的是复合膜。

（3）按膜结构特点分。可分为均相膜、非对称膜和复合膜。目前常用非对称膜和复合膜。有人将均相膜、非对称膜和复合膜依次称之为第一代膜、第二代膜和第三代膜。反渗透膜元件结构如图 2-9 所示。

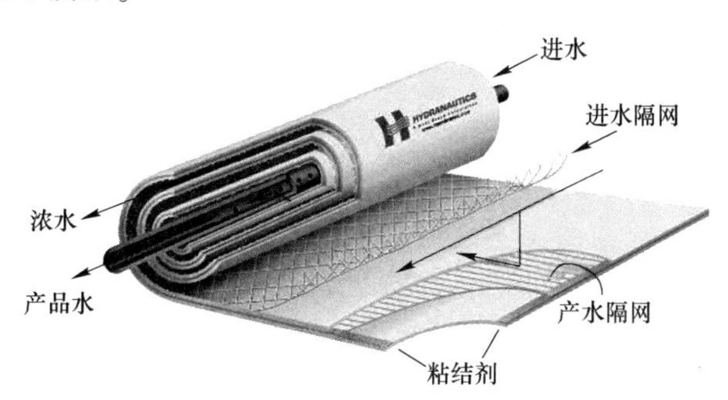

图 2-9 反渗透膜元件结构示意图

（4）按传质机理分。有活性膜和被动膜之分。活性膜是在溶液透过膜的过程中，透过组分的化学性质可改变；被动膜是指溶液透过膜的前后化学性质没有发生变化。目前所有反渗透膜都属于被动膜。

（5）按膜出厂时的检测压力分为超低压膜、低压膜和中压膜。

（6）按膜的用途分为苦咸水淡化膜、海水淡化膜、抗污染膜等多个品种。

（7）按膜的形状分，主要有板式膜、管式膜、卷式膜和中空纤维膜。

2.3.2.4 反渗透膜的性能要求

为适应水处理应用的需要，反渗透膜必须具有应用上的可靠性和形成规模的经济性，其一般要求是：

（1）渗透性要大，脱盐率要高。

（2）有一定的强度和坚实程度，不致因水的压力和拉力影响而变形、破裂。膜的被压实性尽可能最小，水通量衰减小，保证稳定的产水量。

（3）结构要均匀，能制成所需要的结构。

（4）适应较大的压力、温度和水质变化。

（5）有好的耐温、耐酸碱、耐氧化、耐水解和耐生物污染性能。

（6）寿命要长。

（7）成本要低。

2.3.2.5 反渗透膜的主要性能参数与运行工况条件

反渗透膜的主要性能参数与运行工况条件如下所示。

（1）透水率。透水率是指单位时间透过单位膜面积的水量。主要取决于膜的材质和结构等因素，但一定的反渗透膜其透水率则取决于运行条件。

1）透水率随温度的升高而增加，随工作压力的增加成比例的上升。

2）透水率随进水浓度的增加而下降。

3）透水率随回收率的增加而下降。

（2）回收率。回收率即供水对渗透液的转换率，直接影响除盐系统的成本。苦盐水的回收率大约为90%，高苦盐水降为60%~65%，工业海水系统回收率是35%~45%。

（3）膜通量。膜通量是表明通过膜表面的一个特定区域的水流速度。地表水的膜通量是8~14GFD（13~23L/(m^3·h)），经过反渗透出水的膜通量是14~18GFD（23~30L/(m^3·h)），海水的膜通量为7~8GFD。

2.3.3 反渗透系统工艺流程装置及辅助设备

2.3.3.1 预脱盐系统工艺流程

经凝聚、澄清、过滤后的清水→超滤进水泵→加热器→超滤自清洗过滤器→超滤膜组件→超滤产水箱→超滤产水泵→反渗透保安过滤器→反渗透高压泵→反渗透膜组件→预脱盐水箱→至后续化学除盐系统。

2.3.3.2 超滤反洗流程

超滤产水箱→过滤器反洗水泵→超滤自清洗过滤器。

2.3.3.3 超滤化学清洗

化学清洗箱→化学清洗泵→清洗过滤器→化学废水池。

2.3.3.4 反渗透化学清洗系统

反渗透清洗水箱→反渗透清洗水泵→反渗透清洗保安过滤器→反渗透膜组件（废液自流至化学废水池）。

2.3.3.5 反渗透冲洗流程

预脱盐水箱→反渗透冲洗水泵→反渗透膜组件。

2.3.3.6 回收水流程

过滤器反洗排水：过滤器反洗排水→过滤器反洗回收水池→排水泵→循环管。
换热器冷凝水回收：换热器冷凝水→过滤器反洗回收水池→排水泵→循环管。
反渗透浓水回收：反渗透浓水→工业回用水池。

2.3.3.7 过滤器、反渗透加药系统

多介质过滤器进口投加凝聚剂、助凝剂、氧化剂（NaClO），活性炭进口母管投加还原剂，反渗透保安过滤器进口管投加阻垢剂，化学清洗箱投加酸和碱。

2.3.4 反渗透系统配置

2.3.4.1 保安过滤器

保安过滤器中的滤元为可更换卡式滤棒，当过滤器进出口压差大于设定的值（通常为0.07~0.1MPa）时，应当更换滤棒。

外壳材料为S31603不锈钢。进入保安过滤器的水管最低点应设耐腐蚀排放阀（不采用塑料材质）。保安过滤器采用立式大流量过滤器，内装折叠式大流量滤元，过滤精度为5μm，运行滤速应不大于$10m^3/(m^2 \cdot h)$（以滤芯表面积计）。

从反渗透系统的运行和操作安全出发，保安过滤器、高压泵、反渗透装置都呈一对一的串联设置，即一套反渗透配置一台保安过滤器和一组高压泵。

保安过滤器的结构能满足快速更换滤元的要求。上盖应有手旋提升螺母、吊杆或铰链。进入保安过滤器的水管最低点设耐腐蚀排放阀（不得采用塑料材质）。

2.3.4.2 反渗透高压泵

反渗透高压泵是RO系统的核心设备之一，为RO系统提供压力进行脱盐。

高压泵出口装设慢开门装置（控制阀门开启速度），以防膜组件受高压水的冲击。反渗透高压泵、管道及附件的材料均采用S30408不锈钢。密封方式考虑耐腐蚀，机械密封。反渗透高压泵进口装压力开关，压力低时报警及停泵。高压泵电机为变频电机，当温度和原水含盐量等变化时，保持预脱盐系统出力的稳定。

反渗透高压泵应具有体积小，效率高，噪声低，维护量低，节省能量的特点。高压泵的流量选为105t/h，1.48MPa。高压泵进口装压力开关，压力低时报警及停泵。高压泵出口装设电动慢开门装置（控制阀门开启速度）以防膜组件受高压水的冲击，并设压力开关用以延时压力高报警及停泵。

高压泵及附件的材料均采用316SS不锈钢。高压泵的密封采用机械密封方式，并考虑防腐要求。高压泵采用进口水泵并采用变频调节。电动慢开门装置采用进口阀门及配套控制装置。阀门连接方式采用法兰连接。

2.3.4.3 RO装置

某电厂设置2系列75m^3/h出力的反渗透装置，每列都能单独运行，也可同时运行。本装置反渗透膜组件均采用抗污染膜，单根膜脱盐率达99.5%，RO膜采用11：6排列，即共采用204支膜元件。RO膜选用美国海德能的PROC-10的抗污染膜。RO膜元件的设计通量不大于各膜元件制造厂商《导则》规定的最大通量值。反渗透装置的给水加药种类及加药点，化学清洗装置的选择根据给水水质和所选用反渗透装置膜组件的特性确定。

反渗透装置出水管上应设止回阀。反渗透装置保证膜所承受的静背压不超出膜厂家的规定值，每套反渗透产品水管上应装设防爆膜或安全阀。浓水排水须装流量控制阀（稳流阀），以控制水的回收率。整套装置应设有程序启停装置，停用后能延时自动冲洗。装置每根高压容器产品水管和浓水管应设取样点，取样点的数量及位置应能有效地诊断并确定系统的运行状况。膜组件应安装在组合架上，组合架上应配备全部管道及接头，还包括所有的支架、紧固件、夹具及其他附件。管道、法兰、阀门及紧固件均采用S31603不锈钢材质，部分采用耐压等级相当的软管。组合架的设计应满足厂址的抗震烈度要求和组件的膨胀要求。

系统测量配置点及数量等要满足本系统的安全、稳定、可靠运行需要。每列反渗透膜元件单元至少配置下列仪表：反渗透进水压力变送器和就地压力表、反渗透二段压力变送器和就地压力表、反渗透浓水压力变送器和就地压力表、反渗透浓水流量变送器、反渗透产水压力变送器和流量变送器。每套反渗透装置都应配有就地控制盘，就地控制盘盘面采用不锈钢材质，且配有气动或电动控制元器件，该元器件应为可靠产品。

膜管组装后，膜管在膜壳内不得松动，作为主要的质量控制点。提供每段膜管接口的采样器材，以便可以检测膜管间的泄漏情况。

反渗透装置产水进预脱盐水箱为上部进水，反渗透装置受预脱盐水箱产生的背压约为0.1MPa。

2.3.4.4 反渗透装置冲洗水泵

反渗透冲洗水泵选用耐腐蚀离心泵，泵体过流部分及附件的材料均采用S30408不锈钢；泵的密封采用机械密封方式，并考虑防腐要求；冲洗水泵的出力、扬程范围应符合系统要求。水泵的选型应确保其工作点流量及扬程为效率最高点。

冲洗水泵为2套反渗透公用，数量1台。冲洗水泵出口要求设置就地压力表。

2.3.4.5 反渗透膜组件的药品注入单元

药品注入系统至少包括加阻垢剂、还原剂系统等。各类药品溶液箱的容积不应小于三天的药品用量，对于需由现场配制的溶液，该类药品应设置两个溶液箱。溶液箱设置合理的配药口，确保人工操作的方便。箱体内、外表面考虑防腐。各类药品溶液箱设置支脚。

加药计量泵进口设原厂配耐腐蚀滤网，出口应装设原厂配稳压阀、安全阀及脉冲阻尼器，脉冲阻尼器上应带压力表。药品注入点宜设在管式混合器的上游，并有充分的反应时间。

溶解固体的溶液箱内宜设耐腐蚀的溶解用筐网。除酸溶液箱（如有必要）外的其他溶液箱均应设置电动搅拌溶解装置。接触液体部分设备、管道等材料要与介质的防腐要求相匹配。

加药装置及药品注入系统阀门、管道等材料要与介质的防腐要求相匹配。

每个溶药箱应配置侧装式磁翻柱液位计及隔离阀，并有4~20mADC远传液位及报警信号至辅控DCS装置；药箱应考虑底部排水措施，以便排空箱内部残存液。

各类药品应分别设计成单元型式，对于需连续加药的计量箱应设备用。每种药品的溶液箱、加药泵及管道、阀门和附件等应共同组装在一个底盘上，并考虑运行操作和维修的方便。

反渗透膜组件的药品注入单元为2套反渗透公用。加药管道至加药点处应设逆止阀及隔离阀。

2.3.4.6 反渗透膜组件的化学清洗单元

某电厂设有一套反渗透膜组件的化学清洗单元，为2套反渗透公用。清洗单元的加药程序可由辅控DCS来控制，控制计量泵的自动加药包括加药的种类及顺序。化学清洗单元包括化学清洗箱、化学清洗泵、清洗过滤器、管道、阀门等。

清洗过滤器采用立式大流量过滤器，内装折叠式大流量滤元，过滤精度5μm，外壳材料为碳钢衬胶。清洗单元的材质和防腐涂层应能适用于所用的清洗液。化学清洗箱应设搅拌器、电加热器（功率：要求在3h内将整箱水从5℃加热到40℃），能自动控制温度、液位。

化学清洗箱要求配置就地温度指示表、温度测量变送器和磁翻板液位计，磁翻板液位计要求带4~20mA远传信号。

化学清洗泵泵体过流部分及附件的材料均采用S31603不锈钢；泵的密封为进口集装式机械密封方式，并考虑防腐要求。

2.3.4.7 酸雾吸收器（碱中和式）

碱中和式酸雾吸收器的工作压力：常压。其工作温度：常温。其内部介质：HCl酸雾。

酸雾吸收器为钢制内衬塑的立式圆柱形容器，筒体搭接焊缝需打磨坡口，焊接均匀，外表光滑、平整。底部应配置酸雾分配装置，以降低流通阻力，并确保酸雾的有效吸收。进碱口、排污口溢流口配同口径增强聚丙烯塑料隔膜优质UPVC球阀各1只，进气口与排气口连通并装有 UPVC 单向止回阀。

2.3.4.8 预脱盐水箱

设备台数：2 台。设备体积：300m^3（有效容积）。设备直径：DN7820。工作压力：常压。工作温度：常温。内部介质：预脱盐水。

预脱盐水箱本体为焊接碳钢结构的立式圆柱形容器，本体内部防腐。底部液位压力变送器远传信号进入控制系统。设备本体接口均为法兰连接，法兰标准 JB/T 81—2015。

2.3.4.9 预脱盐水泵

设有两台预脱盐水泵，泵体过流部分及附件的材料均采用 S30408 不锈钢；泵的密封为进口集装式机械密封方式，并考虑防腐要求。预脱盐水泵的出力、扬程范围应符合系统要求。各预脱盐水泵出口应配置就地压力表。

2.3.4.10 系统管道

整个系统的管道设计应避免死角，以防止细菌生长，并考虑能冲洗系统。法兰应采用相应压力等级标准的平焊突面结构形式。系统均需采用耐相应介质腐蚀的材质：(1)自净水区来清水→超滤保安过滤器→超滤装置→超滤产水箱入口的管道为钢衬聚丙烯复合管；(2)蒸汽及工业水系统管道为碳钢管道；加热器疏水管道为 S30408 不锈钢管；(3)超滤产水箱出口→超滤产水泵→RO 保安过滤器→反渗透高压泵的管道为钢衬聚丙烯复合管；(4)高压泵出口至反渗透膜组件进口管道为 S30408 不锈钢管；(5)反渗透膜组件出口至预脱盐水泵出口之间的全部管道为钢衬聚丙烯复合管；(6)反渗透浓水管道为钢衬聚丙烯复合管；(7)反冲洗系统、膜清洗系统管道为钢衬聚丙烯复合管；(8)小管径加药管道为 UPVC 管；(9)压缩空气管道采用 S30408 不锈钢管。

为方便现场施工，并避免安装时的误差，所有衬塑或衬胶管道的连接在关键部位可以设伸缩节或活接头。

管道设计流速要求：各水泵入口，0.5～1m/s；各水泵出口，2～2.5m/s。超滤膜组件、反渗透膜组件给水及出水系统布水应考虑均匀性。

为防止酸碱溶液滴漏造成人员伤害或设备腐蚀，所有穿越人行通道上的酸碱管路法兰连接处都应采用透明 PVC 材质的法兰保护套。

2.3.4.11 阀门

所有阀门的材质应根据所接触的介质性质选用合适的防腐材质，具有液晶显示面板，运行时能够连续显示阀门实际位置及电动装置（或定位器）的状态，同时作为“免开盖”调试阀门的人机界面。所有自动阀门均带有位置开关。进水、排水、酸碱液等工艺需要调节流量的气动隔膜阀需带限位器。

所有自动阀门在失电或失气时保持安全状态。所有阀门的设计安装位置应便于操作、便于检修；所有阀门的使用寿命不低于 30 年（易损件除外）。

2.3.4.12 化学监测仪表

反渗透系统配置的化学监测仪表有流量表、压力表、液位计、温度计、化学仪表。

（1）流量表：超滤进水总管上应设流量变送器及累计表，加热器进汽管道上应设蒸汽流量变送器及累计表，超滤给水、产品水应装设流量变送器及累计表，超滤清洗水泵出口应装设流量变送器，超滤反洗水泵出口母管应设流量变送器及累计表，反渗透给水、二段产品水、总产品水及浓水排水应装设流量变送器及累计表，反渗透清洗水泵出口应装设流量变送器。

（2）压力表：各类水泵出口应装设就地压力表；加热器进汽管道上应装设压力变送器；每台过滤器进出口管道上应装设就地压力表和差压表；超滤进出口装设压力变送器；超滤系统反洗水总管上应装设压力变送器；RO 高压泵进口装设低压保护开关，RO 高压泵出口装设高压保护开关；RO 各段进出口及浓水出口装设就地压力表和压力变送器。

（3）液位计：超滤反洗水回收水池装设远传液位计；各类药液箱等应设置带远传信号的磁翻柱液位计；液位计的高、低液位应报警，高、低液位应停相应的泵。

（4）温度计：加热器进汽管道应装设温度测量变送器，加热器出水管道应装设温度测量变送器，反渗透进水母管上应装设温度测量变送器，超滤化学清洗箱及反渗透化学清洗箱应设温度表。

（5）化学仪表：超滤保安过滤器进口母管设浊度仪、余氯表，每套超滤出口管设浊度仪，超滤系统反洗总管上应装设 pH 值表，反渗透保安过滤器进口母管上应装设人工 SDI 测点，反渗透保安过滤器进口母管设电导率表、氧化还原表及余氯表，每套反渗透产品出水管上设电导率表。

除浊度仪外，现场的在线化学仪表应相对集中布置，取样仪表盘或仪表保护柜用于安装仪表，另有一台 SDI 手工测定器。

2.3.5 设备技术参数

各设备的技术参数如下所示。

（1）加热器。加热器的技术参数见表 2-17。

表 2-17 加热器技术参数

型式	换热式
出力/$m^3 \cdot h^{-1}$	250
数量/台	1
加热温度调节范围/℃	5 ~25
加热方式	管式
控制方式	自动可调
材料	S31608
噪声/dB	≤85（1m 距离处）

（2）保安过滤器、膜清洗过滤器。它们的技术参数见表 2-18。

表 2-18 保安过滤器、膜清洗过滤器技术参数

项目 \ 过滤器类型	RO 保安过滤器	膜清洗过滤器
型式	圆柱型	圆柱型
数量/台	2	1
出力/$m^3 \cdot h^{-1}$	100	80
直径/mm	600	600
壁厚/mm	6	4
设计压力/MPa	0.5	0.5
水压试验压力/MPa	0.6	0.6
工作温度/℃	5~35	5~35
正常运行压差/MPa	0.1	0.1
设备空载荷重/kg	850	150
壳体材料	S31603	S31603
滤芯材料	骨架：PP	骨架：PP
过滤层材质	玻璃纤维	玻璃纤维
滤芯外径/mm	162	162
内径厚度/mm	95	95
过滤精度/μm	5	5
数量/支	4	3
长度/mm	1012	1012
产地	江苏双洁	江苏双洁

（3）高压泵、膜清洗泵。其技术参数见表 2-19。

表 2-19 高压泵、膜清洗泵技术参数

项目 \ 泵类型	高压泵	膜清洗泵
型号	CRN90-6	CH65-200
型式	多级离心泵	卧式离心泵
数量/台	2	1
流量/$m^3 \cdot h^{-1}$	100	80
扬程/MPa	1.2	0.4
泵壳材料	S31603	S31603
叶轮材料	S31603	S31603
电机型号	配套	水泵厂家配套
电机功率/kW	45	18.5

（4）RO 装置膜组件。其技术参数见表 2-20。

表 2-20　RO 装置膜组件技术参数

装置套数	2
出力/$m^3 \cdot h^{-1}$	75（1 套，25℃）
运行温度/℃	20
排列（级、段）方式	一级两段
膜元件型式	涡卷式抗污染反渗透膜
膜元件型号	海德能 PROC10
脱盐率/%	≥99.8
膜元件材料	聚酰胺
膜元件总数量（每套）/根	180
使用寿命/年	3
年更换率/%	5
压力容器型号	8040-6
压力容器数量/台	30
压力容器壳体材料	FRP（头部范围材料为 31608）
工作压力/MPa	2.1
直径/mm	ϕ202.2
长度/mm	6614
整套装置空载荷重/t	2
整套装置运行荷重/t	3.5

（5）膜清洗水箱。膜清洗水箱技术参数见表 2-21。

表 2-21　膜清洗水箱技术参数

型　式	圆柱型
数量/台	1
容积/m^3	4
直径/mm	1600
壁厚/mm	4
总高度/mm	2600
本体设备材料	Q235-B
电加热功率/kW	50
附件	磁翻板液位计等

（6）加药系统设备。加药系统设备技术参数见表 2-22。

表 2-22 加药系统设备技术参数

系统名称 项目	凝聚剂添加系统	助凝剂添加系统	氧化剂添加系统	还原剂添加系统	阻垢剂添加系统
溶液箱型式	垂直圆筒	垂直圆筒	圆柱型	圆柱型	圆柱型
数量/台	1	2	1	2	2
容积/m^3	1	1	1	1	0.1
直径/mm	1000	1060	1000	1000	1000
总高度/mm	1700	1260	1200	1500	1500
设备本体材料/防腐	钢衬胶	钢衬胶	钢制衬塑	钢衬胶	钢衬胶
附件	磁翻板液位计等	磁翻板液位计等	磁翻板液位计等	磁翻板液位计	磁翻板液位计
电动搅拌器型式	桨式	桨式	—	桨式	桨式
电动搅拌器材料	不锈钢衬塑	316L 不锈钢	—	不锈钢	不锈钢
电动搅拌器功率/kW	0.55	0.75	—	0.37	0.37
搅拌转速/$r \cdot min^{-1}$	25	55~120/160	—	20	20
计量泵型号	DC2A	RA008	7220-s-e	LPE4MB	LPE4MB
计量泵型式	液压隔膜泵	液压隔膜泵	液压隔膜泵	液压隔膜泵	液压隔膜泵
数量/台	2	2	2	2	2
出力/$L \cdot h^{-1}$	10	40	560	7	7
加药浓度/10^{-6}	5~10	3~5	1~3	3~5	3~5
扬程/MPa	1.0	0.7	0.6	0.6	0.6
泵体材料	PVC	PVC	PVC	PVC	PVC
过流件	PVC	PTFE 隔膜	PVC	PVC	PVC
电机功率/kW	0.37	0.25	0.55	0.18	0.18
调节方式	加药量和给水流量成比例	加药量和给水流量成比例	注入量和给水流量成比例	注入量和加药后氧化还原表的值及给水流量成比例	注入量和给水流量成比例
自动调节方式	频率控制	频率控制	频率控制	频率控制	频率控制

（7）阀门部分。阀门部分技术参数见表 2-23。

表 2-23 阀门部分技术参数

序号	名 称	规 格	单位	数量	制造厂商	备 注
一、超滤进水泵						
1	手动衬胶蝶阀	DN250 PN10	只	2	天自仪四厂	进水口
2	手动衬胶蝶阀	DN200 PN10	只	3	天自仪四厂	进水口
3	手动衬胶蝶阀	DN150 PN10	只	3	天自仪四厂	出水口
4	衬胶止回阀	DN150 PN10	只	3	天自仪四厂	出水口

续表 2-23

序号	名　称	规　格	单位	数量	制造厂商	备　注
二、管式加热器						
1	手动衬胶蝶阀	DN150 PN10	只	1	天自仪四厂	进水口
2	手动衬胶蝶阀	DN200 PN10	只	3	天自仪四厂	进水口
3	不锈钢截止阀	DN150 PN10	只	1	天自仪四厂	蒸汽进口
4	气动调节阀	DN150 PN10	只	1	SED	蒸汽进口
5	气动截止阀	DN150 PN10	只	1	SED	蒸汽进口
6	不锈钢截止阀	DN50 PN10	只	4	天自仪四厂	疏水口
7	不锈钢球阀	DN32 PN10	只	1	天自仪四厂	疏水口
三、疏水泵						
1	手动衬胶蝶阀	DN65 PN10	只	1	天自仪四厂	进水口
2	手动衬胶蝶阀	DN50 PN10	只	1	天自仪四厂	出水口
3	衬胶止回阀	DN50 PN10	只	1	天自仪四厂	出水口
四、自清洗过滤器						
1	不锈钢截止阀	DN150 PN10	只	1	天自仪四厂	至清水池
2	气动衬胶蝶阀	DN150 PN10	只	3	SED	进水口
3	手动衬胶蝶阀	DN150 PN10	只	2	天自仪四厂	进水口
4	手动衬胶蝶阀	DN50 PN10	只	2	天自仪四厂	排气口
5	气动衬胶蝶阀	DN50 PN10	只	2	SED	排污口
6	不锈钢截止阀	DN150 PN10	只	2	天自仪四厂	出水口
7	气动调节阀	DN150 PN10	只	2	SED	出水口
五、超滤装置						
1	手动衬胶蝶阀	DN150 PN10	只	2	天自仪四厂	清洗进口
2	手动衬胶蝶阀	DN150 PN10	只	2	天自仪四厂	回清洗水箱
3	气动衬胶蝶阀	DN200 PN10	只	2	SED	至废水池
4	气动衬胶蝶阀	DN150 PN10	只	2	SED	至回收水池
5	气动衬胶蝶阀	DN150 PN10	只	2	SED	至预留口
6	衬胶止回阀	DN150 PN10	只	2	天自仪四厂	至预留口
7	气动衬胶蝶阀	DN200 PN10	只	2	SED	超滤出水口
六、超滤产水箱						
1	手动衬胶蝶阀	DN200 PN10	只	2	天自仪四厂	进水口
2	弹性接头	DN200 PN10	只	2		进水口
3	手动衬胶蝶阀	DN300 PN10	只	4	天自仪四厂	出水口
4	弹性接头	DN300 PN10	只	4		出水口
5	手动衬胶蝶阀	DN100 PN10	只	2	天自仪四厂	排污口

续表 2-23

序号	名　称	规　格	单位	数量	制造厂商	备　注
七、超滤产水泵						
1	手动衬胶蝶阀	DN200 PN10	只	3	天自仪四厂	进水口
2	衬胶止回阀	DN150 PN10	只	3	天自仪四厂	出水口
3	手动衬胶蝶阀	DN150 PN10	只	3	天自仪四厂	出水口
八、化学清洗泵						
1	手动衬胶蝶阀	DN300 PN10	只	2	天自仪四厂	进水口
2	衬胶止回阀	DN200 PN10	只	2	天自仪四厂	出水口
3	手动衬胶蝶阀	DN200 PN10	只	2	天自仪四厂	出水口
九、化学清洗保安过滤						
1	手动衬胶蝶阀	DN200 PN10	只	1	天自仪四厂	进水口
2	手动衬胶蝶阀	DN50 PN10	只	1	天自仪四厂	排气口
3	手动衬胶蝶阀	DN50 PN10	只	1	天自仪四厂	排污口
十、反渗透保安过滤器						
1	气动衬胶蝶阀	DN150 PN10	只	2	SED	进水口
2	手动衬胶蝶阀	DN150 PN10	只	2	天自仪四厂	进水口
3	手动衬胶蝶阀	DN50 PN10	只	2	天自仪四厂	排气口
4	手动衬胶蝶阀	DN50 PN10	只	2	天自仪四厂	排污口
5	手动衬胶蝶阀	DN150 PN10	只	2	天自仪四厂	出水口
十一、反渗透高压泵						
1	不锈钢止回阀	DN125 PN10	只	2	天自仪四厂	出水口
2	不锈钢截止阀	DN125 PN10	只	2	天自仪四厂	出水口
3	气动衬胶蝶阀	DN125 PN10	只	2	SED	出水口
十二、反渗透装置						
1	手动衬胶蝶阀	DN100 PN10	只	2	天自仪四厂	冲洗口
2	气动衬胶蝶阀	DN100 PN10	只	2	SED	冲洗口
3	手动衬胶蝶阀	DN100 PN10	只	2	天自仪四厂	清洗口
4	气动调节阀	DN65 PN10	只	2	SED	浓水出口
5	气动衬胶蝶阀	DN65 PN10	只	2	SED	浓水排放口
6	不锈钢止回阀	DN65 PN10	只	2	天自仪四厂	浓水回收口
7	气动衬胶蝶阀	DN65 PN10	只	2	SED	浓水回收口
8	手动衬胶蝶阀	DN100 PN10	只	2	天自仪四厂	清洗回流口
9	气动衬胶蝶阀	DN100 PN10	只	2	SED	不合格水排放口
10	不锈钢止回阀	DN100 PN10	只	2	天自仪四厂	产水口
11	手动衬胶蝶阀	DN100 PN10	只	2	天自仪四厂	产水口

续表 2-23

序号	名　称	规　格	单位	数量	制造厂商	备　注
12	预脱盐水箱					
13	手动衬胶蝶阀	DN200 PN10	只	2	天自仪四厂	进水口
14	弹性接头	DN200 PN10	只	2		进水口
15	手动衬胶蝶阀	DN50 PN10	只	2	天自仪四厂	疏水箱来水
16	弹性接头	DN50 PN10	只	2		疏水箱来水
17	气动衬胶蝶阀	DN150 PN10	只	2	SED	交换器来水
18	手动衬胶蝶阀	DN150 PN10	只	2	天自仪四厂	交换器来水
19	弹性接头	DN150 PN10	只	2		交换器来水
20	手动衬胶蝶阀	DN100 PN10	只	2	天自仪四厂	排污口
21	手动衬胶蝶阀	DN300 PN10	只	2	天自仪四厂	出水口
22	弹性接头	DN300 PN10	只	2		出水口
十三、预脱盐水泵						
1	手动衬胶蝶阀	DN200 PN10	只	2	天自仪四厂	进水口
2	手动衬胶蝶阀	DN150 PN10	只	2	天自仪四厂	出水口
3	衬胶止回阀	DN150 PN10	只	2	天自仪四厂	出水口
十四、反渗透冲洗水泵						
1	手动衬胶蝶阀	DN150 PN10	只	1	天自仪四厂	进水口
2	手动衬胶蝶阀	DN100 PN10	只	1	天自仪四厂	出水口
3	衬胶止回阀	DN100 PN10	只	1	天自仪四厂	出水口
十五、加药系统						
1	UPVC 球阀	DN15 PN10	只	6	台湾环琪	进药口
2	UPVC 止回阀	DN15 PN10	只	6	台湾环琪	进药口

2.4 反渗透系统的运行与控制

2.4.1 反渗透装置的运行控制

反渗透装置的启动与投运程序为：

（1）当反渗透组件收到产水启动命令，所有自动阀门需要被确定在关闭状态。若其中任一阀门仍打开，启动程序将被中断，然后启动报警。

（2）若没有阻碍，首先打开淡水排放阀和浓水排放阀（确保反渗透进水、产水、浓水管路上的手动阀均处于开启状态）。

（3）收到阀门开到位信号后，启动还原剂计量泵，打开反渗透进水电动慢开门，反渗透组件开始进行低压冲洗，时间 2min。

（4）低压冲洗到了设定的时间，先关闭浓水排放阀再启动高压泵，同时启动阻垢剂计量泵。

（5）高压泵启动后，开始检测产水电导率，当产水水质合格后，关闭产水排放阀，进入产水状态（若高压泵开启2min后，水质仍不合格，发出报警信号）。

（6）若在阀门开启或关闭10s后，以及高压泵、计量泵启动10s后，未得到阀门及泵的开启及启动反馈信号，控制系统立即发出故障信号，同时立即停止相应的泵及设备，关闭反渗透组件进水电动阀，停止系统启动。

反渗透装置的停运程序如下：

（1）收到停运指令后，高压泵及阻垢剂加药泵将先停止。

（2）收到高压泵停止信号后，打开产水排放启动阀、浓水排放启动阀。

（3）收到产水、浓水排放阀阀位信号后，停止还原剂计量泵，关闭电动慢开门。

反渗透装置的停运冲洗程序如下：

（1）打开冲洗水进水阀及淡水排放阀和浓水排放阀。

（2）启动冲水水泵，并调整至规定的流量。

（3）冲洗规定时间后（一般10min）关闭反渗透装置所有阀门，防止气体进入系统。

（4）停运冲洗水泵。

反渗透组件冲洗程序如下：

（1）每套反渗透装置在开始启动及停止产水后以及平常长时间停运（停运时间大于24h，小于15天）时，均将进入冲洗步骤。

（2）在停止产水时的冲洗时间为10min；而平时长时间停运后，每24h冲洗一次，冲洗时间10min。时间由DCS内的倒数定时器控制。

（3）冲洗步骤被启动时，若预脱盐水箱的水位低于允许冲洗的水位时，系统须等待，直到水箱水位高于允许冲洗的水位。

2.4.2 反渗透的化学清洗

反渗透的化学清洗程序为：

（1）反渗透出力下降、脱盐率下降或反渗透压差升高至极限时，需进行化学清洗。清洗过程全部采用手动操作控制。

（2）反渗透清洗的最佳温度为30~35℃，清洗水箱内设置了电加热器。

（3）配制清洗剂时，采用清洗水泵至清洗水箱的回水管做循环搅拌，使清洗剂混匀达到所需的浓度。

（4）清洗剂配制完成后，开启反渗透组件上相应的清洗阀门，然后开启清洗水泵，在规定的清洗流量下进行膜组件的循环清洗与浸泡。

2.4.3 过滤器及反渗透系统在线仪表

过滤器及反渗透系统在线仪表有流量表、压力表、液压计、温度指示及化学仪表。

（1）流量表。每台反渗透产品水及浓排水设流量表。

（2）压力表。加热蒸汽进口管及各类水泵出口装设压力表及压差开关，RO各段进口及浓水出口装设压力表及压差开关。

（3）液位计。水箱、各类药液箱等设置带远传信号的磁翻板液位计，设置高、低液位报警；低液位停运相应的泵。

（4）温度指示。RO 进水母管装设温度指示，清洗箱设置温度变送器，加热器出口配备温度指示及报警。

（5）化学仪表。超滤进口母管设浊度仪一台，测量范围 0~10NTU；保安过滤器进口母管设置电导率仪及 pH 值表、氧化还原电位表、SDI 测定仪各一台；每套 RO 产品出水管上设电导率表。

3 锅炉补给水深度除盐

3.1 锅炉补给水深度除盐概述

原水经过预处理之后，虽然去除了水中大部分的悬浮物、胶体和有机物，但水中可溶性盐类并没有多少变化。要想满足超超临界高参数锅炉补给水水质要求，必须进行除盐处理。这种以制取除盐水作为锅炉补给水为主要目的的水处理系统称为补给水处理系统。

补给水处理常采用反渗透除盐和离子交换法除盐等工艺。

（1）反渗透除盐：反渗透除盐水处理技术基本属于物理方法，它借助物理化学过程，利用反渗透膜的选择性透过特性分离水中的离子。

（2）离子交换法除盐：离子交换法除盐水处理技术基本属于化学方法，它借助物理化学过程，利用离子交换树脂的选择性置换去除水中的离子。

经预脱盐（超滤+反渗透）处理后的水→预脱盐水泵→逆流再生阳离子交换器→脱碳器→中间水箱→中间水泵→逆流再生阴离子交换器→混合离子交换器→树脂捕捉器→除盐水箱→除盐水泵→主厂房。

某电厂锅炉补给水处理系统采用超滤加反渗透加一级除盐和混床的处理工艺。超滤及反渗透系统流程为：澄清过滤后的原水预处理系统产水（浊度小于 2NTU）→超滤进水泵→加热器→超滤自清洗过滤器→超滤膜组件→超滤产水箱→超滤产水泵→反渗透保安过滤器→反渗透高压泵→反渗透膜组件→预脱盐水箱→至后续一级化学除盐和混床。

某电厂 2×1050MW 机组化学除盐系统处理能力为 $2\times150m^3/h$，由一级除盐+混床组成。离子交换系统为单元制连接：阳离子交换器（DN2800，$h=1600mm$，2 台）+脱碳器（DN1800，$h=1500mm$，2 台）+阴离子交换器（DN3000，$h=2500mm$，2 台）+混合离子交换器（DN2000，$h_{阳}=500mm$，$h_{阴}=1000$，2 台）。

化学除盐系统的出水水质设计要求见表 3-1。

表 3-1 锅炉补给水质量标准

项　目	电导率（25℃）/$\mu S\cdot cm^{-1}$	二氧化硅/$\mu g\cdot L^{-1}$	TOC/$\mu g\cdot L^{-1}$
标准值	≤0.15	≤10	≤200

3.2 离子交换原理

3.2.1 离子交换树脂

在离子交换技术应用的初期，采用的是天然的和无机质的交换剂，目前普遍应用于水处理中的离子交换时合成的离子交换树脂。

3.2.1.1　离子交换树脂的分子结构

离子交换树脂是带有活性基团的网状结构的高分子化合物。离子交换树脂的分子结构，可以人为的分成两个部分：(1) 离子交换树脂的骨架，它是高分子化合物的基体，具有庞大的空间结构，支撑着整个化合物；(2) 带有可交换离子的活性基团，它化合在高分子骨架上，起提供可交换离子的作用。骨架是由许多低分子化合物聚合而形成的不溶于水的高分子化合物，这些低分子化合物称为单体。根据单体的种类，树脂可分为苯乙烯系、丙烯酸系和酚醛系等。活性基团也是由两部分组成：(1) 固定部分，与骨架牢固结合，不能自由移动，称为固定离子；(2) 活动部分，遇水可电离，并能在一定范围内自由移动，可与周围水中其他带同类电荷的离子进行交换反应，称为可交换离子。离子交换树脂结构如图 3-1 所示。

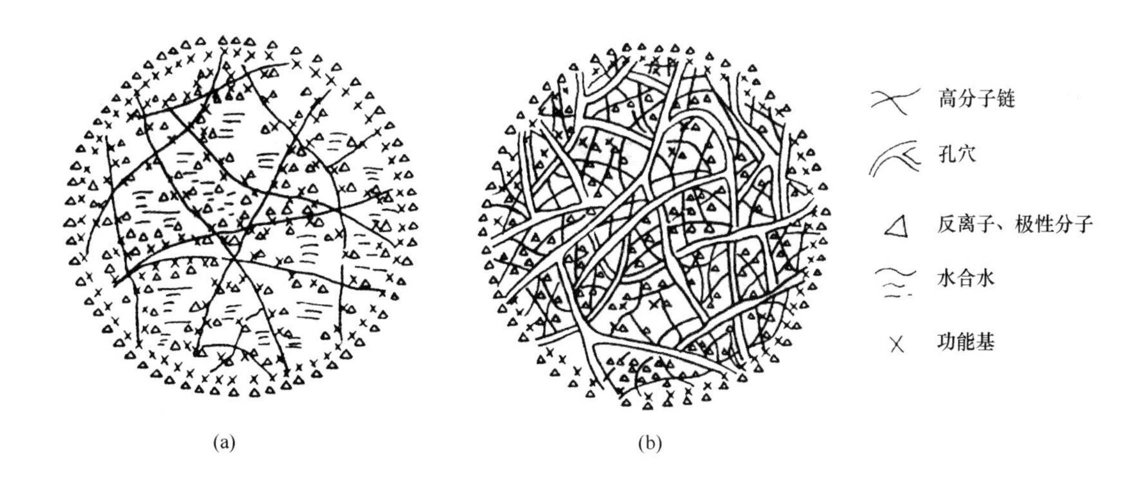

图 3-1　离子交换树脂结构
(a) 凝胶型结构；(b) 大孔型结构

3.2.1.2　离子交换树脂的制备

常用的离子交换树脂的制备一般分为两个阶段：高分子聚合物骨架的制备和在高分子聚合物骨架上引入活性基团的反应。即首先将单体（进行高分子聚合的主要原料）制备成球状颗粒的高分子聚合物，然后在这种高分子聚合物上进行有机高分子反应，使之带上所需的活性基团。苯乙烯系树脂的制备就属于这种情况。

有些离子交换树脂是由已具备活性基团的单体经过聚合，或在聚合过程中同时引入活性基团直接一步制得的，如丙烯酸系树脂。

A　苯乙烯系离子交换树脂

苯乙烯系离子交换树脂的制备分为两步。

第一步，共聚。

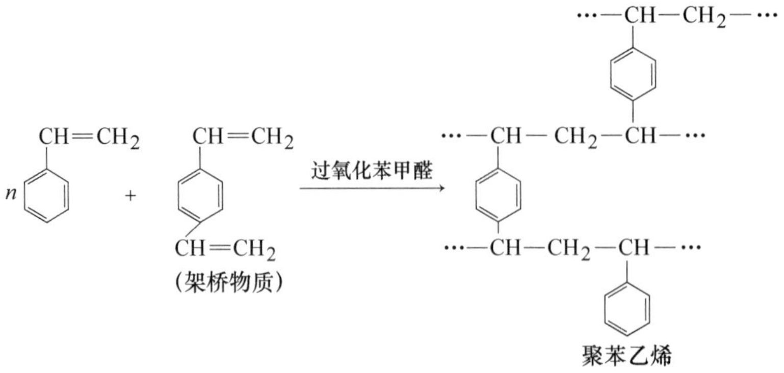

过氧化苯甲醛

(架桥物质)

聚苯乙烯

工业用二乙烯苯都是它的各种异构体混合，邻位、间位和对位二乙烯都有，在上述的共聚反应式中的二乙烯苯分子中用斜线连线的乙烯基就是这个意思。在此反应中过氧化苯甲酰是聚合反应的引发剂。

用二乙烯苯是因为在它的分子上有两个可以聚合的乙烯基，可以把两个由乙烯基聚合成的线型高分子交联起来，好像在两个链之间架起了桥，所以二乙烯苯称为架桥物质。聚合物中有了架桥物质便成了体型高分子化合物，此时，它的机械强度增大，成为不溶于水的固体。在聚合物中起架桥作用的纯二乙烯苯重量百分比称为交联度，通常用 DVB 来表示。

由于离子交换工艺方面的需要，都是直接将离子交换树脂聚合成小球状。其方法为将聚合用单体和分散剂等放在水溶液中，在一定温度下（40~50℃）经一定时间搅拌后，这些悬浮于水中的单体即聚合成球状物。此种球状物还没有可交换离子基团，称为白球或惰性树脂。其需通过化学处理，引入活性基团，才成为离子交换树脂。

第二步，引入活性基团。

在白球上引入活性基团，可制得交换离子不同的树脂。如白球经浓硫酸处理（即磺化），引入—SO_3H 活性基团，制得强酸性阳离子交换树脂 R—SO_3H，反应式如下：

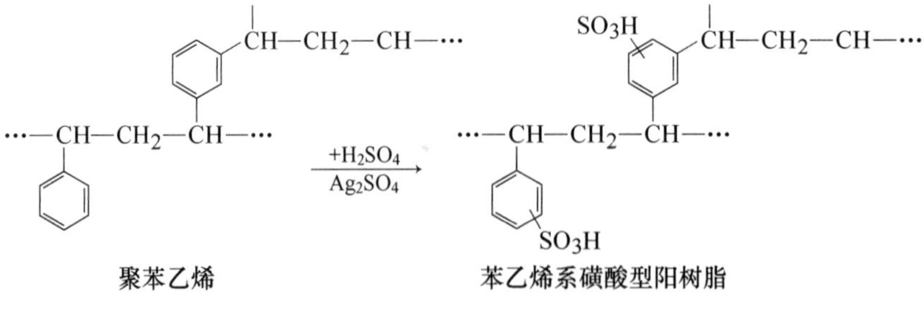

$$\xrightarrow[Ag_2SO_4]{+H_2SO_4}$$

聚苯乙烯　　苯乙烯系磺酸型阳树脂

在聚苯乙烯的分子上引入氨基，则可制得阴树脂。通常是先用氯甲醚处理白球，使苯环上带氯甲基，反应式如下：

$$\text{—CH—CH}_2\text{—}\cdots\ (\text{C}_6\text{H}_5) + CH_3OCH_2Cl \xrightarrow{ZnCl_2} \text{—CH—CH}_2\text{—}\cdots\ (\text{C}_6\text{H}_4CH_2Cl) + CH_3OH$$

聚苯乙烯　　氯甲醚　　　　氯甲基聚苯乙烯

B　丙烯酸系离子交换树脂

用丙烯酸甲酯 $CH_2=CH—COOCH_3$（或 $CH_2=\overset{R}{\overset{|}{C}}—COOCH_3$）与交联剂二乙烯苯共聚，可制得丙烯酸共聚物，共聚物直接水解得到丙烯酸系弱酸性阳离子交换树脂 R—COOH，若将共聚物进行氨化，可得到丙烯酸系弱碱阴离子交换树脂。

3.2.1.3　离子交换树脂的分类

A　按活性基团的性质分类

离子交换树脂根据其所带活性基团的性质，可分为阳离子交换树脂和阴离子交换树脂。带有酸性活性基团，能与水中阳离子进行交换的称为阳离子交换树脂；带有碱性活性基团，能与水中阴离子进行交换的称为阴离子交换树脂。按活性基团上 H^+ 或 OH^- 电离的强弱程度，可将其分为强酸性阳离子交换树脂和弱酸性阳离子交换树脂，强碱性阴离子交换树脂和弱碱性阴离子交换树脂。

B　按离子交换树脂的孔型分类

按孔型的不同，离子交换树脂可分为凝胶型和大孔型两大类。

a　凝胶型树脂

用上述方法聚合成的树脂的结构中有许多由聚苯乙烯（或聚丙烯酸）直链与二乙烯苯交联形成的网孔。这些网状物具有立体结构，很像一个微型海绵球。此种树脂的网孔通常是很小的，而且大小不一，平均孔径约 1~2nm。在干的树脂中，这些孔眼并不存在，当树脂浸入水中时，它们才显示出来。这种结构与凝胶相同，所以这类树脂称为凝胶型树脂。

早期生产的凝胶型树脂在应用方面有许多缺点，例如机械强度和抗氧化性较差，易受有机物污染以及交换反应速度较慢等。

b　大孔型树脂

大孔型离子交换树脂的孔眼孔径在 20~200nm 以上，要比凝胶型树脂的孔眼大得多，通常称为大孔树脂。在大孔树脂的结构中实际上包括许多小块凝胶，它的大孔是由这些小块凝胶结合时构成的。

研制大孔树脂的目的是改善树脂的机械强度。对凝胶型树脂来说，如果采用增大交联度以改进其机械强度，则制成的树脂孔眼过小，离子交换反应的速度缓慢。

大孔树脂的抗氧化性能比较好。它的交联度较大，大分子不易降解；大孔树脂具有抗有机物污染的性能，被截留的有机物易于在再生操作中从树脂孔道中清除出去。

其缺点是离子交换的容量较低，因为它的交联度较大，故在分子结构中可以引入活性基团的部位较少。同时，大孔树脂的孔眼大，孔眼中离子量多，大孔的直接吸附力强，对无机离子结合牢固，在进行再生时再生剂的消耗量较大，而且价格较高。

c 按合成离子交换树脂的单体种类分类

按合成树脂的单体种类不同，离子交换树脂还可分为苯乙烯系、丙烯酸系、酚醛系、环氧系、乙烯吡啶系及脲醛系等。

3.2.1.4 离子交换树脂的命名

离子交换树脂的全名称由分类名称、骨架（或基团）名称、基本名称三部分按顺序依次排列组成。

因氧化还原树脂与离子交换树脂的性能不同，故在命名的排列上也有不同。其命名原则由基团名称、骨架名称、分类名称和树脂两字组成。凡分类属酸性的，应在基本名称前加一个“阳”字；分类属碱性的，在基本名称前加“阴”字。

离子交换树脂产品的型号主要以三位阿拉伯数字组成，第一位数字代表产品的分类即活性基团的代号，第二位数字代表骨架的差异，第三位数字为顺序号，作为区别基团、交联剂等的差异。代号及名称见表 3-2。

表 3-2 离子交换树脂产品的活性基团和骨架代号

离子交换树脂产品的活性基团代号		离子交换树脂产品的骨架代号	
代 号	分类名称（活性基团）	代 号	分类名称（骨架代号）
0	强酸性	0	苯乙烯系
1	弱酸性	1	丙烯酸系
2	强碱性	2	酚醛系
3	弱碱性	3	环氧系
4	螯合性	4	乙烯吡啶系
5	两性	5	脲醛系
6	氧化还原性	6	氯乙烯系

大孔型离子交换树脂，其命名以在型号前加“大”字的汉字拼音的首位字母“D”表示。凝胶型离子交换树脂的交联度值，可在型号后用“×”号连接阿拉伯数字表示。如遇到二次聚合或交联度不清楚时，可采用近似值表示或不予表示。图 3-2 为离子交换树脂的型号图。

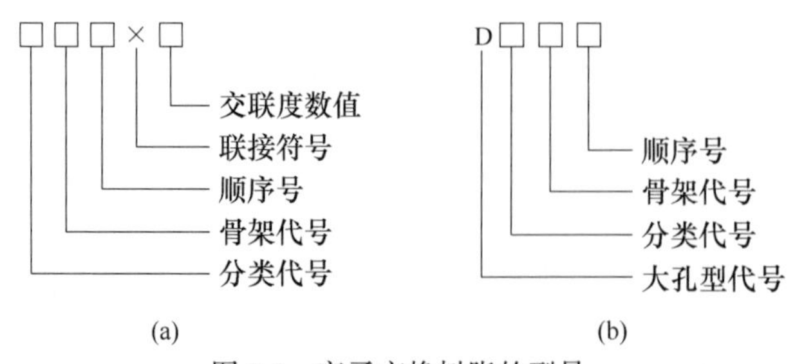

图 3-2 离子交换树脂的型号

（a）凝胶型离子交换树脂；（b）大孔型离子交换树脂

如 001×7 全称为“凝胶型强酸性苯乙烯系阳离子交换树脂”，其交联度为 7%；

D201×7全称为“大孔型强碱性苯乙烯系阴离子交换树脂”，其交联度为7%。

3.2.1.5　离子交换树脂性能指标

A　粒度

粒度是表示离子交换树脂颗粒大小和均匀程度的一个综合指标。树脂的颗粒大小不可能完全一样，所以一般不能简单地用一个粒径指标来表示。目前有关粒度的标准，除规定树脂“粒径”和“均一系数”外，还规定了树脂粒径范围和限定大于粒径范围上限或小于粒径范围下限的百分数。粒径是表示树脂颗粒大小的指标，均一系数是表示树脂大小颗粒均匀程度的指标。

树脂的粒径有平均粒径和有效粒径。平均粒径是指筛上保留50%体积树脂的相应试验筛筛孔孔径（mm），用 d_{50} 表示；有效粒径是指筛上保留90%体积树脂的相应试验筛筛孔孔径（mm），用 d_{90} 表示。

均一系数是指筛上保留40%体积树脂的相应试验筛筛孔孔径（用 d_{40} 表示）与保留90%体积树脂的相应试验筛筛孔孔径（用 d_{90} 表示）的比值，用符号 K_{40} 表示。即

$$K_{40}=\frac{d_{40}}{d_{90}} \tag{3-1}$$

均一系数是一个大于1的数，越趋近于1，则组分越狭窄，树脂的颗粒也越均匀。

由于树脂通常是在湿态下使用的，所以在进行树脂粒度分布测定时，是将已饱和吸水的树脂在湿态下进行筛分测定的。

离子交换树脂应颗粒大小适中。若颗粒太小，则水流阻力大；若太大，则交换速度慢。若颗粒大小不均匀，小颗粒夹在大颗粒之间，会使水流阻力增加，其次是树脂的反洗不好控制，若反洗强度大会冲走小树脂；而反洗强度小，又不能有效松动大颗粒。

B　密度

离子交换树脂的密度是指单位体积树脂所具有的质量，常用mg/L表示。因为离子交换树脂是多孔的粒状物质，所以有真密度和视密度之分。所谓真密度是相对于树脂的真体积而言，视密度是相对于树脂的堆积体积而言。由于水处理工艺中，树脂都是在湿状态下使用，所以与水处理工艺有密切关系的是树脂的湿真密度和湿视密度。

a　湿真密度

湿真密度表示按树脂在水中经充分膨胀后的体积算出的密度，此体积包括颗粒内部孔隙中的水分，但颗粒与颗粒间的孔隙不应算入。湿真密度公式为：

$$湿真密度=\frac{湿树脂质量}{湿树脂的真体积} \tag{3-2}$$

树脂的湿真密度与其在水中所表现的水力特性有密切的关系，它直接影响到树脂在水中的沉降速度和反洗膨胀率，是树脂的一项重要的实用性能，其值一般在1.04～1.30g/mL之间。树脂的湿真密度随其交换基团的离子型式不同而改变。

b　湿视密度

湿视密度是指树脂在水中经充分溶胀后的堆积密度。湿视密度公式为：

$$湿视密度=\frac{湿树脂质量}{湿树脂的堆积体积} \tag{3-3}$$

树脂的湿视密度不仅与其离子形态有关，还与树脂的堆积状态有关，即大小颗粒的混合程度以及堆积的密实程度有关，湿视密度一般在 0.60~0.85g/mL 之间。

树脂的密度与其交联度有关，交联度高则树脂结构紧密，所以密度就大。通常阳树脂的密度大于阴树脂，强型树脂密度大于弱型树脂。

c　含水率

含水率是离子交换树脂固有的性质。为了使交换离子在树脂颗粒内部能自由移动，树脂颗粒内必须含有一定的水分。离子交换树脂在保存和使用时都应含有水分，脱水则易变质，遇水时易碎裂。离子交换树脂中的水分一部分是和活性基团相结合的化合水，另一部分是吸附在表面或滞留在孔眼中的游离水。含水率常是指单位质量的湿树脂（去除表面水分后）所含水分的百分比数，一般在 50%左右。

$$\text{含水率} = \frac{\text{湿树脂质量} - \text{干树脂质量}}{\text{湿树脂质量}} \times 100\% \tag{3-4}$$

含水率可以反映树脂的交联度和孔隙率大小，树脂含水率大则表示它的孔隙率大和交联度低，含水率小表示它的交联度小而孔隙率大。

d　溶胀和转型体积改变率

将干的离子交换树脂浸入水中时，其体积会膨胀变大，这种现象称为溶胀。离子交换树脂有两种不同的溶胀现象：一种是不可逆的，即新树脂经溶胀后，如重新干燥，它不再恢复到原来的大小；另一种是可逆的，即当浸于水中时树脂会胀大，干燥时会复原，再浸入水中时又会胀大，它会如此反复地溶胀和收缩。

造成离子交换树脂溶胀现象的基本原因是活性基团上可交换离子的溶剂化作用。离子交换树脂内部存在着很多极性活性基团，离子交换树脂内部与外围水溶液之间由于离子浓度的差别产生渗透压，这种渗透压可使树脂从外围水溶液中吸收水分来降低其离子浓度。因为树脂颗粒是不溶的，所以这种渗透压力被树脂骨架网络弹性张力抵消而达到平衡，表现出溶胀现象。

树脂的溶胀性取决于下列因素：

（1）树脂的交联度。交联度越大，溶胀性越小。

（2）活性基团。此基团越易电离，则树脂的溶胀性越强；此基团越多，或吸水性越强，则溶胀性也越大。

（3）溶液重离子浓度。溶液中离子浓度越大，则阴树脂内部与外围溶液之间的渗透压差越小，树脂的溶胀性也越小。

（4）可交换离子。可交换离子价数越高，溶胀性越小；对于同价离子，水合能力越强，溶胀性就越大。

对于强酸性阳树脂，不同离子起溶胀性大小顺序为：$H^+ > Mg^{2+} > Na^+ > K^+ > Ca^{2+}$。001×7 阳树脂由 Na 型转为 H 型时，体积增大 5%~8%；由 Ca 型转为 H 型时，体积增大 12%~13%。

对于强碱性阴树脂，不同离子起溶胀性大小顺序为：$OH^- > HCO_3^- \approx CO_3^{2-} > SO_4^{2-} > Cl^-$。213（氯型）阴树脂由 Cl 型转为 OH 型时，体积增大 15%~20%。

因此，当树脂由一种离子形态转为另一种离子形态时，其体积会发生改变，此时树脂体积改变的百分数称为树脂转型体积改变率。

离子交换树脂的溶胀性对其使用工艺有很大的影响。如干树脂直接浸泡于纯水中时，由于颗粒的强烈溶胀，会发生颗粒破碎的现象；交换器运行制水和再生过程中，由于树脂离子形态的反复变化，会引起颗粒的不断膨胀和收缩，反复的膨胀和收缩会使颗粒破裂、发生裂纹和机械强度降低。

在离子交换柱的运行过程中，如离子交换树脂的膨胀和收缩的变动较大，则在树脂层中间，特别是树脂层与容器壁之间产生间隙。在这些间隙中水的流速较大，故会造成水流截面各部分的流速不匀。

e 交换容量

交换容量是反映离子交换树脂交换能力的重要性能指标。

按树脂计量方式的不同，其单位有两种表示方法：(1) 质量表示法，即单位质量离子交换树脂中可交换的离子量，通常用 mmol/g 表示，这里的质量可以用湿态质量，也可以用干态质量；(2) 体积表示法，即单位体积离子交换树脂中可交换的离子量，通常用 mmol/L 表示，这里的体积是指湿状态下的树脂的真体积或堆积体积。

作为树脂基本性能的交换容量有全交换容量、平衡交换容量和工作交换容量。

全交换容量表示单位数量离子交换树脂所具有的活性基团的总量。

将离子交换树脂完全再生，使其处于单一的树脂成分，如全 RNa 型、全 RH 型或全 ROH 型等，然后使它与一定组成的溶液进行交换并达到平衡状态，如让组成一定的水不断通过树脂直到进、出水的组成完全相同，此时单位数量离子交换树脂所交换的离子量称为离子交换树脂在该水质条件下的平衡交换容量。它是树脂在给定水质条件下可能达到的最大交换容量。

工作交换容量是指离子交换柱（器）开始运行制水，到出水中需除去的离子泄漏量达到运行失效的离子浓度时，平均单位体积树脂所交换的离子量，其单位为 mol/m^3 或 mmol/L。影响树脂工作交换容量的因素有再生剂种类、再生及纯度、再生方式、再生剂用量、再生液浓度以及再生流速、温度等。

f 机械强度

树脂的机械强度是指树脂在各种机械力作用下，抵抗破坏的能力，包括它的耐磨性、抗渗透冲击性等。树脂在实际使用中，由于摩擦、挤压、周期型转型使其体积胀缩以及高温、氧化等，都可能造成树脂颗粒的破裂，而影响树脂的使用寿命。

3.2.1.6 离子交换树脂的化学性能

离子交换树脂类似于电解质，也具有酸性、碱性以及可发生中和反应和水解反应等性能。

A 离子交换反应的可逆性

离子交换反应是可逆的，但这种可逆反应不是在均相溶液中进行的，而是在非均相的固-液相间进行的。例如，用 Na 离子交换树脂与水中 Ca^{2+} 作用，其反应为：

$$2RNa + Ca^{2+} \longrightarrow R_2Ca + 2Na^+$$

当此反应进行到离子交换树脂大都转化为 Ca 型树脂，以致不能再将水中 Ca^{2+} 交换为 Na^+ 时，可以利用 NaCl 溶液通过此 Ca 型树脂，利用上式的逆反应使树脂重新恢复为 Na 型，其交换反应为：

$$R_2Ca + 2Na^+ \longrightarrow 2RNa + Ca^{2+}$$

上述两个反应实质上就是下面的可逆离子交换反应式的平衡移动，即

$$2RNa + Ca^{2+} \rightleftharpoons R_2Ca + 2Na^+$$

当水中 Ca^{2+}浓度大，且树脂中 Na 型较多时，可逆离子交换反应向右进行；反之，溶液中 Na^+浓度大，且树脂中 Ca 型较多时，反应向左进行。

B　酸、碱性和中性盐分解能力

H 型阳树脂和 OH 型阴树脂，如同电解质和碱那样，具有酸碱性。有些 H 型阳树脂或 OH 型阴树脂在水中电离出 H^+或 OH^-的能力强，而另一些则电离能力弱，也有介于强弱树脂之间的离子交换树脂。离子交换树脂的活性基团有强酸性、弱酸性、强碱性和弱碱性之分。水的 pH 值对树脂的使用特性有一定的影响。弱酸性树脂在水的 pH 值低时不电离或部分电离，因而只能在碱性溶液中才会有较高的交换能力；弱碱性树脂在水的 pH 值高时不电离或部分电离，只能在酸性溶液中才会有较高的交换能力；强酸、强碱性树脂的电离能力强，适用的 pH 值范围较广。各种离子交换树脂的有效 pH 值范围见表 3-3。

表 3-3　离子交换树脂的有效 pH 值范围

树脂类型	强酸性阳离子交换树脂	弱酸性阳离子交换树脂	强碱性阳离子交换树脂	弱碱性阳离子交换树脂
有效的 pH 值范围	0~14	4~14	0~14	0~7

C　中和与水解

在离子交换过程中可以发生类似于电解质水溶液中的中和及水解反应。H 型阳树脂可与碱溶液进行中和反应，OH 型阴树脂可与酸溶液进行中和反应，由于反应产物是水，所以不论树脂酸性、碱性强弱如何，反应都容易进行。

3.2.2　离子交换基本原理

3.2.2.1　离子交换树脂的选择性

离子交换树脂吸着各种离子的能力不同，有些离子易被树脂吸着，吸着后不易被置换下来；而另一些离子很难被吸着，但却比较容易被置换下来，这种性能就是离子交换树脂的选择性。离子交换树脂的选择性是树脂应用中的一个重要性能。

离子交换树脂的选择性主要取决于被交换离子的结构。它有两个规律：（1）离子所带的电荷数越多，则越易被树脂吸着，这是因为离子带电荷越多，与树脂活性基团固定离子的静电引力越大，因而亲和力也越大；（2）对于带有相同电荷的离子，水合离子半径小者较易被吸着，这是因为形成的水合离子半径小，电荷密度大，因此与活性基团固定离子的静电引力越大。

树脂的交联度对树脂的选择性也有重要的影响。交联度越大，树脂对不同离子间的选择性差异也越大。

此外，离子交换树脂的选择性还与溶液的浓度有关。

在一般情况下，树脂对常见离子的选择性次序如下：

强酸性阳离子交换树脂：$Fe^{3+} > Al^{3+} > Ca^{2+} > Mg^{2+} > K^+ > Na^+ > H^+ > Li^+$。

弱酸性阳离子交换树脂：$H^+ > Fe^{3+} > Al^{3+} > Ca^{2+} > Mg^{2+} > K^+ > Na^+ > Li^+$。

强碱性阴离子交换树脂：$SO_4^{2-} > NO_3^- > Cl^- > OH^- > F^- > HCO_3^- > HSiO_3^-$。

弱碱性阴离子交换树脂：$OH^- > SO_4^{2-} > NO_3^- > Cl^- > F^- > HCO_3^-$，对 HCO_3^-的交换能力差，对 $HSiO_3^-$不交换。

在浓溶液中，由于离子间的干扰比较大，且水合半径的大小顺序与在稀溶液中差别较大，其结果使得在浓溶液中各离子间的选择性差别较小，有时甚至出现相反的顺序。

3.2.2.2 离子交换树脂的交换原理

离子交换除盐是利用阳、阴树脂分别除去水中的阳离子和阴离子。其原理是：当水依次通过 H 型阳树脂（RH）和 OH 型阴树脂（ROH）时，水中所含的阳离子和阴离子会分别与阳树脂的 H^+和阴树脂的 OH^-发生离子交换，交换的结果是水中的阳离子和阴离子分别转移到阳树脂和阴树脂上，而同时有等量的 H^+和 OH^-分别由阳树脂和阴树脂上进入水中，水中只剩下 H^+和 OH^-两种离子。H^+和 OH^-互相结合而生成水，从而除去水中的盐分。

上述原理可用下列反应式表示：

$$2RH + \begin{cases} Ca^{2+} \\ Mg^{2+} \\ 2Na^+ \\ 2K^+ \end{cases} \longrightarrow 2H^+ + R_2 \begin{cases} Ca^{2+} \\ Mg^{2+} \\ 2Na^+ \\ 2K^+ \end{cases}$$

$$2ROH + \begin{cases} SO_4^{2-} \\ 2Cl^- \\ 2HCO_3^- \\ 2HSiO_3^- \end{cases} \longrightarrow R_2 \begin{cases} SO_4^{2-} \\ 2Cl^- \\ 2HCO_3^- \\ 2HSiO_3^- \end{cases} + 2OH^-$$

树脂层中的离子交换过程：离子交换水处理是在离子交换器（见图 3-3）中进行的，在交换器内装有一定高度的树脂层，假定交换器中装的是 H 型树脂，当水自上而下通过树脂层时，水中的阳离子首先与树脂表层中的 H^+进行交换，所以这一层树脂很快就失效了，此后水再通过时，阳离子和下一层中的 H^+进行交换。这样整个树脂层可分为三个区：最上面是饱和层（又称失效层），下面是工作层（也称交换带），最下部为未参加交换的树脂层（称为保护层）。交换器的运行实际上是其中有效树脂层自上而下不断移动的过程，离子交换的过程如图 3-3 所示。当工作层的下缘移动到和离子交换器中的树脂下缘重合时，出水中的 Na^+浓度会迅速增加。

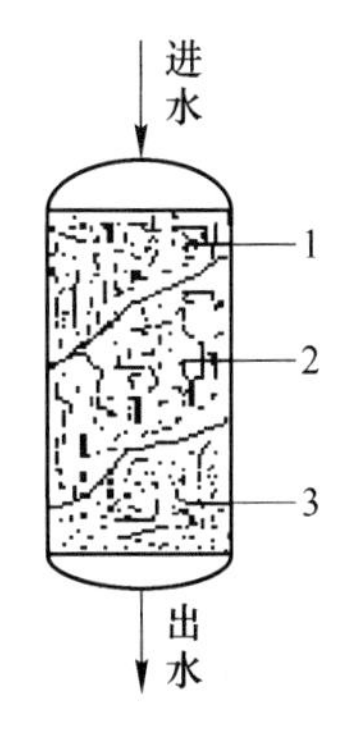

图 3-3 离子交换器结构示意图
1—饱和层；2—工作层；3—保护层

影响树脂保护层厚度的因素很多，如水通过树脂层的速度，树脂的种类、颗粒大小、孔隙率，进水水质、水温等。

离子交换器在运行的末期，离子交换剂超出了其交换容量，阳离子交换器开始漏钠，阴离子交换器开始漏硅，电导率随之上升，出水水质达不到要求，故必须对离子交换剂进行再生处理，还原其交换容量。

树脂再生是离子交换水处理中很重要的一环，影响再生效果的因素很多，如再生方式，再生剂的种类、纯度、用量，再生液的浓度、流速、温度等。要取得好的再生效果，必须进行调整试验，确定最优的再生条件。

对流再生指再生液流向与运行时水流的方向是相对的，习惯上将运行时的水流向下流动，再生液向上流动的工艺称为逆流再生工艺。对流再生可使出水端树脂层再生度最高，出水水质好。

再生原理可用下列反应式表示：

$$2H^+ + R_2\begin{cases}Ca^{2+}\\Mg^{2+}\\2Na^+\\2K^+\end{cases} \longrightarrow 2RH + \begin{cases}Ca^{2+}\\Mg^{2+}\\2Na^+\\2K^+\end{cases}$$

$$R_2\begin{cases}SO_4^{2-}\\2Cl^-\\2HCO_3^-\\2HSiO_3^-\end{cases} + 2OH^- \longrightarrow 2ROH + \begin{cases}SO_4^{2-}\\2Cl^-\\2HCO_3^-\\2HSiO_3^-\end{cases}$$

3.3 离子交换树脂的变质、污染和复苏

在离子交换水处理系统的运行过程中，各种离子交换树脂常常会渐渐改变其性能。(1) 树脂的本质改变，即其化学结构受到破坏或发生机械损坏；(2) 受到外来杂质的污染。前一原因造成的树脂性能的改变是无法恢复的，而后一原因所造成的树脂性能的改变，则可以采取适当的措施，消除这些污物，从而使树脂性能复原或有所恢复。

3.3.1 变质

3.3.1.1 氧化

A 阳树脂

阳树脂在应用中变质的主要原因是水中有氧化剂。当温度高时，树脂受氧化剂的侵蚀更为严重。若水中有重金属离子，因其能起催化作用，使树脂加速变质。

阳树脂氧化后发生的现象为：颜色变浅，树脂体积变大，因此易碎，体积交换容量降低，但质量交换容量变换不大。

树脂氧化后是不能恢复的。为了防止氧化，应控制阳床进水活性氯离子浓度，使其低于0.1mg/L。

B 阴树脂

阴树脂的化学稳定性比阳树脂要差，所以它对氧化剂和高温的抵抗力也更差。除盐系统中，阴离子交换器一般布置在阳离子交换器之后，一般只是溶于水中的氧对阴树脂起破坏作用。

运行时提高水温会使树脂的氧化速度加快。

防止阴树脂氧化可采用真空除碳器，它在除去 CO_2 的同时，也除掉了氧气。

3.3.1.2 树脂的破损

在运行中，如果树脂颗粒破损，会产生许多碎末，碎末的增多会加大树脂的阻力，引起水流不均匀，进一步使树脂破裂。破裂树脂在反洗时会冲走，使树脂的损耗率增大。

3.3.2 树脂的污染和复苏

3.3.2.1 树脂的污堵

离子交换树脂受水中杂质的污堵是影响其长期可靠运行的严重问题。污堵有许多原因，现分述如下。

A 悬浮物污堵

原水中的悬浮物会堵塞在树脂层的孔隙中，从而增大起水流阻力，也会覆盖在树脂颗粒的表面，阻塞颗粒中微孔的通道，从而降低其工作交换容量。

防止污堵，主要是加强生水的预处理，以减少水中悬浮物的含量；为了清除树脂层中的悬浮物，还必须做好交换器的反洗工作，必要时，采用空气擦洗法。

B 铁氧化物污染

在阳床中，易于发生离子性污染，这是因为阳树脂对 Fe^{3+} 的亲和力强，当它吸附了 Fe^{3+} 后不易再生，变成不可逆的交换。

在阴床中，易于发生胶态或悬浮态 $Fe(OH)_3$ 的污堵，因为再生阴树脂用的碱常含有铁的化合物，在阴床的工作条件下，它们形成了 $Fe(OH)_3$ 沉淀物。

铁化合物在树脂层中的积累，会降低其交换容量，也会污染出水水质。

清除铁化合物的方法通常是用加有抑制剂的高浓度盐酸长时间与树脂接触，也可用柠檬酸、氨基三乙酸、EDTA 络合剂等处理。

C 硅化合物污染

硅化合物污染发生在强碱性阴离子交换器中，其现象是：树脂中二氧化硅含量增大，用碱液再生时这些硅不易脱下来，结果导致阴离子交换器的除硅效果下降。发生这种污染的原因是再生不充分或树脂失效后没有及时再生。

D 油污堵

如有油漏入交换器，会使树脂的交换容量迅速下降且水质变坏。一旦发生油污染，可发现树脂抱团，水流阻力加大，树脂的浮力增加，反洗时树脂的损失加大。

可采用浓 NaOH 溶液进行清洗或用适当的溶剂或表面活性剂清洗。

E 树脂的有机污染

有机污染物是指离子交换树脂吸附了有机物后，在再生和清洗时不能将它们解吸下来，以致树脂中的有机物量越积越多，树脂的工作交换量降低。被污染的树脂常常颜色发暗，逐步失去原先的透明度，并可以嗅到一种污染的气味。

防止有机物污染的基本措施是将进入除盐系统水中的有机物除去。其具体措施为：采用抗有机物污染的树脂，加设弱碱性阴交换器，加设有机物清除器等。

3.3.2.2 树脂的复苏

离子交换树脂被有机物污染后，可用适当的方法加以处理，使它恢复原有的性能，称此为复苏。常用的复苏法为：用质量浓度为1%～4%的NaOH和5%～12%的NaCl的混合水溶液慢慢地通过或浸泡树脂层。此法的原理是用NaCl中的Cl^-置换有机酸根，因为浓溶液中的Cl^-与阴树脂的亲和力较强；加NaOH的目的是降低树脂基体对有机物的吸引力及增大有机物的溶解度。

3.4 一级除盐系统

所谓除盐就是除去溶于水中的各种电解质的过程。离子交换除盐是指用H型阳树脂将水中各种阳离子交换成H^+，用OH型阴树脂将水中各种阴离子交换成OH^-。清水一次性并按顺序地通过H型和OH型交换器进行的除盐称一级除盐。简单的一级除盐系统如图3-4所示，它包括强酸性H型交换器、除碳器和强碱性OH型交换器。

清水经过如图3-4所示系统，基本上可以达到彻底除去阳、阴离子和SiO_2的目的。

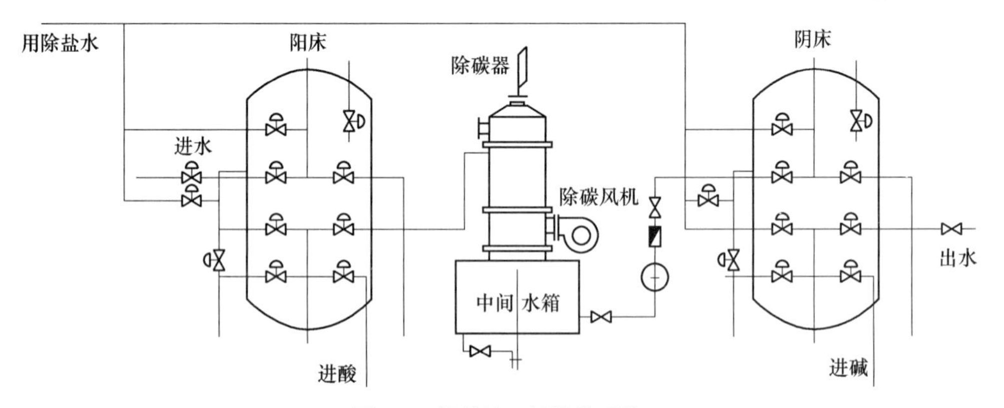

图3-4 简单的一级除盐系统

3.4.1 制水过程中的离子交换反应

制水过程中的离子交换反应如下：

(1) H^+交换。经过澄清过滤的清水，首先进入阳离子交换器，其反应式为：

$$2RH+\begin{cases}Ca^{2+}\\Mg^{2+}\\2Na^{+}\\2K^{+}\end{cases}\longrightarrow 2H^{+}+R_2\begin{cases}Ca^{2+}\\Mg^{2+}\\2Na^{+}\\2K^{+}\end{cases}$$

(2) 除碳器。水经H^+交换后，清水中的HCO_3^-变成了游离CO_2，连同原水中含有的CO_2一起很容易地由除碳器除掉，这就是设置除碳器的目的。强碱性OH型交换器也能除去游离CO_2，但这样做既消耗阴树脂的交换容量，又多消耗再生用碱。

(3) OH^-交换。OH^-交换通常都是在水中经过H^+交换和除CO_2之后进行，因此OH^-交换实质上是OH型阴树脂对水中无机酸的交换，其交换反应如下所示：

$$2ROH + \begin{cases} SO_4^{2-} \\ 2Cl^- \\ 2HCO_3^- \\ 2HSiO_3^- \end{cases} \longrightarrow R_2 \begin{cases} SO_4^{2-} \\ 2Cl^- \\ 2HCO_3^- \\ 2HSiO_3^- \end{cases} + 2OH^-$$

3.4.2 再生过程中的离子交换反应

（1）阳树脂。一般采用盐酸或硫酸再生，再生的反应如下所示：

$$2H^+ + R_2 \begin{cases} Ca^{2+} \\ Mg^{2+} \\ 2Na^+ \\ 2K^+ \end{cases} \longrightarrow 2RH + \begin{cases} Ca^{2+} \\ Mg^{2+} \\ 2Na^+ \\ 2K^+ \end{cases}$$

（2）阴树脂。一般都用氢氧化钠再生，其反应如下所示：

$$R_2 \begin{cases} SO_4^{2-} \\ 2Cl^- \\ 2HCO_3^- \\ 2HSiO_3^- \end{cases} + 2OH^- \longrightarrow 2ROH + \begin{cases} SO_4^{2-} \\ 2Cl^- \\ 2HCO_3^- \\ 2HSiO_3^- \end{cases}$$

3.4.3 阴离子交换器在系统中的位置

在一级除盐系统中，RH 和 ROH 型交换器的位置是不能互换的。因为如果 ROH 型交换器放在 RH 型交换器前面，就会出现以下问题。

（1）在阴树脂中析出 $CaCO_3$、$Mg(OH)_2$沉淀。

清水进入 ROH 型树脂层后，选择性强的 Cl^-和 SO_4^{2-}首先进行交换。生成的 OH^-会立刻与水中其他离子发生沉淀反应，其反应式为：

$$Mg^{2+} + 2OH^- \longrightarrow Mg(OH)_2 \downarrow$$

$$Ca^{2+} + HCO_3^- + OH^- \longrightarrow CaCO_3 \downarrow + H_2O$$

$Mg(OH)_2$和 $CaCO_3$溶解度很小，会马上沉淀在树脂表面，形成一个阻碍水与树脂接触的垢层，从而使离子交换难以进行，树脂的交换容量也不能得以充分发挥，在再生时也会造成再生剂与树脂进行交换反应的困难。

（2）除硅困难。

水中 H_2SiO_3转变成 $HSiO_3^-$，其反应式为：

$$H_2SiO_3 + OH^- \longrightarrow HSiO_3^- + H_2O$$

含有 $HSiO_3^-$的水继续流经强碱性 OH 型树脂时，可发生以下交换：

$$ROH + HSiO_3^- \longrightarrow RHSiO_3 + OH^-$$

由于水中本来就含有较多的 OH^-，$HSiO_3^-$的选择性又比 OH^-弱，所以反应很难较彻底地向右进行，因而也就达不到较彻底地除去水中二氧化硅的目的。

（3）阴树脂负担大。

碱性 OH 型交换器放在最前面时，它必须承担除去水中全部的 HCO_3^-的任务，而这些

HCO_3^-如果先经过 H^+交换后变成 CO_2，其大部分可以通过除碳器除去。

此外，若阴交换器放在最前面，首先接触含有悬浮物、胶态物质及可溶性盐类等的水，而强碱性阴树脂的抗污染能力又比强酸性阳树脂差，这必然会影响强碱性阴树脂的工作交换容量和周期制水量及出水水质。

3.5 离子交换装置及其运行控制

一级除盐装置常采用无顶压逆流再生固定床。

3.5.1 逆流再生固定床

逆流再生固定床底部出水处树脂层一直是与未反应的再生液接触，是再生得最好的部位，出水水质好。

由于逆流再生工艺中再生液及置换清洗水都是从下向上流动，如果不采取措施，流速稍大时，就会发生树脂乱层的现象，这样就必然失去逆流再生的优点。因此，逆流再生工艺从设备结构到运行操作都要注意防止液体上流时发生树脂乱层的现象。逆流再生固定床交换器的结构如图 3-5 所示。它和顺流再生的主要区别是在树脂层表面（其上还有压脂层）设有排液装置（即中间排液装置），使向上流动的再生液或清洗液能均匀地从此排走，而不至于扰动树脂层。

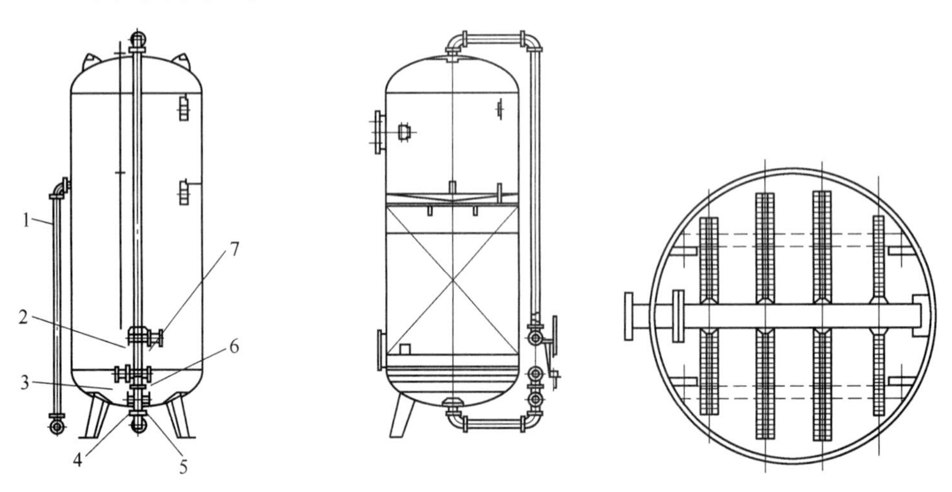

图 3-5 逆流再生离子交换器及中排装置

1—中排管；2—进水管；3—反洗进水管；4—进酸（碱）管；5—正洗排水管；6—出水管；7—反洗排水管

（1）进水装置。其作用是均匀配水和消除进水对交换剂表层的扰动。顶部进水分配装置为开孔鱼刺支母管式。

（2）中间排液装置。中间排液装置对逆流再生离子交换器的运行效果有较大影响，要求除了能均匀的排出再生废液，防止树脂乱层、流失外，还应有足够的强度。安装时应保证在交换器内呈水平状态。常采用开孔鱼刺支母管式。

（3）排水装置。其作用是均匀收集交换后的水，以阻留交换剂，防止交换剂漏到水中，反洗时能均匀配水，充分清洗交换剂。某电厂采用的底部排水装置为多孔板旋水帽。

（4）压脂层。压脂层的作用是过滤掉水中的悬浮物及机械杂质，以免污染树脂层，同时在再生时可使顶压空气（或水）通过压脂层均匀地作用于整个床层表面，起到防止树脂层向上移动或松动的作用。

3.5.2 交换器的再生操作步骤

逆流再生离子交换器的再生操作（见图3-6）随防止乱层的措施不同而异，空气顶压再生操作过程如下：

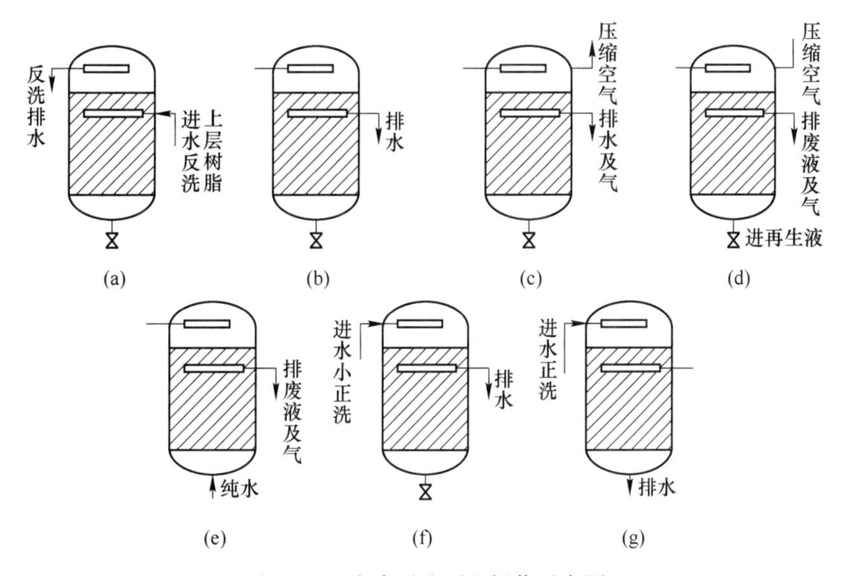

图3-6 固定床逆流再生操作示意图

（a）小反洗；（b）放水；（c）顶压；（d）进再生液；（e）逆流置换；（f）小正洗；（g）正洗

（1）小反洗（见图3-6（a））。为了保持树脂层不乱，再生前只对中间排液管上面的压脂进行反洗，以冲洗掉运行时积聚在压脂层中的污物。反洗用水，氢离子交换器用入口水；阴离子交换器用氢离子交换器出口水，反洗到出水澄清为止。小反洗的流速一般为5~10m/h，以不跑树脂为宜。

（2）放水（见图3-6（b））。小反洗后，待树脂颗粒下沉后，放掉中间排液装置以上的水，以便进顶压空气进行顶压。

（3）顶压（见图3-6（c））。目前各电厂采用无顶压再生方式。

（4）进再生液（见图3-6（d））。在顶压的情况下，将再生液引入交换器内。为了得到良好的再生效果，应严格控制再生浓度和流速。再生用水为除盐水，再生流速不大于5m/h。提高再生液的温度有利于阳树脂除铁、阴树脂除硅，并缩短再生时间。但再生液温度太高，易使树脂分解，影响其交换容量和使用寿命。

（5）逆流置换（见图3-6（e））。进完再生液，关闭再生液计量箱出口门，按再生液的流速和流量继续用稀释再生剂的水进行冲洗，冲洗到出水指标合格为止。

（6）小正洗（见图3-6（f））。吸取再生后压脂层中残留的再生废液和再生杂质。如不冲洗干净，就会影响运行时的出水水质。小正洗时用水为制水运行时进口水。小正洗的流速约为10~15m/h。

（7）正洗操作。操作时从顶部进水，底部排出，直至阳离子交换器出水钠离子浓度稳定并小于 50μg/L，阴离子交换器出水电导率小于 5μS/cm，二氧化硅小于 20μg/L 为止。

（8）正常运行操作。正洗操作出水合格以后，关闭排水阀，打开出水阀，合格出水即可进入水箱，投入正常运行。

（9）大反洗操作。交换器经过多周期运行后，下部树脂层也会受到一定的污染，因此必须定期地对整个树脂层进行大反洗。大反洗前首先进行小反洗，松动压脂层和去除污物。进行大反洗时流量应由小到大，逐步增加，以防中间排液装置损坏。大反洗时从底部进水，废水由上部的反洗排水阀门放掉。由于大反洗时扰乱了整个树脂层，要想取得较好的再生效果，大反洗后再生时，再生剂用量应为平时用量的 2 倍。大反洗时，要控制好流量，使树脂充分膨胀，利用水流剪切力和树脂颗粒的摩擦力将树脂层中的污物冲洗掉，但要注意不能跑树脂。

3.5.3 固定床逆流再生工艺的特点

固定床逆流再生工艺的特点为：出水水质好，再生树脂不乱层，再生液消耗量低，再生水耗低，树脂再生度高。

3.6 无顶压逆流再生工艺原理

阳离子交换器采用无顶压逆流再生工艺。

3.6.1 设备结构

阳离子交换器为焊接碳钢结构的立式柱形容器（见图 3-7），本体内部衬胶厚度为 5mm（内层 3mm，外层 2mm，交叉粘贴），本体外部管系为无缝钢管衬耐酸橡胶（3mm 一层）。内部部件材料均为不锈钢 S31603，排气管采用 S30403 不锈钢。

（1）进水装置。进水分配装置为开孔鱼刺支母管式，母管规格为 ϕ159mm×4.5mm，支管规格为 ϕ89mm×3.5mm 共 4 根，支管上为 S31603 材质梯形绕丝结构，缝隙为 0.25mm。

（2）中排水装置（见图 3-8）。中间排水装置为开孔鱼刺支母管式，支管上为 S31603 材质梯形绕丝结构，缝隙为 0.25mm，母管规格为 ϕ108mm×4mm，支管规格为 ϕ38mm（共 14 根）。

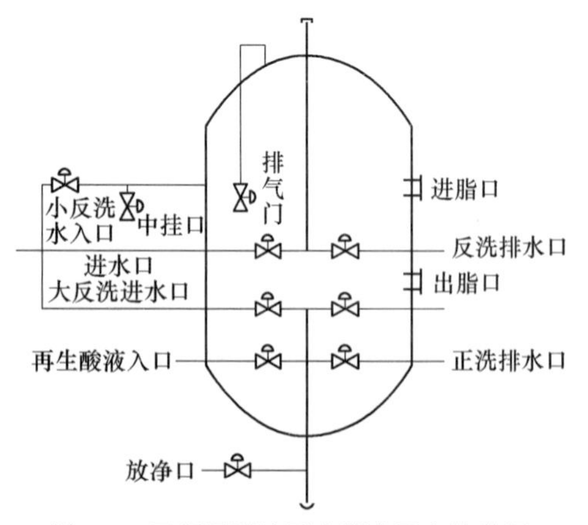

图 3-7 无顶压逆流再生阳离子交换装置

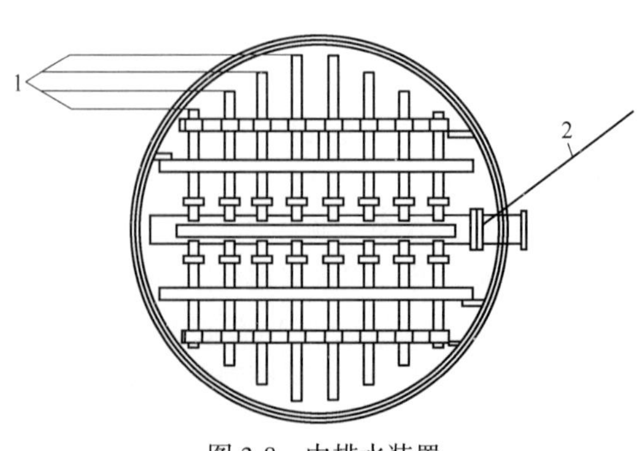

图 3-8 中排水装置

1—支管；2—钢管

（3）出水装置。底部排水装置为多孔板旋水帽，水帽为不锈钢 S31603 材料，缝隙为(0.25±0.05)mm，水帽缝隙面积应是管道面积的 3 倍以上。

3.6.2 树脂

阳床树脂所用的树脂型号是 001×7(Na 型）凝胶型苯乙烯-二乙烯苯共聚体阳离子交换树脂。其全交换容量不小于 4.5mmol/g，体积交换容量不小于 1.9mmol/mL，含水量为 45%~50%，湿视密度为 0.77~0.87g/mL，湿真密度为 1.25~1.29g/mL，有效粒径为 0.4~0.7mm，均一系数不大于 1.6，树脂层的高度为 1600mm。

由于新树脂中常含有少量低聚合物和未参与聚合或缩合反应的单体，当树脂与水、酸、碱或其他溶液接触时，上述物质就会转入溶液中，影响出水水质。此外，树脂中还含有铁、铅、铜等无机杂质。因此，新树脂在使用前必须进行预处理，以除去树脂中的可溶性杂质。

将阳树脂用 2%~4%的 NaOH 溶液浸泡 4~8h 后（去除污物及杂质），用水冲洗至排水清澈、呈中性，然后再用 4%~5%HCl 溶液浸泡 4~8h，进行正洗，至排水 Cl^-含量与进水相近为止。如树脂在运输或贮存中脱了水，则不能将其直接放入水中，以防树脂因急剧膨胀而破裂，应先把树脂放在 10%食盐中浸泡一定时间后，再用水稀释使树脂缓慢膨胀到最大体积。

新树脂经上述处理后，稳定性显著提高，工作交换容量也增加。

3.6.3 制水时树脂层内交换过程

为了说明层内离子交换过程的一些基本概念，从全部 RH 型树脂层与钠离子的交换介绍。

3.6.3.1 与单纯含钠离子水的交换

含有一定浓度 Na^+的水自上而下通过装填 H 型树脂的交换器时，水中的 Na^+首先和树脂表面层中的 H 型树脂进行交换，所以这一层树脂很快就失效了。水再通过此处时，Na^+就不能再和表面层中的失效树脂进行离子交换，交换作用渗入到下一层树脂。经过一段时间，整个树脂层就可分为三个层区：（1）失效层；（2）工作层；（3）参加交换的树脂层。其中原水通过失效层时，水质不发生变化。

实验证明，树脂层中的离子交换过程可分为两个阶段：第一阶段，即刚开始时，工作曲线形状不断地在变化，经过一段时间后，才形成一定形状的工作层，是工作层形成阶段；第二阶段，是已定形的工作层沿水流方向以一定速度向前推移前进的过程。工作层的形状和高度不变，当工作层下端末和整个树脂层下端重合时，除水中不会出现 Na^+，当二者重合时，如再继续运行，出水中 Na^+浓度就会迅速增加，直到和进水浓度相等。故交换器一般均是运行到树脂工作层下端和整个树脂层下端重合时，交换器失效，停运进行再生。

由上分析可知：

（1）在树脂层工作过程的每一瞬间，只是处于工作层中的那一小部分树脂在起作用，其余树脂均处于被闲置状态，因而树脂的利用率较低。

（2）树脂层的最下部，有一层不能发挥其全部交换能力的树脂层，其厚度等于工作层的高度，起到保护出水水质的作用（这一部分树脂层称为保护层）。工作层占整个树脂层高度的比例越大，树脂层交换容量的利用率就越低。

由于保护层中树脂只部分发挥作用，保护层厚，树脂的交换容量利用率就低。影响保护层厚度的因素很多，如树脂种类、颗粒大小、孔隙率、进水水质、对出水水质的要求、水通过树脂层的速度及水温等。而影响工作层高度增加的因素有：流速增加，水温降低，树脂粒径较大，水中被除去离子浓度增加，要求被除去离子在出水中残留量更低，能中和交换所生成 H^+ 的碱度含量降低，未工作层中失效型树脂含量偏高等。

3.6.3.2　与天然水的离子交换

一般天然水阴、阳离子有很多种，阳离子主要有 Ca^{2+}、Mg^{2+}、Na^+，阴离子有 HCO_3^-、Cl^-、SO_4^{2-} 等。这里以 Ca^{2+} 代表性质相近的 Ca^{2+} 和 Mg^{2+}，以 Cl^- 代表强酸阴离子 Cl^-、SO_4^{2-} 等。

由图 3-9 所示离子组成的水，自上而下通过一个全部 RH 树脂层，经过一段时间运行，其树脂层态和沿着树脂层高度水中离子组成的变化如图 3-9 所示。

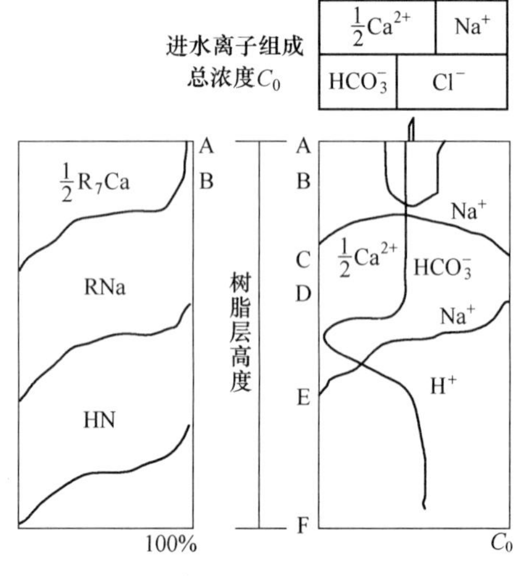

图 3-9　树脂层中离子组成变化

水通过离子交换树脂的过程大致可分为以下几步：

（1）通过 R_2Ca 树脂层 AB。在 AB 层中，由于进水与树脂达到离子交换平衡，进水 Ca^{2+} 与 Na^+ 浓度不变。

（2）通过钠离子交换层 BC。在 BC 层中，由 B 到 C，R_2Ca 型树脂逐步减少到接近于零，而 RNa 型树脂逐渐增加到接近于 100%，水通过该层，发生如下交换反应：

$$2RNa + Ca^{2+} \longrightarrow R_2Ca + 2Na^+$$

当水达到 C 点时，水中 Na^+ 浓度几乎等于进水阳离子总浓度，而 Ca^{2+} 浓度几乎为 0。

（3）通过 RNa 型树脂层 CD。CD 层中的树脂，几乎全为 RNa 型，水通过时，不发生交换。

（4）通过氢离子交换层 DE。由 D 到 E，RNa 型逐渐减少到 0，RH 型则逐渐增加到 100%。这层内的交换反应是：

$$RH + Na^+ \longrightarrow RNa + H^+$$

在 DE 层中进行的是 H^+ 交换，该层为工作层。水中碱度此时开始中和上述反应所产生的 H^+，它有利于加速氢离子交换过程，直到水中碱度消失，然后水的酸度逐渐增加，当水到达 E 点时，强酸度近乎等于进水强酸阴离子浓度，Na^+ 浓度降到允许值。

（5）通过工作层 EF。水通过该层时，Na^+ 浓度会进一步降低，直到离开树脂层。由于离子交换量很小，可以认为未工作层树脂相的组成基本不变。

在整个制水周期中，R_2Ca 和 RNa 型树脂区逐渐扩大，氢离子交换层 DE 向下移动。当未工作层消失，E 点与 F 点重合时，交换器就失效了。

由图 3-10 可看出再生后的树脂层中也保留着相当数量的失效型树脂，但都集中在上部进水端，出水端是近于彻底再生的 RH 型树脂。所以，逆流再生的交换器省水、水质好，且在钠离子穿透前一直是稳定的。

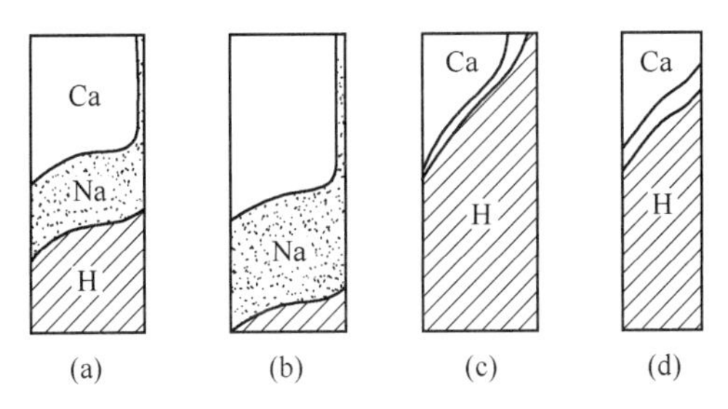

图 3-10 逆流再生强酸 H 型离子交换器树脂层态周期变化

（a）制水进行中；（b）失效时；（c）再生转换时；（d）正洗后

逆流再生时首先接触酸液的是较易置换的 Na^+，然后被置换下来的 Na^+ 和未反应的 H^+ 又去置换上层的 Ca^{2+}；再生液排出端即中间排液装置失效型树脂含量高，反应进行得彻底，排出液中残留 H^+ 少，再生剂利用率高。

3.6.4 运行技术经济指标

离子交换器日常运行中的技术经济指标有：交换器的出水水质，工作交换容量和相应的再生剂比耗，周期制水量及再生过程中消耗水量。

（1）工作交换容量。

工作交换容量是指在一个制水运行周期中，平均单位体积树脂进行交换所放出的离子量，其单位是 mol/m^3（或 mmol/L）树脂。

（2）酸耗、比耗。

酸耗是指每交换 1mol 的阳离子所需酸的克数。再生剂比耗的含义是再生时所消耗的再生剂量与运行制水时所完成的离子交换的物质的量之比。再生剂比耗 $=L/Q_i$。式中：L 为单位体积树脂所用再生剂量，g/m^3 树脂或 mol/m^3 树脂；Q_i 为树脂的工作交换容量，mol/m^3 树脂。比耗可由酸耗求出，比耗常用百分率表示，就是再生剂利用率。

工作交换容量和再生剂比耗是两个重要的技术经济指标。比耗越高，工作交换容量越高，但浪费的再生剂也越多，废液排放量也越大。

（3）水耗。

每次再生所耗水的体积与树脂层体积之比称为水耗。水耗的多少主要是由正洗水量决定的。水耗大不仅消耗更多的水资源，而且正洗水量大还会拖延再生时间和消耗掉更多的交换容量，减少了周期制水量和交换器有效的运行时间。

（4）出水水质。

阳床出水水质一般指整个周期的平均出水 Na^+ 浓度。从正洗合格开始制水，在达到规定的终点而失效的整个制水周期中，出水水质会有变化，因此出水水质实际上还包括出水

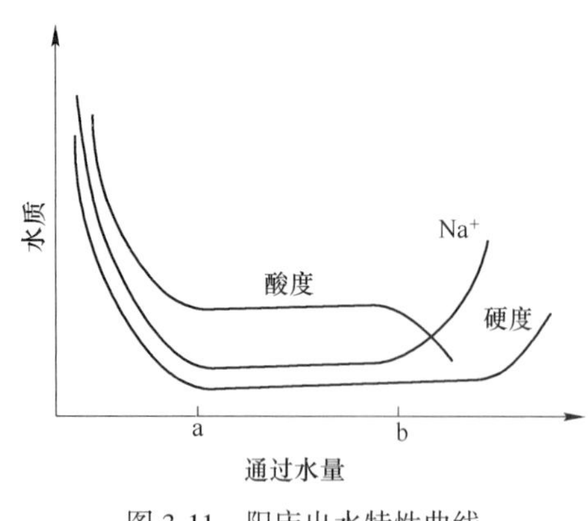

图 3-11　阳床出水特性曲线

水质的稳定程度。逆流再生阳离子交换器的出水水质在整个周期都很稳定，直到失效前泄漏量才迅速增加。阳床运行时，水由上而下通过强酸型 H 型树脂层，因树脂对各种阳离子的选择性不同，被吸着的离子在树脂中产生分层，其分布状况大致是 Ca^{2+} 为上层，Mg^{2+} 为次层，Na^+为最低层。实际上各层的界面并不是很明显，有程度不同的混层现象发生。在运行过程中，Ca^{2+}、Mg^{2+}、Na^+三层树脂层的高度均会向下不断扩展，直到树脂失效。阳床出水特性曲线如图 3-11 所示。

在稳定工况下，制水阶段（ab 段）出水水质稳定，Na^+穿透（b 点）后，随出水 Na^+浓度升高，强酸酸度相应降低，电导率先下降之后又上升。

上述电导率的这种变化是因为尽管随 Na^+的升高，H^+等量下降，但由于 Na^+的导电能力小于 H^+，所以共同作用的结果是水的电导率下降。当 H^+降至与进水中 HCO_3^-等量时，出水电导率最低。之后，由于 H^+不足以中和水中的 HCO_3^-，所以随 Na^+和 HCO_3^-的升高，电导率又开始升高。

根据强酸阳离子交换树脂的选择性可知，阳床失效时首先漏钠，因此为监督阳床出水水质常常先监督钠的含量。

3.7　鼓风式除碳器

混凝澄清池过滤后的清水经逆流再生阳离子交换器后，进入除碳器，除掉水中游离的 CO_2，采用的是鼓风式除碳器。

3.7.1　鼓风除碳器结构

鼓风除碳器的结构如图 3-12 所示。运行时水从除碳器的上部进入，经配水设备淋下，通过填料后，从下部排入水箱。空气由鼓风机送入除碳器的底部，由上部排出。配水装置为支母管式。为了防止鼓入的空气进入中间水箱，除碳器的出水管上设有水封。水封高度应比风机的最大风压高 20%以上。

除碳器中的填料为 ϕ38mm 多面聚丙烯空心球，空心球表面光滑、无毛刺、无气泡、无油污、无断裂，具有良好的亲水性能。填料层的高度为 1500mm。

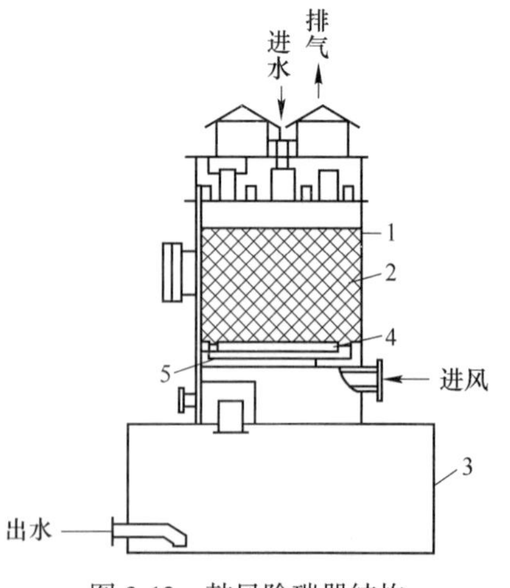

图 3-12　鼓风除碳器结构
1—除碳器；2—多面空心塑料球；3—水箱；4—多孔板；5—托架

3.7.2　除碳器作用

鼓风除碳器可除掉阳床出水中含有的游离 CO_2，

减轻阴床的负担，有利于阴床除硅，提高阴床的周期制水量和出水水质，减少再生剂用量。

3.7.3 除碳器工作原理

强酸性 H 型树脂可将水中全部阳离子变为 H^+，交换后的水中含有大量游离 CO_2，且水中的 HCO_3 也都转化成 CO_2。其反应方程式如下：

$$2RH + \begin{cases} Ca^{2+} \\ Mg^{2+} \\ 2Na^{+} \\ 2K^{+} \end{cases} \longrightarrow 2H^{+} + R_2 \begin{cases} Ca^{2+} \\ Mg^{2+} \\ 2Na^{+} \\ 2K^{+} \end{cases}$$

$$HCO_3^- + H^+ \longrightarrow H_2CO_3 \longrightarrow H_2O + CO_2\uparrow$$

水中游离 CO_2 可以看作是溶解在水中的气体，它的溶解度符合亨利定律，即在一定的温度下气体在液体中的溶解度与液面上该气体的分压成正比。只要降低水面上 CO_2 的分压力，溶于水中的游离 CO_2 便会从水中解吸出来。

在除碳器中，由于填料的阻挡作用，从上面流下来的水流被分散成许多小股或呈水滴状。由于从填料层下部鼓入的空气与水有非常大的接触面积，而空气中 CO_2 的分压又很低，这样就将溶于水中的 CO_2 解吸出来并很快带走。

3.7.4 大气式除二氧化碳器设备规范

大气式除二氧化碳器的设备规范如下所示：

设备台数：2 台。

设备直径：ϕ1616mm×8mm。

设计压力：常压。

工作温度：5~50℃。

运行方式：大气式。

每台设备填料层装载高度：H=1500mm（装载 ϕ38mm 塑料多面空心球）。

内部运行介质：酸性水。

3.7.5 中间水箱设备规范

中间水箱设备规范为：

台数：2 台。

直径：ϕ2600mm×10mm。

单台有效容积：10m^3。

设计压力：常压（瞬时微真空）。

本体材料：不锈钢。

内壁防腐：衬胶橡，厚度为 5mm（内层 3mm，外层 2mm，交叉粘贴）。

3.8 无顶压逆流再生阴离子交换器

3.8.1 设备结构

无顶压逆流再生阴离子交换器示意图如图 3-13 所示。

阴离子交换器为焊接碳钢结构的立式柱形容器，本体内部衬胶厚度为5mm（内层3mm，外层2mm，交叉粘贴），本体外部管系为无缝钢管衬耐酸橡胶（3mm一层）。内部部件材料均为不锈钢S30403，排气管采用不锈钢S30408。

其进水装置为开孔鱼刺支母管式，母管规格为 ϕ159mm×4.5mm，支管规格为 ϕ89mm×3.5mm（共4根），支管上为S30403材质梯形绕丝结构，缝隙为0.25mm；中间排水装置为开孔鱼刺支母管式，支管上为S30403材质梯形绕丝结构，缝隙为0.25mm，母管规格为 ϕ108mm×4mm，支管规格为 ϕ38mm（共14根）；底部排水装置为多孔板旋水帽，水帽为不锈钢S31603材料，缝隙为（0.25±0.05）mm，水帽缝隙面积应是管道面积的3倍以上。出水装置采用石英砂垫层，石英砂垫层的支撑装置为穹形多孔板。其中具体结构详见本章气顶压逆流再生阳离子交换器。

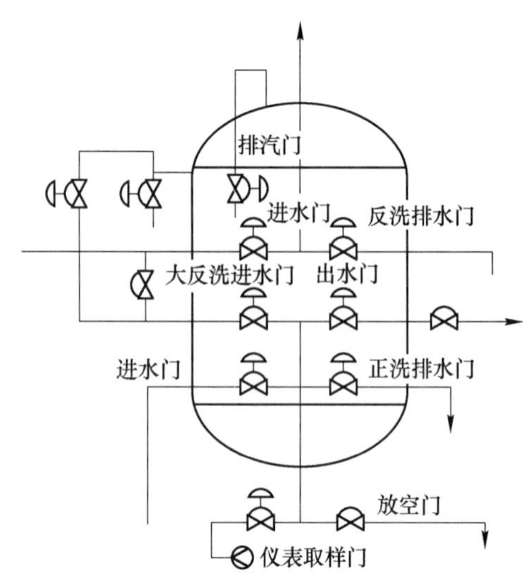

图3-13 无顶压逆流再生阴离子交换器

3.8.2 树脂

阴离子交换器内装填213（氯型）强碱性丙烯酸系阴离子交换树脂。其交换容量不小于4.2mmol/g，强型基团容量不小于3.4mmol/g，体积全交换容量不小于1.25mmol/mL，含水量为54%~64%，湿视密度为0.68~0.75g/mL，湿真密度为1.05~1.10g/mL，转型膨胀不大于18%（$Cl^-\rightarrow OH^-$），粒度为0.315~1.25mm（此粒度范围内的颗粒不小于95%，粒度小于0.315mm的颗粒不大于1%），有效粒径为0.45~0.70mm，均一系数不大于1.60，磨后圆球率不小于90%。

阴树脂的预处理与阳树脂的预处理类似，只不过阴树脂首先用4%~5%HCl溶液浸泡，然后再用2%~4%的NaOH溶液浸泡。

3.8.3 运行周期中树脂层内交换过程

3.8.3.1 制水运行中

由于离子交换的选择性，水通过强碱阴离子树脂时，最先交换的是 HSO_4^-、SO_4^{2-}，然后依次是 Cl^-、HCO_3^- 和 $HSiO_3^-$ 的交换。HCO_3^- 和 $HSiO_3^-$ 的选择性较弱，它们的交换在最后进行。又由于 HCO^{3-} 的选择性略大于 $HSiO_3^-$，所以水中 HCO_3^- 含量越高，越不利于 $HSiO_3^-$ 的交换。因此应尽量提高除碳器去除 CO_2 的效果。

随着交换的进行，各离子型失效树脂层逐渐下移，直至失效。失效后应及时再生，因为停放时间过长，硅酸型树脂会发生硅化合物聚合作用，增加再生难度。

3.8.3.2 再生过程中

由于是逆流再生，再生初期经过再生装置的是彻底失效并且或多或少含有一些 $RHSO_4$

型树脂的树脂层，所以再生开始阶段排出的废液往往没有游离 OH^-，有时还呈微酸性并伴有大量 CO_2气泡。逆流再生时，底层树脂可达到充分再生的程度，有利于保证好的出水水质。

3.8.4 运行技术经济指标

无顶压逆流再生阴离子交换器运行技术经济指标如下所示。

(1) 出水水质。

阴床出口装置备有电导率在线仪表，监测出水电导率。一级除盐系统中设计阳床先于阴床失效。如果阳床失效后，阳床出水开始漏 Na^+，则阴离子交换器进水中 Na^+的含量增大，于是通过阴床的水中 NaOH 含量上升，出水的 pH 值、电导率、SiO_2 和 Na^+含量均增大。

当阴床失效时，通常为出水中 SiO_2含量增大，出水电导率往往会在失效点处先呈微小下降，然后急剧上升。这是因为阴床未失效时出水中有微量 NaOH，失效时这部分 NaOH 被 Na_2SiO_3替代，所以电导率有微小的下降。之后，由于出水中有 H_2CO_3和 HCl 而使电导率急剧增大。

阴床出水水质要求电导率小于 5μS/cm，SiO_2 浓度小于 100μg/L。

阴床的工作特性是除去水中除 OH^-以外的所有阴离子。由于各种阴离子的选择性不同，被吸着的离子在树脂中也会产生分层现象，其分布状况大致是 SO_4^{2-}为上层，Cl^-为次层，$HSiO_3^-$为最低层。阴床出水特性曲线如图 3-14 所示。

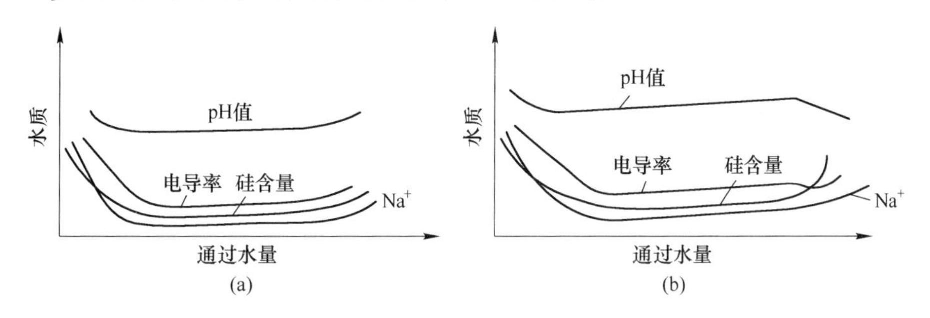

图 3-14 水质监控变化曲线示意图

(a) 阳床先失效；(b) 阴床先失效

阴床运行时，因为阴床设在阳床后面，所以阴床出水受阳床出水水质的影响很大。阳床未失效时，阴床到达失效点时，SiO_2 含量上升，pH 值下降，电导率先微降后再上升，电导率变化是因为 H^+和 OH^-要比其他离子易导电，当出水中这两种离子含量很小时，有一个电导率最低点，在失效点前由于 OH^-含量较大使水的电导率较大，在失效点前由于 H^+含量增大使水的电导率增大，Na^+含量不变。

阴床达到失效点时，由于阳床漏钠量增大，这些钠离子通过阴床后转变为氢氧化钠，使出水 pH 值迅速上升，连续测定阴床出水 pH 值，可以区分是阳床还是阴床失效。一般阴床失效监督最好用 SiO_2和电导率来判断。

对于单元式的一级复床除盐系统，在设计时阴床中树脂的装填量有 10%的富余量，因此在正常情况下是阳床先失效。阳床失效即认为是系统失效，需进行再生。

（2）工作交换容量。

强碱阴床的工作交换容量可按式（3-5）进行计算：

$$Q_i = \frac{(S + C + S_i)V}{V_r} \tag{3-5}$$

式中　Q_i——阴床树脂的工作交换容量，mol/m^3；

C——阴床平均进水 CO_2的浓度，mmol/L；

V_r——树脂的体积，m^3；

S——阴床平均进水酸度，mmol/L；

S_i——阴床平均进水 SiO_2的浓度，mmol/L；

V——阴床周期制水量，m^3。

（3）碱耗、比耗。

碱耗是指每交换 1mol 的阴离子所需要的纯氢氧化钠的克数。

3.8.5　逆流再生阴离子交换器设备规范

逆流再生阴离子交换器设备规范为：

设备台数：2 台。

设备直径：ϕ3024mm×12mm。

设计压力：p=0.65MPa。

试验压力：p=0.82MPa。

工作温度：5~50℃。

单台设备设计的额定流量：$Q=150m^3/h$。

再生方式：逆流再生。

每台设备树脂装载高度：h=2500mm。

每台设备压脂层装载高度：h=250mm。

填料层总高度：h=850mm。

设备运行允许的最大压降：0.10MPa。

设备运行流速：v=20~30m/h。

内部再生液介质：浓度为 3%~5%NaOH。

3.9　混合离子交换器

经一级离子交换除盐系统处理过的水质虽已较好，但仍不能满足亚临界以上高参数机组对补给水水质的要求。为了得到更好的能满足机组正常运行所需的合格水质，需用一种能在同一交换期中完成许多级阴、阳离子交换过程以制出更纯水的装置，这就是混床除盐装置。

3.9.1　原理

混合离子交换器是把 H 型阳树脂和 OH 型阴树脂置于同一台交换器中混合均匀的交换器，可以被看作是由许许多多 H 型交换器和 OH 型交换器交错排列的多级式复床。

在混合离子交换器中，由于阴、阳树脂是相互混匀的，水的阳离子交换和阴离子交换是多次交错进行的，则经 H 离子交换所生产的 H^+ 和经 OH 离子交换所生产的 OH^- 能及时地反应生成电离度很小的 H_2O，基本消除了逆反应的影响，这就使交换反应进行得十分彻底，因而出水水质很好。

混合离子交换器失效后，先用水自下而上进行反冲洗，利用阴、阳树脂的湿真密度不同而使两种树脂分离，然后分别进酸、碱再生。再生合格后，再将两种树脂混合均匀，又可投入制水运行。

3.9.2 设备结构

混合离子交换器为焊接碳钢结构的立式柱形容器，本体内部衬胶厚度为 5mm（内层 3mm，外层 2mm，交叉粘贴），设备本体的管系均为无缝钢管衬耐酸橡胶（3mm 一层），内部部件均为不锈钢 S31603。设备内部树脂上方应有不低于 100% 总树脂量的反洗树脂膨胀空间。

设备内部的布水和集水装置应保证整个树脂层水流均匀，防止局部偏流，出水装置除应均匀汇集水外，还应均匀地分配反洗水流通过床层，反洗排水装置满足设计最大反洗流量。底部排水装置多孔板与水帽连接处、孔四周的衬胶层必须平整，水帽与多孔板之间安装后应无间隙，以免运行时泄漏树脂。其结构如图 3-15 所示。

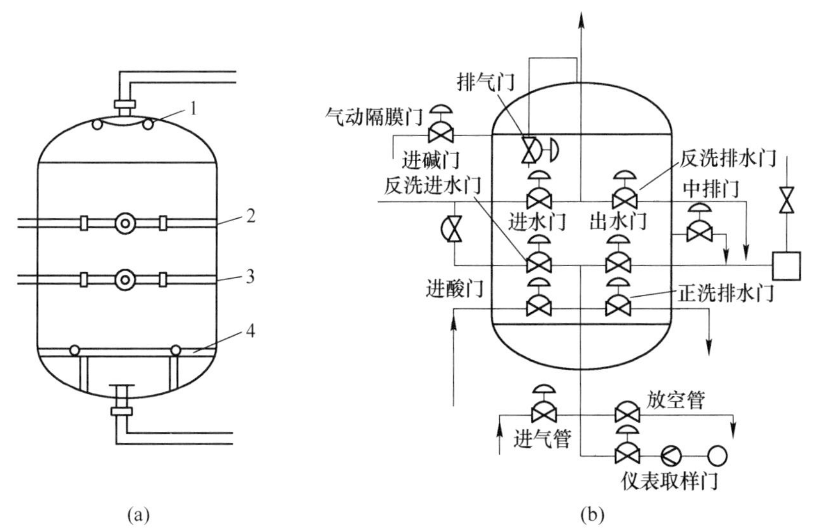

图 3-15 混合离子交换器结构

（a）离子交换器管线布置图；（b）离子交换器阀门布置图

1—进水装置；2—进碱装置；3—中间排水装置；4—水帽

（1）进水装置。顶部设有布水均匀的进水装置，形式为开孔鱼刺支母管式，母管规格为 ϕ159mm×4.5mm，支管规格为 ϕ89mm×3.5mm 共 4 根，支管上为梯形绕丝结构，缝隙为 0.25mm。

（2）进碱装置及中间排水装置。中间排水装置为开孔鱼刺支母管式，母管规格为 ϕ108mm×4mm，支管规格为 ϕ38mm×2.5mm 共 10 根，支管为不锈钢多孔管外套梯形绕丝结构，缝隙为 0.25mm；碱液分配装置为开孔鱼刺支母管式，母管规格为 ϕ89mm×3.5mm，

支管规格为 ϕ32mm×2.5mm 共 10 根，支管上旋喷嘴。

（3）出水装置。出水装置采用的是多孔板水帽式的结构。其特点是布水均匀性好，水帽结构紧密，可防树脂流失。水帽为不锈钢 S31603 材料，缝隙为（0.25±0.05）mm，水帽缝隙面积应是管道面积的 3 倍以上。

（4）树脂捕捉器。树脂捕捉器靠滤元起截留树脂的作用。滤元为不锈钢筛管结构。树脂捕捉器滤元的通流面积应为进水管道截面积的 3 倍以上。并需设反冲洗水接口。每台树脂捕捉器进出口要求提供一个差压变送器及耐腐型仪表隔离阀。差压变送器测量膜片要求采用 S31608 不锈钢。树脂捕捉器壳体由不锈钢 S30408 材料制作，滤元梯形绕丝间隙为 0.20mm，材质为 S31608。滤元采用水帽。

3.9.3 树脂

为了便于混合离子交换器失效后再生时阴、阳树脂能很好地分层，混床所用的阴、阳树脂的湿真密度差应大于 0.15~0.20g/mL。为了使水流通过树脂层的压降较小，树脂颗粒要大而均匀，同时机械强度要好。

混床所用的阳树脂为 D001-FZ（钠型）强酸性苯乙烯-二乙烯苯共聚体阳离子交换树脂，质量全交换容量不小于 4.35mmol/g，体积全交换容量不小于 1.8mmol/mL，工作交换容量不小于 1000mmol/L-R(湿)，含水量为 45%~55%，湿视密度为 0.77~0.85g/mL，湿真密度为 1.25~1.28g/mL，转型膨胀不大于 10%($Na^+ \rightarrow H^+$)，粒度为 0.71~1.25mm（在此粒度区间的颗粒不小于 98%，粒度小于 0.63mm 的颗粒不大于 1%），均一系数不大于 1.20，渗磨圆球率不小于 95%。

阴树脂为 D201-FZ（氯型）强碱性苯乙烯-二乙烯苯共聚体阴离子交换树脂。阴、阳树脂的预处理同阴树脂的预处理。质量全交换容量不小于 3.8mmol/g，强型基团容量不小于 3.7mmol/g，体积全交换容量不小于 1.2mmol/mL，工作交换容量不小于 400mmol/L(R)(湿)，含水量为 50%~60%，湿视密度为 0.65~0.73g/mL，湿真密度为 1.04~1.10g/mL，转型膨胀不大于 20%($Cl^- \rightarrow OH^-$)，粒度为 0.45~0.90mm（此粒度范围的颗粒不小于 98%，粒度大于 0.90mm 的颗粒不大于 1%），均一系数不大于 1.20，渗磨圆球率不小于 95%。

确定混床中阴、阳树脂比例的原则是使阴、阳树脂同时失效，以获得最高的树脂利用率。

由于阳树脂的工作交换容量常比阴树脂的大，根据进水水质条件和出水水质要求，设置的阴、阳树脂的体积比为 2∶1。

阳树脂层高 500mm，阴树脂层高 1000mm。

阴、阳离子交换树脂的配比不合适时，对出水水质一般无影响，只是整个交换器的工作交换容量会减小。

3.9.4 运行控制

以混床运行至失效时为起点，一个运行周期的工作情况如下。

（1）反洗分层。

反洗分层是混床除盐装置运行操作的关键问题之一，即如何将失效的阴、阳树脂分开，以便分别通过再生液进行再生。用水力筛分法对树脂进行分层，即借反洗的水力使树脂悬浮起来，使树脂层达到一定的膨胀率，再利用阴、阳树脂的密度差所形成的沉降速度差来达到分层的目的。一般阴树脂的密度较阳树脂的小，分层后阳树脂在下，阴树脂在上，两层树脂间有明显的分界面。

反洗开始时，流速宜小（为了保护集水和中间排水装置），待树脂层松动后，逐渐加大流速，直至全部床层都能松动。如反洗流速过大，虽然可以增加树脂的膨胀率，有利于分离，但需要用较高的设备，增加了投资，而且又可能跑树脂。

两种树脂是否能分层明显，除与阴、阳树脂的湿真密度差、反洗流速有关外，还与树脂的失效程度有关。树脂失效程度大的分层容易，否则就比较难。这是由于树脂在吸着不同离子后密度不同，从而沉降速度不同。

对于阳树脂，不同离子型式的密度排列为：

$$H^+ < NH_4^+ < Ca^{2+} < Na^+$$

对于阴树脂，不同离子型式的密度排列为：

$$OH^- < Cl^- < HCO_3^- < SO_4^{2-}$$

当交换器运行到终点时，如果底层尚未失效的树脂较多，则未失效的阳树脂（H 型）与已失效的阴树脂（SO_4型）密度差较小，所以分层就比较困难。此外，刚刚投入运行不久的 H 型和 OH 树脂还有相互黏结的现象（即抱团），也会使分层困难，可以在分层前先通过 NaOH 溶液，这样不仅可以破坏抱团现象，同时还可以使阳树脂转变为 Na 型，使阴树脂再生成 OH 型，从而加大阳、阴树脂的湿真密度差。

若反洗分层不好，进酸碱再生时混在阳树脂中的阴树脂被再生成 Cl 型，混在阴树脂中的阳树脂被再生成 Na 型。因此再生后混床中必然保留有大量的 Na 型和 Cl 型树脂，从而影响出水水质和周期制水量。

（2）再生。

混床再生采用的是体内再生法。再生过程中酸、碱再生液同时进入交换器，由中间排水装置排出再生液。

（3）置换。

一方面利用再生过程中的残余酸、碱液继续与树脂进行反应；另一方面，可以清洗残余再生液。

（4）清洗。

彻底清洗再生过程中的残余再生废液。

（5）混合。

树脂经再生和洗涤后，在投入运行前必须将分层的树脂重新混合均匀。通常用从底部通入压缩空气的办法搅拌混合。这里所用的压缩空气应经净化处理，以防压缩空气中有油类等杂质污染树脂。混合时间主要以树脂是否混合均匀为准，时间过长易磨损树脂。

为了获得较好的混合效果，混合前应把交换器中的水位下降到树脂层表面上 100~150mm 处。如果水位太高，混合时易跑树脂，落床时易导致树脂再次分层。

（6）正洗。

混合后的树脂层还需用除盐水进行正洗，正洗流速为 10~20m/h，直至出水水质合格后方可投入制水运行。

（7）制水。

混床的离子交换与普通固定床相同，只是它可以采用更高的流速。运行流速过低时，树脂颗粒表面的边界水膜较厚，离子扩散速度慢，影响总的离子交换速度，同时还会携带树脂内的杂质而使水质降低；流速过快，能加快离子膜扩散速度，但阻力增加太大，而且水中的离子与树脂接触时间过短来不及进行交换就被水流带出，从而使出水水质下降，同时保护层高度也增加，树脂的工作交换容量也要降低。因此，其流速一般在40~60m/h 之间。

3.9.5　混床工作特性

混床再生后开始制水时，出水电导率下降很快。这是由于残留在树脂中的再生剂和再生产物立即被混合后的树脂交换。进入的盐类杂质和树脂的再生程度对出水电导率的影响一般不大，而与交换器的工作周期有关。

由于混床运行方式的特殊性，混床和复床相比有下列特点：

（1）出水水质优良。制得除盐水电导率小于 0.1μS/cm，SiO_2含量小于 10μg/L。

（2）出水水质稳定。工作条件有变化时，对其出水水质影响不大。

（3）间断运行对出水水质影响较小。无论是混床还是复床，当停止工作后再投入运行时，开始出水的水质都会下降，要经短时间运行后才恢复正常。这可能是由于离子交换设备本身及管道材料对水质污染的结果。恢复正常所需的时间，混床比复床短。

（4）混床的运行流速应经调试确定。若过慢，则其会携带树脂内杂质而使水质下降；若过快，水与树脂接触时间短，离子来不及交换，从而影响出水水质。

（5）交换终点明显。混床在交换的末期，出水电导率上升很快，有利于监督，而且有利于实现自动控制。

（6）混床设备比复床少，布置集中。

但混床也存在着不少缺点：再生操作复杂，再生时间长，树脂耗损率大，树脂的再生度较低，树脂交换容量的利用率低。

混床经过再生清洗开始制水时，出水电导率下降很快，这是由于残留在树脂中的再生剂和再生产物，立即被混合后的树脂所吸着。正常运行中，出水残留含盐量在 1.0mg/L 以下，电导率在 0.15μS/cm（25℃），SiO_2含量在 20μg/L 以下，pH 值为 7 左右。混床出水特性曲线如图 3-16 所示。

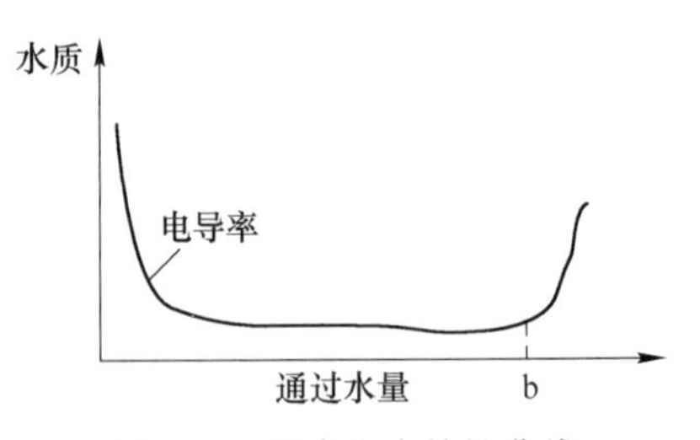

图 3-16　混床出水特性曲线

混床出水一般很稳定，工作条件变化时，对其出水水质影响不大。进水的含盐量和树脂的再生程度对出水电导率的影响一般不大，而与混床的工作周期有关。对于净化一级除盐水的混床，树脂用量有较大的富余度，其工作周期一般在 15 天以上。

混床的流速应适当，过慢会携带树脂内的杂质而使水质下降；过快水与树脂接触时间短，离子来不及交换而影响水质。因此运行流速一般在 40~60m/h 之间。

系统间断运行对混床出水水质影响也较小，无论是混床或是复床，当交换器停止工作后再投入运行时，开始出水的水质都会下降，要经短时间运行后才能恢复正常，混床恢复正常所需的时间要比复床的短。

混床运行失效时，终点比较明显。由混床出水特性可以看出，混床在交换末期，出水导电率上升很快，这有利于实现自动控制。

3.9.6 混床设备规范

混床设备规范如下所示。

设备台数：2 台。

设备直径：ϕ2020mm×10mm。

设计压力：p=0.65MPa。

试验压力：p=0.80MPa。

工作温度：5~50℃。

设备运行流速：v=40~60m/h。

单台设备设计的额定流量：$Q=150m^3/h$。

单台设备设计的最大流量：$Q=180m^3/h$（按此流量考核）。

树脂装载高度：$h_{阳}$=500mm；$h_{阴}$=1000mm。

再生方式：体内再生。

内部再生液介质：NaOH 浓度为 3%~5%；HCl 浓度为 3%~5%。

设备运行允许的最大压降：0.10MPa。

3.10 再生系统

再生系统用的酸（HCl）、碱（NaOH）由槽车送到补给水处理区域，卸入相应的酸（碱）贮存罐，经酸（碱）喷射器稀释至规定的浓度后分别送至相应的离子交换器。为保证再生质量，酸液采用精制盐酸；碱液采用高纯度的离子隔膜碱。

3.10.1 贮存

盐酸、离子膜碱采用密闭立式贮存槽贮存。酸、碱贮存槽的壳体用碳钢制作，整体内壁防腐采用钢衬胶。由于酸槽贮存的是挥发性极强的浓盐酸，需设置酸雾吸收器来吸收酸贮存槽里的酸雾。酸雾吸收器将酸贮存槽和酸管道内的酸雾引入，通过水喷淋填料后加以吸收，达到防止环境污染的目的。

在此系统中车里的酸（碱）液依靠重力通过卸酸（碱）泵将酸（碱）液送至酸碱罐。

3.10.2 计量

本系统不设置酸、碱计量箱，预喷阶段投入酸碱浓度计，再生过程中根据酸、碱浓度计的示值来调整和控制再生液的浓度和剂量。

3.11 系统运行方式

3.11.1 系统运行控制

补给水化学除盐系统的阳床、阴床采用单元制方式运行，混床采用母管制方式运行，除盐水泵根据除盐水母管的压力变频方式运行。

阳床进口、阴床出口、混床出口、除盐水泵出口母管、再生水泵出口母管及酸（碱）喷射器进水管设置孔板流量计；阴床出口、混床出口、除盐水泵出口母管设置电导率表及硅表；酸碱喷射器出口设置浓度计，各水箱、水池设置带远传信号的超声波液位计，水箱设置就地液位显示；各泵出口、离子交换器进出口设置压力表；树脂捕捉器进出口设置压差变送器。

3.11.2　化学除盐系统的启动、运行和停运

化学除盐系统的启动、运行和停运如下所示。

（1）启动前检查：

1）检查各交换器管道、阀门完好，无泄漏，处于备用状态。

2）检查各泵、电机具备启动条件。

3）压缩空气系统完好，压力具备启动条件。

4）程控操作盘送电，信号反应正确，可投入正常运行。

5）检查就地电磁阀箱送电、送气，气压正常（0.4~0.8MPa）。

6）各在线监测仪表均能投入运行。

7）检查各水箱、水池水位。

8）预脱盐系统运行正常，具备向化学除盐系统送水条件。

（2）启动：

1）预脱盐水箱水位可以运行后，开启预脱盐水泵，开启阳床进水阀、排气阀，待排气阀连续出水时，开启阳床正洗排水阀，关闭排气阀，对阳床进行正洗。

2）当阳床正洗20min后，开启阳床出口阀，关闭阳床正洗排水阀。

3）开启阴床进水阀、排气阀，待排气阀连续出水时，开启阴床正洗排水阀，关闭排气阀，对阴床进行正洗，当阴床正洗排水电导率不大于10μS/cm，SiO_2含量不大于20μg/L时，正洗结束。

4）开启混床进水阀、混床排气阀，待混床排气阀连续出水后，开启混床正洗排水阀，关闭混床排气阀，对混床进行正洗，当正洗至出水电导率不大于0.15μS/cm，SiO_2含量不大于10μg/L时，开启混床出水阀，关闭混床正洗排水阀，投入正常运行。

5）调节有关阀门开度使其产品水量达到设计值。

（3）运行监督：

1）设备投运后，应及时调整流量，使其稳定运行。

2）正常运行时，应按运行监督要求定时进行化验分析，做好报表记录。当发现除盐设备出水不合格时，应立即重复取样分析，查找原因，及时处理。

3）当化学除盐设备进水为预脱盐系统出水时，一级除盐的再生周期约为20天，失效终点可采用累积制水量或累积运行时间，或根据系列出水SiO_2及电导率进行控制。

4）当阴、阳床出水合格，而混床出水电导率不小于0.15μS/cm或SiO_2含量不小于10μg/L时，表明混床失效，需立即停运再生。

（4）除盐系统的停运：

1）关闭混床进水门、出水门。

2）停中间水泵。

3）关闭阳床进水门、出水门，停预脱盐水泵。

4）关闭阴床进、出水门。

5）停脱碳风机。

6）根据预脱盐水箱水位停运预脱盐系统。

7）停各种化学仪表。

正常情况下，尽量保持除盐设备连续运行，直至失效为止。

（5）运行注意事项：

1）除盐设备的投运，应根据除盐水箱水位、补水量进行调整，正常情况下，一列运行，一列备用。

2）三只除盐水箱应按顺序逐一进水，当1号水箱高水位时，打开2号水箱进水阀、关闭1号水箱进水阀，当2号水箱高水位时，打开3号水箱进水阀、关闭2号水箱进水阀；当三只除盐水箱高水位时，应停运除盐设备，保证水箱不溢流；三只水箱也应按顺序逐一开启出水阀门。运行中尽可能采取一台水箱进水，另一台水箱供水状态。通过这种运行方式保证除盐水箱内的除盐水品质。

3）当机组启动、事故、酸洗或需大量用水的情况下，需保证除盐水箱水位处于高位。

4）当除盐水补水量较正常量大时，应查清原因。

5）应注意除盐设备压力正常，设备管道、阀门无泄漏，树脂高度正常，捕捉器压力正常，中间水箱无溢流，各在线仪表指示正常，中间水泵运行正常。

3.11.3 除盐系统的再生

阴、阳床的再生包括以下几方面。

（1）再生前的检查：酸、碱系统应具备启动条件，酸、碱贮槽内有足够的酸碱液；中间水泵、再生水泵和废水泵应具备启动条件；酸、碱系统设备，需再生的除盐系统设备上各阀门应处于严密关闭状态且启闭灵活，管道无泄漏；非再生的除盐设备上的进酸、进碱阀门关闭严密；电磁阀箱送电、送气，气源压力正常；各压力表，流量表，酸、碱浓度计均可投入正常运行。

（2）再生。

1）小反洗：开启阳床小反进门、反排门，流速控制在5~10m/h，时间10~15min或以排水清晰、透明为终点。

2）大反洗：一般间隔10~20个运行周期，在再生之前进行一次大反洗，以彻底清除树脂层的污物及疏松树脂层。打开阳（阴）床大反洗进水门、反排门，阳床流速控制在10~15m/h，阴床流速控制在8~10m/h，时间为10~15min或以排水清晰、透明为终点。大反洗进水门应慢慢开出，以防止树脂层冲坏中排装置。

3）预喷射：首先打开阳（阴）床进酸（碱）门，阳（阴）床酸（碱）喷射器进水门，阳（阴）床中排门，启动再生水泵，调整阳床喷射水流量至19m³/h左右，阴床喷射水流量25m³/h左右，并投入酸、碱浓度计。

4）进酸、碱：打开酸（碱）贮存罐出口门，使再生液浓度维持在：酸浓度1.5%~3%；碱浓度：1%~3%，进酸碱时间约30min，大反洗时，进酸碱量为1.5~2倍剂量。

5）置换：停止进酸、碱，关闭酸碱贮存罐出口门，继续维持自用水流量30min，置换终点阳床出水酸度小于3~5mmol/L，阴床出水碱度小于0.5mmol/L，然后关闭阴阳床再生系统所有阀门。

6）小正洗：打开阴阳床小正洗门、中排门，控制流速；阳床流速为10～15m/h，阴床流速为8～10m/h，时间为10～15min。

7）正洗：打开阴阳床进水门、正排门，分别进行正洗。

3.12　除盐系统运行指标及故障处理

3.12.1　运行指标

除盐系统运行中不仅应控制好出水水质，保证出水量，而且应降低各种消耗，如水耗、药耗、电耗等。下面介绍几个常用的运行指标。

（1）水质指标。

水质指标有：

二氧化硅：≤10μg/L。

电导率（25℃）：≤0.15μS/cm。

TOC：≤200μg/L。

（2）运行周期。运行周期为除盐系统或单台设备从再生好投入运行后到失效为止所经过的时间。其指标应根据实际情况制定。

（3）周期制水量。周期制水量为除盐系统或单台设备在一个运行周期内所制出的合格水的数量，可根据流量表累积计算。

（4）自用水率。自用水率为离子交换器每周期中反洗、再生、置换、清洗过程中耗用水量的总和与其周期制水量的比。

（5）再生时的酸、碱耗。离子交换系统运行中费用最大的一项是再生剂酸和碱的消耗。原水中含盐量越多，这种费用也就越大。因此，如何降低再生时所用再生剂的比耗，是提高离子交换除盐经济性的主要措施。

降低酸、碱耗的措施主要有：选用质量高的离子交换剂树脂和酸、碱再生剂；对设备进行必要的调整试验，求得最佳再生工艺条件；再生时对碱液进行加热；选用对流式离子交换器或双层床离子交换器；当原水含盐量大时可采用电渗析、反渗透等工艺对原水进行预脱盐处理。

3.12.2　运行故障处理

除盐设备运行中发生的故障是多方面的，原因也比较复杂，有设备缺陷方面的，树脂不良方面的，还有操作失误方面的。因此要求运行人员在熟悉除盐原理、设备结构、系统连接和操作要点的基础上，对故障进行认真分析，找出原因，及时消除。表3-4为除盐系统常见故障及处理方法。

表3-4　除盐系统常见故障及处理方法

现象	原　因	处理方法
1. 阳床、阴床再生后出水不合格	（1）再生过程中顶压压力不足或不稳定，造成树脂乱层； （2）再生液浓度低或剂量不足，再生剂质量差；	（1）重新再生； （2）提高浓度，增加剂量，检查再生剂质量后重新再生；

续表 3-4

现象	原　　因	处理方法
1. 阳床、阴床再生后出水不合格	（3）中排装置损坏造成偏流； （4）反洗不彻底，树脂表面有污泥； （5）树脂老化或被污染	（3）进行检修； （4）加大反洗流量，重新再生； （5）复苏或更换树脂
2. 阳床运行出水硬度、含钠量不合格	（1）阳床进水水质变化； （2）反洗进水门不严； （3）进酸门不严	（1）查明变化原因，进行处理； （2）关严反洗进水门或停运检修； （3）关严进酸门
3. 阴床运行出水电导率、二氧化硅不合格	（1）阳床出水漏钠进入阴床； （2）反洗进水门不严； （3）进碱门不严	（1）再生阳床； （2）关严反洗进水门或停运检修； （3）关严进碱门
4. 阳床、阴床周期制水量降低	（1）清水水质发生变化； （2）进、出水装置损坏，发生偏流； （3）再生效果不好； （4）树脂交换容量下降； （5）树脂层降低、压实层结块； （6）双层床树脂反洗分层不好； （7）除碳器效率低，中间水 CO_2 含量增加	（1）了解水源水质，适当增大再生剂量； （2）停运检修； （3）查找原因，调整再生工艺； （4）复苏或更换新树脂； （5）补充或更换新树脂，进行大反洗； （6）重新反洗、再生，必要时更换树脂； （7）检修除碳器和风机
5. 阳床、阴床跑树脂	（1）运行中跑树脂原因为出水装置水帽破裂，缝隙太大或没有拧紧； （2）反洗时跑树脂原因为反洗强度太大； （3）再生时跑树脂原因为中排装置损坏或涤纶网套松口、脱落	（1）停运检修； （2）减小反洗强度； （3）停运检修

3.13 电除盐（EDI）

3.13.1 EDI 概述

目前在发电厂水处理工艺中有三种方式：传统的除盐方式，改良的除盐方式和绿色的除盐方式。这种装置不需要化学再生，可连续运行，进而不需要传统水处理工艺的混合离子交换设备再生所需的酸碱液，以及再生所排放的废水。节省了再生用水及再生污水处理设施，产品水水质稳定，达到超纯水的指标。

电除盐（electrodeionization，缩写为 EDI），是一种新型的纯水处理技术，它是将电渗析和离子交换技术有机结合的深度除盐新工艺。在 EDI 中，阳、阴混合离子交换树脂被填充在淡水室中，利用除盐过程中的浓度极化和水电离产生的 H^+、OH^- 再生混合离子交换离子树脂，相当于连续获得再生的混合离子交换树脂，从而具有连续再生能力，再生过程不需要酸、碱等化学试剂，被称为新型绿色环保水处理技术。依据用水水质的不同要求，EDI 一般和反渗透水处理技术（RO）结合使用，用于反渗透水处理设备之后的精处理，以替代混床，也可以作为混床的前处理。

3.13.2 EDI原理

EDI是一种物理除盐工艺，其基本原理为：一套EDI由多个除盐单元组成，一个EDI单元由离子交换树脂、离子选择性膜以及直流电场组成，如图3-17所示。

离子选择性膜分为阳离子选择性透过膜和阴离子选择性透过膜，两者间隔排列，阳离子选择性透过膜只允许阳离子通过，阴离子和水不能通过。同样，阴离子选择性透过膜只允许阴离子通过。阴、阳混合树脂夹在阳、阴选择性透过膜中间，在外加直流电场的作用下Ca^{2+}、Mg^{2+}、Na^+、H^+等阳离子向阴极移动，HCO_3^-、SO_4^{2-}、OH^-等阴离子向阳极移动，通过选择透过性膜分别进入相邻的集水通道，从而降低淡水通道水中的离子含量，达到净化的目的。离子交换树脂所起的作用有两点：（1）使产水通道中的电阻降低，加强了离子迁移，增强了电离子的去除能力，提高产水水质；（2）在直流电场中不断地水解出H^+、OH^-，这种分离出来的H^+、OH^-在EDI中充当树脂的再生剂，可以始终维持一部分树脂处于再生状态，从而显著地提高产水量，如图3-18所示。这样，离子交换树脂的再生在产

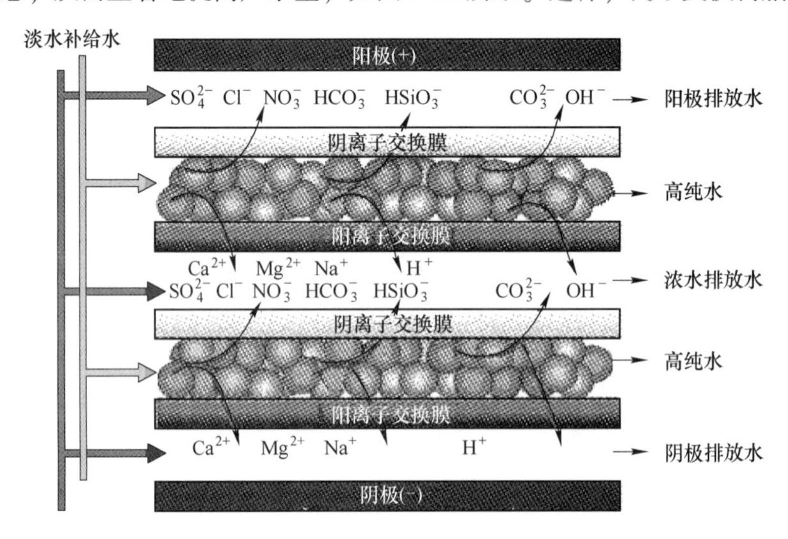

图3-17 EDI原理图

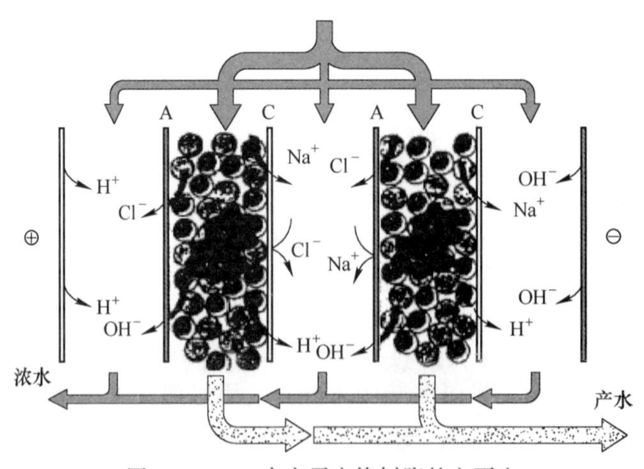

图3-18 EDI中离子交换树脂的电再生

水的同时完成，不需要额外添加酸碱等化学药品，因而具有连续再生能力。

3.13.3 EDI 影响因素

EDI 影响因素有以下几方面：

（1）原水温度。原水温度低，EDI 产水电导率降低；原水温度升高，使得水中的离子在树脂和膜中的迁移和扩散的速度加快，有利于去离子过程。某电厂地处北方寒冷地区，冬季水温很低，采用生水加热器控制原水的温度在（25±2）℃，运行效果良好。

（2）水回收率。一般情况下，EDI 产水电导率随 EDI 水回收率的增加而迅速降低。水回收率增大，淡水流量变大，可以改善淡水室中的水力学状态，减薄树脂颗粒表面滞流层的厚度，减小淡水室电阻，增大膜堆电流。但是，浓水室中离子的浓度太大，会造成浓水室阴膜表面结垢。某电厂经试验得出的运行参数为：控制浓水的电导率在（250±30）μS/cm，浓水排放量为（2.5±0.2）t/h（EDI 产水量为 60t/h），实现了既不过多排水又不结垢的目的，运行效果良好。

（3）EDI 进水水质。EDI 进水电导率较低，产水电导率也低。原水电导率低，其中离子的含量较低，可直接使产水水质提高。同时，离子浓度低，在淡水室中树脂和膜的表面上形成的电势梯度也大，导致水的解离程度增强，产生的 H^+ 和 OH^- 的数量较多，对填充在淡水室中的阴、阳离子交换树脂的再生有利，所以产水电导率也低。某 EDI 的入口水为二级 RO 出口水，电导率较低，平均值多为 1.4～1.6μS/cm。

（4）操作电流。操作电流增大，EDI 产水电导率会迅速减小。随着膜堆电流的升高，淡水室中水的解离程度增大，产生 H^+、OH^- 数量多，对树脂的再生效果好，所以 EDI 产水电导率下降；当膜堆电流继续升高时，淡水室中的水解离程度进一步增大，使得离子交换与树脂的再生逐渐达到平衡，产水电导率会进一步下降；若膜堆电流还继续升高，除了再生树脂外，剩余的 H^+、OH^- 主要用于负载电流，导致膜堆的电流继续增大，而产水电导率下降的幅度变小，这会影响 EDI 装置的使用寿命和经济性。因此，应选择适当的操作电流。某电厂操作电流控制在（45±5）A，使每支膜组件电流在 3A 左右。

（5）操作电压。操作电流随操作电压的增大而增大。当膜堆电压升高至一定值时，淡水室中树脂与膜表面浓度扩散层中的水在电势梯度作用下会发生水解离现象，产生 H^+、OH^-，它们不仅能负载部分电流，也能将在淡水室中混合树脂上的盐离子置换下来，将树脂再生为 H 型和 OH 型，使得有更多的离子参与负载电流。一般操作电压控制在（120±20）V 为宜。

（6）进水 CO_2 含量。RO 产水 CO_2 含量超标（CO_2 含量标准为不大于 5mg/L），会使得 EDI 产水电阻率下降。某电厂在二级 RO 之前加分析纯氢氧化钠，不仅使碳酸转化为 HCO_3^- 被 RO 去除，而且使 RO 对硅的去除率也非常高。

（7）进水有机物。EDI 中所装离子交换树脂被密封、压实在元件中，处于连续工作状态，少有被洗涤的机会，因为对进水水质要求更高。进水中有机物（TOC）以及其他杂质将引起 EDI 树脂性能逐渐下降，并直接影响 EDI 的产水水质。某电厂预处理采用盘式过滤器、超滤及两级 RO，并采用能方便更换树脂、增强适应性和耐冲击能力结构的卷式 EDI，为防止 EDI 进水的二次污染，将淡水箱（二级反渗透出水水箱）设在室内。

（8）进水余氯。当 EDI 进水中的余氯超标后，将使 EDI 中离子交换树脂的机械强度下降，造成树脂破碎，进、出水压差升高，产水量下降，从而缩短膜组件的使用寿命。某电厂一期1号EDI在调试过程中由于余氯控制监督不当，造成树脂破碎产水量下降45%；组件返生产厂更换新树脂后，运行正常。EDI进水余氯控制在0.05mg/L以下，并在RO入口增设氧化还原电位（ORP）在线监测表，到目前为止5套EDI均能稳定运行。

4　凝结水精处理

4.1　凝结水精处理概述

火力发电厂锅炉给水由凝结水和化学补给水组成，其中凝结水的水量占给水总量的绝大部分。而凝结水包括汽轮机凝结水、热力系统中的多种疏水以及热用户的生产凝结水，机组正常运行时化学补给水量很少，给水水质的好坏在很大程度上取决于凝结水的水质。由于现代高参数的机组对给水的水质要求很高，故对凝结水必须进行处理。因为是对杂质含量很低的水进行处理，因此又称为凝结水精处理。凝结水处理已成为电厂水处理的一个极为重要的环节。

4.1.1　超超临界机组凝结水处理的必要性

4.1.1.1　超超临界机组对水质要求更严格

蒸汽有溶解某些盐类的能力，盐分在蒸汽中的溶解度随蒸汽参数的提高而增大，所以机组参数越高蒸汽溶解携带盐类能力越大，会有更多的盐分被蒸汽带入汽轮机中。蒸汽进入汽轮机后，随着能量的转换，蒸汽压力逐渐降低，蒸汽中的盐分就会在汽轮机中沉积。

对于直流锅炉，由于不存在露水的循环蒸发过程，不能像汽包炉那样进行加药处理和排污处理。所以给水带入的盐分和其他杂质，要么在炉管内形成沉积物，要么随蒸汽带入汽轮机中沉积在蒸汽通流部位，还有少部分会返回到凝结水中。

因此，随着机组参数的提高，给水质量对机组安全、经济运行越来越重要，所要求的给水质量也越高。

4.1.1.2　凝结水的污染

火电厂的汽轮机凝结水是蒸汽在汽轮机中做完功后冷凝形成的。在水汽循环过程中及凝结水形成过程中，因各种原因总会受到一定程度的污染。所以在未经处理的凝结水中一般都含有一定量的杂质，这些杂质主要来自以下几个方面。

A　凝汽器的渗漏和泄漏

冷却水从汽轮机凝汽器不严密的地方进入汽轮机的凝结水中，是凝结水中含有盐类物质和硅化合物的主要原因，也是这类杂质进入给水的主要途径之一。

冷却水从凝汽器不严密处进入凝结水中，使凝结水中盐类物质与硅化合物的含量升高，这种情况称为凝汽器渗漏；当凝汽器的管子因制造或安装有缺陷，或因腐蚀而出现裂纹、穿孔和破损，以及固接处的严密性遭到破坏时，进入凝结水中的冷却水量将比正常时高得多，这种情况称为凝汽器泄漏。凝汽器泄漏时，凝结水被污染的程度要比渗漏时大得多。

进入凝汽器的蒸汽是机组汽轮机的排气，其中杂质的含量非常少，所以凝结水中的杂质含量主要取决于漏入的冷却水量及其中杂质的含量。在冷却水水质已定的条件下，给水水质要求越高，允许的凝汽器漏水量就越低，对凝汽器的严密性的要求就越高。实践证明，当凝结水不进行处理时，凝汽器的泄漏往往是引起发电机结垢、积盐和腐蚀的一个主要原因。

B 金属腐蚀产物的污染

凝结水系统的管路和设备往往由于某些原因而被腐蚀，致使凝结水中带有金属腐蚀产物，其中主要是铁和铜的氧化物。

铁和铜的腐蚀产物随给水进入锅炉后，将会造成锅炉的结垢和腐蚀，因此必须严格控制给水中铁和铜的含量。所以对作为给水主要组成部分的凝结水水质，也就有更严格的要求。

C 空气漏入和补给水带入

在汽轮机的密封系统和给水泵的密封处，都有可能漏入空气，空气中的 CO_2 与水中的 NH_3 形成 NH_4HCO_3 或 $(NH_4)_2CO_3$，从而增加了水中碳酸化合物的含量。

当补给水系统的运行管理不良或设备故障时，有可能将原水中的各种杂质带入凝结水中。即使水处理设备在正常运行，补给水的电导率小于 0.2μS/cm 的情况下，也会带入微量的盐类杂质。另外，除盐水在流过除盐水箱、除盐水泵和管道系统时，也会携带少量的机械杂质和溶解气体进入热力系统。

综上所述，在机组运行的过程中，凝结水会受到一定程度的污染，增加了凝结水中的溶解盐类和固体微粒。消除污染源虽然是防止凝结水污染的根本办法，但完全消除是不可能的，因此凝结水精处理就成为高参数火力发电机组水处理的一项重要任务。

4.1.2 凝结水精处理的设置

是否选择凝结水精处理和如何选择凝结水精处理设备，不仅与锅炉炉型、机组参数、容量及负荷特性有关，还与凝汽器的管材、冷却水水质及锅炉的水化学工况有关。因此，选择的凝结水精处理设备不仅要能在机组正常运行时除去凝结水中的微量金属腐蚀产物，而且在凝汽器突发泄漏时也能在一定时间内有效地除去凝结水中的各种杂质，为机组能按正常程序停机赢得时间。

关于是否设置凝结水精处理，目前国内较为一致的看法是：

(1) 由直流锅炉供汽的汽轮机组，全部凝结水宜进行除盐处理，同时应设除铁设施。

(2) 由亚临界压力汽包锅炉供汽的汽轮机组，全部凝结水宜进行除盐处理。

(3) 由超高压汽包炉供汽的汽轮机组，通常不设凝结水除盐处理；但当冷却水为海水或苦咸水时，且凝汽器采用铜管时，宜设凝结水除盐处理。

出于对机组安全经济性的考虑，在火力发电厂亚临界压力及以上参数的汽包锅炉机组及直流炉机组中，设置凝结水精处理已成为一种普遍趋势。

4.1.3 凝结水精处理装置在热力系统中的连接方式

由于树脂使用温度的限制，凝结水精处理装置在热力系统中一般都是设置在凝结水泵之后、低压加热器之前，这里水温不超过60℃，能满足树脂正常工作的基本要求。

目前，亚临界及以上参数的机组，凝结水精处理一般都采用中压凝结水处理系统。即将凝结水泵的压力提高至4MPa左右，从而取消了凝结水升压泵。凝结水精处理装置在较高压力（3.0~3.5MPa）下运行，使热力系统简化，不但节省了投资，而且提高了系统运行的安全性。

4.1.4 凝结水精处理系统的基本组成

某电厂有两台机组的凝结水精处理除盐系统。每台机组全流量凝结水精处理系统设备由1套2台50%凝结水量的前置过滤器及其0%-50%-100%可调节旁路系统，4×33%凝结水量的高速混床系统及其0%-33%-100%容量的可调节旁路系统，两台机组共用1套体外再生系统，精处理再生用酸碱贮存计量系统以及相应的控制系统及监测仪表、配供电系统和全部辅助系统等组成。

凝结水精处理系统每台机组由2台50%前置过滤器和4台33.3%高速混床组成。机组启动初期，凝结水含铁量超过1000μg/L时，不进入凝结水精处理混床系统，仅投入前置过滤器，迅速降低系统中的铁悬浮物含量，使机组尽早转入运行阶段。当一台前置过滤器的压降达到设定值时，表明截留了大量固体，可调节旁路，打开50%流量旁路，前置过滤器自动退出运行，用反洗水泵来水和压缩空气对滤芯外表面的吸附微粒进行反冲洗，反洗出水合格后并入系统旁路阀关闭，当前置过滤器进出口母管压差大于0.10MPa时，前置过滤器进出阀门关闭，100%旁路打开。整个过程通过控制系统自动进行。前置过滤器的正常运行周期应不低于10天，滤元的正常使用寿命不低于两年。混床为三台运行，一台备用，当其中一台混床出水不合格或压差过大时，将启动备用混床进行再循环运行直至出水合格并入系统，此时，将失效的混床解列，并将失效树脂输送至再生系统进行再生，然后将再生好的备用树脂输送至该混床备用。混床系统设有可调节旁路阀，旁路系统采用进口不锈钢电动可调蝶阀，同时带有100%容量的手动旁路阀及隔离阀，手动旁路阀及隔离阀应能方便关启；在遇到下列情况之一时，旁路阀能自动打开同时关闭混床进出水阀门，切除高速混床系统：（1）进口凝结水水温不小于50℃时；（2）高速混床的进出口压差大于0.35MPa。

在满负荷及AVT(O)工况下（pH值为9.4），单台混床周期制水量不小于10万吨(氢型运行)；在满负荷OT工况下（pH值为9.0），单台混床周期制水量不小于38万吨。

凝结水精处理系统流程为：

主凝结水泵出口凝结水→前置过滤器→高速混床→树脂捕捉器→低压加热器系统

凝结水精处理体外再生系统树脂流程如图4-1所示。

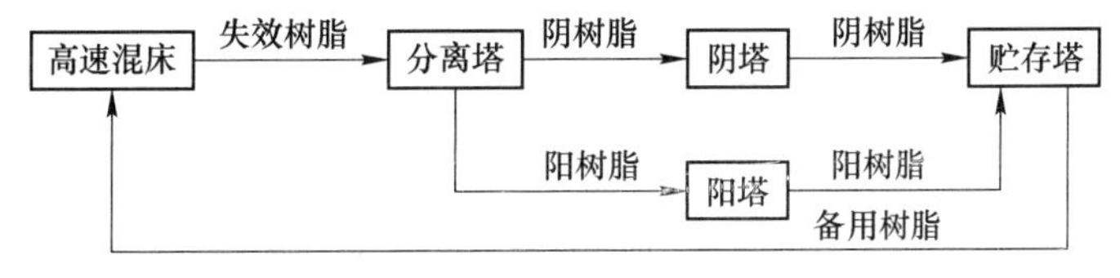

图4-1 凝结水精处理体外再生系统树脂流程

4.2 设备结构及原理

我国开始使用的前置过滤器为自行研制的覆盖过滤器，它的工作原理是预先将粉状滤料覆盖在一种特别的滤元上，使滤料在滤元上形成一层均匀的微孔滤膜，故称“覆盖过滤”。当滤膜截留了一定量的悬浮物质，阻力增加到一定值时，设备停止运行，用压缩空气或“自压缩空气膨胀法”，将滤膜击破（又称爆膜）并将其排走，然后重新铺膜，再投入运行。

4.2.1 前置过滤器

凝结水过滤处理，一是用于机组启动时除去凝结水中的金属腐蚀产物；二是除去冷却水漏入的或补给水带入的悬浮杂质；此外，在机组正常运行阶段，凝结水过滤还起到保护混床的作用。

与天然水相比，凝结水中杂质的特点是：杂质主要来源于凝汽器的泄漏和系统中金属腐蚀产物的带入；凝结水中金属腐蚀产物的含量与机组运行工况有关；进入凝结水中铁、铜氧化物主要是以微粒和胶体形式存在于凝结水中，真正呈溶解状态的很少；凝结水水量大，水温高。

根据凝结水中杂质的特点，对其过滤的要求是：滤料的热稳定性和化学稳定性好，不污染水质；

过滤面积大，以适应大流量的要求；滤料层的水流阻力小，以便高流速运行。

凝结水前置过滤器采用微孔滤元过滤器来截留凝结水中的粒状杂质。

前置过滤器的结构如图 4-2 所示，承压外壳内设置上下多孔板，滤元固定在多孔板上。过滤器设置进、出水装置和布气装置，四个方向设进气口，过滤器顶部和下部设置人孔。前置过滤器进出水母管间设置 1 个 0%-50%-100%可调节旁路，旁路阀为电动法兰式蝶阀，直径不小于 DN400，材质为阀板阀杆 S31608、阀体铸钢；同时设置旁路检修隔离阀和手动旁路阀，直径 DN500，手动蝶阀，材质为阀板阀杆 S31608、阀体铸钢。

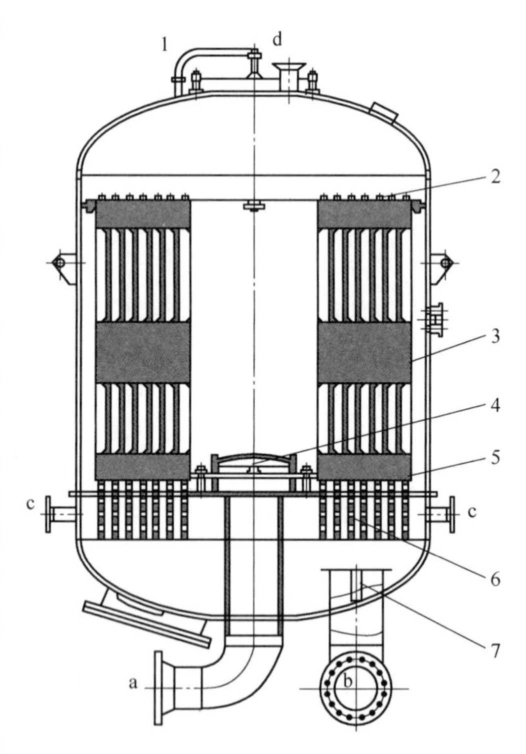

图 4-2 前置过滤器结构

a—进水口；b—出水口；c—进气口；d—排气口；
1—人孔；2—上部滤元固定装置；3—滤元；
4—进水装置；5—滤元螺纹接头；
6—布气管；7—出水装置

滤元：采用纤维缠绕滤芯（骨架采用 PP）滤元。机组启动时采用启动滤芯，过滤精度为 10μm。正常运行时使用另一套滤芯，过滤精度为 1μm 折叠式滤元。

工作过程：前置过滤器运行时，被处理水

进入筒体内的滤元之间后，从滤元外侧进入滤芯管内，向筒体底部汇集后引出，被处理水中各种微粒杂质被滤层截留，完成过滤过程。当运行至进出口压差为0.1MPa时作为运行终点，到达运行终点后进行清洗，除去污物后重新投入运行。水冲洗强度约60立方米/(次·罐)，反洗用气强度约4标立方米/(次·罐)。当多次运行、清洗后，水流阻力不能恢复到设计要求时，应更换滤元。

4.2.2 混床

凝结水具有流量大、含盐量低的特点，故采用高速混床进行处理。

4.2.2.1 高速混床的结构

在凝结水精处理系统中，高速混床主要除去水中的盐类物质（即各种阴、阳离子），另外还可以除去前置过滤器漏出的悬浮物和胶体等杂质。高速混床壳体外形有柱型和球型两种，球型混床（见图4-3）承压能力较好。低压精处理系统常采用柱型混床，中压系统多采用球型混床，对于超临界机组更倾向于使用球型混床。

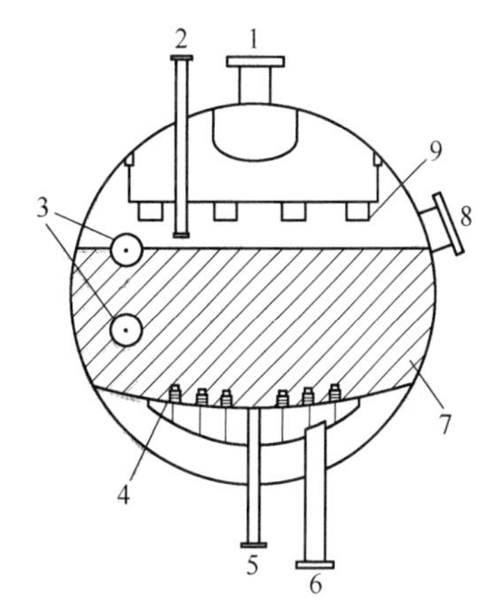

图4-3 球型混床结构

1—进水口；2—进脂口；3—窥视孔；4—水帽；5—出脂口；6—出水口；7—树脂层；8—人孔门；9—进水装置

高速混床的内部配有进水装置、底部排水装置、进树脂装置以及底部排脂装置。混床所有内部管道用法兰与罐体连接。内部管子要固定及加固，使其能承受水流的冲击，且不采用任何塑料配件。

图4-3为目前应用较多的一种中压球型混床的内部结构，其上部进水分配装置为二级布水形式，由挡水裙圈、多孔板和水帽组成。进水首先经挡水板反溅至交换器的顶部，再通过进水裙圈和多孔板上的水帽，使水流均匀地流入树脂层，从而保证了良好的进水分配效果。混床底部的集水装置采用双盘碟形设计，上盘上装有双流速水帽，出水经水帽流入位于下部碟形盘上的出水管。在上部碟形盘中心处设置有排脂管，水帽反向进水可清扫底部残留的树脂，使树脂输送彻底，无死角，树脂排出率可达99.9%以上。

进水装置的设计为水帽式（绕丝间隙为（1.02±0.05)mm)，完全能够满足布水均匀的要求，且能阻止混床泄压和混脂时树脂逃逸。底部排水装置设计为穹形多孔板加梯形绕丝水帽（绕丝间隙为（0.25±0.05)mm)，布水均匀，避免在局部产生过高的流速和偏流，不易形成死区，并防止树脂逃逸。

排脂装置设在孔板最底部，以利于树脂彻底送出。另外，在出水管处设有压缩空气进口，用以混合床内树脂。

混床进出口装设带有隔离阀的压力表和取样阀。同时将该取样点接至凝结水精处理系统集中取样架。混床出水管处设有供分析仪表取样用的取样接口及隔离阀门。

双流速水帽的结构和工作过程如图4-4所示。在水帽的腔内安装一个顶部开孔的环形罩，罩内设一个可沿垂直轴上下移动的倒三角锥体。混床运行时，锥体落下，环形罩的孔打开，通过水帽的大量水由此送出；反向进水时，锥体被水流推向上部，孔被堵住，此时水只能沿水帽与孔板的缝隙处高流速喷出，对底部的树脂进行清扫。

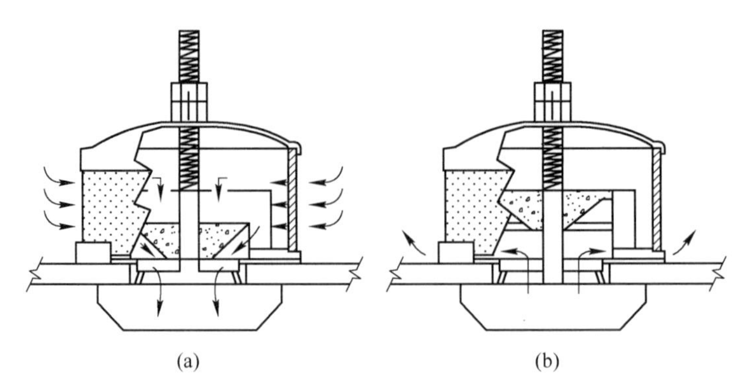

图 4-4 双流速水帽结构及工作过程示意图
（a）运行时；（b）反洗时

另外，混床内还设置有压力平衡管，可平衡床内进水多孔板上部空间与出水碟形板下部空间的压差。

某电厂混床上部进水分配装置为三级布水形式。该电厂混床结构如下：

（1）每套高速混床配备完整的阀门、仪表、接管、各种附件、控制设备等。

（2）混床为球形混床，设备直径应为 DN3200。容器的焊接、制造、试验、设计和标记均按照 GB 150 标准执行。

（3）每台容器以标准锻钢制造，应设人孔门用于检修。人孔门包括人孔盖、密封垫、螺母、吊杆或铰链。人孔的内表面与容器的内表面平齐。

（4）所有内部分配和收集装置应以 S31608 不锈钢制作，不允许使用塑料滤帽和管道。内部的所有构件应牢固地装配好，以免在装运期间发生松散、丢失或损坏。

（5）所有混床应有 2 层（软橡胶及半硬橡胶各一层）总厚度至少为 4.8mm 连续硫化的天然无硅橡胶衬里。

（6）混床设 2 个窥视镜，窥视镜为透明、防腐的钢化硼硅玻璃，其厚度能承受与容器同样的压力，窥视镜的法兰与容器壁贴平焊接，并有照明支架。

（7）内部装置能配水均匀，集水均匀，避免在局部产生过高的流速和偏流，内部装置的支撑考虑到不妨碍水和树脂的自由和均匀分配，混床内出水采用水帽，排空装置设置“T”绕丝装置以防止树脂反洗时泄漏，混床系统设计上有二次混脂功能，使混床内阴阳树脂混合更加均匀，以得到更好的出水水质。

混床排脂率大于 99.9%。

（8）混床参数：

流体：凝结水。

流速：额定 100m/h，最大 120m/h。

温度：额定 50℃，最高 55℃。

设计压力：5.0MPa。

水压试验压力：5.625MPa。

外壳材料：Q345R。

内壁衬里：无硅天然软橡胶及半硬橡胶各一层，总厚度不少于 4.8mm。

离子交换树脂：树脂高度1100mm，体积比为3∶2。

外部管道流速：正常小于2.5m/s，最大为3m/s。

4.2.2.2 凝结水混床的工作特点

凝结水经处理混床与补给水处理混床相比，虽然床体内填充的都是强酸性阳树脂和强碱性阴树脂，但由于凝结水精处理的特定条件，所以凝结水混床又有自身的工作特性。

与补给水处理混床相比，凝结水高速混床主要有如下一些工作特点：

（1）运行流速高。汽轮机凝结水具有水量大和含盐量低的特点，所以宜采用高流速运行的混床，运行流速一般在100~120m/h，所以常称高速混床。但混床的运行流速也不能无限提高，过高的运行流速会导致工作层变厚、水流阻力增加、树脂易受压破损等诸多问题。目前，国外高速混床的最高流速约150m/h。

（2）工作压力高。凝结水混床可以是低压混床，也可以是中压混床，目前一般采用3.0~3.5MPa的工作压力，呈中压混床。

（3）失效树脂宜体外再生。凝结水精除盐处理的混床宜采用体外再生。所谓体外再生是将混床中的失效树脂外移到另一套专用的再生设备中进行再生，再生清洗后再将树脂送回混床中运行。凝结水混床之所以采用体外再生大致有以下几个原因：

1）可以简化混床的内部结构，减少水流阻力，便于混床高速运行。

2）失效树脂在专用的设备中进行反洗、分离和再生，有利于获得较好的分离和再生效果。

3）采用体外再生时，酸碱管道与混床脱离，可以避免因酸碱阀门误动作或关闭不严使酸碱漏入凝结水中。

4）在体外再生系统中有存放已再生好的树脂的贮存设备，所以能缩短混床的停运时间，提高混床的利用率。

（4）混床树脂的比例。凝结水中混床的阴、阳树脂比例取决于两种树脂各自的工作交换容量和进水中欲除去的阴、阳离子的浓度。对于给水加氨的水汽系统来说，其特点是凝结水的pH值较高，含有大量的NH_4OH，此种化合物的消除只消耗RH阳树脂的交换容量，而不消耗ROH阴树脂的交换容量，即欲除去的阳离子量远大于阴离子量，故凝结水混床与补给水处理混床相比，应适当增加阳树脂的比例。

此外，阴、阳树脂的比例还与混床的运行方式（氢型混床或氨型混床）、冷却水水质以及是否设置前置氢型交换器有关。不同情况下，阴、阳树脂比例通常是：氢型混床时为1∶2或1∶1，当给水采用加氧处理时为1∶1，氨型混床为2∶1或3∶2；有前置氢型交换器时为2∶1或3∶2。

4.2.2.3 凝结水混床对树脂性能的要求

凝结水混床特定的运行环境，对树脂性能有如下要求：

（1）机械强度。凝结水混床在高流速下运行，树脂颗粒要承受较大的水流压力，当树脂的强度不足以抵抗较大的压力时，就会发生机械性破碎。破碎的树脂不但会增大运行压降，还会影响混床树脂的分离效果。选用高强度树脂的另外一个原因是树脂再生时的来回输送以及分离转移等原因造成树脂磨损。此外，在中压凝结水处理系统中，混床通常在

3.0~3.5MPa 压力下工作，从停运状态到投入运行压力变化速度较快。因此，凝结水高速混床的树脂应有较高的机械强度。

常规的凝胶型树脂的孔径小、交联度低，抵抗树脂“再生-失效”反复转型膨胀和收缩而产生的渗透引力的能力较差，所以容易破裂。大孔型树脂的孔径大、交联度高，抗膨胀和收缩性能较好，因此不易破碎。凝结水实际运行效果表明，选用大孔型树脂或高强度凝胶型树脂，树脂的破损率大大降低，混床运行压降可控制在 0.2MPa 以下。

（2）粒径。凝结水混床要求采用均粒树脂。所谓均粒树脂是指 90%以上质量的树脂颗粒集中在粒径偏差±0.1mm 这一狭窄的范围内的树脂，或表述为均一系数小于 1.2，即树脂颗粒大小几乎相同。传统的树脂粒度范围较宽，一般在 0.3~1.2mm 之间，树脂最大粒径与最小粒径之比约为 4∶1，而均粒树脂的粒径范围较窄，最大粒径与最小粒径之比约 1.35∶1。凝结水混床之所以采用均粒树脂，主要有以下几方面的原因：

1）便于树脂分离，减轻交叉污染。阴、阳树脂的分离是依靠水力反洗时其沉降速度不同来实现的，沉降速度主要与树脂的湿真密度和颗粒大小有关，阳树脂密度比阴树脂大，这是树脂分层的首要条件，但若树脂颗粒大小不均匀，则密度大粒径小的阳树脂颗粒沉降速度慢，密度小但粒径大的阴树脂颗粒沉降速度快，导致分层难度增大。当这些阴、阳树脂颗粒沉降速度相等时，则形成阴、阳树脂互相混杂的混脂区，造成交叉污染。

2）树脂层压降小。水流过树脂层时的压降与树脂层的空隙率有关，而空隙率又与树脂的堆积状态有关，普通树脂的粒径分布范围宽，小颗粒树脂填充在大颗粒树脂的空隙之间，增加了运行阻力和运行压降。均粒树脂无小颗粒填充树脂空隙，床层断面空隙率大，所以水流阻力小、压降小。

3）自用水耗低。再生后残留在树脂中的再生液和再生产物，在清洗期间必须从树脂颗粒内部扩散出来，清洗所需要的时间主要取决于树脂层中大颗粒树脂的数量。由于均粒树脂均匀性好，有着较小且均匀的扩散距离，清洗时无大颗粒树脂干扰，所以清洗时间短，清洗水耗低。

（3）耐热性。凝结水混床的进水温度较高，因此用于凝结水混床的阴树脂要求具有较高的温度承受能力（所用树脂及其性能见表 4-1）。

表 4-1 所用树脂及其性能

树脂类型	凝 胶 型		大 孔 型	
型 式	阳床（阳树脂）	阴床（阴树脂）	混床（阳树脂）	混床（阴树脂）
骨架类型	苯乙烯-二乙烯苯共聚体	交联丙烯酸	苯乙烯-二乙烯苯共聚体	苯乙烯-二乙烯苯共聚体
型号	001×7（Na 型）	213（氯型）	D001-FZ（钠型）	D201-FZ（氯型）
体积交换容量 /mmoL·mL^{-1}	≥1.90	≥1.25	≥1.80	≥1.20
湿视密度 /g·mL^{-1}	0.77~0.87	0.68~0.75	0.77~0.85	0.65~0.73
湿真密度 /g·mL^{-1}	1.250~1.290	1.05~1.100	1.250~1.280	1.040~1.100
有效粒径 /mm	0.40~0.70	0.40~0.70	—	—

续表 4-1

树脂类型	凝 胶 型		大 孔 型	
均-系数	≤1.60	≤1.60	≤1.20	≤1.20
范围粒度占比/%	0.315 ~ 1.25mm（≥95%，粒度小于0.315mm的颗粒不大于1%）	0.315 ~ 1.25mm（≥95%，粒度小于0.315mm的颗粒不大于1%）	0.71 ~ 1.25mm（≥98%，粒度小于0.63mm的颗粒不大于1%）	0.45 ~ 0.90mm（≥98%，粒度大于0.90mm的颗粒不大于1%）
渗磨圆球率/%	≥60.00	≥90.00	≥95.00	≥95.00

某电厂混床阳、阴树脂体积比为1∶2，树脂床层总高度为1500mm，运行树脂两台机共5份，1份树脂备用，阳树脂数量按Na型为不少于16.5m^3，阴树脂数量按氯型为不少于33m^3。

4.2.3 树脂捕捉器

4.2.3.1 作用

树脂捕捉器作为离子交换器的补充设备，作用是防止出水装置发生故障时截留树脂漏入除盐水系统，以保障后续设备正常运行和使用。在离子交换器等装有树脂的设备出口附近的水系统管路上，安装一个孔径比树脂小很多的滤网（树脂捕捉器如图4-5和图4-6所示），并具有冲洗功能。当树脂经过时，可以被滤网拦截捕捉，以防树脂漏入热力系统中，影响锅炉炉水水质。树脂是高分子有机物，在高温高压下容易分解出对系统有害的物质，如果漏进给水系统势必对热力系统造成较大影响。同时，通过前后差压自动进行冲洗，将所捕捉的树脂排放出系统。

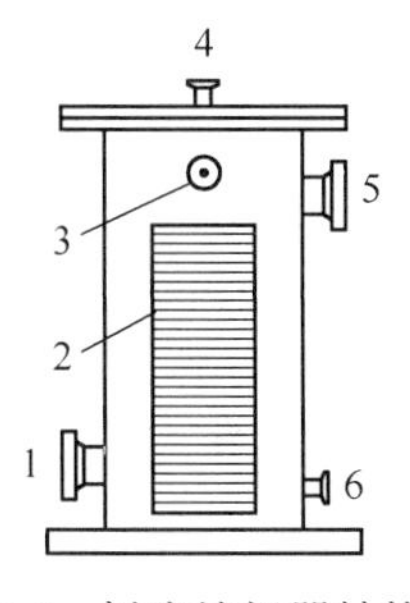

图4-5 树脂捕捉器结构图

1—进水口；2—滤元；3—冲洗水口；4—排气口；5—出水口；6—排污口

图4-6 树脂捕捉器外形图

4.2.3.2 结构及工作原理

每台凝结水精处理混床配有出口树脂捕捉器，其具有设备体积小、碎树脂捕捉效率高，通流面积大、机械强度好、流阻低等特点。滤元能承受一定的运行压降而不破裂。额定流量下，清洁设备的压降小于 20kPa，最大运行压差不大于 50kPa。树脂捕捉器的结构设计便于在线拆除、清洁或更换滤芯，而无须卸除进、出口接管；树脂捕捉器设置反冲洗水管及底部排脂管，树脂捕捉器的结构有利于有效反洗及排脂；每台树脂捕捉器提供手动排放阀、差压变送器、带手动 S31608 不锈钢隔离阀和管道等。本小节树脂捕捉器滤元选用 S31608 不锈钢 T 型绕丝。绕丝缝隙宽度为（0. 20±0. 05）mm，滤元缝隙面积是管道通流面积的 3 倍以上。树脂捕捉器壳体为 Q345R 衬无硅天然软橡胶及半硬橡胶各一层，总厚度不少于 4. 8mm。树脂捕捉器设置可检查滤元的窥视镜。

4. 2. 4　再循环单元

再循环单元的注意事项：

（1）每台机组的凝结水精处理系统设置 1 台再循环泵和 1 台自动再循环阀。阀门为蝶阀，阀体铸钢，阀板阀杆 S31608 不锈钢。

（2）再循环泵的容量不小于每台混床最大处理量的 50%~70 %，其压头与凝结水进口管的压力相适应。再循环泵出口返回至第一台混床（按水流方向）进水管以前的凝结水母管上。

（3）泵以 S31608 不锈钢制造，机械密封，并完整地包括马达、弹性靠背轮和基座。

（4）配套提供泵的进口和出口隔离阀、出口逆止阀、压力表及连接管道。阀门应为阀体铸钢，阀板阀杆 S31608 不锈钢。压力表配有隔离阀，接触水的部位材质为 S31608 不锈钢。

（5）每台再循环泵还配备 1 个排水斗，并将其接至集水坑，并配有冲洗和排空接头以允许在泵维护和检查前进行彻底冲洗。

4. 2. 5　旁路

前置过滤器进出水母管之间设有过滤器旁路单元，高速混床进出水母管之间设有旁路单元。

上述旁路单元包括一个自动开闭的旁路和一个手动旁路，自动旁路有 0~100%的开启状态，手动旁路门为事故人工旁路门。自动旁路上包括一只电动蝶阀和两只手动蝶阀，手动旁路上设置一只手动蝶阀。

前置过滤器、混床均设有进水升压旁路门，用于投运时小流量进水升压。

此外，树脂输送管道上设有带滤网的安全泄压阀，以防止再生系统差压时损坏设备，同时防止树脂流失；输送树脂的管道上设有管道视窗，用以观察树脂流动情况。

4.3　凝结水精处理系统工艺流程及技术要求

4. 3. 1　凝结水精处理系统工艺流程

凝结水精处理系统工艺流程为：主凝结水泵出口凝结水→前置过滤器→高速混床→树脂捕捉器→低压加热器系统。

两台机组的凝结水精处理除盐系统中，每台机组全流量凝结水精处理系统设备由 1 套

2×50%凝结水量的前置过滤器及其0%-50%-100%可调节旁路系统，4×33%凝结水量的高速混床系统及其0%-33%-100%容量的可调节旁路系统，两台机组共用1套体外再生系统，精处理再生用酸碱贮存计量系统以及相应的控制系统及监测仪表、配供电系统和全部辅助系统等组成。

4.3.2 系统技术要求

凝结水精处理系统技术要求为：

（1）每台机组设置一套全流量凝结水精处理装置，其容量满足最大凝结水量的处理要求。

1）每台机组需处理的凝结水量：

额定：1900m^3/h。

最大：2310m^3/h。

2）凝结水精处理系统凝结水入口压力：

额定：3.8MPa。

最大：5.0MPa。

3）凝结水精处理系统凝结水入口温度：

额定：≤30.2℃。

最大：50℃。

4）凝结水精处理系统进、出口母管：

管径：ϕ530mm×22mm。

材质：碳钢20。

5）凝结水精处理系统其他要求：精处理系统的最大阻力不大于0.4MPa。

（2）凝结水精处理系统的进出口水质要求见表4-2。

表4-2 凝结水精处理系统的进出口水质

项目	单位	启动	正常运行状态	
		预计前置过滤器进水	预计前置过滤器进水	要求混床出水保证值
悬浮固体	μg/L	1000~3000	10~50	5
总溶解固形物（不计氨）	μg/L	650	100	≤20
二氧化硅 SiO_2	μg/L	500	20	≤5
钠 Na^+	μg/L	≤20	2~5	≤2
总铁 Fe	μg/L	1000	5~20	≤3
总铜 Cu	μg/L	5~100	2~10	≤1
氯 Cl^-	μg/L	100	20	≤1
氢电导率（25℃）	μS/cm			≤0.10
pH值（25℃）混床以H/OH型运行		9.2~9.6	8.0~9.0	6.5~7.5

（3）前置过滤器的运行周期不低于10天。

（4）混床在满负荷、AVT（pH 值为 9.2）工况及 H/OH 运行方式下，运行时间不低于 6 天。

（5）混床运行流速：额定流速为 110m/h；最大流速为 120m/h。

（6）树脂分离采用“完全分离法（高塔法）”再生技术，再生系统保证阴阳树脂较高的分离率，即阴树脂层内的含量（体积比）小于 0.1%，阳树脂在阴树脂层内的含量（体积比）小于 0.1%。

4.4 凝结水精处理系统运行方式

机组启动时，因含铁量较高，此时应开启过滤旁路和混床旁路，凝结水经旁路到轴封加热器后排放。精处理系统正常运行情况下，两旁路关闭，凝结水 100%处理。当凝结水温度或压力超过设定值，或精处理系统因故障而解列时，两旁路同时开启，过滤器和混床的进出口门关闭，凝结水经旁路回热力系统。

（1）前置过滤器的运行。

机组启动初期，凝结水含铁量超过 1000μg/L 时，不进入凝结水精处理混床系统，仅投入前置过滤器，以迅速降低系统中的铁悬浮物含量，使机组尽早转入运行阶段。当一台前置过滤器的压降达到设定值时，表明截留了大量固体，可调节旁路打开 50%流量旁路，前置过滤器自动退出运行，用反洗水泵来水和压缩空气对滤芯外表面的吸附微粒进行反冲洗，反洗出水合格后并入系统旁路阀关闭，当前置过滤器进出口母管压差大于 0.10MPa 时，前置过滤器进出阀门关闭，100%旁路打开。整个过程通过控制系统自动进行。前置过滤器的正常运行周期应不低于 10 天，滤元的正常使用寿命不低于两年。

某电厂前置过滤器管路系统如图 4-7 所示。

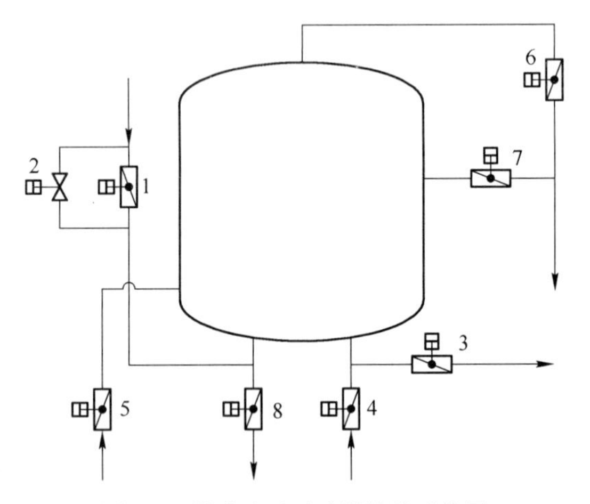

图 4-7 微孔滤元过滤器管路系统图

1—进水门；2—升压门；3—出水门；4—反洗水门；5—进压缩空气门；6—上排气门；7—中排水门；8—底部排水

滤元的清洗方式包括气擦洗和水冲洗，清洗按以下步骤进行：

1）排水。开上排气门和中排水门，将滤元顶部以上的水排除。

2）空气擦洗。开上排气门和压缩空气进气门，对滤元进行空气吹洗。

3）水冲洗。开反洗进水门和底部排水门，由内向外对滤元进行水冲洗。

（根据滤元污染情况，上述 2）、3）步骤可重复多次。）

4）充水。开上排气门和反洗进水门，充水至滤元顶部。

5）曝气清洗。开进压缩空气门，使过滤器内升压到约 0.2MPa，然后迅速开启底部排水门，泄压排水，排出过滤器内污物，此步骤根据污染情况可重复进行多次。

6）充水。开排气门和反洗进水门向过滤器内充水至排气门出水为止。

7）升压。开进水升压门，升压至运行压力时即可转入运行。

过滤器运行步骤与阀门状态对应关系见表 4-3。

表 4-3 过滤器运行步骤与阀门状态对应关系

步骤	运行	停运泄压	排水	空气擦洗	水冲洗	空气擦洗	水冲洗	充水	曝气清洗		充水1	充水2	升压
									进气升压	泄压排水			
过滤器进水门	√												
过滤器升压门													√
过滤器出水门	√												
反洗进水门					√		√	√			√	√	
底部排水门					√		√			√			
进压缩空气门				√		√			√				
上排气门		√	√	√		√		√				√	
中排水门			√								√		

（2）高速混床的运行。

机组在正常运行情况下，3 台高速混床处于连续运行状态，凝结水经混床除盐后进入热力系统。当1 台混床失效（出水电导率或 SiO_2超标，或进出口压差大于设定值）时，启动另一台备用混床并循环正洗直至出水合格并入系统。同时将失效混床退出运行，并将失效树脂送至再生系统进行再生，然后将贮存塔中已再生清洗并经混合后的树脂送入该混床备用。

在混床投运初期，如果出水水质不能满足要求，则通过再循环单元用再循环泵将出水送回混床对树脂进行循环正洗，直至出水合格并入系统。

在正常运行期间，当凝结水温度高于设定值（如 50℃）或系统压差大于设定值（如 0.35MPa）时，混床旁路门自动打开，混床进、出口门关闭，凝结水 100%通过混床旁路。

4.4.1 凝结水高速混床的运行操作步骤

高速混床的管路系统如图 4-8 所示。

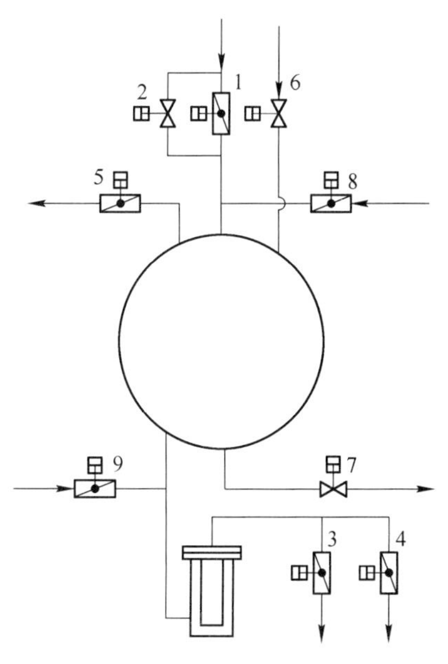

图 4-8 高速混床的管路系统

1—进水门；2—进水升压门；3—出水门；4—再循环门；5—排气门；6—进脂门；7—出脂门；8—进冲洗水门；9—进压缩空气门

高速混床的运行操作由 10 个步骤构成一个循环。这 10 个步骤分别是：（1）升压；（2）循环正洗；（3）运行；（4）泄压；（5）树脂送出；（6）树脂送入；（7）排水、水位调整；（8）树脂混合；（9）树脂沉降；（10）充水。每一步操作的作用如下所述。

（1）升压。混床由备用状态表压为零升到凝结水压力的过程称为升压。为使混床压力平稳逐渐上升，专设小管径升压进水旁路，以保证小流量进水。若直接从进水主管进水，因流量大进水太快，会造成压力骤增，极易引起设备机械损坏。所以升压阶段禁止从主管道进水升压。当床内压力升至与凝结水压力相等时，再切换至主管道进水。

（2）循环正洗。同补给水混床一样，凝结水混床再生混合好的树脂在投入运行之前，需经过正洗后出水水质才能合格。不同之处在于高速混床正洗出水不直接排放，而是经过专用的再循环单元送回混床对树脂进行循环清洗，直至出水水质合格。正洗水循环使用，可节省大量凝结水，减少水耗。

（3）运行。运行是高速混床除盐制水的阶段，合格出水经加氨调节 pH 值后送入热力系统。运行过程中，当出现下列情况之一，停止混床运行：

1）进口凝结水水温不小于 50℃时。

2）高速混床的进出口压差大于 0. 35MPa。

3）进入混床的铁含量大于 1000μg/L。

上述情况为混床非正常停运或非失效停运，此时混床只需停运但不需再生，等情况恢复正常后又可继续启动运行。混床失效停运须经下述第 4 至 10 步操作，才能重新回到备用状态。

（4）泄压。混床必须将压力降至零后，才能解列退出运行。泄压是采用排水或排气的方法将床内压力降下来，直至与大气压平衡。

（5）树脂送出。树脂送出是将混床失效树脂外移至体外再生系统。其方法是启动冲洗水泵利用冲洗水将混床中失效树脂送到体外再生系统的分离塔中。树脂送出前先用压缩空气松动树脂层，树脂送出后用压缩空气将混床及管道内残留的树脂吹送至分离塔。

（6）树脂送入。失效混床中树脂全部移至分离塔后，再将树脂贮存塔中经再生清洗并混合好的树脂送入混床。

（7）排水、调整水位。树脂在送入混床的过程中会产生一定程度的分层，为保证混床出水水质，需要在混床内通入压缩空气进行第二次混合。但是水送树脂完成后，混床中树脂表面以上有较多的水，若不排除会影响混合效果。因为停止进气后，阴阳树脂会由于沉降速度不同而再次分层。为保证树脂的混合效果，必须将这部分水放至树脂层面上约 100～200mm 处。

（8）树脂混合。用压缩空气搅动树脂层，打乱阴阳树脂原来的分层状态，使之均匀混合。气量一般为 2. 3～2. 4$Nm^3/(m^2 \cdot min)$，气压一般为 0. 1～0. 15MPa。

（9）树脂沉降。被搅动混合的树脂均匀自然沉降。

（10）充水。充水就是将床内充满水。因为树脂层沉降后，树脂层以上只有 100～200mm 的水层，若不将上部空间充满水，运行启动过程中床体上部空气会进入树脂层中。

至此，混床进入备用状态。混床运行步骤及各阶段阀门状态见表 4-4。

表 4-4　混床运行步骤及阀门状态

步骤	升压	循环正洗	混床运行	停运泄压	松动树脂	树脂送出 1	树脂送出 2	树脂送入	充水	调整水位	树脂混合	树脂沉降	充水
进水门		√	√										
出水门			√										
进压缩空气门					√		√				√		
排气门				√	√			√	√	√	√	√	√

续表 4-4

步骤	升压	循环正洗	混床运行	停运泄压	松动树脂	树脂送出 1	树脂送出 2	树脂送入	充水	调整水位	树脂混合	树脂沉降	充水
进冲洗水门						√			√				√
再循环门		√						√		√		√	
升压门	√												
进脂门								√					
出脂门						√	√						
混合树脂进气门					√						√		
输送树脂进气门							√						
总排水门								√		√		√	
再循环泵出口门		√											

4.4.2 凝结水高速混床出水水质

凝结水混床的出水水质与树脂的再生度有关，由于再生剂剂量不可能无限大以及再生剂中或多或少含有杂质等原因，树脂不可能得到完全再生，所以混床泄漏有害离子不可能完全避免。混床出水水质应能满足相应参数机组凝结水的质量标准，《火力发电机组及蒸汽动力设备水汽质量》（GB/T 12145—2016）规定的凝结水泵出水及经精除盐处理后的质量标准见表 4-5 和表 4-6。

表 4-5 凝结水泵出水的质量标准（GB/T 12145—2016）

锅炉过热蒸汽压力/MPa	硬度/$\mu mol \cdot L^{-1}$	钠/$\mu g \cdot L^{-1}$	溶解氧①/$\mu g \cdot L^{-1}$	氢电导率/$\mu S \cdot cm^{-1}$	
				标准值	期望值
3.8~5.8	≤2.0	—	≤50	—	—
5.9~12.6	≈0	—	≤50	≤0.3	—
12.7~15.6	≈0	—	≤40	≤0.3	≤0.2
15.7~18.3	≈0	≤5.0②	≤30	≤0.3	≤0.15
>18.3	≈0	≤5.0	≤20	≤0.2	≤0.15

①直接空机组凝结水溶解氧浓度标准值为小于 100μg/L，期望值小于 30μg/L。配有混合式凝汽器的间接空冷机组凝结水溶解氧浓度宜小于 200μg/L。

②凝结水有精除盐装置时，凝结水泵出口的钠浓度可放宽至 10μg/L。

表 4-6 超临界机组凝结水经精处理后的质量标准（GB/T 12145—2016）

项　目	单位	锅炉过热蒸汽压力不大于 18.3MPa		锅炉过热蒸汽压力大于 18.3MPa	
		标准值	期望值	标准值	期望值
二氧化硅 SiO_2 含量	μg/L	≤15	≤10	≤10	≤5
钠 Na^+ 含量	μg/L	≤3	≤2	≤2	≤1
总铁 Fe 含量	μg/L	≤5	≤3	≤5	≤3
氯 Cl^- 含量	μg/L	≤2	≤1	≤1	—
氢电导率（25℃）	μS/cm	≤0.15	≤0.10	≤0.10	≤0.08

超超临界机组水质暂按此标准执行。

影响凝结水高速混床出水水质的原因很多，根据高速混床的工作特点，主要有以下几方面：

（1）再生前阴、阳树脂的分离程度。阴阳树脂的彻底分离是提高树脂再生度的重要前提之一。树脂的分离一般是采用水力筛分来完成的，体外再生混床都设有完善的树脂分离设备，但要做到彻底分离是不可能的，而且随着树脂使用时间的延续，树脂的破碎率会增大，由于树脂的损失造成比例失调，导致分离设备中阴阳树脂界面的变化，都会降低树脂的分离效果。

（2）运行前阴阳树脂的混合程度。运行制水时，混床中阴阳树脂应该是混合均匀的，混合通常是借助压缩空气对水中树脂搅动来实现。增大树脂的湿真密度差有益于阴阳树脂的分离，但另一方面，又会给运行前的树脂混合带来影响。阴阳树脂混合不均匀通常表现为上层阴树脂比例大，下层阳树脂比例大。混合不均匀会使混床出水 pH 值偏低，带微酸性。

（3）再生剂的纯度。再生剂不纯，直接影响着再生效果。再生剂不纯主要是指再生用酸中的 Na^+含量和再生用碱中的 Cl^-含量。纯度不高的碱会引起混床出水 Cl^-含量增加，有时甚至比进水还大，因此提高混床再生用碱的质量，是防止混床出水漏 Cl^-的根本措施。

（4）混床进水 pH 值。当混床中阴树脂再生度不高时，高 pH 值的进水会导致混床出水漏 Cl^-。

4.4.3　混床运行中的故障及处理

凝结水混床运行中的故障、可能原因及处理方法见表 4-7。

表 4-7　凝结水混床运行过程中出现的故障、可能原因及处理方法

序号	异常情况	可能原因	处 理 方 法
1	混床出水电导率不合格	混床树脂失效	停止运行，进行再生
		再生效果差	检查再生剂用量、再生液浓度、再生流速是否合理，并予以调整
		阴、阳树脂混合不均匀	重新混合树脂
2	混床出水 Cl^-超标	碱液中 NaCl 含量高	选用纯度高的 NaOH
3	混床出水 pH 值偏低	混床树脂混合不均匀	重新混合树脂
		树脂热降解	水温高时凝结水旁路或选用热稳定性好的树脂
		树脂被有机物污染	消除污染源或树脂复苏处理
4	混床运行周期短	再生效果差	1. 提高再生前树脂的分离效果，防止交叉污染； 2. 校核再生流速、酸碱浓度以及酸耗、碱耗
		入口水质变化	检查凝汽器是否泄漏，并予以清除
		运行流速过高	调整运行流速
		混床运行偏流	检查原因，消除偏流
		树脂流失或阴、阳树脂比例失调	1. 调整反洗强度； 2. 检查混床内部装置有无树脂泄漏； 3. 检查有无树脂破碎损失； 4. 补充树脂或调整树脂比例
		树枝被污染或树脂老化	清洗树脂或复苏树脂或更换树脂

续表 4-7

序号	异常情况	可能原因	处 理 方 法
5	混床运行压差大	流速过高	降低流速
		树脂层被压实	查找原因，并延长反洗时间
		进水金属腐蚀产物较多	加强树脂的空气擦洗
		破碎树脂过多	1. 提高反洗强度，洗去树脂碎粒； 2. 延长反洗时间； 3. 确定树脂破碎原因，并予以消除
		树脂污染	清洗、复苏，不能复苏时更换树脂

4.5 高速混床树脂的分离

提高树脂再生度的前提之一就是再生前将失效的阴、阳树脂完全分离。

混床树脂的分离是基于阴、阳树脂的湿真密度不同而实现的。在火电厂水处理中，目前一般采用水力筛分法对阴、阳树脂进行反洗分层。借助于反洗水将树脂悬浮起来，使树脂层达到一定的膨胀高度，维持一段时间，然后停止进反洗水，使树脂依靠重力沉降。由于阴阳树脂的湿真密度不同，所以沉降速度不同，从而达到分层的目的。阴树脂的湿真密度较阳树脂小，分层后阴树脂在上，阳树脂在下。由于树脂颗粒的大小不可能完全相同，大颗粒的阴树脂和小颗粒的阳树脂（或碎粒）会因沉降速度相近而混杂，形成混脂层。

4.5.1 混床树脂的分离

本节凝结水精处理混床树脂的分离采用的是高塔分离法。两台机组共用一套体外再生装置，该分离系统主要由树脂分离塔、阴再生塔、阳再生塔（兼树脂贮存）、应急再生树脂贮存塔以及罗茨风机和贮气罐等组成。因凝结水量大，每台机组设计 4 台高速混床，因此该系统中增设了一个专用的应急再生树脂贮存塔。

4.5.1.1 分离塔的结构

高塔分离塔结构如图 4-9（a）所示，高塔分离塔相关的管道连接图如图 4-9（b）所示。

4.5.1.2 分离塔的结构特点

分离塔的结构及特点如下所示。

（1）分离塔的结构。高塔分离塔结构如图 4-9（a）所示，该塔的下部是一个直径较小的长筒体，上部为直径逐渐放大的锥体。塔体材料为碳钢衬胶，塔体上设有失效树脂进脂口和阴、阳树脂出脂口及必要数量的窥视窗。塔内上部有布水装置，底部有配/排水装置。上部布水装置为支母管+梯形绕丝形式，绕丝缝隙宽度为 0.4mm；底部配/排水装置为双盘碟形板+双速水帽形式，水帽缝隙宽度一般为 0.2mm。在塔内设定过渡区，即混脂区，高度不大于 1m，在此区内阴阳树脂比例约 25∶75，即在阴、阳树脂的理论界面上 250mm 设阴树脂出脂口。分离塔的反洗膨胀高度大于树脂层高度的 100%，以保证阴阳树脂彻底

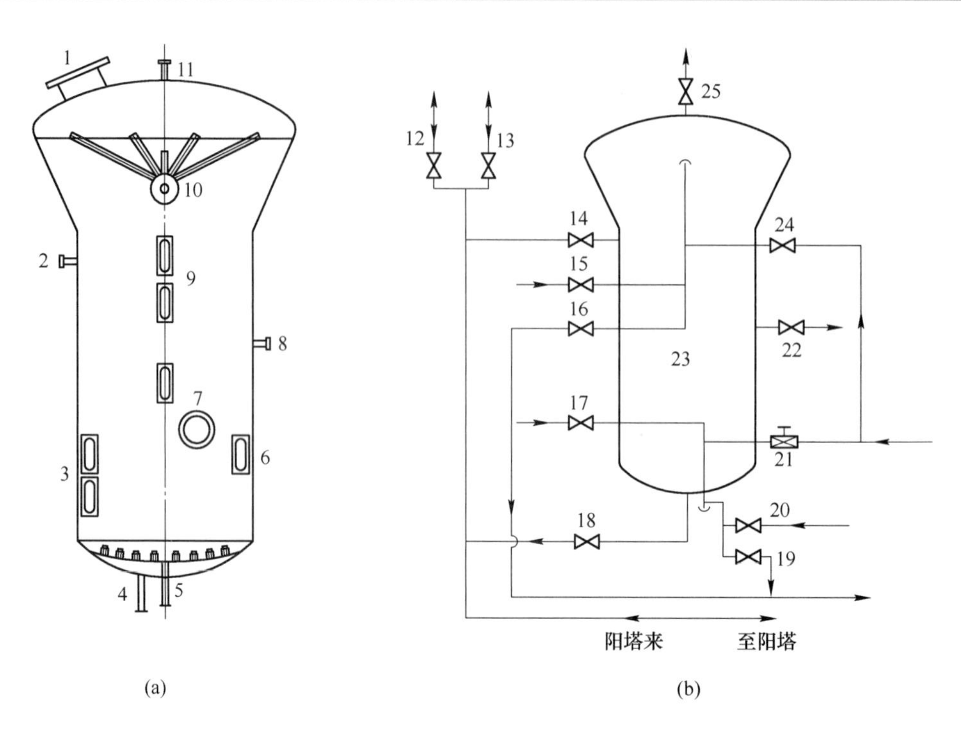

图 4-9　分离塔结构图（a）和管道连接图（b）

1，7—人孔门；2—进混脂口；3，6，9—窥视孔；4—下部进、出水口；5—出阳脂口；8—出阴脂口；10—上部进、出水口；11—排气口；12—树脂输送 1 号机；13—树脂输送 2 号机；14—进脂阀；15—上部进气阀；16—上部排放阀；17—底部进气阀；18—出阳脂阀；19—底部排放阀；20—排脂阀；21—底部进水调节阀；22—出阴脂阀；23—分离塔；24—上部进水阀；25—排气阀

分离。

（2）分离塔的结构特点。分离塔独特的结构主要有以下优点：

1）反洗时水流在直段筒体内呈均匀的柱状流动。

2）塔体内没有会引起搅动及影响树脂分离的中间集管装置，所以反洗、沉降及输送树脂时能将内部搅动减到最小。

3）上部倒锥体提供了阳树脂充分膨胀，而阴树脂又不被冲走的空间；下部的细长筒体提供了树脂的沉降区，分离后阴、阳树脂界面处有近 1m 高度的隔离树脂层保留在分离塔中，从而保证了阴、阳树脂的彻底分离。

4）沉降区的断面减小，使高度和直径的比例更为合理，减少了树脂混脂区的容积。

4.5.2　树脂的分离过程

失效混床中的树脂送至分离塔后，按下述步骤进行：

（1）进行空气擦洗使较重的腐蚀产物从树脂层中分离出来。擦洗前先将分离塔的水位降至树脂层上面约 200mm 处，擦洗后接着用水从上至下淋洗除去腐蚀产物，或先进水，然后用从上部进压缩空气，下部排水的方法将腐蚀产物除去。

（2）水反洗使阴、阳树脂分层。反洗初期用高流速，即超过两种树脂的终端沉降速度，将塔内树脂提升到上部锥体部位，然后调节阀门开度使流速降至阳树脂的终端沉降速度，并以此流速维持一段时间，使阳树脂积聚在锥体和圆柱体界面以下，再慢慢降低流速，一直到零，使阴树脂沉降。在树脂分离过程中，由阳树脂出脂门少量脉冲进水，对最底部的树脂进行扰动，以防止形成树脂死角。

（3）树脂的转移。树脂沉降分离后，上部的阴树脂用水力输送，由阴树脂出脂管送至阴树脂再生塔，直至阴树脂出脂口底线界面以上的树脂已完全送出。分离塔中的混脂及阳树脂再经第二次反洗分离后，再将下部的阳树脂用水力通过位于分离塔底部的阳树脂出脂管送至阳树脂再生塔。阳树脂的输送质量由位于分离塔内侧壁上适当位置的树脂位开关控制，当树脂面降至树脂位开关时，即停止输送阳树脂。中部的界面树脂（混脂）即留在分离塔内参与下次分离。

在树脂从分离塔送出过程中，除从上部进水将树脂送出外，仍有部分水从底部进入，以维持树脂不乱层，并均匀稳定地送出。分离后阳树脂中的阴树脂及阴树脂中的阳树脂含量均不大于 0.1%。

4.5.3　树脂的输送

混床中树脂送至分离塔或贮存池中树脂送入混床，一般由下述步骤完成：气力输送—水力/气力合送—冲洗树脂管道。

树脂的输送应彻底，尤其是混床中失效树脂的送出，其送出率应在 99.9%以上，若失效树脂送出不彻底，树脂的分离和再生做得再好也无法保证混床出水水质。为此应满足如下要求：

（1）将混床底部的出脂装置设计得更合理：

1）碟盘型的结构形式，如图 4-10 所示。碟形的罐底有利于底部树脂的流动，碟盘中心处设排脂管。

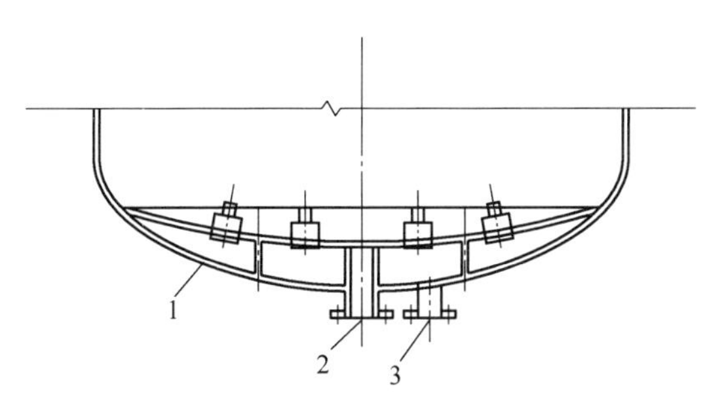

图 4-10　碟盘型罐底

1—双速水帽；2—树脂出口；3—底部配水/排水口

2）碟盘上安装双流速水帽。反向进水时更容易对树脂进行清扫，双流速水帽可贴近滤盘基座处射出的高流速反洗水，因而可彻底搅动罐底树脂。

（2）无论从混床向分离塔输送，还是从贮存塔向混床输送，都可采用从塔底部引入压缩空气，扰动树脂，促进树脂流动。

（3）在混床树脂输送管系的尽头都设有冲洗阀，冲洗阀可以从两个方向冲扫树脂到接收点，保证罐内没有残留树脂。

（4）输送管道采用不锈钢管，采用大半径弯头和球阀，避免隐藏树脂的死角。

（5）输送树脂应连续进行，避免传送介质（水或空气）中断而造成树脂堵塞现象。

4.6　混床树脂的体外再生

体外再生是指将混床中的失效树脂外移到专用的设备中进行再生。体外再生系统为低压系统，在与中压混床系统联络的管道上设有超压保护装置，以防止压力过高而破坏再生设备。两台机组共用1套凝结水精处理混床树脂体外再生系统。

4.6.1　树脂的空气擦洗

树脂再生前，应先进行空气擦洗，以清除掉运行中截流的金属腐蚀产物，防止其污染树脂。

4.6.2　树脂的再生

某1000MW超超临界发电机组项目采用“完全分离法（高塔法）”体外再生系统，再生时间不大于12h。

4.6.2.1　酸碱系统

酸碱系统包括酸碱输送泵、贮存罐、计量泵、电热水箱和再生水泵等设备。为提高阴树脂的再生效果，特别是为了有效除硅，再生时碱液的温度应控制在40℃左右，系统中的电热水箱就是为了满足这个要求而设置的。电热水箱采用电加热方式，以提高配制碱液用水温度。阴树脂再生时，通过调节冷、热水的比例来达到控制进碱温度的目的。

4.6.2.2　再生条件

再生条件为：

（1）再生剂类型。盐酸，$w(HCl) \geqslant 31\%$；氢氧化钠，$w(NaOH) \geqslant 31\%$。为了满足强碱阴树脂对再生度的要求，应选用离子交换离子膜法生产的高纯度氢氧化钠。

（2）再生剂用量。HCl为$100kg/m^3(R)$，NaOH为$100kg/m^3(R)$。

（3）再生液浓度。HCl为4%，NaOH为4%。

（4）再生流速。阳树脂为2.5~3m/h，阴树脂为2.5~3m/h。

（5）再生液温度。HCl溶液温度控制在50~55℃，NaOH溶液温度控制在50~55℃。

上述再生条件的最佳值应通过调整试验进行确定。

4.6.3　树脂的清洗、混合

再生后的阴、阳树脂分别用正洗的方式清洗至出水电导率不大于5μS/cm，然后进行混合。

4.7　案例：某电厂凝结水精处理系统事故原因分析

凝结水精处理系统是为保证亚临界高温高压发电机组有优良的给水水质而设置的，它的主要作用是除去因凝汽器泄漏带入的杂质、系统腐蚀产物、锅炉补给水带入的杂质等，保证经过处理的凝结水达到锅炉给水水质指标送入锅炉。在火力发电厂中，凝结水精处理起到举足轻重的作用，自某发电厂一期精处理系统投运以来，多次出现运行中的高速混床与低压系统连接的阀门打开，导致低压系统管道损坏。

4.7.1 事故概况

2000年7月15日，1号机凝结水精处理3号高速混床失效输出树脂时，开启3号高速混床进脂门进水输送树脂时，错开启了运行中的2号高速混床的进脂门，导致了低压系统管道上树脂监视孔损坏，并且高速混床出现配水不均，引起了树脂翻动，造成部分树脂丢失。

2002年6月17日，1号机凝结水精处理1号高速混床出脂门在开启状态显示为灰色（正常状态应显示红色），值班员开启1号高速混床出脂门将失效树脂输出后，在未关出脂门的情况下，就将再生合格的树脂输入1号高速混床投运，在投运过程中，一直未将出脂门关闭，而值班员错觉是阀门只有显示为红色才为开启状态，也未到现场核查清楚就开启升压门升压，造成出脂母管上的树脂监视孔损坏，损失约该套树脂的30%。

2002年8月14日，2号机6号高速混床运行中进脂门自动打开，实际上无任何操作，在微机上也无操作记录，这造成凝结水系统的压力迅速下降，主机备用凝泵自启，过程中因监控不到位，该过程持续几分钟，由于运行的高速混床出现配水不均，引起了树脂翻动，损失部分树脂。

2003年6月11日，2号机凝结水精处理整个系统失电，处于运行中的4号高速混床出脂门打开，出脂母管上的树脂监视孔被打爆，实际过程中无法判断为哪一台高速混床的阀门打开，失电状态下，旁路门也只能就地打开，才能关闭高速混床的进出口手动门，时间的耽误造成了4号高速混床内的树脂全套跑完，并且主机备用凝泵自启，事后查原因为4号高速混床出脂门在失电状态下阀门控制为开，不保持原状态和关状态。

4.7.2 事故原因剖析

针对上一节出现的事故，分析其原因如下所示：

（1）值班员的安全意识不强。值班员的安全意识不强主要表现在对操作中出现的问题未进行分析，未弄清楚原因就进行下一步的操作，且不执行树脂输送过程中必须有人在场监护的规定。

（2）设备未定期进行检查和校验。各管道上的安全阀未定期进行检查和校验，各阀门的动作情况未定期进行试验，校验它在各种情况下的动作情况。

（3）控制软件方面存在缺陷。在软件控制设计制作中，未设计阀门的闭锁保护，闭锁保护即在运行中的高速混床就无法打开它与低压系统连接的阀门；未设计阀门的失电保护，即在运行中的高速混床在失电状态下阀门控制应保持原状态和关状态；未设计对低压系统的保护和与中压系统连接的阀门打开时对跑出的树脂回收程序（虽说在低压系统管道上都设有安全阀，但树脂监视孔比较脆弱，很容易损坏，且安全阀动作也会使树脂丢失）。

4.7.3 改进措施

针对某电厂凝结水精处理系统事故的改进措施有：

（1）加强值班人员的培训。对值班员加强安全意识的培训，做到上班掌握设备的运行情况，值班员对实际运行中的异常情况应在记录本上做好记录，每个值班员上班前都必须看清记录，对不清楚的情况和不清楚的操作一定要查清后再操作，并且执行在操作中有人监护的规定。

（2）对控制软件进行修改。

1）添加阀门的闭锁保护。添加一个程序，在高速混床运行的情况下，所有与低压系统连接的阀门均操作不动，只有在高速混床进出门和升压门关闭时，与低压系统连接的阀门才能操作，避免误操作。

2）修改系统控制程序，加设阀门失电闭锁保护。因电动阀由电来控制它的开关，失电情况下它不能动作，而是保持原状态，而气动阀门由气来作为阀门开关的动力，失电情况下它的开关状态由内在的控制程序控制阀门开关，如果没有编辑专门的失电控制保护程序，阀门开关可为任意状态，失电就可能造成阀门误开而形成事故。

3）添加低压系统管道保护程序。设置一个控制程序，设置“备用”和“再生”两个控制按钮，置“备用”时，表明再生系统无任何操作，这时高速混床与连接低压系统管道通过阀门控制，与再生系统相通，这样，即使高速混床有阀门出现误动，水和树脂也都进入低压再生系统，避免了低压管道的损坏和树脂的丢失；置“再生”时，整个系统的阀门控制恢复为正常的再生状态，这时才可以对失效树脂进行再生。

通过以上出现问题的分析有针对性地改进，可极大地改善凝结水精处理系统的运行工况，也保证了凝结水精处理系统安全经济运行。

5 循环冷却水处理

5.1 循环冷却水处理概述

许多工业企业生产中都直接或间接使用水作为冷却介质，因其使用方便，价格低且热容量大，沸点高，化学稳定性好。在工业总用水量中冷却水占一半以上。如一个年产30万吨的合成氨厂，每小时冷却水量达23500t，每天耗水56400t，如以每人每年用水30t计，则可供18800人用一年。为了节约水资源，国内外普遍实行冷却水循环使用。近海电厂采用直流循环方案，循环冷却水水源常采用海水。

5.2 水垢及其控制

循环海水中含盐量增加与系统浓缩倍率成比例，极易形成统称为污垢的水垢和污泥(包括淤泥、黏泥、腐蚀产物)。水垢是一些溶解盐类物质结晶析出所形成的固相沉积物；一般由$CaCO_3$、$Ca_3(PO_4)_2$、$CaSO_4$、硅酸钙（镁）等微溶盐组成。这些盐的溶解度很小，如在0℃时，$CaCO_3$的溶解度是20mg/L，$Ca_3(PO_4)_2$的溶解度只有0.1mg/L，而且它们的溶解度随pH值和水温的升高而降低，因此特别容易在温度高的传热部位达到过饱和状态而结晶析出，当水流速度较小或传热面较粗糙时，这些结晶就容易沉积在传热表面上形成水垢。

污泥是海水中的海泥及海生物和其他沉积物黏附在金属表面上形成的，其会降低换热器的传热效率，引起水垢和污泥下腐蚀，严重时会堵塞管道，影响正常运行发电。

5.3 腐蚀及其控制

5.3.1 腐蚀机理及其影响因素

冷却水对碳钢的腐蚀是一个电化学过程。由于碳钢组织和表面以及与其接触的溶液状态的不均匀性，表面上会形成许多微小面积的低电位区（阳极）和高电位区（阴极），每一对阳极和阴极通过金属本体构成一个腐蚀原电池，分别发生氧化和还原反应。

在循环冷却水系统中，最常见的局部腐蚀形态有点蚀、缝隙腐蚀等，可能由下面一些原因引起：（1）金属本身有缺陷，如表面有切痕、擦伤、缝隙或应力集中的地方；（2）金属表面保护膜或涂料局部脱落；（3）水垢局部剥离；（4）金属表面局部附着砂粒、氧化铁皮、沉积物等。上述这些部位电位比较低，成为阳极，引起局部腐蚀。

5.3.2 腐蚀的控制

控制腐蚀的基本方法有四类：（1）合理选材。海水循环水系统所涉及的设备、设施较多，选择合理的材质是防腐的先决条件，而对于海水循环水系统目前尚无相关的选材导则或规范标准。表 5-1 提供了参考的可选材质。(2) 通过电镀或浸涂的方法在金属表面形成防腐层，使金属和循环水隔绝；(3) 电化学保护法，即在冷却水系统中，一般使用电极电位比铁低的镁、锌等牺牲阳极与需要保护的碳钢设备连接，使碳钢设备整个成为阴极而受到保护，或者将需要保护的碳钢设备接到直流电源的负极上，并在正极上再接一个辅助阳极，如石墨\炭精等，设备在外加电流作用下转成阴极而受到保护；(4) 向循环水中投加无机或有机缓蚀剂，使金属表面形成一层均匀致密、不易剥落的保护膜，这是目前国内外普遍采用的处理方法。为了提高药剂效果，通常在系统正常运行之前，投加高浓度缓蚀剂进行预膜处理，待成膜后再降低药剂浓度，使其用量能维持和修补缓蚀膜就可以了。

表 5-1　海水循环水系统相关设备、设施选材参考

部　　件	可选材质	备　　注
凝汽器换热管	钛材	某电厂选用
管板	钛材、双相不锈钢	—
水室	碳钢	需进行涂层和阴极保护处理
自然通风冷却塔	钢筋混凝土	需在内壁涂刷防腐材料
收水器、填料、喷头	PVC	—
输水管	碳钢、铸铁	需进行涂层和阴极保护处理
水泵叶轮	双相不锈钢	一般也需进行阴极保护处理
收球网、滤网等	双相不锈钢	—
胶球	海绵橡胶	不可使用金刚砂球，以免划伤钛管

5.3.2.1　缓蚀剂

缓蚀剂种类很多，都通过形成保护膜达到缓蚀的目的。按照成膜机理不同，可将药剂分为三类，具体见表 5-2。以铬酸盐和亚硝酸盐为代表的氧化膜型药剂属于阳极钝化剂，使碳钢的电位向高电位区移动，因而生成的亚铁离子迅速氧化，在碳钢表面上形成以不溶性 Fe_2O_3 为主体的氧化膜而防蚀。另外，对铬酸盐而言，还原反应生成物 Cr_2O_3 也进入保护膜中。一般来说，氧化膜型缓蚀剂大多表现出优良防腐效果，但在低浓度下使用，容易发生局部腐蚀。此外，铬酸盐毒性强，其排放受到严格限制，而亚硝酸盐在实际使用中也存在问题，且容易被亚硝酸菌氧化，变成没有缓蚀效果的硝酸盐。

表 5-2　缓蚀膜类型及特点

<table>
<tr><th colspan="2">缓蚀膜类型</th><th>典型缓蚀剂名称</th><th>保护膜的特点</th></tr>
<tr><td colspan="2">氧化膜型（钝化膜型）</td><td>铬酸盐、亚硝酸盐、钨酸盐、钼酸盐</td><td>致密薄膜（3~20nm）与基础金属的结合紧密缓蚀性能好</td></tr>
<tr><td rowspan="2">沉淀膜型</td><td>水中离子型（与水中钙离子等生成不溶性盐）</td><td>聚磷酸盐、磷酸盐、硅酸盐、锌盐</td><td>与基础金属结合不太紧密缓蚀效果不佳，多孔，膜厚</td></tr>
<tr><td>（金属离子型与缓蚀对象的金属离子生成不溶性盐）</td><td>巯基苯并噻锉、苯并三氮锉、甲苯基二氮锉</td><td>较致密，膜较薄缓蚀性能较好</td></tr>
<tr><td colspan="2">吸附膜型</td><td>胺类、硫醇类、表面活性剂、木质素</td><td>对酸液、非水溶液等，在金属表面清洁的状态下，形成较好的吸附层。在淡水中，对碳钢的非清洁表面，难以形成吸附层</td></tr>
</table>

典型的沉淀膜型缓蚀剂是聚磷酸盐，它与水中的钙离子和作为缓蚀剂而加入的锌离子结合，在碳钢表面上形成不溶性的薄膜而起缓蚀作用。以磷酸钙为主体的沉淀膜，因为在碱性环境中容易形成，所以在腐蚀反应生成 OH^-时，在局部阴极区，其保护膜生长速度快，因此主要作为抑制阴极反应的缓蚀剂起作用。

5.3.2.2 几种缓蚀剂的效果

铬酸盐、磷酸盐、硅酸盐作缓蚀剂的效果如下所示。

（1）铬酸盐。铬酸盐是最早使用的缓蚀剂，对碳钢缓蚀效果良好。作为钝化膜型缓蚀剂，其用量不能少。为使碳钢在中性水中完全缓蚀，一般浓度需达 150~500mg/L（CrO_4^{2-}）。常用的是重铬酸钠、铬酸钠等。用铬酸盐缓蚀，如果发生投药量不够等管理差错，则会加剧点蚀，故一般常与聚磷酸盐和二价金属盐配合使用。

（2）磷酸盐。目前在敞开式系统中，最常用的缓蚀剂是磷酸盐，包括聚磷酸盐和正磷酸盐。磷酸盐也作为缓蚀剂用于冷却水系统，因比聚磷酸盐缓蚀效果好、稳定，所以常用于停留时间长、水中硬度高的高浓缩水的处理。

（3）硅酸盐。作为缓蚀剂用的硅酸盐主要是硅酸钠，即水玻璃。它在水中带负电，与金属表面溶解下来的 Fe^{2+}结合，形成硅酸凝胶，覆盖在金属表面，故它是沉淀膜型阳极缓蚀剂。硅酸盐价廉、无毒，不会产生排水污染问题，且对任何杀生剂都无副作用，只是成膜速度很慢，一般需 2~4 周，成膜所需的硅酸盐浓度应在 70mg/L(以 SiO_2计）以上。如与 5~10mg/L 聚磷酸盐（PO_4^{3-}）或少量锌复合应用，可加快膜的形成。正常运行时，硅酸盐投量一般为 30~40mg/L(以 SiO_2计)，pH 值宜控制在 6.5~7.5 之间。若水中 SiO_2浓度超过 175mg/L，易形成醋酸盐垢；若 pH 值大于 3.6，则硅酸盐缓蚀效果较差。当水中镁硬度超过 250mg/L(以 $CaCO_3$计）时，可能与硅酸根离子形成非离子型可溶性 $MgSiO_3$，影响金属表面防蚀膜的生长，因此不宜用硅酸盐作缓蚀剂。

5.4 微生物及其控制

微生物在冷却水系统中繁殖形成黏泥，使传热效率下降，加速金属腐蚀，影响输水，黏泥腐败后产生臭味，使水质变差。因黏泥引起的故障往往与腐蚀和水垢故障同时发生，按照故障的表现形式，可分为黏泥附着型和淤泥堆积型两类，前者主要是微生物及其代谢物和泥沙等的混合物附着于固体表面上而发生故障，常发生在管道、池壁、冷却塔填料上；后者是水中悬浮物在流速低的部位沉积，生成软泥状物质而发生故障，常发生在水池底部。在换热器壳程和配水池中两类故障都可能发生。

天然水中微生物的种类很多，属于植物界的有藻类、孢子虫、鞭毛虫、病毒等原生动物。

（1）藻类。藻类可分为蓝藻、绿藻、硅藻、黄藻和褐藻等，大多数藻类是广温性的，最适宜的生长温度约为 10~20℃，藻类滋长所需的营养元素为 N、P、Fe，其次是 Ca、Mg、Zn、Si 等。

（2）细菌。在冷却水系统中生存的细菌有多种，药剂对另一种细菌可能没有作用。

（3）真菌。真菌的种类有很多，在冷却水系统中常见的大都属于藻状菌纲中的一些属种，如水霉菌和绵霉菌等。真菌没有叶绿素，不能进行光合作用。真菌大量繁殖时形成棉团状物，附着于金属表面或堵塞管道。有些真菌可分解木质纤维素，使木材腐烂。

在循环水中，由于养分的浓缩，水温升高和日光照射，给细菌和藻类的迅速繁殖创造了条件。细菌分泌的黏液使水中漂浮的灰尘杂质和化学沉淀物等黏附在一起，形成沉积物附着在传热表面，即生物黏泥或软垢。黏泥附着会引起腐蚀，冷却水流量减少，进而降低冷却效率；严重时会堵死管道，迫使停产清洗。

5.5 海水制氯

5.5.1 海水制氯概述

在沿海或者内陆的采用化石燃料的热电厂通常使用海水作为冷却剂。对直流冷却水冷却的蒸汽冷凝器中的生物膜控制可以大大地提高发电效率。电解海水制氯系统为工业生物污染控制提供可靠且经济的技术解决方案。现场生产次氯酸钠的方法既经济又安全，为工业化生产应用提供强力生物灭杀剂和消毒剂。将现场生产的次氯酸钠溶液注入电厂的冷却水管路中，可以高效地控制微生物和大量有机生物膜的生长，保护机器设备。在达到生物污染控制的同时，不会产生商品次氯酸盐所具有的副作用，如水中溶解物质与过量碱性物质反应生成硬块，以及运输、储存及搬运氯气所可能存在的安全风险等。

5.5.2 海水制氯原理

电解海水制氯时，在电解槽中生成的溶液是海水、次氯酸盐以及次氯酸的混合液。氯化钠溶液海水的电解原理是通过阳极（正极）和阴极（负极）之间的直流电流把盐和水分解成基本元素。在阳极产生的氯气立即发生化学反应生成次氯酸盐和次氯酸，在阴极生成氢和氢氧化物。氢原子形成氢气，而氢氧化物辅助形成次氯酸盐，并使溶液 pH 值升高至 8.5。

总的化学反应可以表示如下：

盐 + 水 + 能量 = 次氯酸钠 + 氢气

$$NaCl + H_2O + 2e \xlongequal{} NaOCl + H_2\uparrow$$

某电厂采用海水直流冷却系统，冷却水水源为黄海海水。海水水质分析报告见表 5-3。

表 5-3 厂区段海水水质

监测项目	符号	单位	数值			
			2013 年 1 月	2013 年 5 月	2013 年 7 月	2013 年 10 月
pH 值（25℃）	pH	—	7.91	8.39	7.47	7.60
悬浮物	SS	mg/L	88	240	21	25
溶解固形物	TDS	mg/L	4.41×10^4	3.52×10^4	1.83×10^4	2.22×10^4
化学需氧量	COD_{Mn}	mg/L	6.54	2.00	15.2	7.88
钙	Ca	mg/L	360	359	440	566
镁	Mg	mg/L	1.11×10^3	1.01×10^3	1.36×10^3	2.00×10^3
钠	Na	mg/L	8.35×10^3	8.92×10^3	6.67×10^3	5.82×10^3

续表 5-3

监测项目	符号	单位	数值			
			2013 年 1 月	2013 年 5 月	2013 年 7 月	2013 年 10 月
重碳酸盐	HCO_3	mg/L	204	143	174	239
硫酸盐	SO_4	mg/L	2.32×10^3	1.29×10^3	2.40×10^3	1.80×10^3
全硅	$SiO_{2(全)}$	mg/L	0.66	2.21	5.04	1.24
氯化物	Cl	mg/L	1.65×10^4	1.44×10^4	2.40×10^4	1.80×10^4

5.5.3 海水制氯系统流程

电解海水制次氯酸钠系统是通过整流变压器和整流器，将交流电整流为直流电，施加到海水电解槽的阴、阳极上。使海水发生电解反应产生活性有效氯，然后投加到机组冷却海水中，以避免海生物及菌藻类在冷却水管道和凝汽器钛管上的附着繁殖。系统流程为：海水→海水预过滤器→海水升压泵→自动冲洗过滤器→次氯酸钠发生器→次氯酸钠贮存罐→加药泵→加药点。

整套装置在正常运行工作状态时，海水通过预过滤器（两用一备）除去海水中大颗粒杂质，再经耐海水腐蚀的海水升压泵（两用一备）将海水升压，然后通过自动冲洗过滤器除去直径在 0.5mm 以上的固体污物后进入电解槽组件电解。两套整流装置将交流电转化为直流电分别供给对应的电解槽组，将流经电解槽的海水电解，产生次氯酸钠溶液及副产物氢气进入次氯酸钠储罐。氢气通过除氢风机除去，并保证氢气浓度小于 1%；电解过程产生的钙、镁沉淀物在次氯酸钠储罐底部，经排污阀定期排出；经电解后已产生有效氯的海水自次氯酸钠贮存罐通过加药泵将次氯酸钠投加到加药点。

电解海水制次氯酸钠装置的每组电解槽在运行时，电解直流电压为 72V；又由于海水是良好的导电体，为避免电解海水制氯装置流出的海水导致相关设备的杂散电流腐蚀，电解槽组的出入口均设置有接地装置。

电解海水时，除产生次氯酸钠和氢气外，还不可避免地产生钙、镁沉淀物，并在电解槽阴极上累积，导致电解槽电压升高，电流效率下降，电耗增大。因此须定期地对电解槽进行酸洗，以除去阴极表面的沉淀物。

某电厂建设 2×1050MW 超超临界燃煤机组，单机循环水量约为 108000m^3/h，设置 2 套 110kg/h（有效氯）的电解海水制氯装置，两路加药管分别至两个加药点，可单套或多套运行。

5.5.4 海水制氯系统设备

电解海水制次氯酸钠单元：包括海水预过滤器、电解槽及单元内所有的管道、管件、阀门、管道支吊架及必需的附件，还包括安装测量仪表及其装置的接口或接管座等。

次氯酸钠贮存单元：包括次氯酸钠贮存罐及单元内的所有管道、管件、阀门、管道支吊架及必需的附件。还包括安装测量仪表及其装置的接口或接管座。

电解槽清洗单元：包括卸酸泵、酸贮存罐、酸洗罐、酸洗泵、酸雾吸收器、安全淋浴器以及单元内的所有管道、管件、阀门、管道支吊架及必需的附件，还包括安装测量仪表及其装置的接口或接管座。

废水收集单元：包括废水输送泵，单元内的所有管道、管件、阀门、管道支吊架。

上述各单元之间的连接管道、阀门、管件、支吊架及必需的附件：

（1）控制单元：包括整个电解海水制次氯酸钠系统控制设备、仪表及管道、附件、阀门等。

（2）供电单元：由整流变压器、整流器和运行控制柜组成。包括变压器一次侧进电（10.5kV，50Hz，三相交流电），其他机电设备额定供电电源（380V/220V 三相四线交流电）及附件等。

5.5.4.1　自动冲洗海水过滤器

为防止海水中的固体颗粒进入次氯酸钠发生系统，造成系统的堵塞、磨损和对系统管道、电极等的磨蚀，在海水升压泵进出口设置自动冲洗海水过滤器，前级预过滤精度不低于 1mm，后级过滤精度不低于 0.5mm。壳体、滤网等均采用耐海水腐蚀的材质。

过滤器采用在线过滤液液体反冲模式，在过滤器组套内单体过滤元件反洗过程应轮流交替进行，自动切换工作、反洗状态，确保整套过滤器连续出水，过滤和反洗过程不影响后续系统连续运行的进水量要求。

海水自动冲洗过滤器要求配置进/出口就地压力指示表、过滤器进出口差压变送器。

本小节海水自动冲洗过滤器包括过滤单元、管道及连接件、气动阀、电控及相关仪表。该海水自动冲洗过滤器相关性能见表 5-4。

表 5-4　海水自动冲洗过滤器相关性能

项目名称	性　能	项目名称	性　能
型式	滤网式	过滤精度	0.4mm
生产厂	AZUD	工作压力	0.1~1MPa
直径	mm	设计压力	1.0MPa
总高度	747mm	压力损失	0.001~0.05MPa
数量	2 台	过滤元件型式	滤网
处理流量	$80m^3/h$	过滤精度	0.4mm
壳体材料	碳钢防腐	每个滤头	15s
过滤元件材料	316L	过滤器接口型式	法兰
过滤元件型式	滤网式	重量	130kg

5.5.4.2　次氯酸钠发生器

次氯酸钠发生器（电解槽）的结构型式为板网式或其他型式（见表 5-5）。电解槽的槽体采用耐海水及次氯酸钠腐蚀的结构材料制作。

电解槽的结构应充分考虑易于进行电极的清洗，易于拆卸维修，阴极、阳极拆卸维护及氢气排出系统通畅。次氯酸钠发生器出口设取样阀。电解槽有良好的密封性。水压试验不小于电解槽设计压力的 1.25 倍。电解槽阴极、阳极之间在干燥状态下绝缘，绝缘电阻不小于 1MΩ。

表 5-5 次氯酸钠发生器设计参数

发生器的结构	板网式
数量	2 套
有效氯产率	≥110kg/h（每套）
电流效率	≥75%
有效氯浓度	≥1600ppm（1g/L）
阳极寿命	≥5 年
阴极寿命	永不损坏（正常使用情况）
直流电耗	<4kW·h/kg 有效氯
电极材料	阳极：钛涂贵金属（进口）。阴极：哈氏合金 C 材料
析氯电位	≤1.13V(S.C.E)
酸洗周期	≥720h

两组电解槽各配一套整流柜和整流变压器，每组电解槽可实现独立运行。每组电解槽安放在一个整体框架上，出厂前都应进行工厂预装配，方便现场安装调试。

5.5.4.3 次氯酸钠贮存罐

次氯酸钠贮存罐见表 5-6。

表 5-6 次氯酸钠贮存罐设计参数

数量	3 台
结构材料	钢衬胶，外防腐
结构型式	立式、椭圆顶
有效容积	每台 $70m^3$
附件	人孔、就地液位指示（带远传液位信号）、药液进口、药液出口、进风口、排氢口、溢流管道、排污口等
外部连接方式	法兰

液位计的材质满足介质的防腐要求。

5.5.4.4 水泵

海水升压泵、加药泵、酸洗泵体基本构造型式为：单级、单吸离心泵。泵所有接触介质的部件，材料均耐海水、次氯酸钠和盐酸的腐蚀，保证泵不会因腐蚀而泄漏。轴密封采用机械密封，确保密封处不发生泄漏。泵配套电机保证能在空气湿度大于 95%的情况下安全、连续运行。泵的配套电机按湿热带要求（TH 标准），电机外壳防护等级不低于 IP54，绝缘等级为 F 级。轴承润滑采用润滑油或油脂。泵的有关设计参数见表 5-7。

泵其他要求符合 GB/T 3215—2007 的规定。泵的效率满足《中小型三相异步电动机能效限定值及节能评价值》（GB 18613—2012）的要求。

表 5-7 泵的有关设计参数

名称	海水升压泵	加药泵	酸洗泵
数量/台	3	4	1
结构型式	卧式离心泵	卧式离心泵	卧式离心泵
过流部分材料	钛	钛	氟塑料合金
适用介质	海水	次氯酸钠海水溶液	盐酸溶液
流量 $Q/m^3 \cdot h^{-1}$	80	67	10
扬程 H/m	35	25	15

5.5.4.5 排氢风机

系统设置2台排氢风机，1用1备，故障自动连锁启动，用于向次氯酸钠贮存罐中鼓风，稀释贮存罐内的氢气，使氢气体积比浓度低于1%，安全排至大气。排氢风机在电解槽开始工作时即运行，为保证系统安全，在电解槽停止工作后，排氢风机继续运行10min。

风机基本构造型式为离心式，并配置防爆电机。风机在整个运行工况条件下，必须运行平稳、无振动、低噪声。风机的密封性能良好。

5.5.4.6 酸洗装置

酸洗装置的作用是配制和贮存酸洗所需的稀盐酸，并对酸洗回收液进行中和排放，酸洗装置由浓盐酸贮存罐（钢衬胶）、酸洗箱（钢衬胶）、喷射器（UPVC，硬质聚氯乙烯管）、酸洗泵、液位计、阀门、仪表、酸雾吸收器、安全淋浴器、管道及材料等组成。

酸洗箱的容积满足一次酸洗用酸量并有50%的富余量。酸洗箱、喷射器和酸洗泵为组合框架式结构。

（1）卸酸泵。卸酸泵有关设计参数见表5-8。

表 5-8 卸酸泵有关设计参数

名称	参数
数量	1台
型式	磁力式卧式离心泵
介质	31%盐酸溶液
流量	$10m^3/h$
扬程应满足的井口水压	0.15MPa
进口温度	常温
材质	接液部分 PVDF

泵进口设手动隔离阀，出口设手动隔离阀及止回阀。泵出口设压力表，并配原厂带底座、进口滤网等。卸药时，当酸贮存罐高高液位时，卸酸泵自动停泵报警。卸酸泵采用磁力驱动泵，电机防护等级为IP56。

（2）浓盐酸贮存罐。其设计参数见表5-9。

表 5-9 浓盐酸贮存罐有关的设计参数

名 称	参 数
数量	1 台
容积	$5m^3$
结构材料	钢衬胶，外环氧漆 3 度
结构型式	立式、平底
附件	就地液位指示、药液进口、药液出口、溢流管道、排污口等
外部连接方式	法兰

(3) 酸洗箱。其设计参数见表 5-10。

表 5-10 酸洗箱设计参数

名 称	参 数
数量	1 台
容积	$3m^3$
结构材料	钢衬胶，外环氧漆 3 度
结构型式	立式、平底
附件	就地液位指示、药液进口、药液出口、溢流管道、进碱口、排污口等
外部连接方式	法兰

(4) 酸雾吸收器。酸雾吸收器为 UPVC 材质的立式圆柱形容器，筒体搭接焊缝需打磨坡口，焊接均匀，外表光滑、平整。底部应配置酸雾分配装置，以降低流通阻力，并确保酸雾的有效吸收。进碱口、排污口、溢流口配同口径优质 UPVC 球阀各 1 只，进气口与排气口连通并装有 UPVC 单向止回阀。

(5) 安全淋浴器。安全淋浴器选用 316 不锈钢材质，带喷头、洗眼器、洗手盆、脚踏板等。

5.5.4.7 系统管道和阀门

系统管道采用耐相应介质腐蚀的材质，除工业水管为碳钢材料外，其他室内管道材料可为 UPVC 管。

泵进口阀门为手动蝶阀，泵出口阀门为止回阀、手动蝶阀；过滤器前后为手动蝶阀；次氯酸钠贮存罐进口和排污口为手动隔膜阀；与设备连接的液位计阀门为手动隔膜阀；其他为手动蝶阀。阀门材质与管道材质一致。

6 火力发电厂水、汽系统

通过对热力系统进行定期或不定期的水汽质量化验、测定及加药调整处理工作，及时了解炉内水处理的情况，掌握运行规律，确保水汽质量合格，防止热力设备和水汽系统腐蚀、结垢、积盐，确保机组安全健康经济稳定运行。

水汽监督以预防为主，及时发现问题和消除隐患。因此必须确保仪表监督的可靠性，化验质量的准确性。发现问题和异常应及时取样分析，加强加药处理，并联系有关人员采取措施，使水汽品质尽快恢复到控制范围内。

6.1 水、汽质量劣化的原因及处理

当锅炉及其热力系统中，某种水、汽样品的测试结果显示不良时，首先应检查其取样和测定操作是否正确，必要时应再次取样测定，进行核对。当确证水汽质量不合格时，应分析其原因，并采取措施，使其恢复正常。由于水、汽质量与锅炉及其热力系统的设备结构和运行工况等有关，所以各种情况下造成劣化的原因不一。

6.1.1 汽轮机凝结水水质劣化的原因及处理

汽轮机凝结水水质劣化的原因及处理方法如下：

（1）造成凝结水硬度或电导率不合格的主要原因是凝汽器铜管的漏泄。其处理方法是及时查漏和堵漏。

（2）造成凝结水溶解氧不合格的原因一般有以下两点：1）凝汽器真空部分漏气或凝汽器的冷却度太大；2）凝结水泵在运行中不严密有空气渗入，如盘根漏气。其处理方法是：1）检查凝汽器漏气部位并堵漏或调节凝汽器的冷却度；2）启动备用水泵，并及时检修有故障的凝结水泵。

6.1.2 给水水质劣化的原因及处理

给水水质劣化的原因及处理方法如下：

（1）造成给水硬度、含钠量（或电导率）、含硅量不合格的原因有以下两点：1）组成给水的凝结水、补给水、疏水或生产返回水的硬度、含钠量（或电导率）、含硅量不合格。例如，水质较差的水漏入疏水系统、热用户有不合格的水漏入蒸汽或凝结水系统中。2）生水渗入给水系统中。处理方法有：1）查明不合格的水源并采取措施使此水源水质合格或减少其使用量。例如，查明疏水系统渗漏地点进行堵漏、要求热用户查温和堵漏等。2）消除生水渗入给水系统的可能性。

（2）造成给水溶解氧不合格的原因有以下两点；1）除氧器运行不正常。例如解吸出来的气体不易排出等。2）除氧器内部装置有故障。其处理方法是：1）调节除氧器的运行工况。例如，通过调整实验来确定排气阀的开度，使解吸出来的气体能通畅地排走。

2）检修除氧器的内部装置。

（3）给水含铁量或含铜量不合格的原因是组成给水的凝结水、疏水或生产返回水的含铁量不合格。例如，疏水箱、热用户的有关管道、生产返回水水箱腐蚀严重，含铁或含铜量大的疏水进入死水箱等都会造成各水源的含铁或含铜量不合格等。其处理方法是：查明含铁或含铜量大的水源并采取措施。例如，对疏水箱、返回水水箱涂防腐漆，并进行定期排污和清洗或对返回水进行除铁处理。另外，疏水箱、返回水箱内不合格的水应暂时排掉。

除上述原因外，当锅炉连续排污扩容器送出的蒸汽通向除氧器时，如果蒸汽严重带水，也会增加给水的含钠量（或电导率）、含硅量，此时应调整扩容器的运行。

6.1.3 锅炉水水质劣化的原因及其处理

锅炉水水质劣化的原因及其处理方法为：

（1）造成锅炉水含钠量（或电导率）、含硅量、碱度不合格的原因一般有两点：1）给水水质不良；2）锅炉排污量不够或排污装置有故障。其处理方法是：1）参见6.1.2节“给水水质劣化的原因及处理”；2）增加锅炉的排污量或消除排污装置的故障。

（2）造成锅炉水磷酸根不合格的原因有以下两点：1）磷酸盐的加药量过多或不足；2）加药设备存在缺陷或管道被堵塞。其处理方法是：1）调节磷酸盐的加药量。同时应注意：如果磷酸盐浓度过高时，应增加锅炉的排污量，直至锅炉水磷酸根合格为止；如果磷酸根不足是由于给水硬度过高，应降低给水硬度。2）检修加药设备或疏通堵塞的管道。

6.1.4 蒸汽品质劣化的原因及处理

造成蒸汽品质劣化的原因一般有以下几种：（1）锅炉给水品质不良或锅炉排污不正常，使锅炉水的含钠量或者硅量超过标准。（2）锅炉的热负荷太大、水位太高、蒸汽压力和水位变化过快，造成蒸汽大量带水。（3）喷水式蒸汽减温器的减温水水质不良（例如，软化水或生水漏入减温系统）或表面式减温器漏泄。（4）汽包内部的汽水分离器或蒸汽清洗装置有故障。例如，各分离元件的结合处不严密，元件脱落或洗汽装置不水平及有短路现象。其处理方法是：（1）查明不合格的水源，并采取措施使此水源水质合格或增加锅炉的排污量以及消除排污装置存在的缺陷。（2）根据热化学试验的结果，严格控制锅炉的运行方式。（3）查明造成喷水式蒸汽减温器的减温水水质不合格的原因，并采取适应的措施。当表面式减温器漏泄时，应停用减温器或停炉检修。（4）检修汽水分离器或蒸汽清洗装置，消除其存在的缺陷。另外，锅炉加药浓度过大或加药速度太快也会造成蒸汽品质劣化。

6.2 水、汽集中取样系统

水汽集中取样分析装置用于电厂汽水循环系统中，对机炉热力系统水汽品质进行监测和化学分析。取样系统由高温高压架、低温仪表盘及启动锅炉取样架组成。

样品在高温高压架经预冷装置（仅对高温高压样品）和冷却器冷却后进减压阀减压，对取样装置冷却水进行流量、压力和温度监控，能确保装置冷却系统的安全运行。

在低温仪表盘样品入口，设有样品压力释放管路，有效防止取样系统超压，以保护下游的仪表等元器件。

高温样点设有超温保护，当冷却水流量过低等因素引起样品温度超过40℃时，自动切断样品，以保护下游的仪表及保证进入恒温装置的样品不高于40℃，以确保其正常工作等。

配备化学仪表的样点，均通过恒温装置把样品温度调整在（25±1）℃范围，然后进各化学仪表测量分析。测量结果盘面指示并送往电厂全厂辅助控制系统。参与加药控制的仪表测量信号在端子排有相互隔离的二路输出。

水汽取样系统通过从电厂汽水循环系统中取出典型样品，用于配套仪表的连续测量和化验室分析。获取的分析结果用于对工作介质的化学工况进行评估。

6.2.1 系统组成

水、汽集中取样系统组成如下所示。汽水取样点仪表的配置见表6-1。

表6-1 汽水取样点仪表的配置

项目	取样点位置	设计温度/℃	设计压力/MPa	分析仪表							
				SC	CC	pH	O_2	pNa	SiO_2	ORP	M
1	凝结水泵出口	160（运行30）	4.5		√		√	√			√
2	精处理出口母管（加药点后）	160（运行30）	4.5	√			√				√
3	除氧器出口	199（运行186）	2.5				√				√
4	省煤器入口	303	39	√	√	√	√		√①	√	√
5	主蒸汽（左/右）	610	29.66		√			√	√①		√
6	再热蒸汽（左/右）	627	7.10		√						√
7	启动分离器汽侧出口	455	31.2		√						√
8	高压加热器疏水	306	9.24		√						√
9	低压加热器疏水	166	1.6								√
10	启动分离器排水	455	31.5								√
11	闭式冷却水	60	1.6	√		√					√
12	发电机定冷水	60	1.6	√		√					√
13	凝汽器检漏	<80	1.6		√						

注：CC为带有氢离子交换柱的电导率；SC为电导率；pNa为pNa表；pH为pH值表；O_2为溶氧表；SiO_2为硅表。①多点合用一块表计。

高温取样架：为完成高压高温的汽水样品减压和初冷而设，至少应包括高压过滤器、减压阀、冷却器、阀门等整套的设施和部件。

仪表屏：由低温仪表盘、手工取样架和样水回收装置组成。至少应由实现样品测试、取样、报警、信号传送、自动保护以及样水回收等功能全部部件、管路、电气、控制、阀门等组装而成。

凝汽器检漏装置：由检漏取样架和检漏仪表架两部分组成，取样架放在凝汽器热井内，仪表架放在凝汽器旁零米层。

6.2.2 系统运行程序

系统运行程序如下所示。

在引入样品水前，应对一次门与取样装置间的管路进行压力试验。

（1）接通取样装置电源。

（2）在启动取样装置前，所有的阀门应在关闭状态（不包括背压阀、安全阀）。

（3）开启冷却水入口阀和出口阀（包括恒温装置冷却水进出口阀）。确认冷却器冷却水总量不小于 $25m^3/h$，恒温装置冷却水量不小于 $6m^3/h$。

（4）开启高温高压架样品入口阀。打开排污阀，冲洗取样点与取样装置之间样品管道中的污物。逐个样点依次排污，高温高压样点每次排污时间宜为30s左右，最长不超过1min，同一样点排污时间间隔不宜少于5min，排污完成后应将排污阀完全关闭。

（5）开启低温仪表盘样品入口阀和人工取样阀（背压阀除外），缓慢地开启高温高压架样品隔离阀，同时缓慢地调节减压阀并密切注意人工取样处的样品流速，直到样品流量能满足仪表测量和人工取样的需要。人工取样处样品流量约为500mL/min。

（6）调节流量计调节阀，同时仔细观察流量计，将各仪表分路的样品流量调节至推荐值。

（7）恒温装置能将样品水温度控制在（25±1）℃范围内，在投运分析仪表前应将其启动并投入运行。

说明：

（1）逐渐提升样品水流量或获得稳定的样品水温度需要足够的时间。流量的调节应缓慢地进行，当开启流量计调节阀的时候，样品管中的压力将会下降，此时应调节减压阀，使样品压力回升，并使分析仪表分路的流量达到推荐值。调节好各仪表分路样品流量和调节减压阀以获得合理的总样品流量往往需要多个回合。推荐的人工取样最大流量值为500mL/min。

（2）恒温装置需要的冷却水流量为 $6m^3/h$。每个冷却器需要的冷却水量为 $1.6 \sim 2.3m^3/h$。

（3）当初步调节冷却水量后，运行约30min，用手背快速触摸冷却器下游的样品管，对样品管温度显著较高的，适当加大冷却水量。而对温度显著较低的，则可适当关小冷却水量。

（4）如果冷却水量过小，预冷装置和冷却器中的样品管易发生气蚀、结垢而损坏。

（5）停运时先停止全部仪表运行并切断电源，停止恒温装置运行并切断电源，关闭样品入口阀，再关闭冷却水进出口阀，如果停运时间超过30天，应根据仪表操作运行维护手册的要求对仪表电极进行处理（排出电极管路中的样水或对电极保湿）。预冷罐、冷却器和恒温水箱中的水也应排放。一部分电极需要清洗，另一部分电极需要贮存。贮藏室温度应不低于0℃。

（6）当冷却水中断时，高温样品水将损坏仪表。此时，必须关闭样品入口阀。当出现高温高压部件损坏时，必须关闭一次门。

6.3 凝汽器检漏取样分析系统

6.3.1 系统组成

某电厂凝汽器检漏取样分析系统由取样泵架、检漏柜、外部连接管路及其隔离阀等组成。取样泵架主要有机架、两台取样泵、8路样水吸入管路及其样品入口隔离阀和电动球阀、泵抽吸母管及其过滤器、监流器和吸水箱、泵排出管路及其止回阀、回汽管路及其隔离阀、取样泵入口压力传感器、电气接线盒等组成。检漏柜主要有柜体、压力测量管路、样水化学分析管路、人工取样管路、回水管路及电气控制等组成。盘面设有电导率仪、取样泵吸入口压力显示控制器、取样泵控制按钮、电动阀和取样泵工作指示灯、电动阀转换开关、工作模式选择开关、人工取样阀、电导率仪隔离阀、流量计、人工采样槽等设备，盘内装有流量分配调节阀、回水流量调节阀、样品止回阀、样品压力表及其隔离阀、离子交换柱、电导率电极等。

6.3.2 系统功能及原理

凝汽器（热井）检漏取样分析装置（以下简称装置）用于对凝汽器内凝结水的品质进行实时监测分析，以保证热力系统的安全、可靠运行。

装置的工作原理是通过同时具有高抽吸能力和小容量的特殊取样泵将凝结水从处于高真空运行状态下的凝汽器中抽出送往检漏柜，一路样品水流经阳离子交换柱进行离子交换，再经浮子流量计计量后送往电导率仪电极进行电导率测量，测量后的样品水被送回凝汽器；另一路样品水人工取样，废水将直排基础围堰。检漏柜盘面显示化学测量结果，并输出测量信号4~20mA（模拟量）用于送往数据分析处理系统。当测量值超限时，就地发出声光报警信号。通过自动切换吸水管电动球阀，依次监测各取样点的样品品质。

设备具有空运转保护功能，当取样泵吸口处压力超高限或超低限时，自动切断取样泵电源，并发送报警信号。

6.3.3 系统工作环境及运行

设备在凝汽器热井旁就近安装。环境温度：取样泵架5~50℃，检漏柜5~40℃。相对湿度：在（20±5）℃时，不大于85%。

开启全部样品入口阀对全部样点进行连续取样分析或对易发生泄漏的可疑区域定点进行连续取样分析。

系统运行：打开样品入口隔离阀、回汽隔离阀，使其处于全开状态。开启流量分配调节阀（即样品流量调节阀）和回水流量调节阀，使其处于小开度状态。打开压力表隔离阀、仪表入口隔离阀、流量计调节阀、仪表出口隔离阀和人工取样阀。

接通检漏柜电源，将电磁阀工作模式置于“全开”位置，启动任一热井取样泵，此时样品压力应为0.2MPa左右，如压力值明显低于0.2MPa，则适当关小回水流量调节阀开度，直到压力稳定在0.2MPa左右。从压力控制器观察取样泵吸入口样品压力值，其值应在15kPa与45kPa之间，运行稳定后，调节人工取样阀使样水流量在500mL/min左右，调节流量计调节阀和回水流量调节阀，使仪表测量分路样品流量接近推荐值。

关机时按切断各仪表电源，关停取样泵。关闭样品入口隔离阀、回水管隔离阀（即回水流量调节阀）、回汽管隔离阀。切断检漏柜总电源。

6.3.4　故障原因和排除方法

表 6-2 为取样泵故障现象、原因和排除方法。

表 6-2　取样泵故障现象、原因和排除方法

序号	故障现象	原　　因	排　除　方　法
1	取样泵入口压力低报警	（1）过滤器堵塞。 （2）样品采样管口未全部浸没在凝结水中。 （3）样品入口隔离阀未完全开启或误关。 （4）电磁阀气源压力低	（1）清洗过滤器。 （2）检查凝汽器中积水盘是否泄漏、凝结水量是否不足，保证采样管口全部浸没于凝结水中。 （3）将样品入口阀置于全开状态。 （4）检查电磁阀供气气源压力
2	取样泵入口压力高报警	（1）样品吸入管路连接处松动引起泄漏。 （2）样品入口隔离阀波纹管损坏。 （3）监流器视窗玻璃破裂	（1）检查各连接处密封，更换失效的密封件。 （2）更换损坏的阀门。 （3）更换视镜玻璃
3	取样泵发出异常声响，样品流量不稳定或明显下降	（1）取样泵轴承磨损失效，轴承监视器指针已指向红色区域。 （2）叶轮叶片损坏	更换轴承、叶轮等受损部件

6.4　超超临界机组水化学工况

6.4.1　超超临界机组水化学工况概述

水化学工况也称水规范，是指锅炉的给水与炉水处理方式及所维持的主要水质指标。根据国内外的资料和经验，目前应用于亚临界及以上机组的水工况主要有两大类(共六种)，即还原性水工况和氧化性水工况。还原性水工况包括磷酸盐水工况、氢氧化钠水工况、碱性全挥发水工况和络合物水工况，氧化性水工况包括中性水工况和联合水工况。

还原性水工况中的磷酸盐水工况、氢氧化钠水工况和络合物水工况主要用于汽包炉，碱性全挥发水工况（AVT）可用于汽包炉和直流炉，氧化性水工况主要用于直流炉。超临界机组采用直流锅炉，没有汽包和循环的炉水，不能采用固体碱化剂调整炉水的 pH 值，也不能进行锅炉排污以排去锅炉内杂质。在直流锅炉中，随给水进入锅炉内的各种杂质，或被蒸汽带往汽轮机，或沉积在锅炉炉管内，导致热力设备的腐蚀、结垢和积盐；杂质在锅炉炉管内沉积，还会引起水汽系统流动总阻力的增加，增大给水泵的能耗量，甚至迫使机组降负荷运行。在所有火力发电机组中，超临界机组热负荷最高，对水-汽品质的要求最高。因此，需要进行合理的化学加药处理以调节超临界机组的水化学工况，并执行严格的水质控制标准。

6.4.1.1　直流锅炉水汽系统的工作特点

超临界工况下的水、汽的理化特性决定了超临界和超超临界锅炉必须采用直流锅炉。直流锅炉没有汽包，无法通过锅炉排污去除杂质。直流炉的特点决定了由给水带入的杂质在机组的热力系统中只有以下三个去处：

（1）部分溶解于过热蒸汽中，其中绝大部分随蒸汽带入汽轮机而沉积在汽轮机上。

（2）不能溶解于过热蒸汽的那部分杂质将沉积于锅炉的炉管中。

（3）极少量的杂质溶解于凝结水中而进入下一个汽水循环。

无论杂质沉积于锅炉热负荷很高的锅炉的水冷壁管内，还是随蒸汽带入汽轮机沉积在汽轮机上，都将对机组的安全性和经济性运行产生较大的危害。根据超临界和超超临界机组的特点，尽量纯化水质，减少水中盐类杂质，降低给水的含铁量，控制腐蚀产物的沉积量，是超超临界机组水处理和水质控制的主要目标。

在直流锅炉中，水流一次通过，完成水的加热、蒸发和过热过程，全部变成过热蒸汽送出锅炉。给水中的杂质若进入直流锅炉，或者在炉管内生成沉积物，或者被蒸汽带往汽轮机后发生腐蚀或生成沉积物。超临界直流炉更因为蒸汽参数高，对杂质溶解度大，炉内不存在汽水二相界面，随给水带入的杂质大部分进入蒸汽，带来的危害更为严重，所以超临界直流炉对给水品质要求更严。

6.4.1.2　超临界和超超临界工况下的水化学特点

通常由给水带入炉内的杂质主要是钙、镁离子，钠离子，硅酸化合物，强酸阴离子和金属腐蚀产物等，根据这些杂质在蒸汽中的溶解度与蒸汽参数的关系得知，各种杂质离子在过热蒸汽中的溶解度是有很大差别的，且随蒸汽压力的增加而变化的情况也不同。

给水中的钙、镁杂质离子在过热蒸汽中的溶解度较低且随压力的增加变化不大；而钠化合物在过热蒸汽中的溶解度较大且随压力的增加溶解度稳步增加；硅化合物在亚临界以上工况下的溶解度已接近同压力下的水中的溶解度，且随压力的增加溶解度也渐渐增加；强酸阴离子（如氯离子）在过热蒸汽中的溶解度较低，但随压力的增加变化较大，硫酸根离子在过热蒸汽中的溶解度较低且随压力的增加变化不大；铁氧化物在蒸汽中的溶解度随压力的升高也呈不断升高趋势，而铜氧化物在蒸汽中的溶解度随压力的升高而升高，当压力升高到一定程度的变化曲线如图 6-1 所示。

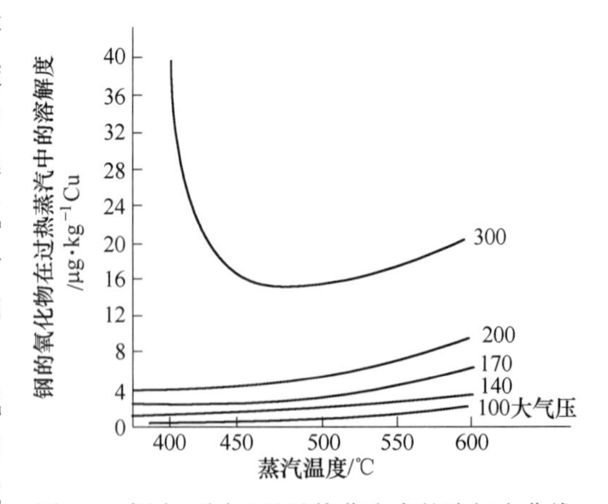

图 6-1　铜在不同工况过热蒸汽中的溶解度曲线

从图 6-1 中可看出铜氧化物在过热蒸汽中的溶解度随着压力的增加而不断增加，当过热蒸汽压力大于 17MPa 时，铜在过热蒸汽中的溶解度，有突跃性的增加。由于铜会在汽轮机通流部位沉积，使通流面积减少，影响汽轮机的出力，因此，对于超临界和超超临界机组凝结水和给水中铜的含量应引起足够的重视，最好采用无铜系统，并严格控制凝结水、给水运行中的 pH 值，减少腐蚀产物的产生。

6.4.1.3 超超临界机组水汽质量控制标准

根据各种离子在汽水中的溶解度的变化情况和在不同部位沉积的可能性看，由于超临界和超超临界工况下过热蒸汽中的铜、铁氧化物的溶解度与亚临界相比有较大的提高，尤其是铜氧化物的溶解度从亚临界到超临界有一个急剧的提高，如给水中不加以严格限制，将会造成大量铜铁氧化物沉积于汽轮机的高压缸的通流部位。为了保证机组的安全运行，在对给水水质的要求上，铜、铁氧化物的标准将比亚临界直流锅炉有更高的要求。另外由于超临界和超超临界机组中奥氏体钢的使用量比亚临界机组有较大的提高，且与相同再热蒸汽温度的亚临界机组相比，低压缸末几级叶片的湿度增加，为了防止发生奥氏体钢的晶间腐蚀和汽机末几级叶片的腐蚀，对阴离子的含量也提出了较高的要求。

另外，为了解决钠盐的沉积、腐蚀对过热器、再热器及汽轮机产生的影响，必须控制蒸汽中的钠含量小于 1μg/kg，才有可能控制二级再热器中形成的氢氧化钠浓缩液对奥氏体钢的腐蚀和锅炉停用时存在干状态的 Na_2SO_4 引起再热器的腐蚀。要想控制蒸汽中的钠含量小于 1μg/kg，必须控制凝结水精处理出水水质的钠含量小于 1μg/kg。因此，超临界和超超临界机组的水质控制对凝结水精处理系统也提出了更高的要求。同时，如何确保凝汽器微泄漏的情况下系统仍能达到相应的水质应是考虑的主要因素。依据中华人民共和国电力行业标准《超临界火力发电机组水汽质量标准》（DL/T 912—2005）超超临界机组水汽控制质量标准参照表 6-3。

表 6-3 给水溶解氧含量、联胺浓度和 pH 值标准

处理方式	pH 值（25℃）		溶解氧/μg·L^{-1}	联胺/μg·L^{-1}
	有铜系统	无铜系统		
挥发处理	8.8~9.3	9.0~9.6	≤7	10~50
加氧处理	8.5~9.0	8.0~9.0	30~150	—

注：低压给水系统（除凝汽器外）有铜合金材料的应通过专门试验，确定在加氧后不会增加水汽系统的含铜量，才能采用加氧处理。

为减少蒸发段的腐蚀结垢、保证蒸汽品质，给水质量应符合表 6-4 规定。

表 6-4 给水质量标准

项目	氢电导率（25℃）/μS·cm^{-1}		二氧化硅/μg·L^{-1}	铁/μg·L^{-1}	铜/μg·L^{-1}	钠/μg·L^{-1}	TOC(a)/μg·L^{-1}	氯离子(a)/μg·L^{-1}
	挥发处理	加氧处理						
标准值	<0.10	<0.15	≤10	≤5	≤2	≤2	≤200	≤1
期望值	<0.08	<0.10	≤5	≤3	≤1	≤1	—	

注：根据实际运行情况不定期抽查。

为了防止汽轮机内部积盐，蒸汽质量应符合表 6-5 规定。

表 6-5　蒸汽质量标准

项目	氢电导率 (25℃)/μS·cm^{-1}	二氧化硅 /μg·kg^{-1}	铁/μg·kg^{-1}	铜/μg·kg^{-1}	钠/μg·kg^{-1}
标准值	<0.10	≤10	≤5	≤2	≤2
期望值	<0.08	≤5	≤3	≤1	≤1

6.4.2　AVT(R)、AVT(O) 和 OT 的原理

6.4.2.1　抑制一般性腐蚀

使铁的电极电位处于 α-Fe_2O_3和 Fe_3O_4的混合区，即 AVT(O) 方式。铁的腐蚀电位如图 6-2 所示。

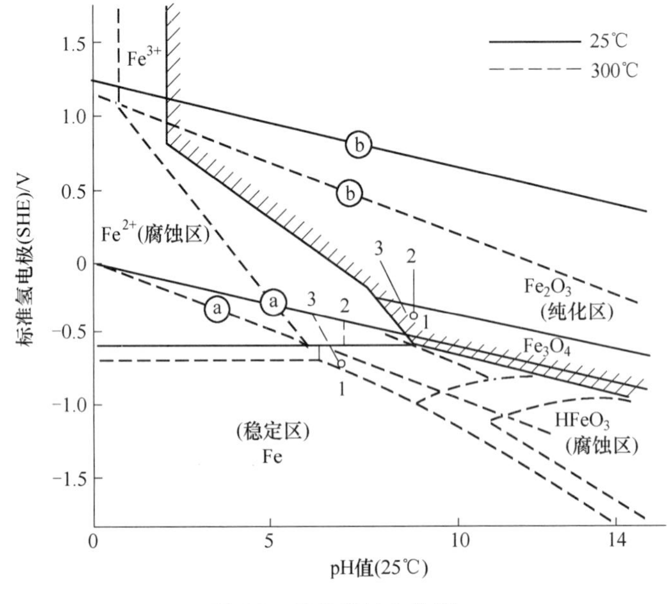

图 6-2　铁的腐蚀电位图

1—AVT(R)；2—AVT(O)；3—OT

水的氧化还原电位（ORP）与铁的电极电位是两个不同的概念。ORP 通常是指以银-氯化银电极为参比电极，铂电极为测量电极，在密闭流动的水中所测出的电极电位。在 25℃时该参比电极的电极电位相对标准氢电极为+208mV。ORP 是衡量水的氧化还原性的指标。铁的电极电位是指以银-氯化银电极（或其他标准电极）为参比电极，铁电极为测量电极，在密闭流动的水中所测出的电极电位，其说明在水中铁表面形成的状态。

在 AVT(R) 方式下，由于降低了 ORP，使铁生成稳定的氧化物和氢氧化物，它们分别是 Fe_3O_4和 $Fe(OH)_2$。它们的溶解度都较低，在一定程度上能减缓铁进一步腐蚀，这是一种阴极保护法。

在 OT 方式下，由于提高了 ORP，使铁进入钝化区，这时腐蚀产物主要是 α-Fe_2O_3和 $Fe(OH)_3$，它们的溶解度都很低，能阻止铁进一步腐蚀，这是一种阳极保护法。

在 AVT(O) 方式下，由于提高 ORP 幅度不大，使铁刚进入钝化区，这时腐蚀产物主要是 $\alpha\text{-}Fe_2O_3$ 和 Fe_3O_4，它们的溶解度较低，其防腐效果处于 OT 和 AVT(R) 之间。这也是一种偏向于阳极的保护法。

从以上分析可以看出，无论采用哪种给水处理方式都可以抑制水、汽系统铁的一般性腐蚀。对于铜合金而言，氧总是起到加速腐蚀的作用。所以，对于有铜系统机组，应尽量采用 AVT(R) 方式运行。不论在含氧量高还是低的水中，pH 值在 8.8~9.1 的范围内，铜的腐蚀速度都最低。

6.4.2.2 抑制流动加速腐蚀

在湍流无氧的条件下钢铁容易发生流动加速腐蚀（FAC），其发生过程如下：附着在碳钢表面上的磁性氧化铁（Fe_3O_4）保护层被剥离进入湍流水或潮湿蒸汽中，使其保护性降低甚至消除，导致母材快速腐蚀，一直发展到最坏的情况——管道腐蚀泄漏。FAC 过程可能十分迅速，壁厚减薄率可高达 5mm/a 以上。在火力发电厂中，金属磨损腐蚀速率取决于多个参数，其中包括给水化学成分、材料组成以及流体的动力学特性等。选择适宜的给水处理方式可以减轻 FAC 的损害，也能使省煤器入口处的铁和铜含量达到较低水平（<2μg/L）。

对于双层氧化膜的研究表明，外层膜是不很紧密的氧化铁，特别是 Fe_3O_4 在 150~200℃条件下，溶解度较高，不耐冲刷。这就是在联胺处理条件下，炉前系统容易发生水流加速腐蚀（FAC）的原因，也是使用联胺处理给水含铁量高，给水系统节流孔板易被 Fe_3O_4 粉末堵塞的原因。给水加氧处理就是为了改善这种条件。给水采用 AVT(R) 和 OT，其氧化膜组成的变化可用图 6-3~图 6-5 的对比说明。

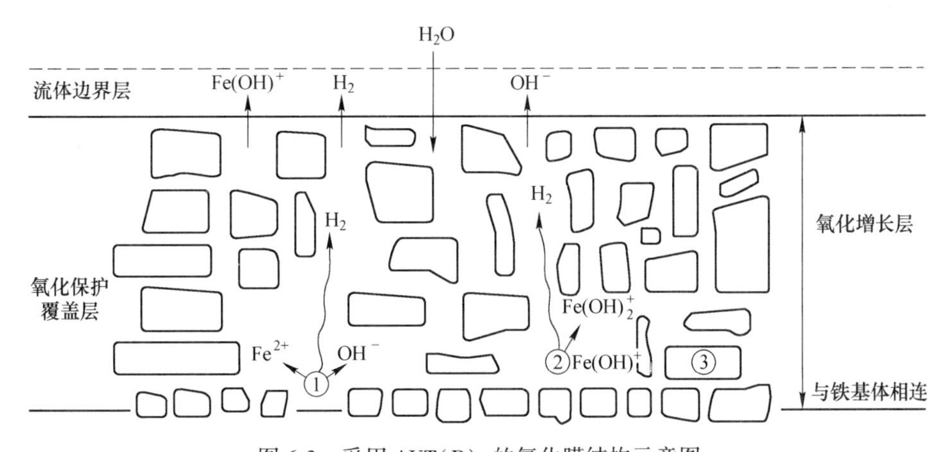

图 6-3 采用 AVT(R) 的氧化膜结构示意图

形成 2 价铁氧化物的有关反应（即图 6-3 中的①、②、③）

① $Fe + 2H_2O = Fe(OH)_2 + H_2\uparrow$

$Fe(OH)_2 = Fe(OH)^+ + OH^-$

$Fe(OH)_2 = Fe^{2+} + 2OH^-$

② $2Fe(OH)^+ + 2H_2O = 2Fe(OH)_2^+ + H_2\uparrow$

③ $Fe(OH)^+ + 2Fe(OH)_2^+ + 3OH^- = Fe_3O_4 + 4H_2O$

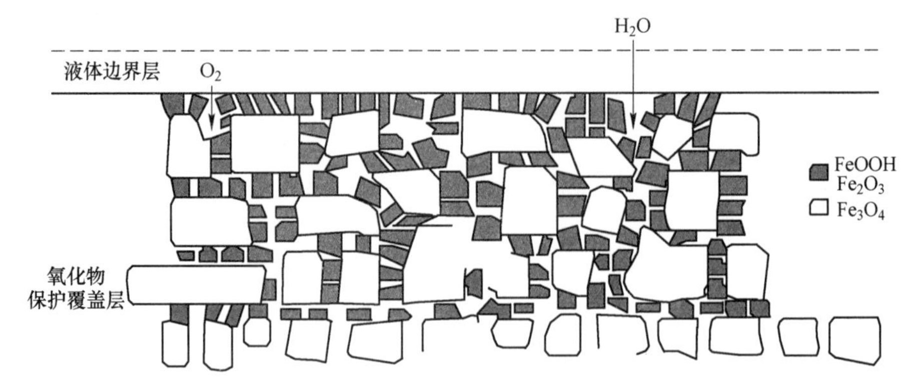

图 6-4　采用 OT 的氧化膜结构示意图

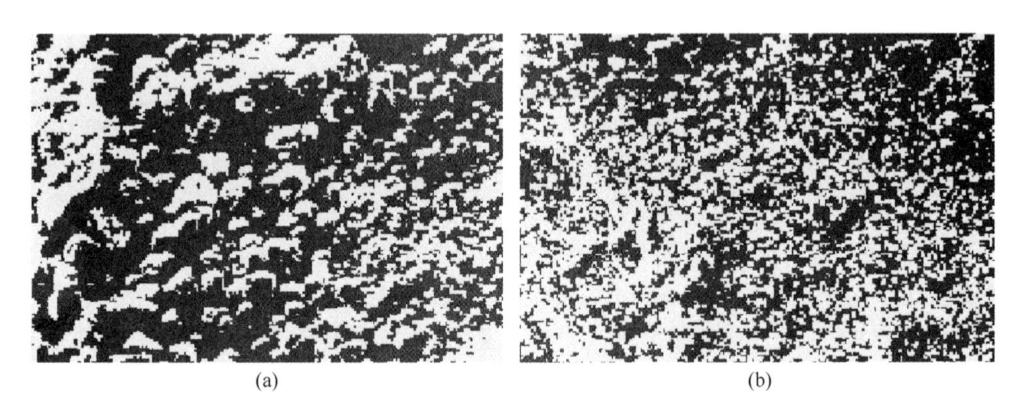

图 6-5　有氧处理和无氧处理对金属表面膜的影响

（a）AVT(R) 方式金属表面状态（放大 16 倍）；（b）OT 方式金属表面状态（放大 16 倍）

形成 3 价铁氧化物的有关反应：

$$4Fe^{2+} + O_2 + 2H^+ = 4Fe^{3+} + 2OH^-$$

$$2Fe^{2+} + 2H_2O + O_2 = Fe_2O_3 + 4H^+$$

$$Fe(OH)^+ + H_2O = FeOOH + 2H^+ + e^-$$

$$Fe_3O_4 + 2H_2O = 3FeOOH + H^+ + e^-$$

从图 6-3～图 6-5 的对比可看到，采用 OT 后，主要是将外层的 Fe_3O_4的间隙中以及表面覆盖上 Fe_2O_3。改变了外层 Fe_3O_4层空隙率高、溶解度高、不耐流动加速腐蚀的性质，给水采用 AVT(O) 所形成的氧化膜的特性介于 OT 和 AVT(R) 之间，也就是说这种给水处理方式所形成的膜的质量比 OT 差，但优于 AVT(R)。

对于 AVT(R)，给水处于还原性气氛，碳钢表面生成磁性氧化膜的两个关键过程是：

（1）内部形貌趋向连生层的生长，受穿过氧化物中的细孔进行扩散的氧气（水或含氧离子）的控制。

（2）可溶性 Fe^{2+}产物溶解到了流动的水中，溶解过程受给水的 pH 值和 ORP 控制。一般而言，给水的还原性越强，在省煤器入口铁腐蚀产物的溶解度就越高。正常 AVT(R) 情况下，ORP < -300mV，给水中铁腐蚀产物的含量小于 10μg/L，一般不会发生 FAC。但值得注意的是，由于局部的流体处于湍流状态时，碳钢表面的磁性氧化膜（Fe_3O_4）会快

速脱落，使得 FAC 发展得非常快。但对于 OT 和 AVT(O)，则有完全不同的情形。在非还原性给水环境中，碳钢表面被一层氧化铁水合物（FeOOH）所覆盖，它也向下渗透到磁性氧化铁的细孔中，而且这种环境有利于 FeOOH 的生长。此类构成形式可产生效果有两个：1）由于氧向母材中的扩散（或进入）过程受到限制（或减弱），因而降低了整体腐蚀速率；2）减小了表面氧化层的溶解度。

因此，从产生 FAC 的过程看，在与 AVT(R) 时具有完全相同的流体动力特性的条件下，FeOOH 保护层在流动给水中的溶解度明显低于磁性铁垢（至少要低 2 个数量级）。

总的结论是：采用 OT 时给水的含铁量有时能小于 1μg/L(原子吸收法)，并且能明显减轻或消除 FAC 现象。

6.4.3 AVT 水化学工况

6.4.3.1 概述

目前，国内外超临界机组给水处理方式有 2 种：加氨、加联胺的全挥发处理（all-volatile treatment（reduction），简称 AVT）和加氨、加氧的联合处理（oxygenated treatment，简称 OT）。AVT 是在高、低压给水中加入氨和联胺，给水中加入 NH_3，调节 pH 值使其处于碱性，加入 N_2H_4除氧，使其处于无 O_2状态。一般控制给水的 pH 值为 9.0~9.6，N_2H_4质量浓度为 1.0~5.0μg/L，溶解氧质量浓度小于 7μg/L。

我国引进的所有超临界机组给水处理在设计和初始运行时均采用这种水化学工况。某电厂在给水氢导率（25℃）小于 0.15μS/cm 时，加氨同时加氧的 OT 处理，机组启动时，仅加氨的 AVT(O) 工况。

采用 AVT 处理，可以减少热力系统金属材料的腐蚀，从而减少给水携带腐蚀产物到锅炉内，以达到减少锅炉内和汽轮机内沉积物的目的。控制碱性水化学工况以降低水的含铁量，受到了黄铜材料对 pH 值的限制。联胺可加在低加（低压加热器）前，氨可加在给水泵前或加到凝结水精除盐出口。

超临界机组给水采用 AVT 处理时，机组存在如下问题：

（1）给水水质合格率高，但是锅炉水冷壁管的沉积率仍然很高。锅炉在运行 2~3 年后就需要进行化学清洗。

（2）锅炉运行中的压差上升很快。

（3）在 AVT 方式时，由于凝结水的 pH 控制值为 9.0~9.6，氨含量大，造成凝结水精处理混床运行周期短，再生频繁，再生酸碱消耗量和再生自用水量大，树脂的磨损严重，精处理装置的运行费用较高。

存在上述问题的根本原因是 AVT 水化学工况本身的缺陷所致。在 AVT 方式下，热力系统金属表面生成的保护膜为具有双层结构的 Fe_3O_4保护膜。

Fe_3O_4保护膜的外层结构疏松，且由于膜本身的溶解度较高，溶解出的二价铁离子不断在热负荷高的部位沉积，生成了表面粗糙的波纹状垢层，除降低锅炉受热面的传热效率外，还增加了流体阻力，造成锅炉压差不断上升。因此，要彻底解决问题，必须从给水处理方式上加以改进，采用先进的给水加氧、加氨联合处理方式。

AVT(O) 是指给水只加氨而不加除氧剂的处理，通常 ORP 在 0~+80mV。锅炉给水质量标准应按表 6-7 中的有关规定执行。

6.4.3.2　AVT(O) 工况锅炉给水质量标准

AVT(O) 工况锅炉给水质量标准见表 6-6。

表 6-6　AVT(O) 工况锅炉给水质量标准

锅炉过热蒸汽压力/MPa		汽包锅炉						直流锅炉			
		3.8~5.8	5.9~12.6	12.7~15.6		>15.6		5.9~18.3		>18.3	
		标准值	标准值	标准值	期望值	标准值	期望值	标准值	期望值	标准值	期望值
氢电导率(25℃)/mS·cm^{-1}	有凝结水	—	—	—	—	≤0.15	≤0.10	≤0.15	≤0.10	≤0.10	≤0.08
	精除盐	—	≤0.30	≤0.30	≤0.20	≤0.30	≤0.20				
pH 值(25℃)	无铜给水系统	9.2~	9.2~	9.2~	—	9.2~	—	9.2~	—	9.2~	—
溶解氧/μg·L^{-1}		≤15	≤10	≤10	—	≤10	—	≤10	—	≤10	—
铁/μg·L^{-1}		≤30	≤20	≤10	≤5	≤10	≤5	≤10	≤5	≤5	≤3
铜/μg·L^{-1}		≤10	≤5	≤3	≤2	≤3	≤2	≤3	≤2	≤2	≤1
钠/μg·L^{-1}		—	—	—	—	—	—	≤3	≤1	≤2	≤1
二氧化硅/μg·L^{-1}		应保证蒸汽二氧化硅符合标准						≤20	—	≤15	≤10
氯离子/μg·L^{-1}		—	—	—	—	≤2	≤1	≤1	—	≤1	—
硬度/μmol·L^{-1}		≤2.0	—	—	—	—	—	—	—	—	—
TOC_i/g·L^{-1}		—	≤500	≤500	—	≤200	—	≤200	—	≤200	—

注：当凝汽器管为铜管的无铜给水系统，pH 值宜控制在 9.1~9.3。

6.4.3.3　规定 AVT(O) 时锅炉给水质量标准各指标依据

规定 AVT(O) 时锅炉给水质量标准各指标依据：

(1) 氢电导率。同 AVT(R)。

(2) 溶解氧。规定值比 AVT(R) 高，其目的是提高水的 ORP，使水处于弱氧化性。此指标世界各国的规定值不同，对于大容量机组，最高为 25μg/L，最低为 7μg/L，但大多数国家规定为 10μg/L。

(3) 铁。采用 AVT(O) 时，铁表面生成 Fe_3O_4 和 Fe_2O_3 混合氧化膜，靠近铁基体以 Fe_3O_4 为主，靠近水侧以 Fe_2O_3 为主，由于 Fe_2O_3 膜较致密并且本身的溶解度也较小，所以水中的含铁量也相对较低，一般不大于 10μg/L。

(4) 铜。铜合金的表面主要生成 Cu_2O 氧化膜，其膜较致密，溶解性相对较小，一般不超过 3μg/L。但是低压加热器管为铜合金时，最好不采用 AVT(O)，而采用 AVT(R)。

(5) 钠、硬度、油。同 AVT(R)。

6.4.3.4　AVT(O) 的应用条件及其局限性

20 世纪 80 年代末期，随着人们环保意识和公共安全卫生意识的逐渐加强，AVT(R) 所使用的联胺越来越遭到质疑。为此在世界范围内开展两方面的研究，一是开发无毒的新型除氧剂来代替联胺，二是取消除氧剂，改为弱氧化性处理，即 AVT(O)。后者更符合国际水处理的研究方向，即尽量少向水汽系统加化学药品，加药越简单越好。我国在 20 世纪 90 年代初开始研究 AVT(O)，并于 1994 年在电力系统试用。

AVT(O) 其实就是不加除氧剂的 AVT(R)。在该处理方式下，给水处于弱氧化性的气氛，通常 ORP 在 0~80mV 之间。由于 OT 对水质要求严格，对于没有凝结水精处理设备或凝结水精处理运行不正常的机组，给水的氢电导率难以保证小于 0.15μS/cm 的要求，就无法采用 OT。而采用 AVT(R) 时，给水的含铁量又高，这时可以采用 AVT(O)。这种处理方式通常会使给水的含铁量降低，省煤器管和水冷壁管的结垢速率也相应降低。

因此，除凝汽器外，无其他铜合金材料的机组，锅炉给水处理应优先采用 AVT(O)。如果有凝结水精处理设备，给水的氢电导率也能保证小于 0.15μS/cm，还可以采用 OT。如果低压给水系统含铜合金部件，一般不宜采用 AVT(O)，否则会使水汽系统含铜量增高，严重时汽轮机结铜垢。

6.4.4 给水联合处理（CWT）水化学工况

给水联合处理（CWT）是指锅炉给水加氧和微量氨使给水呈微碱性的氧化性处理。

中性水处理（NWT）是指锅炉给水只加氧不再加任何药剂，使水呈中性的氧化性处理。给水加氧处理（OT）是指锅炉给水加氧的处理。也就是说，与给水的 pH 值无关，可以加其他药剂调节 pH 值，也可以不再加任何药剂。与 CWT 和 NWT 相比，OT 使用范围更广泛，它包含了 CWT 和 NWT 的全部内容。

联合处理的物理化学原理是：

（1）形成了氧化保护层，此氧化层是不溶性的、无裂缝的和无孔的，且具有修复损坏部位的条件。

（2）pH 值处于适中位置，兼顾了 Fe、Cu 合金的保护。

（3）由于 O_2 的存在，限制了 Fe^{2+} 从氧化层表面释放出来。

联合处理控制 pH 值在 8.3~8.5，氧浓度为 $50 \sim 2\times10^{-4}$ μg/L；近来德国又改为 pH 值 8~9，氧浓度为 $50 \sim 1.5\times10^{-4}$ μg/L。联合处理的加药方式与中性处理相同，加在凝结水处理装置的出口母管上。

联合处理的优点是：

（1）较好地利用了中性水工况和碱性水工况的优点，避免了各自的缺点。

（2）在整个水汽循环中，同时使用铁和铜材时，防腐效果处于最佳位置，腐蚀产物浓度最低。

（3）水汽循环中，各个设备上的垢层减小。

（4）有利于环保，凝结水处理设备再生周期延长。

某电厂通过对热力系统进行定期或不定期的水汽质量化验、测定及加药调整处理工作，及时了解炉内水处理的情况，掌握运行规律，确保水汽质量合格，防止热力设备和水汽系统腐蚀、结垢、积盐，确保机组安全健康经济稳定运行。电厂热力系统、水汽取样系统加药环节如图 6-6 所示。

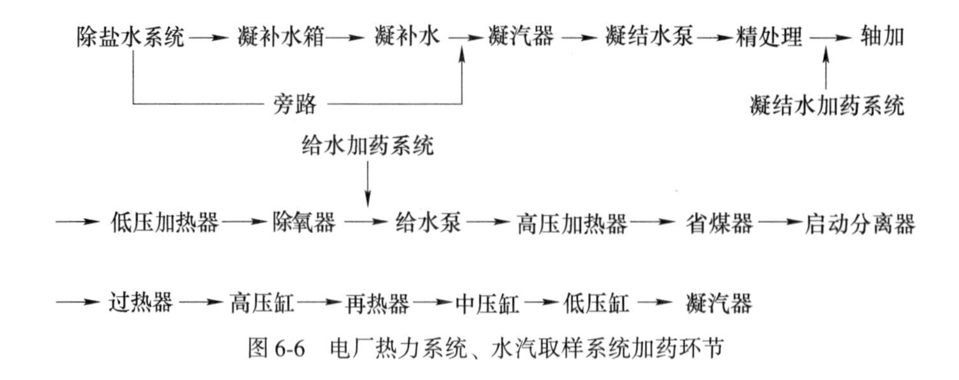

图 6-6 电厂热力系统、水汽取样系统加药环节

6.4.5 化学加药系统

水质正常时给水采用加氨加氧（CWT）处理，在开机过程、停机前 4h 及水质异常时采用加氨及联胺还原性挥发处理（AVT）。

6.4.5.1 给水和凝结水加氨系统

氨（NH_3）溶于水称为氨水，呈碱性，反应式为：

$$NH_3 + H_2O \longrightarrow NH_4OH$$

给水 pH 值过低原因是它含有游离 CO_2，所以加 NH_3就相当于用氨水的碱性来中和碳酸的酸性。反应式为：

$$NH_4OH + H_2CO_3 \longrightarrow NH_4HCO_3 + H_2O \qquad NH_4OH + NH_4HCO_3 \longrightarrow (NH_4)_2CO_3 + H_2O$$

为了降低给水的铁含量，防止炉前系统发生流动加速腐蚀（FAC），降低锅炉的结垢速率，减缓直流炉运行压差的上升速度、延长锅炉化学清洗的周期和凝结水混床的运行周期，某电厂在机组正常运行时，两台机组的水化学工况采用凝结水、给水的加氧处理（OT），加氧处理必须满足以下几个条件：

（1）给水氢电导率应小于 0.15μS/cm。

（2）凝结水精处理系统按 100%的流量正常运行。

（3）除凝汽器冷凝管外水汽循环系统各设备均应为钢制结构。

（4）锅炉水冷壁管内的结垢量不大于 $200g/m^2$。

加氧处理一般要求机组满负荷运行，在机组启动、停机及负荷变化时，水汽品质的下降是不可避免的，其水质可能达不到规定的要求，因此，机组启动时，以仅加氨[AVT(O)]的方式运行，直到氢电导率小于 0.15μS/cm，方可切换到 OT。

运行过程中如果发生氢电导率值超标，则可通过增加氨的注入，并切断氧的加入，切换到 AVT(O)，同时打开除氧器的排气阀，直到氢电导率值达标、稳定，方可再切换到 OT。当准备停机，在运行最后几个小时内从 OT 切换到 AVT(O) 工况，以在水汽系统内得到较好的湿储存工况。

给水和凝结水加氨采用变频自动加药方式，加药泵为电控计量泵，给水加氨和凝结水加氨分别根据汽水取样系统的给水和精处理出口 pH 值模拟信号控制加药量；两台机组共设一套组合加氨装置，共设 2 台氨溶液箱，3 台给水加氨泵（2 用 1 备）和 3 台凝结水加氨泵（2用1备）；给水加药点设在除氧器下水管上，闭式冷却水加药点设在闭式冷却水泵的入口处，凝结水加药点设在精处理混床出水母管上；在CWT工况下，给水pH值控制在8~9之间，在AVT工况下，给水pH值控制在9.2~9.6。

6.4.5.2 给水和凝结水加氧系统

电厂加氧方式为气态氧作氧化剂，由高压氧气瓶提供的氧气经减压阀减压后分两点通过一针形流量调节阀加入热力设备水汽系统，使热力管道表面形成致密的氧化铁保护膜，从而有效地改善水系统工况。氧气加入点为凝结水精处理设备出口母管；另一点为除氧器出口母管。采用加氧处理的优点是节约了联胺药品费，由于加氧处理时要求的pH值为8~9，降低了氨的加入量，也使混床的运行周期延长，从而节省了再生用酸碱耗量。

水中溶解氧在与之接触的钢铁等金属材质上发生氧腐蚀。而另一方面，氧在适当的条件下，也可能起钝化作用，当氧的去极化作用使金属氧化时，生成的是金属氧化物或氢氧化物，并且积聚在金属表面，形成连续、有保护性的氧化物或氢氧化物层时，这层保护膜会阻碍金属继续发生阳极溶解，从而起到保护作用。铁和水中的氧反应能直接形成Fe_3O_4氧化膜，其反应为：

$$6Fe + \frac{7}{2}O_2 + 6H^+ \longrightarrow Fe_3O_4 + 3Fe^{2+} + 3H_2O$$

但这样产生的Fe_3O_4晶体有间隙，水可以从间隙中渗入到钢铁表面引起腐蚀，防腐效果差，而当高纯水中加入适量氧化剂时，水中Fe^{2+}氧化变成稳定的Fe_2O_3，即在Fe_3O_4层上覆盖一层Fe_2O_3。这层Fe_2O_3是致密的，使水不能再与钢材表面接触，其反应为：$2Fe^{2+} + \frac{1}{2}O_2 + 2H_2O \longrightarrow Fe_2O_3 + 4H^+$。

钢铁在水中的反应，使钢铁表面形成了稳定的保护膜，由于某些原因，这层保护膜被破坏时，存在于水中的氧化剂能迅速地修复它。每台机组设凝结水和给水2个加氧点，机组加氧处理是在机组正常运行，给水水质达标时进行。通过质量流量控制器自动调节加氧量，控制信号采用4~20mA DC输入信号（输入电阻小于250Ω），该信号分别来自汽水取样分析装置的除氧器入口氧表及凝结水流量和高压给水氧表。

给水加氧和凝结水加氧分别设置1个加氧系列，每个系列设1套自动压力切换装置（配2列氧气瓶组，每组6个氧气瓶）。当某一列氧气瓶组的压力低时，压力变送器发出信号，通过PLC关闭该氧气瓶组的电动阀，开启另一瓶组的电动阀，达到自动切换的目的。

6.4.5.3 闭式冷却水加药

为防止闭式冷却水系统的腐蚀，利用给水加联胺系统的加药泵接加药管至闭式冷却水系统的加药点。

6.4.5.4 主要加药设备

主要的加药设备有：

（1）加氨计量泵。凝水单台出力2050L/h，给水、闭冷水加氨计量泵单台出力1850L/h，最大出口压力 2.65MPa。凝水、给水加氨计量泵均配有调节器并提供计量信号反馈功能。

（2）加药容器。氨溶液箱和联胺溶液箱均采用不锈钢制作，并带有可以打开的顶盖，底部为圆形封头。溶液箱包括的连接口有：出液口、排污口、液位计接口、加药口、稀释水接口、放泄阀回液口。每台机组设置 2 只氨溶液箱，容积均为 1.5m^3。

（3）加氧汇流系统。每台机组分别由两个氧瓶组（2L×6L×40L 钢瓶）、汇流排、减压阀、安全阀、缓冲罐和流量控制器等主要设备组成。

7 电厂废水处理

7.1 火电厂排放的废水

7.1.1 2×1050MW 机组废水排水量与排水水质

火电生产过程中不可避免地会产生大量的工业废水。这些工业废水可能是悬浮物超标，含有重金属和有毒物质，还可能含有油污或 pH 值超标等。同时，生活设施等要排放大量生活废水，这些生活废水可能还有有机物、洗涤剂、病毒、细菌等。这些工业、生活废水如直接排放，必然会对环境造成污染，直接或间接地对人类造成危害，所以必须进行专门处理。

工业废水处理系统处理经常性和非经常性两大类废水。经常性废水包括锅炉补给水处理系统出的废水、凝结水处理装置排水以及实验室排水等。非经常性废水包括空气预热器清洗排水、锅炉化学清洗废水、机组杂排水以及主厂房场地排水和冲洗水。废水处理系统的主要作用是：调节废水 pH 值，去除废水中悬浮物及重金属离子等污染物，达到《污水综合排放标准》（GB 8978—2017）第二类污染物之最高允许排放标准，作为回用水池的补水。

7.1.2 废水集中处理系统

7.1.2.1 经常性废水

经常性废水指仅需调节 pH 值的废水，如锅炉补给水处理系统和凝结水精处理系统再生废水。此类废水在补给水中和水池及主厂房机组排水槽收集后，送到工业废水池，通过废水泵送至最终中和池将 pH 值调节至 6~9，处理合格后经清净水池由清净水泵送至水工回用，若 pH 值不合格则返回废水池再进行处理。处理流程如下：

经常性废水：补给水处理区域（凝结水精处理间→机组排水槽）→中和水泵→废水池→废水泵→最终中和池→清净水池→清净水泵→渣水系统（或循环水排水沟）。

7.1.2.2 非经常性废水

非经常性废水包括过炉酸洗废水以及空气预热器排水等不定时废水。酸洗废水及空气预热器清洗排水主要为悬浮物、重金属、COD 和 pH 值超标，此类废水将在机组排水槽集中收集，然后由机组排水槽排水泵送到工业废水池，充分搅拌后，经 pH 值调节、反应、絮凝、澄清，最终中和达标后回用。净水反应沉淀池、滤池污泥处理过程中产生的污泥送至废水浓缩池，经浓缩处理后，上部清液排入工业废水池，浓缩池底部污泥经脱水机脱水后排入泥斗，定期用卡车送至堆放场地。处理流程如下：

非经常性废水：锅炉化学清洗废水和空气预热器清洗废水→机组排水槽→排水泵→工业废水池→工业废水泵→pH 值调整槽→反应槽→絮凝槽→斜板澄清器上部清水→最终中和池→清净水池→清净水泵→渣水系统（或循环水排水沟）。

净水站污泥 1%～2%→斜板澄清器底部排泥→斜板澄清器排泥泵→浓缩池→上部清液→工业废水池浓缩池底部排泥→浓缩池排泥泵→脱水机→经脱水的污泥用卡车送至堆放地脱水机滤液→浓缩池。

7.1.2.3　辅助系统

辅助系统包含以下几个方面。

A　酸碱装卸贮存及分配系统

工业废水处理过程中所需的酸、碱自补水处理区域，由酸、碱贮罐自流至计量泵。系统运行时酸（碱）采用计量泵加注到 pH 值调整槽和最终中和池内。大量加碱或氧化剂时则采用碱（次氯酸钠）输送泵直接将药液加入工业废水池。

B　压缩空气贮存及分配系统

工业废水处理系统仪用压缩空气来自主厂房空压机房，经专用管道输送至工业废水处理系统贮气罐，供工业废水处理系统仪表控制用。

工业废水处理系统搅拌用压缩空气由系统中设置的 3 台罗茨风机提供，可根据运行要求开启 1 台或多台罗茨风机。1 台罗茨风机的风量理论上可满足一个废水贮池内废液搅拌所需的风量。

C　凝聚剂、助凝剂、脱水助剂系统

液体凝聚剂通过输送泵送入凝聚剂计量箱，然后用计量泵将药液加到反应槽中。

液态助凝剂和脱水助剂通过电动抽液泵送至助凝剂计量箱和脱水助剂计量箱，经稀释、搅拌后由计量泵加入絮凝槽和脱水机前管道内。

7.1.3　工业废水处理系统设备规范

工业废水处理系统设备及规范见表 7-1。

表 7-1　工业废水处理系统设备及规范

编号	名　称	型号及规范	单位	数量	备　注
1	废水贮存池	$V=2000m^3$，45m×11m×4.5m	台	5	钢筋混凝土，防腐
2	排水泵 1	型号：316L100WFB—A；$Q=100m^3/h$　$H=0.4MPa$	台	2	电机 $P=22kW$
3	排水泵 2	型号：316L100WFB—A；$Q=100m^3/h$　$H=0.4MPa$	台	4	电机 $P=22kW$
4	罗茨风机	型号：BK7018；$Q=40m^3/min$；$H=49kPa$	台	3	电机 $P=55kW$
5	贮气罐	$V=6m^3$；$p=1.0MPa$	台	1	钢制
6	pH 值调整槽	$V=17m^3$；ϕ2300mm×4200mm	台	1	钢制衬胶
7	pH 值调整槽搅拌机	螺旋桨式 ϕ600mm；轴长 3900mm；$n=20\sim200r/min$	台	1	电机 $P=4kW$
8	反应槽	$V=17m^3$；ϕ2300mm×4200mm	台	1	钢制衬胶
9	反应槽搅拌机	螺旋桨式 ϕ600mm；轴长 3900mm；$n=20\sim200r/min$	台	1	电机 $P=4kW$
10	絮凝槽	$V=12m^3$　ϕ2300mm×3000mm	台	1	钢制衬胶
11	絮凝槽搅拌机	螺旋桨式 ϕ600mm；轴长 2700mm；$n=20\sim200r/min$	台	1	电机 $P=4kW$

续表 7-1

编号	名　称	型号及规范	单位	数量	备　注
12	斜板澄清器	$Q=100m^3/h$	台	1	钢制，防腐
13	最终中和池	$V=100m^3$；6m×6m×2.5m	台	1	钢筋混凝土，防腐
14	最终中和池搅拌机	螺旋桨式 ϕ600mm；轴长 2700mm；$n=20\sim200r/min$	台	1	电机 $P=7.5kW$
15	清净水池	$V=72m^3$，5.7m×6m×2.5m	台	1	钢筋混凝土，防腐
16	清水排放泵	型号：316L100WFB-E1；$Q=100m^3/h$；$H=0.5MPa$	台	2	电机 $P=45kW$
17	清水排放泵排泥泵	型号：ZP30-1；$Q=15m^3/h$；$H=0.3MPa$	台	2	电机 $P=4kW$
18	浓缩池	ϕ13000mm，有效深度 4.0m	台	1	钢筋混凝土制
19	浓缩池刮泥机	中心驱动式，ϕ13000mm；$n=0.04r/min$	台	1	电机 $P=0.75kW$
20	浓缩池排泥泵	型号：ZA27-1；$Q=10m^3/h$，$H=0.3MPa$	台	2	电机 $P=3kW$
21	污泥脱水机	型号：UCD30；离心式；$Q=10m^3/h$	台	1	韦斯特伐利亚； $P=22kW$
22	泥斗	$V=4m^3$	台	1	电机 $P=0.8kW$
23	次氯酸钠输送泵	型号：CQB50-32-125F；$Q=15m^3/h$；$p=0.2MPa$	台	2	$P=4kW$
24	碱输送泵	型号：CQB50-32-125F；$Q=15m^3/h$；$p=0.2MPa$	台	2	$P=4kW$ （布置在补水）
25	碱计量泵	型号：GM0120；$Q=120L/h$；$p=1.0MPa$	台	3	$P=0.37kW$ （布置在补水）
26	酸计量泵	型号：GM0120；$Q=120L/h$；$p=1.0MPa$	台	3	$P=0.37kW$ （布置在补水）
27	凝聚助剂计量箱	$V=3.5m^3$；ϕ1600mm×1800mm	台	1	钢衬胶
28	凝聚助剂搅拌器	螺旋桨式 ϕ400mm；$n=360r/min$	台	1	电机 $P=0.75kW$
29	凝聚助剂计量泵	型号：GB0330；$Q=350L/h$；$p=1.0MPa$	台	2	电机 $P=1.5kW$
30	脱水助剂计量箱	$V=3.5m^3$；ϕ1600mm×1800mm	台	1	钢衬胶
31	脱水助剂搅拌器	螺旋桨式 ϕ400mm；$n=360r/min$	台	1	电机 $P=0.75kW$
32	脱水助剂计量泵	型号：GB0800；$Q=800L/h$；$p=1.0MPa$	台	2	电机 $P=1.5kW$
33	凝聚剂输送泵	型号：CQB50-32-125F；$Q=15t/h$；$p=0.2MPa$	台	2	1 台仓库备用 $P=4kW$
34	凝聚剂计量箱	$V=5m^3$；ϕ1800mm×H2100mm	台	1	钢制衬胶 （带搅拌装置）
35	凝聚剂计量泵	型号：GM0170；$Q=170L/h$；$p=1.0MPa$	台	2	电机 $P=1.5kW$
36	事故水池	$V=6m^3$	台	1	钢筋混凝土，防腐
37	污水输送泵	型号：316L65WFB-A1；$Q=20m^3/h$；$H=0.2MPa$	台	2	1 台仓库备用 $P=5.5kW$
38	安全淋浴器	不锈钢材质，带洗眼器	台	2	1 台布置在补水
39	次氯酸钠贮存罐	$V=6m^3$；ϕ1800mm×H2500mm	台	2	钢制内外滚塑
40	脱水助剂电动抽液泵	型号：NTSTB-120；$Q=15t/h$；$p=0.5MPa$	台	1	电机 $P=0.75kW$
41	凝聚助剂电动抽液泵	型号：NTSTB-120；$Q=15t/h$；$p=0.5MPa$	台	1	电机 $P=0.75kW$
42	曝气筒	平均每 3m 装置一个曝气筒	台	6	1 台布置在补水

7.2 系统运行控制

工业废水系统来水分为经常性废水和非经常性废水两大类。经常性废水经废水泵输送至最终中和池，通过酸碱中和 pH 值达标后，经清净水泵送至渣水系统回用或排至循环水排水沟。非经常性废水经排水泵送至废水处理单元，经中和、絮凝、沉淀等工艺处理后，通过废水泵排入最终中和池，经 pH 值调整后进入清净水池，经清净水泵送至渣水系统回用或排至循环水排水沟。净水系统的污泥及斜板澄清器底部污泥通过污泥泵输送到污泥浓缩池进行浓缩，浓缩后的污泥及净水系统部分污泥送至脱水机进行脱水后，干泥饼外运。

7.2.1 经常性废水处理

经常性废水处理流程为：

(1) 曝气。启动罗茨风机曝气，池内废液搅拌充分后，启动废水泵，将工业废水送入最终中和池。

(2) pH 值调整。启动最终中和池搅拌机、投 pH 值表，加酸或碱调整 pH 值至 6~9。

(3) 回用或再处理。最终中和池水自流进入清净水池，投 pH 值表、浊度表，监测水质情况。合格则启动清净水泵送至渣水系统回用或排入循环排水沟；若水质不合格则启动清净水泵将水返回至工业废水池重新进行处理。

7.2.2 非经常性废水处理

非经常性废水处理流程为：

(1) 如果 COD 较高，应先投入次氯酸钠（NaClO）溶液。

(2) 曝气。启动罗茨风机曝气，使废水充分搅拌反应。向废水池内加碱，使 pH 值在 10~12 之间，以沉淀大多数金属离子。过炉酸洗废水应用空气搅拌 2~3 天。

(3) 启动废水泵，将工业废水输送至 pH 值调整槽。

(4) pH 值调整。启动 pH 值调整槽搅拌机，投用 pH 值表，启动酸或碱计量泵（加酸或碱），调整 pH 值至 6~9 范围内，经 pH 值调整后的废水自流到反应槽。

(5) 投加絮凝剂。启动反应槽搅拌机，启动凝聚剂计量泵，加入凝聚剂的废水自流至絮凝槽。

(6) 投加助凝剂。启动絮凝槽搅拌机，启动助凝剂计量泵，工业废水经絮凝反应后自流至斜管澄清器。

(7) 澄清。废水在斜管澄清器中经絮凝反应后，悬浮物经絮凝后沉降于底部，上部澄清出水自流至最终中和池。

(8) pH 值调整。启动最终中和池搅拌机，投 pH 值表，启动酸或碱计量泵，加酸或碱调整 pH 值至 6~9 范围内。

(9) 回用或再处理。最终中和池水自流进入清净水池，监测 pH 值、浊度情况，合格则启动清净水泵至渣水系统回用或排入循环水排水沟；不合格则返回工业废水池重新进行处理。

7.2.3 泥水处理

7.2.3.1 浓缩池操作

浓缩池操作步骤为：

（1）斜管澄清器底部污泥经排泥泵输送至浓缩池，进行凝水分离。部分净水系统污泥（1%~2%）也输送到浓缩池进行泥水分离。

（2）启动浓缩池搅拌机，泥水经浓缩沉淀后，上部清液自流入废水池，污泥沉淀于浓缩池底部。

（3）浓缩池运行一段时间后，开浓缩池底部排泥门，启动污泥泵，将污泥送入离心脱水机。

7.2.3.2 离心脱水机操作

离心脱水机操作步骤为：

（1）先低速启动，正常稳定运行5~10min后，再启动高速开关。

（2）确认空载电流、声音正常后方可带负荷运行。

（3）进料。根据滤液浊度及滤饼干度要求，调节脱水机运行工况。

7.2.3.3 各类药品消耗

各类药品消耗情况如下所示：

（1）酸加药量：0.2mg/L。

（2）碱加药量：2mg/L。

（3）混凝剂加药量：50~200mg/L（聚合铝，配药浓度5%）。

（4）混凝助剂加药量：约2mg/L（聚丙烯酰胺，配药浓度0.2%）。

（5）脱水助剂加药量：约5g/L（聚丙烯酰胺，配药浓度0.2%）。

8 超超临界机组热力设备腐蚀

8.1 金属腐蚀的基本概念

8.1.1 腐蚀的定义

金属与周围环境介质发生化学或电化学作用而导致变质和破坏。金属的腐蚀还有其他的表述：金属发生腐蚀的部分，由单质变成化合物，致使生锈、开裂、穿孔、变脆等。因此，在绝大多数的情况下，金属腐蚀的过程是冶金的逆过程。

8.1.2 腐蚀的危害

腐蚀的危害有以下几个方面。

(1) 经济损失。腐蚀的危害非常巨大，它使珍贵的材料变为废物，如铁变成铁锈（氧化铁）；使生产和生活设施过早地报废，并因此引起生产停顿，产品或生产流体的流失，环境污染，甚至着火爆炸。

(2) 对安全和环境的危害。腐蚀不仅造成经济上的损失，也经常威胁安全。锅炉与压力容器的一些主要承压元件在使用过程中与一些腐蚀介质接触，会发生各种腐蚀现象，引发破裂损坏事故。

(3) 阻碍新技术的发展。一项新技术、新产品和新工业的产生过程中，往往会遇到需要克服的腐蚀问题，只有解决了这些腐蚀问题，新技术、新产品、新工业才能得以发展。

(4) 加剧自然资源的耗损。地球只有薄薄的一层外壳贮藏着可用的矿藏，而金属矿的贮量是有限的，现在已越来越少。人类从矿石中提炼出金属，腐蚀又使金属变为无用的、不能回收的散碎的氧化物等，因而加速了自然资源的耗损。从延缓自然资源耗竭的观点看，防止腐蚀的工作也是十分重要的。

8.1.3 金属腐蚀的形态

金属腐蚀的形态有均匀腐蚀和局部腐蚀。

(1) 均匀腐蚀：腐蚀作用发生在整个金属表面上，它可能是均匀的，也可能是不均匀的。其特征是腐蚀分布在整个金属表面，结果使金属构件截面尺寸减小，直至完全破坏。

(2) 局部腐蚀：腐蚀集中在金属的局部区域，而其他部分几乎没有腐蚀或腐蚀很轻微。局部腐蚀是设备腐蚀破坏的一种重要形式，工程中的重大突发腐蚀事故多是由于局部腐蚀造成的。常见的局部腐蚀形态主要有八种，即电偶腐蚀、孔蚀（点蚀）、缝隙腐蚀、晶间腐蚀、选择性腐蚀、应力腐蚀开裂、腐蚀疲劳、磨损腐蚀。

1) 电偶腐蚀：异种金属彼此接触或通过其他导体连通，处于同一介质中，会造成接触部分的局部腐蚀。其中电位较低的金属，溶解速度增大，电位较高的金属，溶解速度反而减小，这种腐蚀称为电偶腐蚀，或称接触腐蚀、双金属腐蚀。

2）孔蚀（点蚀、坑蚀）：是一种集中发生在某些点处并向金属内部发展的孔、坑状腐蚀。孔蚀是一种隐蔽性极强、破坏性极大的腐蚀形式，由于难于预估及检测，往往造成金属腐蚀穿孔，引起容器、管道等设施的破坏，而且诱发其他的局部腐蚀形式，导致突发的火难性事故。金属表面的堆积和气泡下充气电池形成的孔蚀如图 8-1 所示。

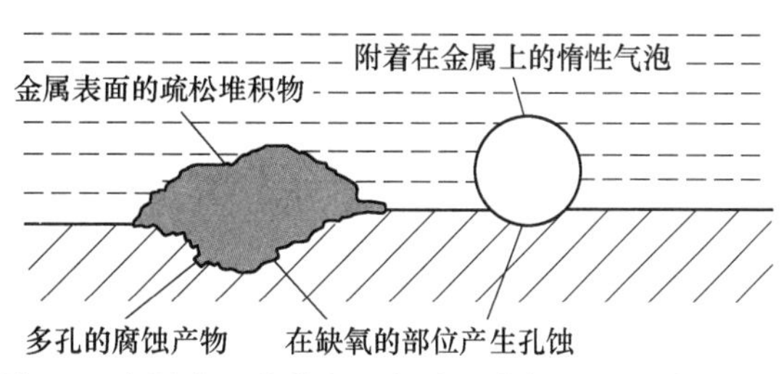

图 8-1 金属表面的堆积和气泡下充气电池形成的孔蚀

3）缝隙腐蚀：金属部件在介质中，由于金属与金属或金属与非金属之间形成特别小的缝隙，使缝隙内的介质处于滞流状态，引起缝内金属的加速腐蚀。

4）沿晶腐蚀：腐蚀沿着金属或合金的晶粒边界或其他的邻近区域发展，晶粒本身腐蚀很轻微，这种腐蚀便称为沿晶腐蚀，又叫晶间腐蚀。

5）选择性腐蚀：合金在腐蚀过程中，腐蚀介质不是按合金的比例侵蚀，而是发生了其中某种成分的选择性溶解，使合金的机械强度下降，这种腐蚀形态称之为成分选择腐蚀或称为选择性腐蚀。

6）应力腐蚀开裂：它是在拉应力和特定的腐蚀介质共同作用下发生的金属材料的破断现象。

7）腐蚀疲劳：金属在腐蚀介质和交变应力共同作用下引起的破坏为腐蚀疲劳。

8）磨损腐蚀：指在磨损和腐蚀的综合作用下材料发生的加速腐蚀破坏。有三种表现形式：摩振腐蚀、湍流腐蚀和空泡腐蚀。

8.2 金属电化学腐蚀的基本原理

8.2.1 热力设备运行时的耗氧腐蚀与防止

8.2.1.1 产生耗氧腐蚀的部位

锅炉运行时，耗氧腐蚀通常发生在给水管道、省煤器、补给水管道、疏水系统的管道和设备及炉外水处理设备等。凝结水系统受耗氧腐蚀程度较轻，因为凝结水中正常含氧量低于 30μg/L，且水温较低。

决定耗氧腐蚀部位的因素是氧的浓度。凡是有溶解氧的部位，就有可能发生耗氧腐蚀。锅炉正常运行时，给水中的氧一般在省煤器就消耗完了，所以锅炉本体不会遭受耗氧腐蚀。但当除氧器运行不正常时或在锅炉启动初期，溶解氧可能进入锅炉本体，造成汽包和下降管腐蚀；因为此时水冷壁内一般不可能有溶解氧腐蚀。在锅炉运行时，省煤器的入口段的腐蚀一般比较严重。

8.2.1.2 腐蚀特征

钢铁发生耗氧腐蚀时，钢铁表面形成许多小型鼓包或称瘤状小丘，形同“溃疡”，这些小丘的大小及表面颜色相差很大。小至一毫米，大到几十毫米。低温时铁的腐蚀产物颜色较浅，以黄褐色为主；温度较高时，腐蚀产物颜色较深，为砖红色或黑褐色。

8.2.1.3 耗氧腐蚀机理

碳钢表面由于电化学性质不均匀，如因金相组织的差别、冶炼夹杂物的存在、氧化膜的不完整、氧浓度差别等因素造成各部分电位不同，形成微电池作用，发生腐蚀，反应式为：

阳极反应： $Fe \longrightarrow Fe^{2+} + 2e$

阴极反应： $O_2 + 2H_2O + 4e \longrightarrow 4OH^-$

所生成的 Fe^{2+}进一步反应，即 Fe^{2+}水解产生 H^+，反应式为：

$$Fe^{2+} + H_2O \longrightarrow FeOH^+ + H^+$$

H^+易将钢中夹杂物如 MnS 溶解，其反应式为：

$$MnS + 2H^+ \longrightarrow H_2S + Mn^{2+}$$

生成的 H_2S 加速铁的溶解，因腐蚀而形成的微小蚀坑将进一步发展。由于小蚀坑的形成，Fe^{2+}的水解，坑内的溶液和坑外溶液相比，pH 值下降，溶解氧的浓度下降，形成电位的差异，坑内的钢进一步腐蚀，蚀坑得到扩展和加深。所生成的腐蚀产物覆盖坑口，氧气很难扩散进入坑内。坑内由于 Fe^{2+}的水解溶液 pH 值进一步下降，这样蚀坑可进一步扩散，形成闭塞电池。

闭塞区内继续腐蚀，钢变成 Fe^{2+}，并且水解产生 H^+，为了保护电中性，Cl^-可以通过腐蚀产物电迁移进入闭塞区，O_2在腐蚀产物外面蚀坑的周围还原成为阴极保护区。

可以通过碳钢浸在中性的充气 NaCl 溶液的试验，考察热力设备运行时的氧腐蚀的机理，如图 8-2 所示。

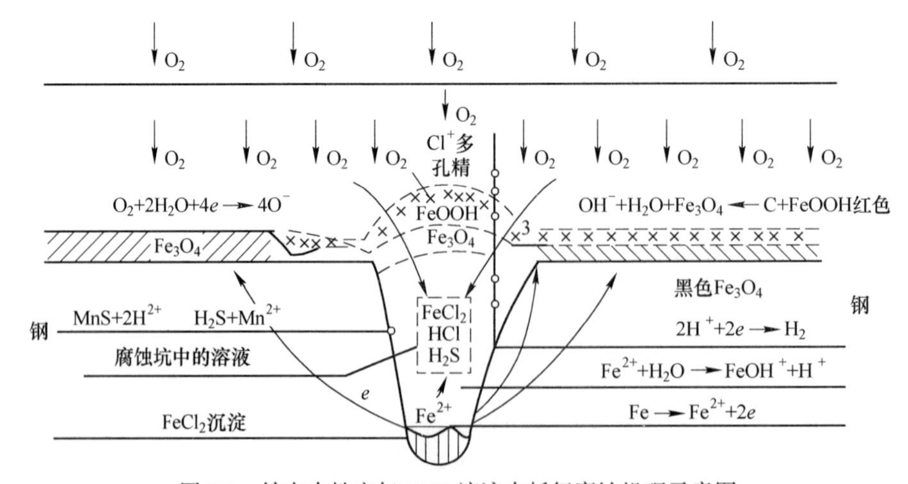

图 8-2 铁在中性充气 NaCl 溶液中耗氧腐蚀机理示意图

热力设备运行时耗氧腐蚀的机理和碳钢在充气 NaCl 溶液中的机理相似。虽然在充气

NaCl溶液中氧、Cl^-浓度高，但是热力设备运行时同样具备闭塞电池腐蚀的条件。(1) 能够组成腐蚀电池。由于炉管表面的电化学不均匀性，可以组成腐蚀电池，阳极反应为铁的离子化，生成物会水解使溶液酸化，阴极反应为氧的还原。(2) 可以形成闭塞电池。腐蚀反应的结果即产生铁的氧化物。所生的氧化物不能形成保护膜，却阻碍氧的扩散，腐蚀产物下氧在反应耗尽后，得不到补充，形成闭塞区。(3) 闭塞区内继续腐蚀。

8.2.1.4 耗氧腐蚀的影响因素

运行设备的耗氧腐蚀的关键在于形成闭塞电池，金属表面保护的完整性直接影响闭塞电池的形成。所以影响膜完整的因素，也是影响耗氧腐蚀总速度和腐蚀分布状况的因素。各种耗氧腐蚀所起的作用，要进行具体分析。

A 水中氧的浓度的影响

在发生耗氧腐蚀的条件下，氧浓度增加，能加速电池反应。例如，给水的含氧量比凝结水的含氧量高，所以给水系统的腐蚀比凝结水系统严重。

疏水系统中由于疏水箱一般不密闭，因此耗氧腐蚀比较严重。

水的pH值的影响：

(1) 当水的pH值小于4时，主要是酸性腐蚀。耗氧腐蚀作用相对来说影响比较小。

(2) 当水的pH值为4~9时，钢腐蚀主要取决于氧浓度，随氧浓度增大而增大，与水的pH值关系很小。

(3) 当水的pH值为9~13范围内，因钢的表面能生成较完整的保护膜，抑制了耗氧腐蚀。

(4) 当水的pH值大于13时，钢的腐蚀产物为可溶性的铁的含氧酸盐，因而腐蚀速度急剧上升。而溶解氧含量的影响不显著。

B 水的温度的影响

在密闭系统中，当氧的浓度一定时，水温升高，铁的溶解反应速度和氧的还原速度增加，所以腐蚀加速。在敞口系统中，随温度的升高，氧气向钢铁表面的扩散速度增快，而氧的溶解度下降，实验表明水温约为80℃时，耗氧腐蚀速度最快。

在凝结水系统中，由于凝汽器的除气作用，水中溶氧较低，水温也较低，所以耗氧腐蚀速度较小，但因凝结水系统中常有CO_2存在，pH值较低，同时存在酸性腐蚀而使腐蚀程度加深。

C 水中离子成分的影响

水中不同离子对腐蚀速度的影响很大，有的离子能减缓腐蚀，有的会加剧腐蚀。一般水中H^+、SO_4^{2-}、Cl^-对钢的腐蚀起加速作用，因它们能破坏钢铁表面的氧化物保护层。水中浓度不是很大时，能促进金属表面保护膜的形成，因而能减轻腐蚀；而浓度过大时，则能破坏表面保护膜，使腐蚀加剧。

D 水的流速的影响

一般情况下，水的流速增大，氧达到金属表面的扩散速度增加，金属表面的滞流液层也变薄，钢铁耗氧腐蚀速度加快；当水流速度增大到一定程度，且溶解氧量足够时，金属表面可生成氧化保护层；水速再增大时，水流可因冲刷而破坏保护层，促使耗氧腐蚀。

8.2.1.5　耗氧腐蚀的防止

要防止耗氧腐蚀，主要的方法是减少水中的溶解氧，或在一定条件下增加溶解氧。对于热力发电厂，因为天然水中溶有氧气，所以补给水中含有氧气。汽轮机凝结水中也有氧，因为空气可以从汽轮机低压缸、凝结器、凝结水泵或其他处于真空状态下运行的设备不严密处漏入凝结水。敞口的水箱、疏水系统和生产返回水泵中，也会溶入空气。可见，给水中必然含有溶解氧。通常，用给水除氧的方法来防止锅炉运行期间的耗氧腐蚀。

给水除氧常采用热力除氧法和化学药剂除氧法。化学药剂除氧法是利用热力除氧器将水中溶解氧除去，它是给水除氧的主要措施。化学药剂除氧法是在给水中加入还原剂除去热力除氧后给水中残留的氧，它是给水除氧的辅助措施。

A　热力除氧法

a　热力除氧法除氧原理

根据亨利定律，一种气体在液相中的溶解度与它在气液分界上气相中的平衡分压成正比。在敞口设备中把水温提高时，水面上水蒸气的分压增大，其他气体的分压下降，则这些气体在水中的溶解度也下降，因而不断从水中析出。当水温达到沸点时，水面上水蒸气的压力和外界压力相等，其他气体的分压则降为零。此时，溶解在水中的气体全部逸出。

根据这个原理，热力法不仅可以除去水中溶解的氧，还能同时除去大部分溶解的二氧化碳气体，另外还可以促使水中的重碳酸盐分解。因为重碳酸盐和 CO_2 间有以下平衡关系：

$$2HCO_3^- \longrightarrow H_2O + CO_3^{2-} + CO_2 \uparrow$$

CO_2浓度降低，就会促进反应向右方移动，即重碳酸盐发生分解。

b　卧式除氧器的工作原理

凝结水通过进水管进入除氧器的凝结水进水室，在进水室的长度方向均匀布置了 74 只 16t/h 恒速喷嘴。因凝结水的压力高于除氧器的汽侧压力，水汽两侧的压力差 Δp 作用在喷嘴板上，将喷嘴上的弹簧压缩打开，使凝结水从喷嘴中喷出，呈现一个圆锥形水膜进入喷雾除氧段空间。在这个空间中过热蒸汽与圆锥形水膜充分接触，迅速把凝结水加热到除氧器压力下的饱和点，绝大部分的非凝结气体在此段中被除去。该段被称为喷雾除氧段。

穿过喷雾除氧段的凝结水喷洒在淋水盘箱上的布水箱上的布水槽钢中。布水槽均匀地将水分配给淋水盘箱。淋水盘箱由多层排列的小槽钢上下交错布置而成。凝结水从上层的小槽钢两侧分别流入下层的小槽钢中，一层层交错流下去，共经过 16 层小槽钢，使凝结水在淋水盘箱中有足够停留时间且与过热蒸汽充分接触，使汽水交换面积达到最大值。流经淋水盘箱的凝结水不断再沸腾，凝结水中剩余的非冷凝气体在淋水盘箱中被进一步去除，使凝结水中含氧量达到锅炉给水标准要求（≤7μg/h），该段被称为深度除氧段。凡是在喷雾除氧段中或深度除氧段中被除去的非冷凝气体均上升到除氧器上部特定排气管中排向大气。达到要求的除氧水从除氧器出口流入除氧水箱。

B　化学除氧法

给水化学除氧法所使用的药品：高参数大容量锅炉为联胺。

a 联胺的性质

(1) 联胺的物理性质。联胺（N_2H_4）又称肼，在常温下是一种无色液体，易溶于水，它和水能结合成水合联胺（$N_2H_4 \cdot H_2O$）。水合联胺在常温下也是一种无色液体，在25℃时，联胺的密度为1.004g/cm^3，100%的水合联胺的密度为1.032g/cm^3，24%的水合联胺的密度为1.01g/cm^3；在0.1MPa时联胺和水合联胺的沸点分别为113.5℃和119.5℃，凝结点分别为51.7℃和2℃；联胺容易挥发，当液体中$N_2H_4 \cdot H_2O$的浓度不超过40%时，常温下联胺的蒸发量不大；空气中的联胺蒸汽对呼吸系统和皮肤有侵害作用，所以，空气中的联胺蒸汽不允许超过1mg/L。

(2) 联氨的化学性质。联胺能在空气中燃烧，其蒸汽量达4.7%（按体积计）时，遇明火便发生爆炸。无水联胺的闪点为52℃，85%的溶液的闪点可达90℃。水合联胺的浓度低于24%时，不会燃烧。联胺水溶液呈弱碱性，因为它在水中会离解出OH^-（$N_2H_4 + H_2O = N_2H_5^+ + OH^-$），电离常数为$8.5\times10^{-7}$(25℃)，它的碱性比氨的水溶液略弱。联胺与酸可生成稳定的盐，它们在常温下都是结晶盐，熔点高，很安全，毒性比水合联胺小，运输、贮存、使用较为方便，也可用于锅炉中作为化学除氧剂。联胺会热分解，其分解反应为$5N_2H_4 \rightarrow 3N_2 + 4H_2 + 4NH_3$，在没有催化剂的情况下，联胺的分解速度取决于温度和pH值。温度愈高，分解速度愈高；pH值增大，分解速度降低。温度在100℃以下时，分解速度很小，而在375℃以上时，分解速度大大增加。根据实践经验，高压锅炉加联胺处理时，其凝结水中基本无残留联胺；联胺是还原剂，它不仅可以和水中溶解氧直接反应，把氧还原（$N_2H_4 + O_2 \rightarrow N_2 + 2H_2O$），还能将金属高价氧化物还原为低价氧化物，如将$Fe_2O_3$还原为$Fe_3O_4$，将CuO还原为$Cu_2O$，联胺的这些性质有助于在钢和铜的合金表面生成保护层，因而能减轻腐蚀和减少在锅炉内结铁垢和铜垢。

b 影响联胺和氧反应的因素

联胺和氧的直接反应$N_2H_4+O_2 \rightarrow N_2+2H_2O$是个复杂的反应。为了使联胺和水中溶解氧的反应能进行得较快和较完全，需要了解以下因素对反应速度的影响。

(1) 水的pH值。联胺在碱性水中才显示出强还原性，水的pH值在9~11之间时，反应速度最大，因而，若给水的pH值在9以上，则有利于联胺除氧的反应。

(2) 温度。温度愈高，联胺和氧的反应愈快。水温在100℃以下时，反应很慢；水温高于150℃时，反应很快。但是若溶解氧量在10μg/L以下时，实际上联胺和氧之间不再反应，即使提高温度也无明显效果。

(3) 催化剂。对苯二酚、对氨基苯酚等化合物能催化联胺和氧的反应，而且只需加入极微小的量。因而若在联胺溶液中加入少量这类物质，则能大大加快联胺的除氧作用，甚至在温度较低的情况下也是如此。

c 给水加联胺除氧的工艺

对于高压以上机组为了取得良好的除氧效果，给水联胺处理的合适条件应是：水温150℃以上；水的pH值9以上；有适当的N_2H_4过剩量。而实际电厂高压以上的火力机组，从高压除氧器流出的给水温度一般已经高于150℃，给水pH值按运行规程中规定的参考值为8.8~9.3，所以能满足联胺处理所需要的较佳条件。虽然在相同的温度和pH值条件下，N_2H_4过剩量愈多，除氧愈快，但在实际运行中，N_2H_4过剩量不宜过多。因为过剩量太大不仅多消耗药品，使运行费用增加，而且可能使残留N_2H_4带入蒸汽，另外联胺在高温高压下热分解产生过多的氨会增加凝汽器铜管的腐蚀。一般正常运行中控制省煤器入口处给水中的 N_2H_4，过剩量为 10～30μg/L。联胺不仅与氧反应，还能与铁、铜氧化物反应，所以在锅炉启动阶段，由于水中的铁、铜氧化物较多，而且 N_2H_4 还要消耗一部分在给水系统金属表面的氧化物上，因而应加大联胺的加药量，一般控制在 100μg/L，待到省煤器入口处给水有剩余 N_2H_4 出现时，逐渐减少加药量，直到正常运行控制值。联胺处理所用药剂一般为含 40%联胺的水合联胺溶液，也可能用更稀一些的。

d 联胺加药点的选择

联胺一般加在高压除氧器水箱出口的给水泵管中，通过给水泵的搅动，使药液和给水均匀混合。除氧器正常运行时，其出水的溶解氧含量已经很低，一般小于 10μg/L，温度又在 270℃以下，此时 N_2H_4 与溶解氧之间的反应很慢，所以实际上省煤器入口处给水中的溶解氧含量不会有明显降低。为了使联胺与氧作用时间长些，并且利用联胺的还原性减轻低压加热管的腐蚀，可以把联胺的加入点设置在凝结水泵的出口。

e 使用联胺的注意事项

贮存：联胺浓溶液应当密封保存，大批的联胺应贮存在露天仓库或易燃物仓库。有联胺浓溶液的地方应严禁明火。

使用分析：搬运操作人员或分析联胺人员应戴防护手套和防护眼镜。若药品溅入眼中，应立即用大量清水冲洗；若溅到皮肤上，可先用乙醇洗患处，然后用水冲洗，也可以用肥皂洗。在操作联胺的地方应当通风良好，水源充足，以便当联胺溅到地上时用水冲洗。

8.2.2 热力设备的停用腐蚀

8.2.2.1 停用腐蚀产生的原因

停用腐蚀产生的原因：

（1）水汽系统内部有氧气。热力设备停用时，水汽系统内部的温度和压力逐渐下降，蒸汽凝结。停运后，空气从设备不严密处或检修处大量渗入设备内部，带入的氧溶解在水中。

（2）金属表面有水膜或金属浸于水中。由于停运放水时，不可能彻底放空，因此有的部位仍有积水，使金属浸于水中。积水的蒸发或潮湿空气的影响，使水汽系统内部湿度很大。就这样在潮湿的金属表面形成耗氧腐蚀原电池作用，使金属迅速生锈。

8.2.2.2 停用腐蚀的特征

停用腐蚀的特征：

（1）锅炉停用时的耗氧腐蚀，与运行时的耗氧腐蚀相比，在腐蚀部位、腐蚀严重程度、腐蚀形态、腐蚀产物颜色、组成等方面都有明显不同。因为停炉时，氧可以扩散到各个部位，因此几乎锅炉的所有部位均会发生停炉耗氧腐蚀。

1）过热器。运行时不发生耗氧腐蚀，停炉时，立式过热器的下弯头常有严重的耗氧腐蚀。

2）再热器。运行中不会有耗氧腐蚀，停用时在积水部位有严重腐蚀。

3）省煤器。运行中出口腐蚀较轻，入口段腐蚀较重。停炉时，整个省煤器均有腐蚀，且出口段腐蚀更严重。

4）水冷壁管、下降管和汽包。锅炉运行时，只有当除氧器运行不正常时，汽包和下降管中才会有耗氧腐蚀，水冷管是不会有耗氧腐蚀的。停炉时，汽包、下降管、水冷壁中均会遭受耗氧腐蚀，汽包的水侧腐蚀严重。

（2）汽轮机的停用腐蚀，通常在喷嘴和叶片上出现，有时也在转子叶轮和转子本体上发生。停机腐蚀在有氯化物污染的机组上更严重。

停用时耗氧腐蚀的主要形态是点蚀，形成的腐蚀产物表层呈黄褐色，其附着能力低，疏松，易被水带走。

8.2.2.3 停用腐蚀的影响因素

影响热力设备停用腐蚀的因素，对于放水停用的设备，其停用腐蚀类似大气腐蚀中的情况，影响因素有温度、湿度、金属表面水膜成分和金属表面的清洁程度等；对充水停用的设备，金属浸于水中，影响因素有水温、水中溶解氧含量、水的成分以及金属表面的清洁程度等。

（1）湿度。对放水停用的设备，金属表面的潮气对腐蚀速度影响大。因为在潮湿的大气中，金属腐蚀都是表面有水膜时的电化学腐蚀。大气中湿度大，易在金属表面结露，形成水膜，造成腐蚀增加。在大气中，各种金属都有一个腐蚀速度呈现迅速增大的湿度范围，湿度超过这一临界值时，金属腐蚀速度急剧增加，而低于此值，金属腐蚀很轻或几乎不腐蚀。

对钢、铜等金属此“临界相对湿度”值在50%~70%之间。当热力设备内部相对湿度小于35%时，铁可完全停止生锈。实际上如果金属表面无强烈的吸湿剂沾污，相对湿度低于60%时，铁的锈蚀即停止。

（2）含盐量。水中或金属表面水膜中盐分浓度增加，腐蚀速度增加。特别是氯化物和硫酸盐含量增加使腐蚀速度上升很明显。汽轮机停用时，若叶片等部件上有氯化物沉积，就会引起腐蚀。

（3）金属表面清洁程度。当金属表面有沉积物或水渣时，妨碍氧扩散进去，所以沉积物或水渣下面的金属电位较负，成为阳极；而沉积物或水渣周围，氧容易扩散到的金属表面，电位较正，成为阴极。由于这种氧浓度差异原电池的存在，腐蚀增加。

8.2.2.4 停用腐蚀的危害

停用腐蚀的危害：

（1）在短期内即使停用设备也会遭到大面积破坏，甚至腐蚀穿孔。

（2）加剧热力设备运行时的腐蚀。停用腐蚀的腐蚀产物在锅炉再启动时，进入锅炉，促使锅炉炉水浓缩腐蚀速度增加，以及造成炉管内摩擦阻力增大、水质恶化等。停机时，汽轮机中的停用腐蚀部位，可能成为汽轮机应力腐蚀破裂或腐蚀疲劳裂纹的起源。

8.2.2.5 热力设备的停用保护

A 热力设备停用保护方法分类

为保证热力设备的安全运行，热力设备在停用或备用期间，必须采用有效的防锈蚀措施，以避免或减轻停用腐蚀。按照保护方法或措施的作用原理，停用保护方法可分为3类：

（1）阻止空气进入热力设备水汽系统内部。其实质是减少起金属腐蚀剂作用的氧的浓度。这类方法有充氮法、保持蒸汽压力法等。

（2）降低热力设备水汽系统内部的湿度。其实质是防止金属表面凝结水膜，形成电化学腐蚀电池。这类方法有烘干法、干燥法等。

（3）使用缓蚀剂，减缓金属表面的腐蚀；或加碱化剂，调整保护溶液的pH值，使腐蚀减轻。所用药剂有氨、联胺、气相缓蚀剂、新型除氧-钝化剂等。这类方法的实质是使电化学腐蚀中的阳极或阴极反应阻滞。

B 停用保护方法选择的依据

停用保护方法选择的依据：

（1）机组的参数和类型。首先要考虑锅炉的类别。直流炉对水质要求高，只能用挥发性药品保护，如联胺和氨或充氮保护；汽包炉则既可以用挥发性药品，也可以用非挥发性药品。其次是考虑机组的参数。对高参数机组，因对水质要求高，因而汽包炉机组也使用联胺和氨作缓蚀剂。同时，高参数机组的水汽系统结构复杂，机组停用放水后，有些部位不易放干，所以不宜采用干燥剂法。

（2）停用时间的长短。停用时间不同，所选用的方法也不同。对热备用状态的锅炉，必须考虑能随时投入运行，因此所采用的方法不能排掉炉水，也不能改变炉水成分，所以一般采用保持蒸汽压力法。对于短期停用机组，要求短期保护以后能投入运行，锅炉一般采用湿式保护，其他热力设备可以采用湿式保护，也可采用干式保护。对于长期停用的机组，要求所用保护方法防锈蚀作用持久，一般可用湿式保护，如加联胺和氨；或用于干式保护，如充氮法。

（3）选择保护方法时，要考虑现场条件。现场条件包括设计条件、给水的水质、环境温度和药品来源等。如采用湿式保护的各种方法时，在寒冷地区均需考虑药液的防冻。

在选择停用保护方法时，必须充分考虑机组的特点，才能选择合适的药品或恰当的保护方法。也只有在充分考虑到需要保护的时间的长短，才能选择出既有满意的防锈蚀效果，又方便机组启动的保护方法。

8.2.2.6 锅炉停用保护方法

锅炉停用保护方法较多，这里介绍几种常用的效果较好的方法。

锅炉停用保护方法分：干式保护法、湿式保护法以及联合保护法。

干式保护法有：热炉放水余热烘干法、负压余热烘干法、邻炉热风烘干法、充氮法、气相缓蚀剂法等。

湿式保护法有：氨水法、氨-联胺法、蒸汽压力法、给水压力法等。

联合保护法有：充氮或充蒸汽的湿式保护法。

（1）热炉放水余热烘干法。热炉放水是指锅炉停运后，压力降到0.5~0.8MPa时，迅速放尽锅内存水，利用炉膛余热烘干受热面。若炉膛温度降到105℃，锅内空气湿度仍高于70%，则锅炉点火继续烘干。此法适用于临时检修或小修锅炉时，停用期限一周以内。

（2）负压余热烘干法。锅炉停运后，压力降到0.5~0.8MPa时，迅速放尽锅内存水，然后立即抽真空，加速锅内排出湿气的过程，并提高烘干效果。此保护法适用于锅炉大、小修时，停运期限可长至 3 个月。

（3）邻炉热风干燥法。热炉放水后，将正在运行的邻炉的热风引入炉膛，继续烘干水汽系统表面，直到锅内空气湿度低于 70%。此法适用于锅炉冷态备用，大、小修期间，停用期限 1 个月以内。

（4）充氮法。当锅炉压力降到 0.3～0.5MPa 时，接好充氮管，待压力降到 0.05MPa 时，充入氮气并保持压力 0.03MPa 以上。氮气本身无腐蚀性，它的作用是阻止空气漏入锅内。此法适用于长期冷态备用的锅炉的保护。停用期限可达 3 个月以上。

（5）气相缓蚀剂法。锅炉烘干，锅内空气湿度小于 90%时，向锅内充入气化了的气相缓蚀剂。待锅内气相缓蚀剂含量达 $30g/m^2$ 时，停止充气，封闭锅炉。此法适用于冷态备用锅炉。一般使用期限为 1 个月，但实际经验报道，有的机组用此法保护长达一年以上。

气相缓蚀剂，如碳酸环己胺、碳酸铵等，它们具有较大挥发性，溶于水后能解离出具有缓蚀性能的保护性基团的化合物。气相缓蚀剂应具备的基本特点：化学稳定性高；有一定蒸汽压，以保证充满被保护设备的各个部位，还应能保留较长时间；在水中有一定溶解度；有较高的防腐能力。

（6）蒸汽压力法。有时锅炉因临时小故障或外部电负荷需求情况而处于热备用状态，需采取保护措施，但锅炉必须随时再投入运行，所以锅炉不能放水，也不能改变炉水成分。在这种情况下，可采用蒸汽压力法。其方法是：锅炉停用后，用间歇点火方法，保持蒸汽压力大于 0.5MPa，一般使蒸汽压力达 0.98MPa，以防止外部空气漏入。此法适用于一周以内的短期停用保护，耗费较大。

（7）给水压力法。锅炉停运后，用除氧合格的给水充满锅内，保持给水压力 0.5～1.0MPa，并保证一定量的溢流量，以防空气漏入。此法适用于停用期一周以内的短期停用锅炉的保护。保护期间定期检查锅内水压力和水中溶解氧的含量，如压力不合格或溶解氧大于 7μg/L，应立即采取补救措施。

（8）氨水法。锅炉停用后放尽锅内存水，用氨溶液作防锈蚀介质充满锅炉，防止空气进入。使用的氨液浓度为 500～700mg/L，氨液呈碱性。加入氨，使水碱化到一定程度，有利于钢铁表面形成保护层，可减轻腐蚀。因为浓度较大的氨液对铜合金有腐蚀，因此使用此法保护前应隔离可能与氨液接触的铜合金部件。解除设备停用保护、准备再启动的锅炉，在点火前应加强锅炉本体到过热器的反冲洗。点火后，必须待蒸汽中氨含量小于 2mg/kg 时，方可并汽。此法可适用于停用期为一个月以内的锅炉。

（9）氨-联胺法。锅炉停用后，把锅内存水放尽，充入加了联胺并用氨调 pH 值的给水。保持水中联胺过剩量 200mg/L 以上，水的 pH 值为 10～10.5。此法保护锅炉，其停用期可达 3 个月以上。所以适用于长期停用、冷备用或封存的锅炉的保护。当然也适用于 3 个月以内的停用保护。在保护期，应定期检查联胺的浓度和 pH 值。

氨-联胺法在汽包炉和直流炉上都采用，锅炉本体、过热器均可采用此法保护。但中间再热机组的再热系统不能用此法保护，因为再热器与汽轮机系统连接，用湿式保护法，汽轮机有进水的危险。再热器系统可用干燥热风保护。此法是高参数大容量机组普遍采用的保护方法。

应用氨-联胺法保护的机组再启动时，应先将氨-联胺水排放干净，并彻底冲洗。锅炉点火后，应先向空排汽，直至蒸汽中氨含量小于 2mg/kg 时才可送汽，以免氨浓度过大而腐蚀凝汽器铜管。对排放的氨-联胺保护液要进行处理后才可排入河道，以防污染。

由于氨-联胺液保护时，温度为常温条件，所以联胺的主要作用不是直接与氧反应而除去氧，而是起阳极缓蚀剂或牺牲阳极的作用，因而联胺的用量必须足够。

(10) 联合保护法。联合保护法是最主要的保护法，因单靠一种保护法很难有效地防止锅炉的停用腐蚀。联合保护法中最常用的是充氮或充蒸汽的湿式保护法。其方法是：在锅炉停运后，未完成炉内换水，充入氮气，并加入联胺和氨，使联胺量达 200mg/L 以上，水的 pH 值达 10 以上，氮压保持 0.03MPa 以上。若保护期较长，则联胺量还需增加。

锅炉从锅筒至高压过热器、高压再热器出口设置了 7 条放气充氮管路，以便为停用较长时间而采用充氮或其他方法保养。

8.2.2.7 汽轮机和凝汽器的停用保护方法

汽轮机和凝汽器在停用期间，采用干法保护。首先必须使汽轮机和凝汽器停运后内部保持干燥。为此，凝汽器在停用以后，先排水，使其自然干燥，如底部积水可以采用吹干的办法除去，凝汽器内部可以放入干燥剂。

8.2.2.8 加热器的停用保护方法

加热器的停用保护方法：

(1) 低压加热器的管材一般是铜管，所以可以采用干法保养或充氮气保养。

(2) 高压加热器所用管材一般为钢管，停用保护方法为充氮保养或加联胺保养。加联胺保养时，联胺溶液的浓度视保养时间长短不同，pH 值用氨调至大于 10。

8.2.2.9 除氧器的停用保护方法

若除氧器停用时间在一周以内，通热蒸汽进行热循环，维持水温大于 106℃。若停用时间在一周以上至三个月以内，采用把水放空、充氮气保养的方法，或采用加联胺溶液，上部充氮气的保养方法。若停用时间在 3 个月以上，采用干式保养，水全部放掉，水箱充氮气保养。

8.2.3 热力设备的二氧化碳腐蚀及防止

A 易受二氧化碳腐蚀的部位

水汽系统中，发生溶解在水中的游离 CO_2 腐蚀比较严重的部位是在凝结水系统，因为给水中的碳酸化合物在锅炉水中分解产生的二氧化碳随蒸汽进入汽轮机，随后虽有一部分在凝汽器抽气器中被抽走，但仍有部分溶入凝结水中。由于凝结水水质较纯、缓冲性较小，溶入少量的二氧化碳就会使它的 pH 值显著下降。此外，疏水系统、除氧器后的设备也会受到二氧化碳的腐蚀。

B 二氧化碳腐蚀机理

人们早已知道含二氧化碳的水溶液对钢材的侵蚀性比同样 pH 值的完全电离的强酸溶

液（如盐酸溶液）更强，但其原因近十年来才弄清。钢铁在无氧的二氧化碳水溶液中的腐蚀速度取决于钢表面上的氢气的析出速度，析出速度大则腐蚀速度快。研究发现，氢气从含二氧化碳的水溶液中析出是通过两条途径同时进行的：(1) 水中的二氧化碳分子与水分子结合成碳酸分子，它电离产生的氢离子扩散到金属表面上，得电子还原为氢气放出；(2) 水中二氧化碳分子向钢铁表面扩散，被吸附在金属表面上，在金属表面上与水分子结合形成吸附碳酸分子，直接还原析出氢气。

从以上所述的析氢过程可以看出，由于碳酸是弱酸，其水溶液中存在弱酸电离平衡：

$$H_2CO_3 \rightleftharpoons H^+ + HCO_3^-$$

这样，在腐蚀过程中被消耗的氢离子，可由碳酸分子的继续电离而不断得到补充，在水中游离二氧化碳没有消耗完之前，水溶液的 pH 值维持不变，这是与完全电离的强酸溶液中的情况不相同的，在二氧化碳溶液中，腐蚀过程持续不断。另一方面，水中游离二氧化碳又能通过吸附，在钢铁表面上直接得电子还原，从而加速了腐蚀过程里的阴极过程（即得电子过程），这样促使铁的阳极溶解（腐蚀）过程速度也增大，就是这种特殊的还原机理，使二氧化碳水溶液对钢铁的腐蚀性比预料中的要大得多。

二氧化碳水溶液对钢铁的腐蚀是氢损伤，包括氢鼓泡、氢脆、脱碳和氢蚀等。

C 影响二氧化碳腐蚀速度的因素

影响二氧化碳腐蚀速度的因素有：

(1) 水中游离二氧化碳的含量。钢铁的腐蚀速度随溶解二氧化碳量的增多而增大。

(2) 温度。在温度较低时，随温升腐蚀加剧；在 100℃附近，腐蚀速度最快；温度再高，腐蚀速度反而下降。

(3) 介质的流速。随着流速的增大，腐蚀速度增大，但当流速增大到流动状况已成紊流时，腐蚀速度不再随流速变化而变。

(4) 溶解氧。溶解氧的存在会使腐蚀加速。

(5) 金属材质。一般说增加合金元素铬的含量，可耐二氧化碳腐蚀。

D 二氧化碳腐蚀的防护

为了防止或减轻水系统中游离二氧化碳对热力设备及管道金属材料的腐蚀，除了选用不锈钢来制造某些部件外，应减少进入系统的二氧化碳和碳酸盐量。

(1) 降低补给水的碱度。

(2) 尽量减少汽水损失，降低系统的补给水率。

(3) 防止凝汽器泄漏，提高凝结水质量。

(4) 注意防止空气漏入水汽系统，提高除氧器的效率，减少水中溶解氧含量。

此外为了减少系统中二氧化碳腐蚀的程度，还普遍采取向水汽系统中加入碱化剂（如 NH_3）来中和游离二氧化碳的措施。

8.2.4 热力设备酸碱腐蚀及防止

8.2.4.1 酸性物质的来源

A 碳酸化合物

热力设备中碳酸化合物主要来源于锅炉补给水，其次是凝汽器有泄漏时，漏入汽轮机凝结水的冷却水带入的，主要是碳酸氢盐。

碳酸化合物进入给水系统后，在除氧器中，碳酸盐会热分解一部分，碳酸盐也会部分水解，放出二氧化碳：

$$2HCO_3^- \longrightarrow H_2O + CO_3^{2-} + CO_2\uparrow$$

$$CO_3^{2-} + H_2O \longrightarrow 2OH^- + CO_2\uparrow$$

热力除氧器能将水中的大部分二氧化碳除去。碳酸氢盐和碳酸盐的分解需较长时间，当它们进入锅炉后，随温度和压力的增加，几乎能完全分解成二氧化碳。生产的二氧化碳随蒸汽进入汽轮机和凝汽器，在凝汽器中会有一部分二氧化碳被凝汽器抽气抽走，但仍有相当部分二氧化碳溶入汽轮机凝结水，使凝结水受二氧化碳污染。

B　二氧化碳

水汽系统中二氧化碳的主要来源是由真空状态运行的设备不严密处漏入的空气，这会使凝结水中二氧化碳含量增加。

C　有机物

水汽循环系统中有机物的来源见表 8-1，这些有机物都会在高压高温下产生酸性物质。

表 8-1　水汽循环系统中有机物的来源

来源	有机物名称	来源	有机物名称
补给水	腐殖质、污染物、细菌	润滑油系统	从油冷却器及漏的管道进入
活性炭过滤器	脱氯进入的氯气与之反应形成的有机物、细菌	燃料油系统	从油加热器及喷燃器进入
离子交换器	树脂碎末	机器液	常为含有氯化物及硫的有机物
凝汽器泄漏	胶体物、污染物	防腐剂	油、气相缓蚀剂
水处理药剂	络合剂、聚合物、环乙胺、吗啉膜胺等	法兰、盘根等	密封剂
化学清洗	有机酸、缓蚀剂、络合剂		

天然水中的有机物在经过补给水处理系统后，大约能去除 80%左右，但仍有一部分有机物会进入给水系统；而由于凝汽器的泄漏，冷却水中的有机物质也会直接进入水汽系统。这些有机物杂质在锅炉内高温高压条件下分解，使得水汽系统中酸性物质增多。

离子交换器运行时，不可避免的会有一些破碎树脂颗粒，随着给水进入锅炉水汽系统。

在高温高压条件下，这些树脂会分解释放出低分子有机酸、无机阴离子、无机强酸。这些物质在锅炉水中浓缩，会导致炉水 pH 值下降，也会被携带到蒸汽中，随之转移到其他热力设备，在整个水汽系统中循环。

此外，水中一些细菌和微生物停留在水处理设备中，离子交换器可能成为它们繁殖的场所，随着它们数量的增加，交换床可能会向通过的水流放出大量细菌、微生物，造成除盐水有机物增加，随之进入水汽系统。在高温高压下，有机物分解释放出酸性物质。

8.2.4.2　有机物的影响和危害

水汽循环系统中酸性物质的来源有机物占了很大一部分，有些有机物能在炉管管壁上生成碳质沉积物，这种沉积物传热性能差而且很难清除，常导致金属过热和爆管事故。

有机物在高温作用下产生挥发性酸，当这种挥发性酸进入汽轮机时会引起汽轮机内部腐蚀，造成巨大经济损失。

以除盐水作补给水的锅炉，在任何情况下都应保持炉水 pH（25℃）值大于 9，这样就可以避免发生水冷壁管的脆性腐蚀。为了保证炉水 pH（25℃）值大于 9，要尽可能地多使给水中的有机物减少。

8.2.4.3 NaOH 的来源及危害

A 游离 NaOH 的来源

凝汽器发生渗漏或泄漏，使冷却水中的碳酸盐混入凝结水，如果凝结水没能 100%地经过精处理高速混床，那么碳酸盐也会随之进入热力系统，在高温下会发生以下化学反应：

$$2HCO_3^- \longrightarrow H_2O + CO_3^{2-} + CO_2\uparrow$$

$$CO_3^{2-} + H_2O \longrightarrow 2OH^- + CO_2\uparrow$$

即

$$HCO_3^- \longrightarrow OH^- + CO_2\uparrow$$

上述化学反应所产生的 NaOH 是锅内游离 NaOH 的主要来源。

B 游离 NaOH 导致碱性腐蚀

高参数汽包锅炉水冷壁管局部热负荷较多，管内近壁层炉水急剧汽化，管壁上若有沉积物，游离 NaOH 会随沉积物下面的炉水高度浓缩，浓缩态的 NaOH 在高温条件下破坏壁上的磁性氧化铁保护膜，于是金属基体就被浓缩的氢氧化钠侵蚀。反应式如下：

$$4NaOH + Fe_3O_4 \longrightarrow Na_2FeO_2 + 2NaFeO_2 + 2H_2O$$

$$2NaOH + Fe^{2+} \longrightarrow NaFeO_2 + 2H^+$$

当侵蚀达到一定程度时，就会导致管子的爆管损坏。

8.2.4.4 酸腐蚀的防止

为了防止或减轻给水的腐蚀性，如果机组采用碱性水运行，除了尽量减少给水中的溶解氧含量外，还需要调节给水的 pH 值。所谓给水的 pH 值调节，就是往给水中加入一定量的碱性物质，控制给水的 pH 值在适当的范围，使钢和铜合金的腐蚀速度比较低，以保证给水含量和含铜量符合规定的指标。

试验证明 pH 值在 9.5 以上可减缓碳钢的腐蚀，而 pH 值在 8.5~9.5 之间，铜合金的腐蚀较小。因此对钢铁和铜合金混用的热力系统，为兼顾钢铁和铜合金的防腐蚀要求，一般将给水的 pH 值调节在 8.8~9.3 之间。应该指出的是，这将使处理凝结水的混床设备及其他阳离子交换设备的运行周期缩短，并且从保护钢铁材料不受腐蚀来说，这个范围并非最佳，应该更高一些。

目前给水加氨处理是火力发电厂较为普遍的调节给水 pH 值的方法。给水加氨处理的实质是用氨来中和给水中的游离二氧化碳，并碱化介质，把给水的 pH 值提高到规定的数值。

氨气在常温常压下是一种有刺激性气味的无色气体，极易溶于水，其水溶液称为氨水。氨气在常温下加压很易液化，液态氨称为液氨，沸点为-33.4℃。氨气在高温高压下不会分解，易挥发，无毒，所以可以在各种机组、各类型电厂中使用。

给水中加氨后，水中存在着下面的平衡关系：

$$NH_3 \cdot H_2O \rightleftharpoons NH_4^+ + OH^-$$

因而使水呈碱性，可以中和水中游离的二氧化碳，反应如下：

$$NH_3 \cdot H_2O + CO_2 = NH_4HCO_3$$

$$NH_3 \cdot H_2O + NH_4HCO_3 = (NH_4)_2CO_3 + H_2O$$

实际上，在水汽系统中NH_3、CO_2、H_2O之间存在着复杂的平衡关系。水汽系统中热力设备在运行过程中，有液相的蒸发和汽相的凝结以及抽汽等过程。氨又是一种易挥发的物质，因而氨进入锅炉后会挥发进入蒸汽，随蒸汽通过汽轮机后排入凝汽器。在凝汽器中，富集在空冷区的氨，一部分会被抽气器抽走，另有一部分氨溶入了凝结水中。随后当凝结水进入除氧器后，氨会随除氧器排汽而遗失一些，剩余的氨则进入给水中继续在水汽循环系统中循环。试验表明，氨在凝汽器和除氧器中的损失率约为20%~30%。如果机组设置了凝结水处理系统，则氨将在其中全部被除去。因而，在加氨处理时，要考虑氨在水汽系统和水处理系统中的实际损失情况。一般通过加氨量调整实验来确定其用量，以使给水pH值调节到8.8~9.3的控制范围为宜。

因为氨是挥发性很强的物质，不论在水汽系统中的哪个部位加入，整个系统的各个部位都会有氨，但在加入部位附近管道中的水的pH值会明显高一些。因此，若低压加热器是铜管，水的pH值不宜太高；而为了抑制高压加热器碳钢管的腐蚀，则要求给水pH值调节得高一些。所以，在发电机组上，可以考虑给水加氨处理分两级，对有凝结水净化设备的系统，在凝结水净化装置的出水母管以及除氧器出水管道上分别设置两个加氨点。

尽管给水采用加氨处理调节pH值，防腐效果十分明显，但因氨本身的性质和热力系统的特点，也存在着不足之处。

（1）由于氨的分配系数较大，所以氨在水汽系统中各部位的分布位置不均匀。所谓“分配系数”，是指水和蒸汽两相共存时，一个物质在蒸汽中的浓度同与此蒸汽接触的水中的浓度的比值，它的大小与物质本身性质和温度有关。例如，在90~110℃，氨的分配系数在10以上。这样为了在蒸汽凝结时，凝结水中也能有足够高的pH值，就要再给水中多加氨。但这也会使凝汽器的空冷区蒸汽中的氨含量过高，使空冷区的铜管易受氨腐蚀。

（2）氨水的电离平衡受温度影响较大。如果温度从25℃升高至270℃，氨的电离常数则从1.8×10^{-5}降到1.12×10^{-5}，因此使水中OH^-的浓度降低。这样，给水温度较低时，为中和游离CO_2和维持必要的pH值所加的氨量，在给水温度升高后就显得不够，不足以维持必要的给水pH值，造成高压加热器碳钢管腐蚀加剧，给水中Fe^{2+}增加。

所以，不能以氨处理作为解决给水因含游离CO_2而pH值过低问题的唯一措施，而应该首先尽可能地降低给水中碳酸化合物的含量，以此为前提进行加氨处理，以提高给水的pH值，这样氨处理才会有良好的效果。

8.3　材料的防护

材料防护是控制材料腐蚀的一门技术。材料腐蚀是材料与环境发生界面反应而引起的破坏。因此防止材料腐蚀可以从材料本身、环境和界面三方面考虑。材料防护技术主要有以下几种方式：正确选用耐蚀材料和合理的结构设计，腐蚀环境的改善，表面防蚀处理，电化学保护等。

8.3.1 选材和设计

材料的品种很多，不同材料在不同环境中有不同的腐蚀速度，有些腐蚀率很高，根本不能应用，有些比较低或很低。选出对某一特定环境选择腐蚀率低、价格较便宜、物理力学性能等又适合设计要求的材料，是常用的简便且行之有效的控制腐蚀的方法，设备可以获得经济、合理的使用寿命。正确选材需要完整的腐蚀数据，由于设备结构常常可能对腐蚀产生影响，所以正确的设计也很重要。

另外，选材者也需要具备一定的腐蚀及防腐蚀知识，才能更完善地解决选材问题。

8.3.2 调整环境

如果能消除环境中引起腐蚀的各种因素，腐蚀就会中止或减缓，但是多数环境是无法控制的，如大气和土壤中的水分、海水中的氧等都不可能除去。化工生产流程也不可能任意变动。但是有些局部环境可以调整，例如锅炉进水先去氧（加入脱氧剂亚硫酸钠和肼等），可保护锅炉管免遭腐蚀。密闭的仓库进入的空气先除去水分，可免贮存金属部件生锈。为了防止冷却水对换热器和其他设备的结垢、穿孔，在水中经常加入碱或酸以调节pH值至最佳范围（通常接近中性）。温度太高，可以在器壁冷却降温，也可在设备内壁砌衬耐火砖隔热。如果许可的话，工艺中可选用缓和的介质代替强腐蚀介质等。

8.3.3 金属缓蚀

金属腐蚀是一种公害，人们一直不断地研究和使用各种防护方法以避免或减轻金属腐蚀，其中之一是在腐蚀介质中添加某些少量的化学药品，这些少量的化学药品可以显著地阻止或减缓金属的腐蚀速度。这些少量的添加物质即所谓缓蚀剂。其可分为无机、有机和气相缓蚀剂三类，缓蚀机理各不相同。

8.3.3.1 无机缓蚀剂

有些缓蚀剂使阳极过程变慢，称为阳极型缓蚀剂，如促进阳极钝化的氧化剂（铬酸盐、亚硝酸盐、Fe^{3+}）或阳极成膜剂（碱、磷酸盐、硅酸盐、苯甲酸盐），在阳极区反应，促进阳极极化。一般系在阳极表面生成保护膜，缓蚀效果好，但是有危险，因为如剂量不充足，膜可能不完整，膜缺陷处暴露的裸金属面积小，阳极电流密度大，容易穿孔。

另一类缓蚀剂是在阴极反应，促进阴极极化，如 Ca^{2+}、Zn^{2+}、Mg^{2+}、Cu^{2+}、Cd^{2+}、Mn^{2+}、Ni^{2+}等与阴极产生的 OH^- 反应形成不溶性的氢氧化物，以厚膜形态覆盖在阴极表面，因而阻滞氧扩散到阴极，增大浓差极化。也有同时阻滞阳极和阴极过程的混合型缓蚀剂。

有些溶液中杂质如硫、硒、砷、锑、铋等化合物，能阻抑阴极放氢过程，使阴极活化极化增大，腐蚀减缓。但这类缓蚀剂有危险，因为放氢过程分两步骤：（1）$H^+ + e \rightarrow H$；（2）两个 H 结合成 H_2 放出。

如果（2）比（1）慢，就会有多余的 H 积累在阴极表面，一部分进入金属内部，将引起氢脆。

冷却水中常加入聚磷酸盐和亚硝酸盐缓冲剂。过去常用铬酸盐，效果虽好，因铬有毒性，现已少用，以避免污染。自来水可加入聚磷酸盐和硅酸盐。热水体系可用硼酸盐。有些体系同时还需要调整 pH 值。

缓蚀剂的加入量一般要先通过试验。含 Cl^-高、温度高、流速高，需要的加入量就大。一般无机缓蚀剂的有效加入量为万分之几。

8.3.3.2　有机缓蚀剂

有机缓蚀剂是吸附型缓蚀剂，吸附在金属表面，形成几个分子厚的不可见膜，一般同时阻滞阳极和阴极反应，但影响不等。常用品种有含氮、含硫、含氧、含磷有机化合物，如胺类、杂环化合物、长链脂肪酸化合物、硫脲类、醛类、有机磷类等。吸附类型按照有机物分子构型的不同可分为静电吸附、化学吸附和 π 键（不定位电子）吸附。静电吸附型有苯胺及其取代物，吡啶、丁胺、苯甲酸及其取代物如苯磺酸等；化学吸附型有氮和硫杂环化合物，有些化合物同时具有静电和化学吸附作用，π 键吸附的效果也显著，当化合物由单键至双键至三键变化时，π 键与金属的作用也增强，如有机缓蚀剂在 2.8N（化学级）HCl（65℃）中对碳钢的缓蚀效果，烯丙醇大于丙醇，炔丙醇又大于烯丙醇。此外，有些螯合剂能在金属表面生成一薄层金属有机化合物。由于缓蚀剂品种很多，又多属专利，成分不公开，膜的结构复杂，所以缓蚀机理还了解得不完全。有机缓蚀剂发展很快，用途广泛。

8.3.3.3　气相缓蚀剂

气相缓蚀剂是挥发性很高的物质，含有缓蚀基团，一般用来保护贮藏和运输中的金属零部件，以固体形态应用，它的蒸气被大气中的水分解出有效的缓蚀基团，吸附在金属表面，使腐蚀减缓。被保护的金属表面不需要除锈处理，它能吸附在有锈表面并防止继续生锈。气相缓蚀剂也可用于海洋油轮内舱保护。需要注意的是气相缓蚀剂必须密封包装。

有效的气相缓蚀剂有：（1）胺盐（与亚硝酸、铬酸、碳酸、氨基甲酸、醋酸、苯甲酸及其取代酸所形成的盐）；（2）亚硝酸、苯二甲酸或碳酸组成的酯；（3）伯、仲、叔脂肪胺；（4）脂环胺和芳香胺；（5）聚甲烯胺；（6）亚硝酸盐与硫脲混合物、乌洛托品、乙醇胺；（7）硝基苯和硝基萘等。国内外常用的品种为二环已胺亚硝酸盐的粉末或片剂。

8.3.4　阴极保护

腐蚀电池中的阴极是接受电子产生还原反应的电极，只有阳极才发生腐蚀。利用这个原理，可以从外部导入阴极电流至需要保护的设备上，使设备全部表面都成为阴极。

导入外电流有两种方法：（1）从外部接上直流电源，体系中连接一块导流电极（石墨、铂或镀钌、钛、高硅铁、废钢等）作为阳极，（2）连接一块电位较负的金属，例如钢铁设备连接一块锌、镁或铝合金，由于后者电位比铁低，在电解液内构成的原电池中成为阳极，阳极会逐渐腐蚀，所以也称牺牲阳极，需定时更换。

阴极保护广泛用于土壤和海水中的金属结构，如管道、电缆、海船、港湾码头设施、钻井平台、水库闸门、油气井、家用水槽等。为了减少电流输入、延长使用寿命，其一般和涂料联合应用，是一种经济简便、行之有效的防腐蚀方法。

8.3.5 阳极保护

以设备作为阳极，从外部通入电流，一般将加速腐蚀，阳极保护是以需要保护的设备为阳极，导入电流，使电位保持在钝化区的中段（以免波动时进入活化区），腐蚀率可保持很低值。这种方法需要一台恒电位仪，用以控制设备的电位。因为它只适用于接触钝化溶液的可钝化金属，所以用途受限制。工业上已用于处理硫酸、磷酸、碳酸氢铵生产液、硝铵混肥等的不锈钢或碳钢制的各种设备，如槽、换热器等。

8.3.6 合金化

在基体金属中加入能促进钝化的合金成分，当加入量达到一定比例后，便得到耐蚀性优良的材料。如铁中加入铬，当铬量达12%以上时，就成为不锈钢，在氧化环境中由于表面生成钝化膜，有很高的耐蚀性。

铬钢中加入镍，可扩大钝化范围，还可提高机械性能。含铬18%、镍9%的铬镍不锈钢是工业和民用中最广用的耐蚀合金。又如铁中加入硅量达14%时，就得到耐酸性优良的高硅铁，它的表面形成氧化硅保护膜，对热硫酸、硝酸、混酸等都有优良的抵抗力。镍铜合金中的镍大于30%~40%时，可得到含镍10%~30%的铜镍合金和镍70铜30（Monel）合金，它们比纯铜和纯镍的耐蚀性在一些环境中都更优越些。一系列镍合金是有名的耐蚀材料，如镍铸铁有优良的耐碱性。镍钼铬合金是少数能耐高温非氧化性酸（如盐酸）的合金。

镍铝铬铁合金能耐高温氧化性酸、次氯酸盐、海水等，比一般不锈钢更好。在某些活性金属中加入微量超电压低的阴极贵金属，可以促进钝化，如不锈钢和钛在某些浓度和温度的硫酸中是活性的，如在基体金属中加入0.1%~0.15%的钯或铂，将在合金表面分布成为众多的微阴极，促进局部腐蚀电池的运转，阳极电流很快增大，迅即达到钝化区，使合金耐蚀性增强。

8.3.7 表面处理

金属在接触使用环境之前先用钝化剂或成膜剂（铬酸盐、磷酸盐、碱、硝酸盐和亚硝酸盐混合液等）处理，表面生成稳定密实的钝化膜，抗蚀性大大增加。

它与缓蚀剂防护法的不同之处，在于它在以后的使用环境中（如大气、水）不需要再加入缓蚀剂，铝经过阳极处理，表面可以生成比在大气中更为密实的膜。这类膜在温和的腐蚀环境（大气和水）中有优良的抗蚀能力。钢铁部件表面发蓝就是一个广为应用的例子。

整体合金化造价比较昂贵，可采用表面合金化的方法，将易钝化的合金成分如铬、铝、硅渗入钢铁表面，一般将钢部件放在充满粉末铬、铝、硅中，或在金属蒸气中，进行加热渗镀。表面渗镀层在氧化性环境内产生钝化膜，它的抗高温氧化力和某些耐蚀性优于底层钢。由于表面合金化的钢部件保护层薄，不耐磨损，寿命比整体合金化的钢部件寿命短，不适于长期接触强腐蚀介质。

较新的一种表面技术是离子注入法，一般用硼、碳、磷、硅、氮、钼、钯、铂等元素或贵金属用离子注入基体金属使其电离、加速，使高能离子与基体金属相撞击，进入表面，形成具有一定深度和浓度的非晶态合金层。其具有比基体金属高得多的耐蚀性，现已应用于小部件。

8.3.8　金属镀层和包覆层

在钢铁底层上可用一薄层更耐腐蚀的金属（如铬、镍、铅等）保护。常用的方法是电镀，一般镀2~3层，只有几十微米厚，因而不可避免地存在微孔，溶液可渗入微孔，将构成镀层-底层腐蚀电池。镀层如果为贵金属（金、银等）或易钝化金属（铬、钛）以及镍、铅等时，由于电位比铁高，将成为阴极，会加速底层铁腐蚀。因此这类镀层不适于强腐蚀环境（如酸），但可用于大气、水等环境，缓慢产生的腐蚀产物可将微孔堵塞，使电阻增大，使其有一定的寿命。如果用贱金属锌、镉等作镀层，构成腐蚀电池的极性则与上述相反，孔内裸露的钢为阴极，锌或镉镀层为阳极。锌、镉作为牺牲阳极，使钢得到阴极保护，在缓和的腐蚀环境中，锌的腐蚀慢，可以保持较长寿命。镀锡的铁（马口铁）广泛用于食品罐头，锡的标准电位高于铁，但在食品有机酸中，它却低于铁，也起了牺牲阳极的作用。除了电镀外还常用热浸镀（熔融浸镀）、火焰喷镀、蒸气镀和整体金属薄板包镀。后者因无微孔，耐蚀性强，寿命也更长，但价格高些。

8.3.9　涂层

用有机涂料保护大气中的金属结构，是最广用的防腐手段。市售各类油漆、清漆、假漆等都属这一类，有机涂料主要是由合成树脂、植物油、橡胶浆液、溶剂、助干剂、颜料、填料等配制而成。涂料品种极多，过去以植物油为主的油漆现在多为合成树脂漆所替代。涂料覆盖在金属面上，干后形成多孔薄膜，虽然不能使金属与介质完全隔绝，但增大介质通过微孔的扩散阻力和溶液电阻，可使腐蚀电流下降。在缓和的环境如大气、海水等中，微孔底金属腐蚀缓慢，腐蚀产物可堵塞微孔，有很长的使用寿命，但不适于强腐蚀溶液如酸中，因为金属腐蚀迅速，并产生氢气，会使漆膜破裂。

涂料的施工程序如下：(1) 表面处理，这是最重要的一环，表面锈垢、油污等要用喷砂、喷丸和火焰清除等方法彻底除净，否则会影响涂层与金属的黏结力，寿命大大缩短；(2) 选用底漆，一般加入红丹、铅酸钙、铬酸锌和锌粉等缓蚀剂，当微孔中渗入介质后可起缓蚀作用；(3) 面漆，除了耐蚀外，美观也是重要的目的。一般要涂几层面漆，使微孔尽量减少。常用的合成树脂优良品种有：环氧、过氯乙烯、聚氨酯、氯磺化聚乙烯、氯化聚醚、酚醛、呋喃（糠醇）等。沥青是廉价但性能优良的涂料，也常和环氧树脂等混合应用于地下管道。天然树脂生漆是我国特产，具有优良耐酸性和耐候性，是一种高级涂料。

无机涂层中广泛应用的是以锌粉为主的富锌漆，以合成树脂为黏结剂，干后表面锌膜是导电的，作用和阴极保护相同，在大气中可使用很久，也可使用于较高温环境中。

8.3.10　衬里

衬里一般为整片材料，适用于和强腐蚀介质接触的设备内部。如盐酸、稀硫酸的贮槽用橡胶或塑料衬里、贮放硝酸的钢槽用不锈钢薄板衬里等。耐酸砖（硅砖）也广泛用于衬里，它耐强酸，耐火砖衬里则可起隔热作用。搪瓷实际上是一种玻璃衬里，工业上称为搪瓷玻璃，它的耐酸性强，广泛用于工业生产。

8.4 超超临界机组热力设备腐蚀的类型和特点

8.4.1 热力设备腐蚀

8.4.1.1 锅炉省煤器管的氧腐蚀

腐蚀特征：省煤器管氧腐蚀的特征是在金属表面上形成点蚀或溃疡状腐蚀。在腐蚀部位上一般有突起的腐蚀产物，有时腐蚀产物连成一片，从表面上看，其似乎是一层均匀而较厚的锈层，但用酸洗去锈层后，便会发现锈层下金属表面上有许多大小不一的点蚀坑。蚀坑上腐蚀产物的颜色和形状随条件的变化而不同。当给水溶氧较大时，腐蚀产物表面呈棕红色，下层呈黑色，并且呈坚硬的尖齿状。省煤器在运行中所造成的氧腐蚀，通常是入口或低温段较严重，高温段轻些。

由于设备停运中保养不良造成的氧腐蚀，其腐蚀产物在刚形成时呈黄色或黄棕色，但经过运行后，棕黄色的腐蚀产物变成了红棕色。停运腐蚀所引起的蚀坑，一般在水平管的下侧较多，有时形成一条带状的锈。

防护原则：(1) 进行除氧处理（热力除氧和化学除氧）；(2) 提高给水的 pH 值，即挥发性处理（给水加氨）；(3) 对直流炉，在确保给水中阳离子电导率小于 0.1~0.2μS/cm 的条件下，可在给水中保持 100~150μg/L 溶解氧，并加氨使 pH 值维持在 8.2~8.5 之间，这样可防止锅炉的氧腐蚀和铁的溶出，这种处理方式称为给水的联合处理；(4) 做好省煤器停运时的防腐工作。

8.4.1.2 锅炉水冷壁管的碱性腐蚀

腐蚀特征：锅炉水冷壁管的碱性腐蚀，一般发生在水冷壁管的向火侧，热负荷高的部位和倾斜管上以及在多孔沉积物下。腐蚀部位呈皿状，充满了黑色的腐蚀产物，这些产物在形成一段时间后，会烧结成硬块，它常含有磷酸盐、硅酸盐、铜和锌等成分，将沉积物和腐蚀产物除去后，在管上便出现了不均匀的变薄和半圆形的凹槽。管子变薄的程度和面积是不规则的，变薄严重的部位常常发生穿透。腐蚀部位金属的机械性能和金属组织一般没有变化，金属仍保持它的延性。

水冷壁管产生碱性腐蚀，是炉水中的氢氧化钠在沉积物下蒸发浓缩至足以引起腐蚀的程度后发生的。因此碱性腐蚀除了在多孔沉积物下出现外，在管壁与焊渣的细小间隙处，也容易因游离碱的浓缩而引起。

防护原则：

(1) 降低给水中铜铁含量，减少水冷壁管上的沉积物。具体措施有：给水加氨，提高给水 pH 值，使给水中的铜铁含量降至较低的水平；进行凝结水和疏水的过滤处理，做好水汽系统的停用保养。

(2) 新锅炉投产前进行化学清洗。

(3) 定期进行运行炉的化学清洗，除去水冷壁管上已附着的沉积物。

8.4.1.3 锅炉水冷壁管的酸腐蚀

腐蚀特征：在水冷壁的皿状蚀坑上，有较硬的 Fe_3O_4 突起物。它比碱性腐蚀产物附着的牢固，呈现层状结构。在附着物和金属表面交接处，有明显的蚀坑。通过微区能谱分析能发现蚀坑处有氯元素，在蚀坑下面的金属有脱碳现象。水冷壁的酸腐蚀，主要是由炉水中的氯化物和硫酸盐等盐类，在水冷壁管沉积物下浓缩分解产生酸而引起的。凝汽器中漏入海水或氯化物，硫酸盐含量较高而碱度较低的淡水，较易引起这类腐蚀。

防护原则：(1) 新锅炉投产前进行化学清洗；(2) 降低给水中铜铁含量，减少水冷壁管上的沉积物；(3) 定期进行运行炉的化学清洗，除去水冷壁管上已附着的沉积物；(4) 防止凝汽器泄漏，特别防止漏入海水。在凝汽器有可能发生泄漏的情况下，可对凝结水采取精处理措施。

8.4.1.4　锅炉水冷壁管的氢脆

腐蚀特征：氢脆通常会引起水冷壁管的爆破，爆破口呈脆性破裂，爆口边缘粗钝，没有减薄或减薄很少。爆破口附近的金属无明显的塑性变形，沿爆破口边缘可以看到许多细微裂纹。遭受氢脆腐蚀的管子，机械强度都有明显的下降，背火侧和向火侧的强度降低差别较大。

金相检查能发现腐蚀坑附近的金属有脱碳现象，脱碳层从管内壁向外逐渐减轻，但在离开爆破口处的炉管背火侧的金属组织无明显的变化，损坏部位金属的含氢量较高，一般比未损坏部位的含氢量高出数十倍至一百多倍。

引起水冷壁管氢脆腐蚀的原因是金属在沉积物下腐蚀所产生的氢，大量扩散进入炉管金属内，与钢中的碳结合成甲烷，在钢内产生内部压力，引起晶间裂缝，有时受损伤的管子会整块崩掉。

防护原则：(1)降低给水中铜铁含量，减少水冷壁管上的沉积物；(2)防止凝汽器泄漏，特别防止漏入海水。在凝汽器有可能发生泄漏的情况下，可对凝结水采取精处理措施；(3) 及时进行运行炉的化学清洗，除去水冷壁管上已附着的沉积物。

8.4.1.5　锅炉金属的应力腐蚀

A　腐蚀特征

应力腐蚀破裂的特征是，金属发生了裂纹和破口，其腐蚀损耗较少，金属的伸长也很少，破口很钝，在爆破口的边缘处，有时有许多细裂纹，裂纹大多从介质接触表面向基体内发展，并形成连续的裂纹。裂纹可以是沿晶界的，也可以是穿晶的，由具体金属-环境条件决定，碳钢多是晶间裂纹，奥氏体不锈钢是穿晶裂纹。

应力腐蚀的金相模型与纯力学平面应变是有区别的。应力腐蚀断裂的断面周围有分枝的存在，在有些断裂的图像上，客观查到羽毛状、扇子状和冰糖状等条纹。

当氢氧化钠为主要腐蚀剂时，锅炉钢所产生的应力腐蚀称为锅炉的碱脆或苛性脆化。应力腐蚀必须具备以下三个条件才能发生：

(1) 材料对应力腐蚀破裂是敏感的。

(2) 存在局部过应力。

(3) 介质中含有该材料应力腐蚀破裂的敏感成分。

碱脆是锅炉上发生的特殊的电化学腐蚀，金属的阳极部位在高浓度氢氧化钠中，以铁酸盐形式溶解并形成晶界腐蚀。炉管胀管部位出现的环形裂纹，也是锅炉管应力腐蚀破裂的一种类型，只要具备上述三个条件就能够发生应力腐蚀。

B 防护原则

（1）合理进行锅炉的设计施工。锅炉金属产生局部过应力的因素是多方面的，但大多与设备的设计和施工不当有关。设计时要充分考虑到设备部件受热膨胀后所产生应力的影响，施工时要避免不合理的胀接和焊接操作，炉管不宜胀接。

（2）严格执行锅炉运行规程，避免在启停和运行中产生过大的温度变化和温差。

（3）将水中应力腐蚀敏感离子的含量控制在允许浓度之下，对于奥氏体不锈钢不允许使用含有氯离子的水及含有氯离子的其他介质。为了防止碳钢的碱脆，要求炉水中不含游离的氢氧化钠。

8.4.1.6 锅炉金属的腐蚀疲劳

A 腐蚀特征

腐蚀疲劳时金属在交变应力条件下产生的腐蚀。腐蚀疲劳是金属产生裂纹或破裂，裂纹大多在表面上的一些点蚀坑处延伸或在氧化膜破裂处向下发展，裂纹一般较粗，有时有许多平行裂纹，破口呈钝边，从破口裂面处有时能看到贝壳状裂纹，裂纹以穿晶为主，一般裂纹内部有氧化铁腐蚀产物。从断面检查整条裂纹状态，会发现裂纹中串联着一些球状蚀坑。能引起金属腐蚀疲劳的介质十分广泛，金属在纯水、蒸汽或海水中均会发生腐蚀疲劳。引起交变应力的条件也有多种，可以是机械的，如周期性的机械位移，也可以是热力性的，如周期性的加热、冷却等。

启停次数较多的锅炉，若金属表面由于氧的腐蚀已产生点蚀，这些点蚀坑便会引起应力集中，加上锅炉启停时的交变热应力作用，就容易产生腐蚀疲劳。

B 防护原则

（1）降低锅炉启停过程中的应力幅值；（2）消除设备缺陷，改进锅炉燃烧工况，防止金属温度发生强烈的波动；（3）做好锅炉停运过程中的保护工作，防止金属表面产生点蚀坑；（4）合理进行锅炉的设计施工，消除金属局部过应力以及减少产生交变应力的条件；（5）对已发生过腐蚀疲劳破裂事故的锅炉，应对处在同样条件下的管段进行普查，及时更换有问题的管段。

8.4.1.7 锅炉过热器管和再热器管的点蚀

A 腐蚀特征

过热器管氧腐蚀的特征是，在金属表面上形成一些点蚀坑，蚀坑直径较小的蚀点，其周围表面往往比较平整，蚀坑内有灰黑色的粉末状腐蚀产物，有的还夹有一些由于大气腐蚀刚形成不久的黄色腐蚀产物，也有些蚀坑，在检查时已无腐蚀产物，过热器管的氧腐蚀坑一般发生在立式过热器管的下弯头、竖管的两侧以及水平管的下侧部位，过热器和再热器管的点蚀是由于停用腐蚀引起的。

B 防护原则

做好锅炉停运时的防腐工作。为防止过热器管的点蚀，可采用热炉放水余热烘干法，负压余热烘干法，充氮法及氨—联胺法等方法进行保护。

8.4.1.8　锅炉过热器管的水蒸气腐蚀

A　腐蚀特征

过热器管水蒸气腐蚀的特征：在金属表面上有一层紧密的鳞片状氧化铁层，下面的金属出现较大面积的减薄，鳞片状氧化铁层的厚度达 0.5～1mm，有的局部成片脱落，下面的金属一般均匀减薄，仅有一些轻微的凹槽。腐蚀部位的金属组织呈现不同程度的过热（珠光体球化），但金属仍保持其塑性。水蒸气腐蚀是由于水、汽分层，蒸汽流量受阻或燃烧等原因造成管壁局部超温引起的。

B　防护原则

查明引起过热器管局部过热的原因，并采取措施防止管壁金属局部过热。

8.4.1.9　锅炉过热器管的氧化剥皮

A　腐蚀特征

低合金铁素体钢在 500℃以上容易产生氧化，若氧化速度较快，管内表面的氧化物层增厚并与基体金属之间产生膨胀差异，氧化层可能从金属表面上脱落下来，这种现象称为氧化剥皮。剥落下来的薄片又硬又脆，其大小通常在火柴盒和硬币之间，氧化剥皮主要发生在二级过热器管、主蒸汽管和再热器的高温部位。氧化剥皮剥落下来的碎片会损坏汽轮机调速器和叶片。在过热器和再热器中，碎片若积累太多，即使高速气流也带不走，这样就会发生堵管现象。

B　防护原则

氧化剥皮主要和温度及应力的控制有关。氧化层生成的厚度和时间呈抛物线关系，若金属表面所形成的氧化膜为双层结构时，氧化层就容易被剥下，对金属表面进行化学清洗，并使其形成单层结构，能防止氧化剥皮的产生。

8.4.2　汽轮机腐蚀

8.4.2.1　汽轮机的应力腐蚀破裂

A　腐蚀特征

汽轮机应力腐蚀破裂主要发生在叶片和叶轮上。叶片的应力腐蚀主要发生在 2Cr13 钢制的末级叶片上，具有沿晶裂纹的特征。对含 Cr 不锈钢叶片，无论是应力腐蚀破裂还是氢腐蚀破裂，均具有沿晶断裂的特征。叶轮的应力腐蚀破裂主要发生在叶轮的键槽处，裂纹起源于键槽圆角处，其断口的显微特征基本为沿晶断裂，从晶界面上还可以看出明显的腐蚀特征。容易发生应力腐蚀破裂的材料有：30CrMoV9、24CrMoV5.5、34Cr3NiMo 等。

应力腐蚀破裂是金属材料在应力和腐蚀环境的共同作用下发生的破坏现象，不是一种材料在任何腐蚀介质中均会产生应力腐蚀破裂，只有特定的金属材料在一定的应力和介质的相互作用下产生。通常引起汽轮机部件应力腐蚀破裂的杂质有：氢氧化钠、氯化钠、硫化钠等，氢氧化钠能引起几乎所有大型汽轮机结构材料的应力腐蚀破裂。

B 防护原则

（1）改进汽轮机的设计和制造工艺，消除应力过于集中的部位；（2）提高蒸汽品质，降低蒸汽中的钠和氯离子的含量；（3）加强汽轮机检修时的无损检测，发现裂纹及时修补或更换裂纹的部件。

8.4.2.2 汽轮机的腐蚀疲劳

A 腐蚀特征

腐蚀疲劳是金属在交变应力和腐蚀共同作用下的破坏形式，因此它具有机械疲劳与应力腐蚀的综合特征。当腐蚀因素起主导作用时，损坏部位的应力腐蚀破裂特征明显，裂纹主要为沿晶型的，断口的宏观特征是粒状断口，看不到贝壳模样；断口的显微特征呈冰糖块状，晶界面上可能存在条纹。当疲劳因素起主导作用时，则损坏部位的机械疲劳特征明显，裂纹为穿晶型，断口的宏观特征为贝壳状；显微形貌具有条纹花样。

汽轮机叶片由于高频共振引起的疲劳腐蚀事例不多，腐蚀疲劳一般产生在频率合格或激振力不大，低频共振的末级叶片上。腐蚀疲劳裂纹不一定和腐蚀坑点相连，但不少裂纹是起始于腐蚀坑的。

B 防护原则

（1）改进汽轮机的设计和运行，提高叶片的动强度，改善汽轮机的振动频率；（2）提高汽轮机入口的蒸汽纯度；（3）做好汽轮机停运时的防腐工作，防止叶片上发生点蚀。

8.4.2.3 汽轮机的冲蚀

A 腐蚀特征

蒸汽系统的冲蚀是由于蒸汽形成的水滴或通过其他途径（例如通过排气喷水或轴的水封）进入汽轮机的水所引起的。在大型汽轮机中，最容易出现冲蚀的典型部位是：（1）低压级长叶片的末端；（2）低压级长叶片的榫子和外罩处；（3）低压级长叶片的末端上方的静叶片或其通流部位；（4）处于湿蒸汽中的隔板和外罩的水平接缝处或其他衔接部件的分解面上。

产生冲蚀的原因：在汽轮机的低压级，蒸汽的水分以分散的水珠形态夹杂在蒸汽里流过，对喷嘴和叶片产生强烈的冲蚀作用。在高压级的叶片上，由于通过的蒸汽是过热的，几乎不含水分，所以很少会发生冲蚀。

冲蚀的特征是，在叶片表面有浪形条纹，其进汽边缘处最明显。冲蚀程度较轻时，表面变粗糙；严重时，冲击出密集的毛孔，甚至产生缺口。

B 防护原则

（1）在每次打开或检查汽轮机时，要注意检查所有的疏水口是否畅通，如部分疏水口堵塞，则本应流出的水会流过蒸汽通道而加重冲蚀。在停机期间还应检查排气口的喷水头，保证喷水不直接冲击末级叶片。此外还应防止抽汽口有水分倒流入汽轮机；（2）改进叶型，镶防蚀片及提高蒸汽液膜的 pH 值，均能减缓叶片的冲蚀。

8.4.2.4 汽轮机的酸腐蚀

A 腐蚀特征

酸腐蚀主要发生在汽轮机内部湿蒸汽区的铸铁、铸钢部件上，如低压级的隔板、隔板套，低压缸入口分流装置，排汽室等部件的铸铁、铸钢部件上。而这些部件上的合金钢零件上却没有腐蚀。酸腐蚀的特征是部件表面受腐蚀处保护膜脱落，金属呈银灰色，其表面类似钢铁经酸洗后的状态。有的隔板导叶根部已部分露出，隔板轮缘外侧受腐蚀处形成小沟。有的部位的腐蚀槽具有方向性，和蒸汽的流向一致，腐蚀后的钢材呈蜂窝状。

汽轮机酸腐蚀的原因是水、汽质量不良，在用作补给水的除盐水中含有酸性物质或会分解成酸性物质，如氯化物或有机酸等。氯化物在炉水中，可与水中的氨形成氯化铵，溶解携带于蒸汽中，并在汽轮机液膜中分解为盐酸和氨，由于二者分配系数的差异，使液膜呈酸性。水汽中的有机酸也是引起汽轮机腐蚀的一个因素。

B 防护原则

（1）提高锅炉补给水质量，要求采用二级除盐，补给水电导率应小于 0.2μS/cm；（2）给水采用分配系数较小的有机胺以及联胺进行处理，以提高汽轮机液膜的 pH 值。

8.4.2.5 汽轮机固体颗粒的磨蚀

A 腐蚀特征

汽轮机喷嘴表面、叶片及其他蒸汽通道的部件上，易发生不同程度的磨蚀。固体颗粒的磨蚀和水滴造成的冲蚀完全不一样，前者通常在汽轮机的高压、高温段发生，而水滴的冲蚀一般在低温、低压段发生。

固体颗粒磨蚀的原因是蒸汽中夹带了异物，这些异物主要是剥落的金属氧化物。它们是在加工停用及运行中逐步形成的，当温度瞬变时，便从温度较高的管道中剥落下来。例如从锅炉过热器管、再热器管及主蒸汽管的内壁上剥落下来，然后带入汽轮机，引起固体颗粒的磨蚀。

B 防护原则

（1）过热器管和主蒸汽管等高温部件，采用更好的抗氧化性材料制造；（2）对过热器管等高温管道进行较彻底的蒸汽吹扫。当管内有较厚氧化层时，应进行酸洗，使氧化层在剥落前就被清除掉；（3）机组不要长期在低负荷下运行。

8.4.2.6 汽轮机的点蚀

A 腐蚀特征

点蚀是一些小的腐蚀坑点，常出现在汽轮机喷嘴和叶片表面，有时也出现在叶轮和转子体上，被氯化物污染的蒸汽会使汽轮机出现这种腐蚀。氯化物、湿分和氧是点蚀形成的条件。因此点蚀易在汽轮机的低压部分产生。汽轮机停用时也易出现点蚀。

喷嘴和叶片会因表面点蚀的增大粗糙度和增大摩擦力而降低效率，点蚀还会导致应力腐蚀破裂和腐蚀疲劳，会影响汽轮机的寿命。

B 防护原则

(1) 提高进入汽轮机的蒸汽质量，严格控制蒸汽中氯离子的含量；(2) 做好汽轮机停运时的防腐工作。

8.4.3 给水泵腐蚀

A 腐蚀特征

给水泵的腐蚀主要是冲蚀和汽蚀。发生冲蚀和汽蚀的部位主要是在水泵的叶轮、导叶和卡圈的铸铁以及铸钢件上。这类腐蚀均发生在高压机组采用除盐水作为锅炉补给水的条件下。分析其原因，是纯水的缓蚀性很弱，当给水泵钢部件在纯水中高速转动时，钢铁表面形成的氢氧化亚铁很快被冲刷掉。而在钢表面保持足够的氢氧化亚铁浓度，是钢表面形成保护膜的必要条件，为此要防止给水泵的腐蚀，一方面要进一步提高给水的 pH 值，促进钢表面保护膜的形成。更主要的是更换给水泵的材质，将铸铁、铸钢件改为含铬或含铬钼的钢材。

B 防护原则

(1) 提高给水 pH 值至 9.2~9.3；(2) 做好给水除氧工作；(3) 提高锅炉补给水质量，要求采用二级除盐，补给水电导率应小于 0.2μS/cm；(4) 将给水泵中的铸铁、铸钢件改为 2Cr13 等较耐蚀的合金钢部件。

8.4.4 加热器管腐蚀

A 腐蚀特征

对于立式加热器，无论管束为铜管或钢管，其腐蚀部位均发生在 U 形管外侧（汽侧）的下弯头处，而且在进水的一端，即在低温端较为严重，腐蚀的特征为弯头外表面处均匀变薄，并有密集的麻坑，最深处产生裂纹。腐蚀发生在 U 形管汽侧下弯头处的原因是蒸汽中的腐蚀性气体（如二氧化碳）在该处富集，并溶于低温段管表面的过热液膜中。

对于卧式加热器，无论管束为铜管或钢管，其腐蚀部位大都发生在汽侧进水的一端或无抽汽管的一端，以及发生在汽侧近水位处。

加热器管水侧的腐蚀与水质有关，采用纯水或凝结水时，铁和铜在水中的溶解是值得注意的问题，管内过高的水流速，会引起加热器管水侧金属的冲蚀和减薄，使大量铜铁带入锅炉。

B 防护原则

(1) 提高水汽质量，减少水汽中析出的腐蚀性气体。

(2) 合理设计加热器汽侧的抽汽装置，减少腐蚀性气体的富集。

(3) 调节水质至较佳的 pH 值，减少铜和铁在水中的溶解。

(4) 做好加热器的停运防腐工作，加热器可采用充氮保护，钢管加热器可采用氨-联胺保护。

8.5 热力设备停备用期间的防腐方法

为保证热力设备的安全经济运行，热力设备在停（备）用期间，必须采取有效的防锈蚀措施，避免锅炉、加热器、汽机等设备的锈蚀损坏。停（备）用设备防锈蚀方法的选择，应根据停用设备所处的状态、停用期限的长短、防锈蚀材料的供应及其质量情况、设备系统的严密程度、周围环境温度和防锈蚀方法本身的工艺要求等综合因素确定。

8.5.1　热力设备在停（备）用期间的防锈蚀工作

热力设备在停（备）用期间的防锈蚀工作有：

（1）防止热力设备在停（备）用期间发生锈蚀的工作，是一项周密细致、牵涉面广的技术工作，各专业人员应在统一领导下密切配合。

（2）防锈蚀药剂必须经过检验分析，确认无误后方可使用。

（3）停（备）用设备在进行防锈蚀前，应做好防锈蚀设施及药剂的准备工作。设备检修时，防锈蚀处理所需时间应纳入检修进度。

（4）解除停（备）用设备防锈蚀保养时，应检查和记录防锈蚀效果，总结经验，以便不断改进和提高防锈蚀技术水平。

（5）应建立健全停（备）用设备防锈蚀技术档案。

8.5.2　停（备）用锅炉防锈蚀方法

8.5.2.1　热炉放水余热烘干法

热炉放水余热烘干法的方法要点、操作要领及监督和注意事项如下所示。

（1）方法要点：锅炉停运后，压力降至规定值时，迅速放尽锅内存水，利用炉膛余热烘干受热面。

（2）操作要领：

1）锅炉熄灭后，迅速关闭各挡板和炉门，封闭炉膛，防止热量过快散失。

2）高压及其以上的汽包锅炉压力降至0.5～0.8MPa，中压汽包锅炉压力降至0.3～0.5MPa时，迅速放尽锅内存水；直流锅炉，在省煤器水温降至180℃时，迅速放尽锅内存水。

3）放水后，立即全开空气门、排汽门和放水门，采用自然通风将锅内湿气排出。直至锅内空气湿度达到控制标准时，停止通风干燥。

（3）监督和注意事项：

1）在烘干过程中，应定时测定锅内空气湿度。湿度应符合控制标准。

2）炉膛温度降至105℃时，测定锅内空气湿度仍低于控制标准，锅炉应点火或辅以邻炉热风，继续烘干。

3）锅炉降压操作，必须控制汽包壁上下温度差不超过允许值。

8.5.2.2　负压余热烘干法

负压余热烘干法的方法要点、操作要领、监督和注意事项如下所示。

（1）方法要点：锅炉停运后，压力降至规定值0.5～0.8MPa，中压汽包锅炉压力降至0.3～0.5MPa时，迅速放尽锅内存水，然后立即抽真空，加速向锅内引入空气和自锅内排出湿气，以提高烘干效果。

(2) 操作要领:

1) 锅炉停运后，按照热炉放水余热烘干法的规定放尽锅内存水，然后立即关闭空气门、排汽门和放水门等，封闭锅炉。

2) 无中间再热的锅炉，可启动抽气器抽真空；有中间再热的锅炉，可系统抽真空，即先将锅炉本体部分抽真空，待主蒸汽压力降至零、温度降至350℃时，再通过疏水管道将一次蒸汽系统和二次蒸汽系统抽真空。

3) 炉顶真空度达到0.053MPa以上，锅内空气湿度不再明显降低时，可全开空气门或排汽门约1h，用空气置换锅内残存湿气，然后关闭空气门或排汽门，使真空度回升。

4) 继续抽真空0.5~1.0h后，全开空气门或排汽门，用空气置换锅内的残余湿气，直至锅内空气湿度达到控制标准为止，停止真空干燥。

(3) 监督和注意事项:

1) 若再热器单独采用负压余热烘干法干燥时，也可用汽机空气抽出器抽真空。

2) 抽气器必须有足够的抽气能力。抽气器的工作水或蒸汽流量应满足要求，压力要稳定，以防水或蒸汽被吸入锅炉。

3) 锅炉系统应严密。抽气系统尽可能设置为固定系统，并有可靠的隔离措施。

8.5.2.3 邻炉热风烘干法

邻炉热风烘干法方法要点、操作要领、监督和注意事项如下所示。

(1) 方法要点。热炉放水后，为补充炉膛余热的不足，辅以运行邻炉热风，继续烘干。

(2) 操作要领:

1) 按热炉放水余热烘干法和负压余热烘干法的各项烘干锅炉。

2) 当炉膛温度降至105℃时，微开锅炉有关挡板，使炉膛烟道自然通风。然后开启总风道连通门或热风管道上的挡板，向炉膛送入220~300℃的热风，继续烘干，直至锅内空气湿度达到控制标准。停止送入热风后，应封闭锅炉，以维持锅内的干燥状态。

(3) 监督和注意事项:

1) 锅炉在备用状态下，当周围环境湿度高于70%时，为保持锅内的干燥状态，以连续通入热风为宜。

2) 由运行邻炉引出热风时，必须保证运行炉的风量，送风机电流严禁超过额定值。监督和注意事项中的其他项目同负压余热烘干法。

8.5.2.4 充氮法

充氮法方法要点：操作要领、监督和注意事项如下所示。

(1) 方法要点。汽侧充氮是在锅炉停运后，汽压大于0.5MPa和保持正常水位下，先完成锅炉换水，在汽压降至0.5MPa时充入氮气。然后在保持氮压的条件下，进行炉内水的氨-联胺处理。水汽两侧（或称整炉）充氮，是在汽压降至0.5MPa时充入氮气，并在保持氮压的条件下，排尽炉水。氮压应保持在规定值，防止空气进入锅内。

(2) 操作要领:

1) 在汽侧作充氮防锈蚀保养时，应在锅炉停运后，保持正常水位的情况下，立即用除氧后的锅炉给水换出炉水。当炉水磷酸根小于 1mg/L 且水质澄清时，停止换水。

2）在汽压降至 0.5MPa 时，通过空气门向锅内充入氮气。

3）在氮压保持 0.3～0.5MPa、炉内水侧温度低于 100℃ 的条件下，向锅内加入氨-联胺药剂并设法使锅内药液均匀。当药液的联胺含量和 pH 值达到规定值时，停止加药，水汽侧充氮防锈蚀保养时，应在保持 0.3～0.5MPa 氮压的条件下，微开放水门或排污门，利用氮压排尽炉水。然后关闭放水门或排污门。

4）当氮压重新稳定在 0.5MPa 时，停止充氮，封闭锅炉系统。

（3）监督和注意事项：

1）锅炉必须严密。

2）使用的氮气纯度以大于 99.5%为宜，最低不应小于 98%。

3）充氮前，应用氮气吹扫充氮管道，排尽管道内的空气。

4）氮气瓶出口调整门处的压力，应调整到 0.5MPa。当锅炉汽压降至此值以下时，氮气便可自动充入锅炉。

5）充氮管道直径不宜过小，一般不小于 20mm。管材最好采用不锈钢。

6）充氮系统应尽可能设置为固定系统。低位处应设置疏水阀门，以便及时排去疏水，避免充氮时引起冲击。系统还应有可靠的隔离措施。

7）氮压和水侧药液含量应符合控制标准。低于标准时应予补充。

8）解除防锈蚀保养，工作人员进入设备内工作前，必须先进行通风换气。

8.5.2.5　气相缓蚀剂法

气相缓蚀剂法方法要点、操作要领、监督和注意事项如下所示。

（1）方法要点。锅炉烘干，当锅内空气湿度（室温值）小于 90%时，向锅内充入气化了的气相缓蚀剂（如碳酸环己胺、碳酸铵等），待其在锅内含量达到一定值后，停止充气，封闭锅炉。

（2）操作要领：

1）锅炉停运后，首先烘干锅炉，使锅内空气湿度小于 90%。当采用热炉放水余热烘干法时，气化的气相缓蚀剂从锅炉底部的放水管或疏水管充入，使其自下而上逐渐充满锅炉。当采用负压余热烘干法时，气化后的气相缓蚀剂，则从锅炉顶部的空气管或排气管充入，使其自上而下逐渐充满锅炉。充入气相缓蚀剂时，抽气器可继续运行。

2）充入气相缓蚀剂前，用不低于 50℃ 的热风，经气化器旁路先对充气管路进行暖管，以免气相缓蚀剂遇冷析出，造成堵管。当充气管路温度达到 50℃时，停止暖管并将热风导入气化器，使气相缓蚀剂气化后充入锅炉。

3）当锅内气相缓蚀剂含量达到控制标准时，停止充入气相缓蚀剂并迅速封闭锅炉。

（3）监督和注意事项：

1）当气相缓蚀剂自下而上充入锅炉时，应开启炉顶空气门或排汽门，并由此处定时抽取气样，测定气相缓蚀剂含量；采用自上而下充入锅炉时，应开启炉底放水门或排污门，并由此处抽气取样，测定气相缓蚀剂含量。气相缓蚀剂的含量应符合控制标准。

2）气化器宜为钢制容器，其容积约为锅炉水容积的 0.5%～1.0%。容器内装设一层多孔板，板上放置用纱布包好的气相缓蚀剂，其量可按 80～100g/m^3（m^3为防锈蚀空间的单位）计算。纱布包应固定在孔板上。气化器和充气管路（管径不宜小于 20mm）应有保温设施。气化器投入运行时，应注意调节送入气化器的热风温度，使气化器出口气体中气相缓蚀剂含量维持在 50g/m^{3}以上。

3）碳酸环己胺为白色粉末状物质，有氨味。当它与人体直接接触时，有轻微刺激感。使用时对操作人员应注意保护，切勿使其溅入眼内。解除设备防锈蚀保养，工作人员进入设备工作前，必须进行设备的通风换气。碳酸环己胺为可燃物，不应与明火接触。

4）碳酸铵或碳酸环己胺均对铜质部件有腐蚀作用，使用时应有隔离铜质部件的措施。

8.5.2.6　氨水法与氨-联胺法

氨水法与氨-联胺法的方法要点、操作要领、监督和注意事项如下所示。

（1）方法要点。锅炉停运后，放尽锅内存水，用氨溶液或氨-联胺溶液作为防锈蚀介质充满锅炉，防止空气进入。

（2）操作要领：

1）锅炉停运后，压力降至零时开启空气门、排汽门、疏水门和放水门，放尽锅内存水。

2）用除盐水配制含氨量为 500~700mg/L 的溶液（用软化水配制氨溶液时，其含氨量应为 1000mg/L），或含联胺量为 200mg/L（用氨水调整 pH 值至 10~10.5）的氨-联胺溶液，在配药箱内搅拌均匀。

3）药液用输药泵经过热器疏水门逆行送入锅内，当送入的药液量约为 2 倍过热器容积时，再经省煤器放水门同时向锅内进药，直至充满锅炉。

4）为防止空气漏入锅炉，在锅炉最高处应设置带液位计的水封箱。当药液经连通门充满水封箱时，停止加药，关闭放水门和疏水门。无水封箱时，应采取氮气封闭措施防止空气漏入。

（3）监督和注意事项：

1）防锈蚀保养初期应加强监督药液含量、氮气纯度及其压力是否符合控制标准，低于标准时应予调整；出现异常时，应查明原因，及时消除。

2）药液对铜质部件有腐蚀作用，使用时应有隔离铜质部件的措施。

3）解除设备防锈蚀保养后，点火前应加强锅炉本体至过热器的反冲洗。

4）药液有刺激性，联胺有毒，在使用该药剂时操作人员应注意保护。排放联胺溶液前，必须将溶液处理至符合排放标准。

8.5.2.7　蒸汽压力法

蒸汽压力法方法要点、操作要领、监督和注意事项如下所示。

（1）方法要点：锅炉停运后，利用锅炉残余压力，防止空气漏入。

（2）操作要领：

1）停炉后，关闭炉膛各挡板、炉门、各放水门和取样门，减少炉膛热量损失。

2）中压锅炉自然降压至 1MPa，高压及其以上锅炉自然降压至 2MPa 时，进行一次锅炉排污。为保持一定水位，必要时补充一定量的给水。

（3）监督和注意事项：

1）锅炉在热备用期间应始终监督其压力，并使之符合控制标准。低于控制标准时，锅炉应点火保持压力，或点火升压后转为给水压力法防锈蚀保养。

2）采用本法保养时，应在停炉前 2h 停止锅内加药处理。对于分段蒸发锅炉应加大连续排污，使盐段炉水水质接近净段炉水水质。

8.5.2.8　给水压力法

给水压力法的方法要点、操作要领、监督和注意事项如下所示。

（1）方法要点。锅炉停运后，用除氧给水充满锅炉，并保持一定压力及溢流量，以防止空气漏入。

（2）操作要领：

1）锅炉停运后，保持汽包内最高可见水位，自然降压至给水温度对应的饱和蒸汽压力时，用除氧后的锅炉给水换掉炉水。

2）当炉内水的磷酸根小于 1mg/L，水质澄清时，停止换水。

3）当过热器壁温低于给水温度时，开启锅炉最高点空气门，由过热器反冲洗管或出口联箱的疏水管充入给水，至空气门溢流后关闭空气门。在保持压力为 0.5~1.0MPa 条件下，使给水从炉内或饱和蒸汽取样器处溢流。溢流量控制在 50~200L/h 的范围内。

（3）监督和注意事项：

1）锅炉在防锈蚀保养期间，必须对其给水质量和压力进行认真监督，使其符合控制标准。低于控制标准时，应查明原因，予以消除。

2）此法用于冷备用防锈蚀保养，冬季应注意防冻。

8.5.3　停（备）用汽轮机防锈蚀方法

8.5.3.1　热风干燥法

热风干燥法的方法要点、操作要领、监督和注意事项如下所示。

（1）方法要点：停机后，放尽与汽机本体连通管道内的余汽存水。当汽缸温度降至一定值后，向汽缸内送入热风，使汽缸内保持干燥。

（2）操作要领：

1）停机后，按规程规定，关闭与汽机本体有关汽水管道上的阀门。阀门不严时，应加装堵板，防止汽水进入汽机。

2）开启各抽汽管道、疏水管道和进汽管道上的疏水门，放尽余汽或疏水。

3）放尽凝汽器热水井内和凝结水泵入口管段内的存水。

4）当汽缸壁温度降至 80℃以下时，从汽缸顶部的导汽管或低压缸的抽汽管，向汽缸送入温度为 50~80℃的热风。

5）热风流经汽缸内各部件表面后，从轴封、真空破坏门、凝汽器入孔门等处排出。

6）当排出热风湿度低于 70%（室温值）时，若停止送入热风，则应在汽缸内放入干燥剂，并封闭汽机本体。

（3）监督和注意事项：

1）在干燥过程中，应定时测定从汽缸排出气体的湿度，并通过调整送入热风风量和温度来控制由汽缸排出空气湿度，使之尽快符合控制标准。

2）汽缸内风压应小于0.04MPa。

8.5.3.2　干燥剂去湿法

干燥剂去湿法的方法要点、操作要领、监督和注意事项如下所示。

（1）方法要点。停运后的汽轮机，经热风干燥法干燥至汽机排气湿度（室温值）达到控制标准后，停送热风。然后向汽缸内放置干燥剂，封闭汽机，使汽缸内保持干燥状态。

（2）操作要领。

1）按热风干燥法操作要领先对汽机进行热风干燥，当汽机的排气湿度达到控制标准时，停送热风。

2）将用纱布袋包装好的变色硅胶，按 $2kg/m^3$（m^3为保养空间的单位）计算需用数量，从排汽缸安全门稳妥地放入凝汽器的上部后，封闭汽机。

（3）监督和注意事项。

1）本法适用于周围湿度较低（大气湿度不高于70%），汽缸内无积水的封存汽机防锈蚀保养，否则，用热风干燥法防锈蚀效果较好。

2）应经常检查硅胶的吸湿情况。发现硅胶变色（即失效）要及时更换。

3）入汽缸内的硅胶要记录装入的袋数，解除防锈蚀保养时，必须如数将硅胶取出。

8.5.4　停（备）用高压加热器防锈蚀方法

停（备）用高压加热器的水侧和汽侧，均可采用充氮法或氨-联胺法进行防锈蚀保养。

8.5.4.1　充氮法

充氮法的方法要点、操作要领如下所示。

（1）方法要点：

1）水侧充氮：停机后，在进行水侧泄压放水的同时，进行充氮。待氮压稳定在0.5MPa时，停止充氮。

2）汽侧充氮：停机后，汽侧压力降至0.5MPa时，进行充氮。在保持氮压条件下排尽疏水。待氮压稳定在0.5MPa时，停止充氮。

（2）操作要领：

1）水侧充氮：停机后，关闭高压加热器的进水门和出水门。开启水侧空气门泄压至0.5MPa后，由此门充入氮气。微开底部放水门，缓慢排尽存水后关闭放水门。待氮压达到0.5MPa时，停止充氮。

2）汽侧充氮：停机后，待汽侧压力降至0.5MPa时，从汽侧空气门充入氮气。微开底部放水门，缓慢放尽疏水，关闭放水门，待氮压稳定在0.5MPa时，停止充氮。

8.5.4.2　氨-联胺法

氨-联胺法的方法要点、操作要领、监督和注意事项如下所示。

（1）方法要点。停机后，放去水侧（或汽侧）存水，用氨-联胺溶液充满高压加热器的水侧（或汽侧）进行防锈蚀保养。

（2）操作要领。

1）停机后，汽侧压力降至零，水侧温度降至100℃时，开启水侧（或汽侧）放水门和空气门，放去水侧存水（或汽侧疏水）。

2）用加药泵将联胺含量为200mg/L（加氨调整pH值为10~10.5）的溶液，从底部水侧（或汽侧）放水门充入高压加热器的水侧（或汽侧），至水侧管系顶部（汽侧顶部）空气门有药液溢流时，关闭空气门和放水门，停止加药。为防止空气漏入，高压加热器顶部应采用水封或氮气封闭措施。

（3）监督和注意事项。

1）设备防锈蚀保养初期，应对药剂含量和氮气压力加强监督，使之符合控制标准。若低于标准时，应查明原因，予以补充。使用氮气纯度以大于99.5%为宜，最低不得小于98%。

2）高压加热器采用氨-联胺法防锈蚀保养时，必须设置一套专用设备系统，其中包括药液箱、加药泵及管路等。

3）高压加热器水侧采用充氮法防锈蚀保养时，其结构应能保证放尽管内存水（如蛇管式高压加热器）；汽侧采用氨-联胺法防锈蚀保养时，汽侧上部空间应有放尽空气的措施，以保证药液充满整个汽侧空间。其他注意事项见锅炉充氮法防腐和氨-联氨法防腐的各项规定。

8.5.5 其他停（备）用热力设备的防锈蚀方法

除氧器、凝汽器、低压加热器和冷油器水侧进行长期停用保养时，应将其内部存水排净，清除沉积物后，用压缩空气吹干。

8.5.6 给水泵、循环水泵、凝结水泵和主要阀门

给水泵、循环水泵、凝结水泵和主要阀门（如主汽门、给水门等）作长期停用保养时，应先将其解体检查，对其表面进行防锈处理，装复后，应进行妥善保管。

9 热力设备的化学清洗

9.1 化学清洗的必要性

化学清洗是用化学的方法去除设备表面积垢和附着物而使其恢复原表面状态的过程。作为一个综合性的实用工程技术，化学清洗在电力系统火电厂已得到广泛应用，对于节约能源、提高换热设备效率、延长设备使用寿命，具有特别重要的意义。

9.1.1 不同类型机组垢类特点

9.1.1.1 基建机组垢类特点

基建机组受热面上的垢、沉积物主要是在设备加工、运输、储存、安装过程中产生高温氧化皮、常温下氧腐蚀产生腐蚀产物、油脂涂层、泥沙、焊渣和污染物等。

基建机组最大的特点是各部位的垢类型单一、垢量少。高温氧化皮主要集中在过热器和再热器系统；油脂涂层主要集中在铜材质系统和炉前系统，包括铜材质的凝汽器、低加、冷油器等；常温下产生的腐蚀产物、少量的高温氧化皮主要集中在炉前系统和省煤器、水冷壁系统和低温过热器系统；泥沙等杂物则存在于整个热力系统中。

9.1.1.2 运行机组垢类及特点

运行炉在运行过程中，随给水带入的杂质离子和水汽系统产生的腐蚀产物在金属受热面上沉积形成的氧化铁垢、钙镁水垢、铜垢、硅酸盐垢和油垢、硅垢等，以及过热器系统产生的高温氧化皮、沉积物。

与基建机组相比，运行机组的特点是各部位的垢类型比较复杂、垢量大，且往往是多种垢同时存在于热力系统的同一部位。过热器和再热器系统主要是成分为铁及合金为主的高温氧化皮；省煤器、水冷壁系统主要是铜铁垢、硅垢，对于给水品质比较差的机组，往往还有钙镁垢；凝汽器、冷油器等水侧则主要是钙镁垢和少量腐蚀产物等。

9.1.2 沉积物的危害

沉积物的危害：

（1）使炉管金属过热和损坏，缩短锅炉的使用寿命。

（2）致使炉管变薄、穿孔而引起爆管。

（3）引起炉管堵塞或破坏汽水流动。

（4）水质长期不合格，延长了机组启动时间。

（5）低合金钢在接近和高于运行温度（538℃）时产生高温腐蚀，过热器、再热器的铁在高温下被氧化，导致金属壁温的上升，氧化垢的形成速度更快。金属氧化物累积后，在运行过程中可能脱落，对管道及汽机产生危害。

9.1.3 化学清洗的重要性

化学清洗的目的就是彻底清除锅炉金属受热面上的沉积物和腐蚀产物，使锅炉受热面保持洁净状态，改善水汽品质、保持锅炉良好的传热效率、减缓金属腐蚀和沉积物的产生。运行锅炉化学清洗的参照标准见表 9-1。

表 9-1 运行锅炉化学清洗的参照标准

锅炉类型	汽包炉				直流炉
工作压力/MPa	<5.88	5.88~12.64	12.74	16.66	—
极限垢量/$g \cdot m^{-2}$	600~800	400~600	300	200	200~300
间隔时间/年	12~15	10	6	4	4

（1）材质为碳钢，无论垢类型和垢量大小，也不论基建炉还是运行炉，盐酸清洗是最佳选择。在盐酸中添加少量的氟化物，可具有清洗除油脂、碳膜外的所有类型的垢物，且清洗速度快、清洗温度低、清洗彻底、成本低、安全性高，完全满足清洗要求、废液易处理等特点。不足之处是腐蚀速率比较高，不能清洗不锈钢材质，运输不便等。铜垢大于5%时必须增加除铜工艺。

（2）当材质中存在不锈钢或其他时，可选择氨基磺酸或 HEDP（羟基乙叉二膦酸）清洗。在 HEDP 或当氨基磺酸中添加少量助溶剂时，具有与盐酸同样的清洗能力和清洗效果，腐蚀速率明显低于盐酸清洗，满足清洗要求，只是综合成本比盐酸高。

9.2 常用的清洗剂和添加剂

化学清洗技术的发展与清洗剂的进步密切相关，清洗剂按需清洗的垢型主要分为水垢、锈垢清洁剂及油垢清洗剂和工艺侧污垢清洗剂几大类。

化学清洗介质的选择，一般根据垢的成分，锅炉设备的构造、材质，清洗效果，缓蚀效果，经济性的要求，药物对人体的危害以及废液排放和处理要求等因素进行综合考虑。一般应通过试验选用清洗介质，以确定清洗参数。

9.2.1 无机酸清洗剂

9.2.1.1 盐酸（HCl）

盐酸是一种较好的清洗剂。采用盐酸洗炉时，其反应式如下：

$$CaCO_3 + 2HCl \longrightarrow CaCl_2 + H_2O + CO_2\uparrow$$

$$MgCO_3 \cdot Mg(OH)_2 + 4HCl \longrightarrow 2MgCl_2 + 3H_2O + CO_2\uparrow$$

$$Fe_2O_3 + 6HCl \longrightarrow 2FeCl_3 + 3H_2O$$

$$Fe_3O_4 + 8HCl \longrightarrow 2FeCl_3 + FeCl_2 + 4H_2O$$

$$Fe_3O_4 + 8H^+ + 2e \longrightarrow 3Fe^{2+} + 4H_2O$$

实践表明，盐酸是一种应用广泛的清洗剂，其优点有：除污能力强，溶解铁的氧化物能力强，清洗工艺容易掌握，价廉、货广易得，输送方便，但不适用于清洗有奥氏体不锈钢的锅炉，因为氯离子能促使奥氏体钢发生应力腐蚀。用盐酸清洗以硅酸盐为主的水垢效果不佳，在清洗液中往往需补加氟化物等添加剂。另外，盐酸有刺激性气味，对人体有害。最重要的是盐酸不能清洗不锈钢设备，因为氯离子会对不锈钢产生应力腐蚀。采用盐酸清洗的工艺条件是：盐酸浓度为3%~5%，加0.2%~0.4%的若丁或0.2%~0.3%的乌洛托平作缓蚀剂，清洗温度为40~60℃，流速为0.2~1.0m/s，清洗时间为6~8h。

9.2.1.2 氢氟酸（HF）

氢氟酸不仅溶解铁氧化物的速度快，溶解以硅酸盐为主的水垢能力也很强，这是由于氟离子能加速硅酸的溶解，用氢氟酸洗炉时，其反应式如下：

$$2Fe^{3+} + 6F^{-} \longrightarrow Fe(FeF_6)$$

$$SiO_2 + 6HF \longrightarrow H_2SiF_6 + 2H_2O$$

用氢氟酸清洗时，由于上述反应快、清洗液温度低、时间短，因此它适用于开路法清洗。此法具有临时工作量小，清洗系统简单，耗水量少和当添加适当缓蚀剂时可使静态下基体金属的腐蚀速度小等优点。由于氢氟酸具有上述优点，它可以用来清洗奥氏体钢部件，可以用来清洗炉前系统和炉后系统而不必拆除或隔离汽水系统中的阀门，可十分方便地实现对大型机组热力系统的全面清洗。采用HF酸清洗的工艺条件是：氢氟酸的浓度为1.0%~2.0%，加0.2%~0.4%的混合缓蚀剂，酸性液温度为30~60℃，最低流速为0.15~0.20m/s，酸洗时间为2~3h。

应强调指出的是，浓氢氟酸易烧伤人体，氢氟酸蒸汽有很强的毒性，使用时必须注意安全。

9.2.2 有机酸清洗剂

目前用于锅炉化学清洗剂的有机酸很多，常用的有柠檬酸、乙二胺四乙酸（EDTA）等。用这些酸作清洗剂，不仅是利用其酸性来溶解沉积物，而且主要是利用它们具有与铁离子络合的性能，因此用有机酸清洗有许多优点：不会形成大量的沉渣或沉积物以致堵塞管道，对基体金属侵蚀性小，可采用较高的流速等。不足之处在于药品较贵，清洗成本高等。

9.2.2.1 柠檬酸

柠檬酸（$H_3C_6H_5O_7$）是目前化学清洗剂中应用得较广的有机酸。柠檬酸本身与Fe_3O_4反应较缓慢，与FeO直接反应生成柠檬酸铁。柠檬酸铁的溶解较小，易成为沉淀。

因此采用柠檬酸作为清洗剂时，适当用氨将清洗液的pH值调至3.5~4.0，使其以柠檬酸单铵形式存在，并与铁离子形成易溶的络合物，反应如下：

$$Fe_3O_4 + 3NH_4H_2C_6H_5O_7 \longrightarrow NH_4FeC_6H_5O_7 + 2NH_4FeC_6H_5O_7OH + 2H_2O$$

实践表明，采用柠檬酸作为清洗剂时，应保证以下工艺条件：清洗液的浓度一般采用3%，清洗温度高于85℃，清洗液的pH值控制到3.0~4.0，流速不低于0.3m/s，清洗时间为3~4h，清洗液中含铁量低于0.5%。清洗结束时，必须用热水或柠檬酸单铵稀液置换清洗废液，因为在清洗废液中有许多胶态柠檬酸单铵络合物，如将废液直接排放，络合物附在金属表面，会形成很难冲掉的膜状物质。

柠檬酸适用于奥氏体钢部件合管径大、结构复杂的高参数机组的清洗。其不足在于：

药品较贵，除污能力不及盐酸，对铜、钙、镁和硅垢清洗效果差，要求较高温度及流速高并需配备大容量的清洗泵。

有机酸中，氨基磺酸除氧化铁垢能力稍差，柠檬酸和草酸对硅垢，钙、镁垢无效，能够对铁垢及大部分金属离子都起作用的只有 EDTA。

9.2.2.2　乙二胺四乙酸（EDTA）

EDTA 及其铵盐液是较好的锅炉清洗剂。它们除具有一般有机酸清洗剂的优点外，对铜、钙、镁等垢都有较强的清除能力。清洗后金属表面能形成良好的防腐保护膜，无需另行钝化。在溶液中 EDTA 与锅炉内部的金属化合物反应生成可溶性稳定络合物：

$$Me+Y \longrightarrow MeY$$

在清洗液的 pH 值为 9.0~9.5，清洗液浓度为 1%~2%，清洗温度在 130~160℃，循环 6h 的条件下，可得到较好的清洗效果。采用 EDTA 洗炉有很多优点：除污能力强，形成的沉渣少，对基体金属腐蚀性小，无需专用耐蚀泵，而且工艺简单，水耗低，可达到用同一溶液实现除垢和钝化金属表面的目的。其不足之处是药品贵，清洗成本高。

汽包炉和直流炉都可用 EDTA 进行清洗。对于汽包炉来说，采用 EDTA 钠盐和铵盐都可以对其进行清洗。从材质方面考虑，使用 EDTA 钠盐和铵盐对直流炉里的奥氏体钢和合金钢都不会产生影响。但是，因直流炉无汽包，将无法排污。若使用 EDTA 钠盐清洗，钠盐有存积在机组热力系统内部的可能，存积的钠盐会影响机组启动时的水汽品质，同时有可能随蒸汽进入汽轮机系统，从而沉积在汽轮机叶片，给汽轮机的安全运行带来隐患。而 EDTA 铵盐不存在积盐的可能，因氨为挥发性物质，且直流炉在运行的过程中，给水刚开始采用的都是 AVT 处理，给水中含有氨。另外，从清洗温度考虑，EDTA 二钠盐的清洗温度为 120~130℃，而 EDTA 铵盐的清洗温度只需 80~95℃，甚至更低。

9.2.3　碱性清洗剂

碱洗的目的是除去系统中的有机污物和碱性可溶物，并对疏松的污垢和金属氧化物起到剥离作用。碱洗剂常用于新建锅炉煮炉钝化、锅炉酸洗工艺中的碱洗或者垢转型的碱煮以及小型锅炉的碱煮除垢等。

常用的碱性清洗剂为氢氧化钠、碳酸钠或磷酸三钠配制成的高强度碱液，以软化、松动、乳化及分散沉积物。往往添加一些表面活性剂以增加清洗效果。

9.2.3.1　磷酸钠

磷酸三钠也叫正磷酸钠，商业上又称磷酸钠。分子式为 $Na_3PO_4 \cdot 12H_2O$，分子量为 380.20。是一种锅炉防垢剂，它能除去锅水中残余的 Ca^{2+}、Mg^{2+}，形成胶状沉淀：

$$3Ca^{2+} + 2PO_4^{3-} = Ca_3(PO_4)_2 \downarrow$$

$$3Mg^{3+} + 2PO_4^{3-} = Mg_3(PO_4)_2 \downarrow$$

另外在碱性沸水中，Ca^{2+}会形成碱式磷酸钙，呈现松软的水渣状：

$$10Ca^{2+} + 6PO_4^{3-} + 2OH^- = Ca_{10}(OH)_2(PO_4)_6 \downarrow$$

Na_3PO_4 还能与金属表面作用，生成磷酸盐保护膜，防止金属的腐蚀，并可促使硫酸盐、碳酸盐等老水垢疏松脱落。在化学清洗过程中所使用的其他药品如碳酸钠等，则使用起来既对人体无较大的损害又无致毒作用。

9.2.3.2 碳酸钠

碳酸钠，俗名苏打、纯碱、洗涤碱，化学式为 Na_2CO_3，普通情况下为白色粉末，水溶液呈强碱性。用碳酸钠对清洗后的低压锅炉和热交换器进行钝化，可在钢铁表面形成以氧化铁为主的表面膜。

9.2.3.3 氢氧化钠

氢氧化钠，化学式为 NaOH，俗称烧碱、火碱、苛性钠，为一种具有强腐蚀性的强碱。氢氧化钠在水处理中可作为碱性清洗剂，溶于乙醇和甘油；不溶于丙醇、乙醚。在高温下对碳钢也有腐蚀作用。

两性金属会与氢氧化钠反应生成氢气：

$$2Al + 2NaOH + 2H_2O = 2NaAlO_2 + 3H_2 \uparrow$$

两性非金属也会与氢氧化钠反应生成氢气：

$$Si + 2NaOH + H_2O \longrightarrow Na_2SiO_3 + 2H_2 \uparrow$$

氢氧化钠对不锈钢可以产生化学反应和提供微电池的电解质。NaOH 可以在高镍铬不锈钢表面生产完整、致密的（Fe，Cr）$_2$O$_3$ 氧化膜，其耐蚀性好；在低镍铬不锈钢表面生成点状或碎片状的（Fe，Cr）$_2$O$_3$ 氧化膜及 FeOH 和 $Fe(OH)_3$ 等产物，其覆盖性能差，耐蚀性低于高镍铬不锈钢。氧化膜可以减缓电化学腐蚀，而电解质能促进电化学腐蚀的进程。

氢氧化钠（NaOH）常温下是一种白色晶体，该品有强烈刺激和腐蚀性，对人体健康有一定危害。

9.2.4 添加剂

在化学清洗工艺过程中常用的添加剂有缓蚀剂、掩蔽剂和表面活性剂。

9.2.4.1 缓蚀剂

缓蚀剂是能防止或显著降低酸液对金属腐蚀的药品（各种清洗剂常用的缓蚀剂见表 9-2)，它应具备以下性能：

表 9-2 各种清洗剂常用的缓蚀剂

清洗剂	缓 蚀 剂
盐酸	咪唑类季胺（IS-129 或 IS-156）、乌洛托品-硫脲-表面活性剂、若丁
氢氟酸	MBT-4502-硫脲-表面活性剂、若丁-NH_4CNS-新洁而灭、咪唑啉季铵盐-表面活性剂
柠檬酸	二邻甲苯硫脲-表面活性剂
EDTA	硫脲类表面活性剂

（1）具有良好的缓蚀性能。即加入极少量缓蚀剂就能把酸液对金属的腐蚀速度降低在允许的范围内，并不出现金属表面的局部腐蚀。

（2）能适应清洗剂工艺条件，又不影响其清洗效果。

（3）不影响金属的机械性能和金相组织。

（4）无毒、易溶、安全、价廉、货源易得。

9.2.4.2 掩蔽剂

在酸洗开始阶段，清洗液中可能会出现高价铜、铁等的氧化性离子，当这些离子超出一定量时，会使基体金属腐蚀显著增加，甚至使金属表面粗糙和产生点蚀。Fe^{3+}多时应加还原剂氧化亚锡等，当 Cu^{2+}多时可加掩蔽剂如硫脲、氨等。

9.2.4.3 助溶剂

锅内附着物中的硅化合物和铜在盐酸和有机清洗液中不易溶解，往往需添加适当的助溶剂来促进它们的溶解，当附着物中含硅较多或铁的氧化物难以去除时，可在清洗液中添加0.1%~0.3%的 NH_4HF_2、NaF 或 HF，当垢中含铜较多而采用氨洗法除铜时，可在除铜介质中加0.2%~0.75%过硫酸铵。

9.2.4.4 表面活性剂

表面活性剂是一类物质的总称，当这类物质加到水中时，很少量就能显著地改变水的表面张力，会起到使某些物质湿润、某些物质在水中发生乳化和促进某些溶质在水中的分散等作用。锅炉进行化学清洗时，有的作为洗涤剂，在酸洗前起除油作用；有的作为湿润剂和乳化剂，在酸性时利于清洗。

化学清洗中，常用清洗剂的优缺点见表9-3。

表9-3 各类清洗剂的优缺点

清洗剂	作　用	优　点	缺　点
盐酸	最常用的清洗剂。它适用于碳钢、黄铜、紫铜、铜合金等材质。工业上清洗换热器、各种反应设备、锅炉均使用盐酸清洗剂。	盐酸与铜铁、铁锈、氧化皮反应速度比硫酸、柠檬酸、甲酸快，而且清洗后表面从常温至60℃均可。盐酸清洗液对碳酸盐水垢和铁垢有效，清洗速度快又经济。	温度不能过高，有刺激性气味，对人体有害，最重要的盐酸不能清洗不锈钢设备，因为它含有氯离子会使不锈钢产生应力腐蚀。对硅垢溶解能力差
硫酸	硫酸多用于处理钢铁表面的氧化皮、铁锈	工业上常用5%~15% H_2SO_4 做清洗液，既可除去多种腐蚀产物及 $CaPO_4^-$ 又可有效地清除铁垢。硫酸清洗液的清洗温度为50~80℃。硫酸加硝酸可除焦油、焦炭、海藻类生物等一系列的污垢。	不可清除硫酸盐水垢，因为会生成难溶的硫酸钙。在硫酸清洗液中加入非离子表面活化剂可以大大提高除垢能力。 1. 易产生氢脆。2. 产生的硫酸盐能使脂肪族有机缓蚀剂凝聚、失效。3. 反应物如 $CaSO_4$ 溶解度低，易沉积在设备表壁上，酸洗后表面状态不理想。若垢含量低也可用硫酸除垢。4. 硫酸对人体和设备均有危险，使用时要注意

续表 9-3

清洗剂	作　用	优　点	缺　点
硝酸	一种强氧化性的无机酸。低浓度的硝酸对大多数金属均有强烈的腐蚀作用，高浓度的硝酸对一些金属不腐蚀，有钝化作用	硝酸清洗液除垢、去锈速度快，时间短，加入适当缓蚀剂后对碳钢、不锈钢、铜腐蚀速度极低，缓蚀效果高。只适用于清洗不锈钢、碳钢、黄铜、铜、碳钢-不锈钢、黄铜-碳钢焊接组合体等材质的设备。可除去碳酸盐水垢，并对 α-Fe_2O_3 和磁性 Fe_2O_3 有良好的溶解力	一般的缓蚀剂容易被硝酸分解而失效
氢氟酸和氢氟酸盐	一般用于清洗硅酸盐垢及铁垢。在锅炉垢中硅酸盐垢高达40%～50%，铝和铁的氧化物高达25%～30%，常用氢氟酸清洗液清洗。也可采用氢氟酸加氟化物溶液作清洗液清洗	氢氟酸除硅、铁垢的能力是目前其他清洗剂无法相比的。氢氟酸是唯一能溶解硅垢的清洗剂。 常温下对氧化铁垢、硅垢的溶解力强、快，相同低浓度的氢氟酸比盐酸、硫酸、柠檬酸溶解氧化皮能力强得多，可清洗奥氏体不锈钢，不产生应力腐蚀	在空气中发烟，蒸气中具有强烈的腐蚀性和毒性，对金属的腐蚀能力低于硫酸和盐酸
盐酸-氢氟酸	主要用来除去硅酸盐水垢及含有氧化铁的碳酸盐水垢。盐酸酸洗液中有时加入氟化氢铵，其原因是氟化氢铵与盐酸反应生成氢氟酸，能加速清洗液对碳酸盐、硅酸盐及铁垢的溶解能力	盐酸溶解盐酸盐水垢速度快，氢氟酸虽然是弱酸，低浓度的氢氟酸比盐酸、柠檬酸、硫酸溶解氧化铁的能力强得多	不能溶解硅酸盐水垢，只有氢氟酸能溶解硅酸盐和氧化铁
硝酸-氢氟酸	清洗液对碳酸盐水垢 α-Fe_2O_3、磁性 α-Fe_2O_3 和硅酸盐水垢有良好的溶解力。主要适用于碳钢、不锈钢、合金钢、铜、铜合金、碳钢-不锈钢、碳钢-铜等材质	它去除氧化皮、铁锈及水垢的速度快、时间短，腐蚀速率小，且不产生渗氢，材料来源方便。它是目前国内清洗换热器、铜炉及各种化工设备中的碳酸盐、硅酸盐及铁垢的最佳酸洗液	

续表 9-3

清洗剂	作　用	优　点	缺　点
氨基磺酸	NH_2SO_3H，是中等酸性无机酸。氨基磺酸的水溶液具有与盐酸、硫酸等同等的强酸性，故别名固体硫酸。氨基磺酸及其盐类与多种金属化合物都能生成可溶性盐类，具有在水中溶解高度。 水溶液可去除铁、钢、铜、不锈钢等材料制造的设备表面的铁锈、水垢和腐蚀产物。可用于清洗锅炉、冷凝器、换热器、夹套及化工管道	氨基磺酸及其盐类与多种金属化合物都能生成可溶性盐类，具有在水中溶解高度、不析出沉淀而对金属的腐蚀小的特点。氨基磺酸水溶液对铁的腐蚀产物作用较慢，可适当地添加一些助剂，从而有效地溶解铁垢。1. 不挥发，避免因酸挥发而造成的一系列问题，又因是固体物料，所以便于运输，而且只要维持干燥，就比较稳定。2. 水中溶解性能好，清洗时生成的盐易于溶解，不生成盐类沉淀。3. 不含卤素离子，对金属腐蚀性小	只适用于清洗钙、镁碳酸盐、氢氧化物垢，清除铁垢的能力差。 目前仅用于材质为碳钢、不锈钢、铜及其合金等的热交换器、管道等设备的清洗。 氨基磺酸可与氯化钠混合，这样可以慢慢地产生盐酸，从而有效地溶解铁垢
柠檬酸	是酸洗中应用最多、最早的一种有机酸，可以溶解氧化铁和氧化铜等垢。目前多用于清洗奥氏体钢大型锅炉	弱有机酸，对铜铁腐蚀性小，同样为5%浓度60℃时HCl与90℃的柠檬酸比，其对钢铁的腐蚀比是1：2，无危险，使用方便，可清除氧化物、碱性沉淀物	对清除钙镁垢、硅垢无效
EDTA	二钠盐在pH值为5~8时除垢能力较强，pH值超过7，溶液使金属表面逐渐进入钝化状态	EDTA二钠盐既有清洗垢的作用又起钝化作用，清洗和钝化一步完成	由于EDTA在室温下在水中的溶解度很小，每100g水中仅能溶解0.03g，所以在清洗时要加热升温到140~160℃，以提高溶解度和清洗效果
羟基亚乙基二磷酸	清洗液简称HEDP。HEDP在水溶液中能电离成H^+和酸根离子，酸根离子能和铁等许多金属离子形成稳定的络合物	HEDP具有优异的络合能力及一定的缓蚀能力。它不但对Ca^{2+}、Mg^{2+}、Cu^{2+}、Fe^{2+}等金属离子有很好的螯合功能甚至对这些金属的无机盐类加$CaSO_4$、$MgSiO_3$等也有较好的清洗作用，当HEDP的浓度为1%~5%时，其除锈效果可以与盐酸相媲美	

续表 9-3

清洗剂	作　用	优　点	缺　点
羟基乙酸	$HOOCCH_2COOH$，易溶于水、甲醇、乙酸和乙酸乙酯，但几乎不溶于碳氢化合物溶剂，熔点为 78～79℃，沸点分解。能与设备中的锈垢、钙、镁盐等充分反应而达到除垢目的	羟基乙酸具有腐蚀性低、不易燃、无臭、毒性低、生物分解性强、水溶性好、不挥发等特点，因此使用方便，用途广泛。因为是有机酸，所以对材质的腐蚀性很低，且清洗时不会产生有机酸铁的沉淀。由于无氯离子，还适合于奥氏体钢材质的清洗。更因为其分解形成物具有挥发性，若残留少量于设备中也没有害处，所以用羟基乙酸进行化学清洗危险性更小，操作方便	羟基乙酸对碱土金属类的垢物有较好的溶解能力，与钙、镁等化合物作用较为剧烈

在化学清洗过程中，应根据被清洗设备的材质、结构及污垢的组成来选择清洗剂的组成，除垢类型与清洗液的适用材质见表 9-4。

表 9-4　除垢类型与清洗液的适用材质

清洗液	除垢类型	适用材质
硫酸	金属加工表面的铁鳞，氧化皮，铁锈、含钙量低的沉淀物	碳钢
盐酸	除硅垢之外，对其他垢溶解都很快	碳钢、铜，不可用于不锈钢
HCl-HF	碳酸盐、硫酸盐、磷酸盐、硅酸盐及铁垢	碳钢、铜，不可用于不锈钢
HNO_3	除硅垢之外的所有垢	碳钢、铜、不锈钢
HNO_3-HF	钙、镁、铁垢及硅垢	碳钢、铜、不锈钢、高合金钢
氨基磺酸	钙、镁垢、金属碳酸盐、氢氧化物类垢（除氧化铁垢较差）	碳钢、铜、不锈钢、高合金钢
柠檬酸	以清除氧化垢为主，对硅垢、钙镁垢无效。但氨化柠檬酸可以除铜垢，而柠檬酸则不能	奥氏体钢
EDTA	螯合除去铁垢及垢中的金属离子，价格高，仅适用于重要场合和其他酸混用	碳钢、铜、不锈钢、高合金钢

设备材质有碳钢、奥氏体不锈钢、铜系金属、铝、钛等。常用的清洗液有硫酸、盐酸（或盐酸与氢氟酸）、硝酸（或硝酸与氢氟酸）、氨基磺酸、柠檬酸或氨化柠檬酸等。他们的适应性见下表 9-5。

表 9-5　常用清洗剂的除垢类型及适用材质

材　质	酸　洗　液					中　性	碱　性
	盐酸	硝酸	HNO_3-HF	氨基磺酸	柠檬酸		
碳钢	√	√	√	√	√	√	√
铜系金属	◎	√	√	√	√	√	√
奥氏体不锈钢	×	√	√	√	√	√	√
混凝土	×	×	×	×	×	√	×
铝	×	×	×	×	×	√	×

注：“√”表示好，“◎”表示可用，“×”表示不可用。

9.3 化学清洗方案的制定

锅炉的化学清洗是一项要求较高的工作，要求清除沉积物的效果好，对设备腐蚀性小，并应力求缩短清洗时间和节约药品等费用。为此，首先应选取合适的清洗用药品和制定一个严密的化学清洗方案。化学清洗方案的主要内容是拟定化学清洗工艺条件和确定清洗系统。

9.3.1 清洗用药品及其工艺条件的确定

为了决定清洗用药和探求最合适的清洗条件，应进行专门的小型试验。其方法是在试验室将炉管样品，在各种不同成分、浓度和温度的清洗溶液中浸泡或进行循环冲洗试验，然后检查清洗效果并测定其腐蚀速度，通过比较，选定最适宜的清洗用药品和最优的工艺条件。

影响化学清洗效果的工艺条件有清洗剂的种类、剂量，清洗方式，清洗温度、流速和时间等。

（1）清洗剂的选择与剂量。在具体选择清洗剂时，应考虑设备的结构参数、材质和沉积物的成分，权衡利弊，择优选用，清洗剂量以确保清洗效果为原则，缓蚀剂等药品的浓度应以保证腐蚀速度最小为原则。

（2）清洗方式。清洗方式有静态和动态两种。通常采用动态清洗，其优点有：使系统各部位清洗液浓度、温度均匀，有利于清洗和排污，便于判断终点等。静态清洗简单易行，临时工作量小，有时也可选用。

（3）清洗温度。温度对清洗效果有较大的影响，一般温度愈高，清洗效果愈好，但侵蚀性随清洗温度的上升而增加，当超过一定温度时，缓蚀剂可能完全失效，温度的上限取决于缓蚀剂的允许温度。

（4）清洗流速。采用动态洗炉时，应严格控制适当的清洗流速。流速高可提高清洗效果，但对基体金属的侵蚀性增加。流速低对基体金属的侵蚀性减少，但不利于随时带出沉渣和悬浮物，清洗效果不好，所以清洗流速不宜过高或过低，通常控制在0.2~1m/s。

（5）清洗时间。清洗时间是指清洗液在清洗系统中静止或循环的时间。清洗方案中预定的清洗时间，通常是根据小型试验和经验确定的，现场实际洗炉时的清洗终点则是参照此预定时间，并根据化学监测数据及监视管样的清洗情况决定的。

9.3.2 清洗系统

化学清洗系统是根据锅炉的结构特点、沉积物的状况，以及热力系统和现场设备等具体情况来拟定的。拟定化学清洗系统时，应注意以下几个方面。

（1）清洗泵。选用清洗泵时，必须根据工艺要求，使其有足够的流量和扬程，应有两台互为备用。若清洗泵容量不足或清洗溶液箱容积太小，可将清洗系统分为几个回路，依次地进行清洗。

（2）清洗回路。清洗回路的划分，除考虑锅炉结构材料及保证各部位的流速外，还应考虑以下几点：

1）各清洗回路容积与清洗表面积应有适当的比例，保证足够的清洗剂量。

2）应尽量避免将炉前系统的污物被带入炉本体，或炉本体系统内的污物被带入过热器和再热器内。

3）在各回路中，最好实现正反方向的循环清洗。

4）回路划分不宜过多，以免增加工作量。

（3）加药方式。一般加药方式有二种：

1）边循环边加药，多用于闭路循环系统。

2）在溶液箱内配好所需浓度的清洗液并加热到一定温度，由清洗泵注入系统循环或浸泡，这种方式多用于中、小型锅炉的清洗。

3）HF 开路法是在系统的适当部位，由专用注酸泵将已配好的药液按一定比例和顺序注入事先加热到一定温度的除盐水中，使其一起流经清洗系统而直接排出。

（4）水源和热源。在化学清洗过程中，有时在短时间内需要耗用大量清水或除盐水，若不能及时供应或偶然中断，就会影响清洗效果，所以在设计清洗系统时，事先应对制水能力、储水容量，以及各清洗阶段的需水量进行周密地计算。化学清洗过程中需要加热时，常用的热源为蒸汽，可根据现场具体条件选择取用点。

（5）监测。为了及时掌握化学清洗的过程，并为最后评估清洗效果提供必要的依据，应在清水泵出口临时管道上设置监视管旁路系统。在其中安装上代表性垢样管段和腐蚀指示片，在清洗系统进出口部位设置适当的仪表和取样点，便于监测清洗溶液的流量、温度和化学取样。

（6）安全措施。为了防止发生人身和设备事故，必须采取以下安全措施：

1）对不拟进行清洗或不能接触清洗液的部位和管件，应予拆除、堵断或绕过。

2）临时药液箱不宜布置在电缆道上面及其附近，焊口部位应在易检查和工作的地方。

3）为防止酸洗时产生氢气爆炸事故，在清洗系统最高点及酸箱顶部，都须安装无弯头排氢管，同时清洗时应严禁明火。

4）清洗现场各处须有充分的照明设施，并有必要的通信联络设备。

9.4 化学清洗的步骤与监控

化学清洗应按一定的步骤进行，清洗过程一般包括水冲洗、碱洗、酸洗、漂洗和钝化等。

9.4.1 化学清洗步骤

9.4.1.1 水冲洗

化学清洗前的水冲洗很必要，对新建锅炉可冲掉锅炉内部已松脱的焊渣、铁锈、尘埃及氧化皮；对运行炉则可去除锅炉内部较疏松可被水冲掉的附着物，此外还可以检验系统是否漏水和畅通，并使操作人员熟悉系统和操作。

水冲洗的流速一般控制在 0.5m/s 以上，可用工业水冲至透明后，再置换成除盐水。

9.4.1.2 碱洗

碱洗一般是用 0.2%～0.5%的 Na_3PO_4 和 1.0%～0.2%的 Na_2HPO_4，或 0.5%～1.0%

NaOH 和 0.5%～1.0% Na_3PO_4。为提高碱洗脱脂的效果，碱洗时往往还添加 0.01%～0.05%的表面活性剂。

碱洗的目的，一是去油脂、除 SiO_2，二是松动硬垢，提高清洗效果。具体操作是：首先将系统内充以适量的除盐水，循环并加热至85℃以上，连续地注入事先已配好的碱洗母液，加热完毕后，加热溶液并维持在90～98℃，循环流速大于0.3m/s，持续8～24h即可排放废液，废液排尽后，应用软化水或除盐水冲洗，直至出口pH值不大于8.4，水质透明，无沉淀及油脂时，可进入下一工序。

9.4.1.3　酸洗

采用盐酸或柠檬酸洗锅炉时，一般用闭式循环法。在碱洗冲洗后，系统内充满除盐水，加热到所需温度，然后在循环中依次加入缓蚀剂和浓酸液，加药后维持一定流速和温度循环，直到清洗液含铁量趋于稳定时，用除盐水顶排废液并冲洗到出水pH值为5～6，含铁量低于50mg/L为止。

采用氢氟酸清洗时一般是用开路循环法。它是先启动清洗泵，以一定流量向清洗系统注入预先加热到一定温度的除盐水，然后开启加药泵，向系统按比例地连续注入事先配好的清洗液（包括缓蚀剂等）。维持一定时间后，停止注入清洗液，同时尽可能地增大除盐水流量进行顶酸和冲洗，冲洗后即进入漂洗和钝化阶段。

9.4.1.4　漂洗

在盐酸或柠檬酸清洗后，往往采用稀柠檬酸液进行漂洗，其目的是去除系统内残留的铁离子及冲洗的二次锈，为钝化提供有利条件。

漂洗时用0.1%～0.2%柠檬酸溶液并添加缓蚀剂，用氨水调节pH值至3.5～4.0，维持80℃以上循环冲洗2～3h，然后将漂洗液降到60℃左右，再加氨调pH值至9.0～9.5，则可开始进行钝化。

9.4.1.5　钝化

目前，常用的钝化法有以下几种：

（1）N_2H_4 钝化法：在加氨调pH值为9～10的除盐水中加 N_2H_4 溶液，使其浓度为300～500mg/L，维持90～95℃，循环12～24h，温度高、时间长，钝化效果好。

（2）$NaNO_2$ 钝化法：把除盐水调温到50～70℃，在pH值为9.0～9.5的条件下，直接加入 $NaNO_2$ 进行钝化。$NaNO_2$ 的浓度为0.5%～2%，钝化时间为4～6h，可循环，也可浸泡。

（3）Na_3PO_4 钝化法：漂洗后用清洗泵将 Na_3PO_4 溶液注入系统，使其浓度为1%～2%，温度为90～95℃，循环钝化8～12h排放。再用除盐水或软化水冲洗至 PO_4^{3-} 含量合格后彻底排净，此法常用于中低压锅炉。

9.4.2　化学监督

在化学清洗步骤中，除了对系统的压力、温度、流量及水位进行监控外，还应在被清洗系统的进出口取样，进行化学监督，监督项目及间隔时间见表9-6。

表 9-6 化学监测项目及间隔时间

工艺过程	监督项目	取样部位	取样间隔/min
碱洗	碱度、油脂浊度	出口、入口	30
碱洗后冲洗	pH 值、电导率	出口	15
酸洗	酸浓度/pH 值，Fe^{3+}/Fe^{2+}，Cu^{2+}	出口、入口	15~60
酸洗后冲洗	pH 值、总铁、电导率	出口	15
漂洗	酸浓度/pH 值，总铁	出口	30
钝化	钝化剂浓度、pH 值	出口、入口	30~60

9.5 废液处理和清洗后的检查、评估

9.5.1 废液的处理

对化学清洗的废液，必须认真地进行处理，使其排放符合国家制定的标准。

9.5.1.1 盐酸废液的处理

这种废液中的金属主要是 Fe^{2+}，可通过空气使其氧化为 Fe^{3+}，并用 $Ca(OH)_2$ 或 NaOH 将废液的 pH 值提高到 6~9，使它生成 $Fe(OH)_3$ 沉淀物，同时去除悬浮物。

9.5.1.2 氢氟酸废液的处理

处理这种废液时常在特制的废液箱里加入石灰并循环、搅拌，使 Fe^{3+} 和 F^- 生成 $Fe(OH)_3$ 和 CaF_2 沉淀，需循环 10 天左右才能使 F^- 含量降到 20mg/L 以下。

9.5.1.3 有机酸废液的处理

柠檬酸洗炉废液一般可排到煤场与煤混合，然后一起送往炉膛内焚烧。由于 EDTA 的价格较高，对其废液可以考虑回收。通常是在废液中加入盐酸或硫酸，调节 pH 值为 1~2，使其中的 EDTA 结晶析出，然后进行过滤、回收。

9.5.1.4 N_2H_4 钝化废液的处理

处理时一般采用次氯酸钠分解法，其反应如下：

$$N_2H_4 + 2NaClO \longrightarrow N_2\uparrow + 2NaCl + 2H_2O$$

该反应进行很快，10min 内即可完成。

9.5.2 化学清洗后的检查、评估

9.5.2.1 化学清洗后的检查

锅炉经化学清洗后，应仔细检查汽包、联箱、除氧器水箱及启动分离器等可打开的部位，并割取有代表性的炉管样，以观察其清洗效果；应检查钝化膜生成情况及是否有点蚀，并彻底清除沉渣。

检查后应尽快拆除临时设备及管道，使锅炉系统恢复正常，并在规定时间内尽快投运，否则，应根据停运时间，选用适当的保护措施。

9.5.2.2　化学清洗效果的评估

锅炉化学清洗后应认真总结经验、教训，并写出技术总结报告。其中包括对清洗效果的评估。化学清洗的满意效果应该是：金属表面洁净，系统内残留沉淀物少；金属基体无明显腐蚀，尤其无明显的局部腐蚀；金属表面已形成良好的保护膜；临时工作量小；水耗及药耗低；对环境污染小；启动时汽水品质在最短的时间内达到标准等。

在总结和评估中，应着重提出除污效率、金属腐蚀速率和钝化膜的性能测试结果等。

9.6　案例：某电站运行锅炉化学清洗范例

某电厂1号炉系哈尔滨锅炉厂制造生产的HG-410/9.87型高压中间再热燃煤汽包炉。投产至本次大修整整运行了14年，本次大修割管检查，水冷壁管向、背火侧的平均垢量达408.0g/m²，省煤管低温段垢量为266.6g/m²，按照行标《火力发电厂锅炉化学清洗导则》（DL/T 794—2001）中规定，从运行年限和垢量上讲，均应进行化学清洗。在小型试验的基础上，制定了1号炉的化学清洗方案。于2002年9月12日至15日采用水冲洗、盐酸循环酸洗、冲洗、漂洗及漂洗液中直接添加亚硝酸盐，在碱性环境条件下进行钝化处理，对该炉进行一次有效的化学清洗，取得优良的清洗效果，达到了预期目的。

本次清洗在锅炉受热面内表面上洗下来的总垢量为2192.6kg，洗后割管检查表明，水冷壁管和省煤器管的内表面均为钢灰色，汽包内壁水侧绝大部分呈钢灰色，平均腐蚀速率为3.97g/(m²·h)。包括过热器保护、试水压在内化学清洗历时3天，总清洗时间为50.9h。整个化学清洗用药量费用为（含过热器保护和废液处理用药）13.034万元，临时系统材料、设备、运输费、安装及运行操作费及技术服务费为48.34万元，材料设备折旧后的总费用为61.374万元，核实一次性总费用为101.102万元。

9.6.1　清洗方案的制定

依据本次大修割管进行的垢量测定、垢成分测定及小型工艺试验结果，制定了清洗方案。清洗方案主要包括清洗范围、材质及水力特性计算三项内容。

9.6.1.1　清洗范围及材质

清洗范围及材质包括：省煤器、水冷壁管、下降管、相应的上下联箱、汽包水侧及部分高压给水管（操作台后），其相应材质为St45.8（20A）、20A、12CrMoV、BHW-35（13MnNiMo5）及10CrMo910。

9.6.1.2　清洗部位水力特性计算

清洗部位水力特性计算见表9-7。

表 9-7 清洗部位水力特性计算表

部位名称	水容积/m^3	内表面积/m^2	截面积/m^2	清洗流速/$m \cdot s^{-1}$	清洗流量/$t \cdot h^{-1}$
省煤器	26.00	2866	0.248	0.31	276.8
汽包（1/2）	14.0	32.6	10.4	—	—
右半部水冷壁	25.54	2044	0.486	0.16	280
左半部水冷壁	25.54	2044	0.486	0.16	280
集中下降管	14.90	185	0.496	—	—
临时系统	40.00	—			
合计	120.00	4171.6			

9.6.2 清洗回路

大循环回路示意图如图 9-1 所示。

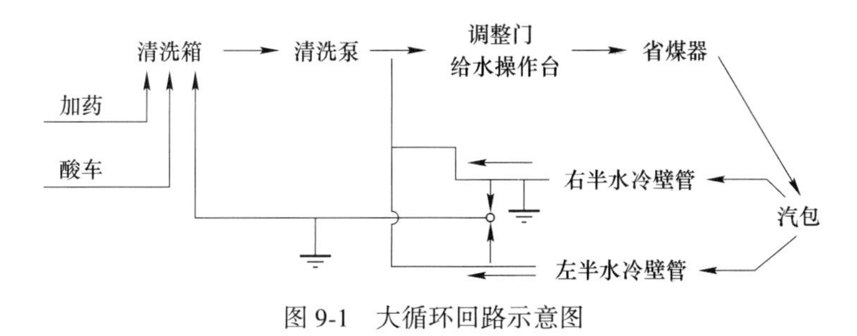

图 9-1 大循环回路示意图

水冷壁间循环回路示意图如图 9-2 所示。

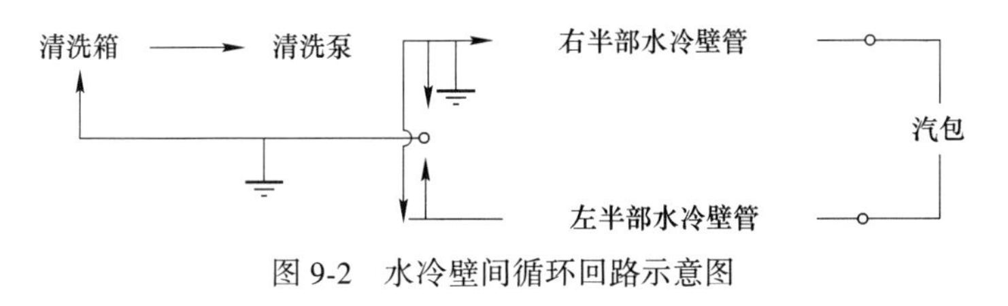

图 9-2 水冷壁间循环回路示意图

回路系统的连接：

（1）过热器不参加酸洗，但需进行保护。待清洗系统水冲洗合格后，采用清洗箱、省煤器、汽包过热器系统对过热器进行氨-联氨保护。

（2）过热器保护前应把汽包内不参加酸洗的旋风分离装置拆除，经人工清扫干净，化学清洗后再回装。

（3）把前墙右边三根下降管的酸洗接头手孔切开，用并联式临时管线接成一组，用同样方法接成另一组。

总体连接成一组既可以作进酸管，又可作回酸母管。

（4）在清洗原出口的进酸母管上引出一根 DN150mm 口径的临时管线与给水操作台上已拆除门盖后的调整门相接，三根主临时管线与炉本体构成大循环回路，如图 9-1 所示。

（5）为防止临时加热管汽水串联引起下联箱短路，在引至前墙底部、下联箱间的加热蒸汽管断开，加堵下联箱的疏水门及定排管上的一、二次门关闭。

（6）汽包内下降管管口处均嵌装设计规格的节流孔板。

（7）与汽包相接的仪表管、加药管、连排管一次门前断开加堵或关闭，正式水位计汽、水侧管拆除，按要求另装临时水位计，用红外线屏幕控制汽包水位。

（8）清洗平台范围内清洗泵入口设有滤网，防止酸不溶物颗粒带入泵内及重新进入系统。

（9）排氧气临时借用管的截面积大于或等于 DN80mm 管径，引出汽包顶大于或等于 3m 高度。

9.6.3　化学清洗工艺的确定

9.6.3.1　酸洗工艺的前序工作

临时系统经水压试验、检查、查漏合格、过热器保护完毕后，采用除盐水对炉本体进行水冲洗合格，升温试验合格，汽包水位调整到合适位置。

9.6.3.2　酸洗工艺

药剂（均为质量分数）：5%盐酸，3% N-104，硫脲 0.3%～0.4%，0.15% NVC-Na，0.05%N_2H_4。温度（55±2）℃。清洗时间：6～8h。流速：0.15～0.4m/s。

9.6.3.3　冲洗

冲洗为使配洗过程中酸不溶物及其他杂质彻底冲洗干净，为下一步钝化创造一个好的条件。冲洗质量标准：

冲至出水透明，无细小颗粒，pH 值不大于 4.5，Fe 浓度不大于 50mg/L。

9.6.3.4　低温度漂洗

0.3%$H_3C_6H_5O_7$（柠檬酸），调 pH 值至 3.5～4.0；温度为 50～60℃，时间为 2h。

9.6.3.5　钝化

$w(Na_2NO_3)$ 为 0.5%～1.0%，氨调 pH 值至 9.0～10.0，温度为 50～65℃，时间为 6h。

9.6.4　实际化学清洗过程介绍

该炉化学清洗从 2002 年 9 月 12 日 23:30 开始炉内注除盐水，至 9 月 15 日 6:57 钝化结束，历时 3 天，总耗时 50.9h。实际清洗时间为 30.2h。总耗时包括酸洗前炉本省煤器冲洗、过热器保护、炉本体冲洗、水压试压、升温试验及化学清洗。

9.6.4.1　化学清洗前的前序工作

12 日 23:30 开始向炉内注水，炉水至汽包中心线后进行水压试压、省煤器冲洗、过热器保护及省煤器放水后，进行整体循环冲洗至合格，到次日 21:10 结束历时 20.7h。过热器保护是通过清洗箱──→清洗泵──→省煤器和汽包──→过程器系统，过热器是用氨-联胺液进行保护的。过热器出口箱上空气门见到保护液即保护完毕。临时清洗系统水压以清洗泵额定压力的1.25倍进行的。水压查漏时，未发现一处渗漏。

A 酸洗

a 升温试验

炉本体冲洗合格后，建立省煤器进、回侧水冷壁器的大循环，在流量220t/h下进行升温试验。升温试验用了23h（21：11-23：49），进出口温度为58℃/53℃。

b 加药与酸洗

汽包放水至低水位开始加药。加药方式：依次加入N-104、硫脲、EVCNa、N_2H_4，在配药箱配成稀溶液后打入清洗箱，由清洗泵注入清洗系统。以N-104等药分阶段依次加入，耗时0.87h，加酸耗时1.68h。

在大循环情况下进行配加药工作。从加酸至酸洗结束，总耗时9.8h，有效酸洗时间为7.7h。在酸洗过程中，进出口温度为52~58℃，最终配洗液中Fe^{2+}含量为7103mg/L，Fe^{3+}含量为289mg/L。水冷壁流速控制在0.15~0.25m/s，省煤器流速控制在0.15~0.30m/s，汽包水位维持在+150~+200mm之间。

c 酸洗后水冲洗

酸洗后采用顶排酸方式进行水冲洗，分三种方式进行，先冲洗省煤器，后冲洗水冷壁管，最后进行整体冲洗，最大流速为0.32m/s，最小流速为0.15m/s，三次冲洗耗时2.8h。冲洗结束后，调整汽包水位至+300mm，进行大循环加热，进酸母管水温达52℃，回酸母管水温达48℃，耗时2.3h。

最终进口的铁离子含量为Fe^{2+}34mg/L，Fe^{3+}0mg/L；出口的铁离子含量为Fe^{2+}54mg/L，Fe^{3+}5mg/L。在大循环条件下进行升温，进酸母管水温达52℃，回酸母管水温达48℃，耗时2.3h，可进入漂洗阶段。

B 漂洗

按顺序加药转漂洗，柠檬酸加药时间0.4h，氨调pH值用0.8h，当进回酸母管的pH值为3.6/4.0时，计漂洗时间。在温度49~55℃及相应流速下漂洗了3.2h。

C 钝化

直接在柠檬酸溶液中用氨水调pH值1.83h后，进出口pH值为9.8/9.7，进出口温度为54℃/52℃，逐加亚硝酸钠耗时1.4h，加完药后计钝化时间，总耗时9.03h。

9.6.4.2 清洗后的检查及效果评价

化学清洗结束后，组织化学、锅炉及设备部有关专业人员对汽包、监视管段、联箱进行检测，并割取了600~800mm长的水冷壁管和省煤器管各1根进行测试，实际检测结果表明，被清洗部位垢已除净，形成良好的钝化膜，具体表现在以下几个方面。

（1）汽包内的检查。

汽包内壁被酸洗钝化部位与未清洗部位分界线明显可见，垢已除净，大部分内壁呈钢灰色，少部分（封头处）呈灰色；汽包底部有土褐色的酸不溶物及少量积水，沉积物中夹杂着少量锈垢，多为土灰色泥渣垢。

汽包内悬挂2个指标片，洗后呈钢灰色，无镀铜、点蚀及晶粒析出等现象，腐蚀速率分别为3.84g/(m^2·h)、4.10g/(m^2·h)，平均腐蚀速率为3.97g/(m^2·h)。

（2）割管检查。

1）割管位置。割取低温段省煤器管1根，在喷燃器上标高18m处割取前墙水冷壁管1根，从左向右数第36根。

2）检查。两根管内壁表面上垢已除净，呈钢灰色。水冷壁管向火侧局部腐蚀坑明显、较多；省煤器管内壁上坑蚀少些，个别坑稍大。分析认为：点蚀是原有的，并非酸洗所致。清洗后的管内壁表面呈钢灰色，无镀铜，二次锈，已形成良好的保护膜。

3）联箱内的底部无任何沉积物，壁上垢已除净，呈铁灰色，壁上有极少量附着物。

4）在汽包和清洗箱底部有较多沉积物，经清扫后估算约40~50kg沉积物。

（3）垢量计算。依据炉本体清洗时（含临时和部分给水管的体积）补、排水的容积在内，经测算，酸洗液容积为165m^3，按水冷壁管和省煤器管的清洗面积比进行分配，水冷壁管系占97m^3，省煤器管系占68m^3；清洗液中总铁量0.739%，平均腐蚀速率为3.97g/(m^2·h) 等条件进行垢量计算得出结果。本台炉酸洗的总垢量为2192.6kg，水冷壁管及省煤器管酸洗后基体金属腐蚀量分别为131.5kg、87.6kg，共219.1kg。

（4）清洗效果总体评价。基于上述检查及测试结果，1号炉酸洗钝化效果为优良级，安装质量为优良级。

10 供 氢 系 统

10.1 氢气的理化性质

氢气是一种无色、无味、无臭气体，极微溶于水、乙醇、乙醚。无毒无腐蚀性，极易燃烧，燃烧时发出青色的火焰并发生爆鸣，燃烧温度可高达2000℃。氢氧混合燃烧火焰温度高达2100~2500℃。氢气的密度为0.0697g/L（标准状态），是最轻的一种气体。氢的分子运动速度最快，从而有最大的扩散速度和很高的导热性，其导热能力是空气的1.5倍（见表10-1）。常温下氢气的性质很稳定，不容易跟其他物质发生化学反应。但当条件改变时，如点燃、加热、使用催化剂等情况就不同了。氢气的自燃点为400℃。氢气占4%~75%的浓度时与空气混合或占5%~95%的浓度时，与氯气混合时是极易爆炸的气体，在热、日光或火花的刺激下易引爆。产生爆炸压力为740kPa，产生最大爆炸压力浓度为32.3%，最小引燃能量为0.019mJ。根据《氢冷发电机氢气湿度的技术要求》(DL/T 651—1998)，运行中的发电机内的氢气湿度露点温度应在-25~0℃，为防止发电机电气绝缘因机内过于干燥而开裂，发电机内的氢气湿度露点温度应不低于-25℃。

表10-1 几种气体冷却介质热性能对比

气 体	空气	氢气	氮气	CO_2
相对比热容（按质量）	1	14.35	1.046	0.848
相对比热容（按体积）	1	1	1.02	1.29
相对热传导率	1	6.96	1.08	0.638
相对传热系数	1	1.5	1.03	1.132

10.2 机组水-氢-氢冷却

汽轮发电机主要由定子、转子、端盖和轴承等部件组成（见图10-1和图10-2）。发电机在运行中，存在各种损耗，这些损耗转化成热能会引起各部分温度的升高。电机的发热部件，主要是定子绕组、定子铁芯（磁滞与涡流损耗）和转子绕组。必须采用高效的冷却措施，使这些部件所发出的热量散发除去，以使发电机各部分温度不超过允许值。但发电机的允许温度决定于绝缘材料的性能，温度太高，绝缘材料容易损坏，发电机就不能安全可靠地运行，因此，除了采用耐热性能好的绝缘材料外，还必须采用冷却措施，使这些热量散发出去，保证发电机各部温度不超过允许值，由此引出发电机冷却问题。

通常冷却介质有空气、水和氢气供选用。空气冷却效果差、损耗大，而水冷却面临着的是转子的高速旋转、供水装置的复杂以及水的腐蚀等重大技术问题。

运行经验表明，发电机通风损耗的大小取决于冷却介质的质量，质量越轻，损耗越小，氢气在气体中密度最小，有利于降低损耗；另外氢气的传热系数是空气的1.4倍，换

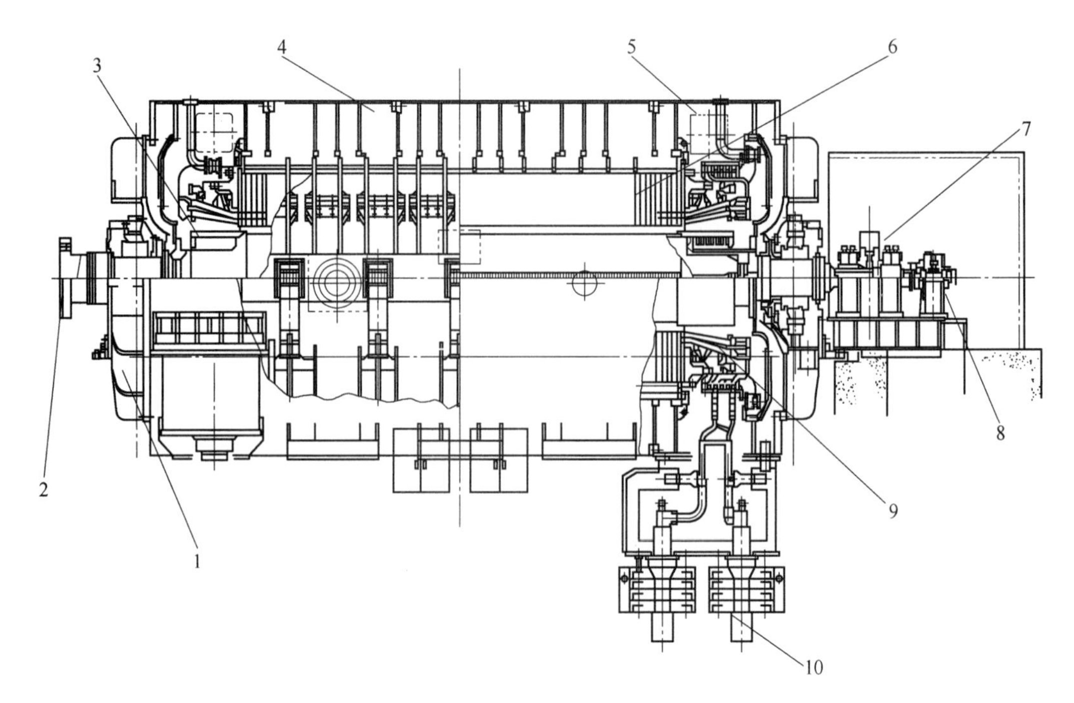

图 10-1 发电机结构原理图

1—端盖；2—转子；3—护环；4—机座；5—氢冷器；6—铁芯；
7—碳刷架；8—轴承；9—定子线圈；10—出线端子

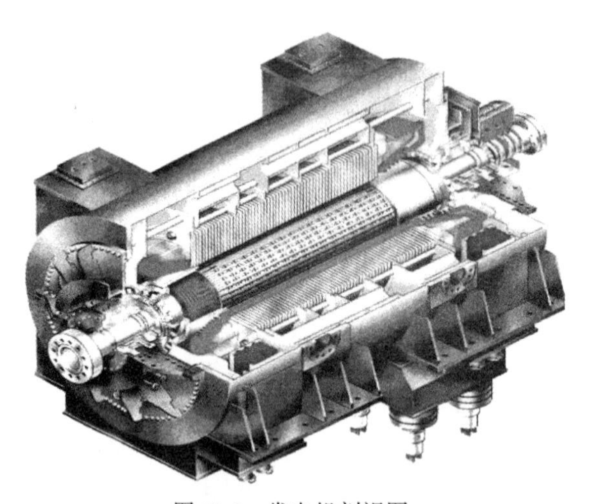

图 10-2 发电机剖视图

热能力好；氢气的绝缘性能好，控制技术相对较为成熟。纯度较高的氢气能保证发电机内部清洁，通风散热效果稳定，不会引起脏污事故。氢气噪声小，绝缘材料不易受氧化和电晕的损坏。

氢气的冷却效果虽然不及水冷却，但它的冷却作用远远超过空气冷却，故发电机转子广泛采用氢冷方式。定子线圈、定子引出线为水内冷，转子线圈采用气隙取气斜流式氢内冷结构，定子铁芯和其他结构件采用氢表面冷却。发电机内部为密闭循环通风系统。氢气由外部氢控系统供给，并经氢气冷却器冷却，定子线圈及引出线的冷却水由外部独立循环的凝结水系统供给。

但是，氢气的渗透性很强，容易扩散泄露，因此发电机的外壳必须很好地密封。采用氢冷的机组，要增加制氢设备，控制系统和干燥净化装置，因此投资和运行维护费需增加。最大的缺点是一旦于空气混合后在一定比例内（4%~74%）具有强烈的爆炸特性，所以发电机外壳都设计成防爆型，气体置换采用 CO_2 作为中间介质。

10.3 氢气劣化对机组的影响

氢气劣化主要指氢气湿度和氢气纯度出现问题。

（1）氢气纯度：

1）氢气作为一种极易爆炸的危险品，如果氢气中含氧量大于3%，遇火后将立即爆炸，而发电机在运转过程中有可能出现定、转子放电现象，也就是说，发电机内氢气纯度的下降将存在氢爆的可能。

2）发电机氢气纯度低，可能造成发电机组绝缘下降，严重威胁发电机的安全运行。

3）发电机氢气纯度低将直接降低发电机的冷却效果，影响发电机的效率。据有关数据统计：氢气纯度每下降1%，通风损耗及转子摩擦损耗将增加11%。

（2）氢气湿度：

1）氢气湿度越高，氢气中水分越高，气体的介电强度越低，定子绕组受潮，降低绝缘电阻，从而降低绝缘表面放电电压，容易发生闪络和绝缘击穿，造成事故。最近几年来不少电厂已有沉痛教训，如某发电厂2号发电机，为哈尔滨电机厂生产的QFSN-200-2型200MW汽轮发电机，1987年12月并网发电，1988年1月25日正常运行中突然发生定子线圈端部相间绝缘击穿烧损事故，BC相间端头短路，在励侧5点钟位置，线圈水接头、水盒和过渡引线烧毁，事故当时发电机内氢气纯度99.7%，机内氢气露点温度为32℃。

2）发电机氢气湿度高，将对其接触的金属产生应力腐蚀，而应力腐蚀与金属氢脆相互起到催化作用。据有关资料介绍，对非18Cr18Mn材料的护环，氢气相对湿度在50%以上时，对其应力腐蚀将急剧加速，即使是采用18Cr18Mn材料的护环，氢气相对湿度在80%以上时，同样会使发电机转子护环产生应力腐蚀。由于应力腐蚀使护环产生裂纹；同时绝缘瓦松动，引起绝缘瓦同护环端部转子线圈摩擦，引起转子线圈接地或短路。

3）氢气中湿度大，水分高，使气体密度增大，还将增加发电机通风损耗，降低发电机的运行效率。

10.4 供氢站系统概述

发电机氢气系统的组成部分主要为：（1）供氢系统，包括供氢汇流排和压力控制装置；（2）供二氧化碳装置；（3）气体压力、纯度和湿度检测装置；（4）氢气干燥装置；（5）发电机漏油、漏水监测装置。

10.4.1 汇流排单元

外购氢气的氢瓶组架经汽车送至供氢站，先抽样检测，合格则由供氢站专用电动防爆单梁起重机将氢瓶组架放至指定储存点，氢瓶组架的氢气通过高压金属软管及减压后接至汇流排，通过氢气汇流排补入发电机组，用于发电机组的冷却。当氢瓶组架内的压力降至设定点时，配供的控制装置发出报警信号到水网 DCS，通知运行人员并可将备用氢瓶组架投运，同时关闭原压力低的氢瓶组架供气阀，由运行人员更换氢瓶组架。

氢气汇流排检修前、后，应利用惰性气体（氮气或二氧化碳）置换残留在管道系统中的氢气，以免空气与氢气混合发生爆炸。

氢瓶组压力：0~15MPa。补氢压力 0.5MPa，正常补氢量：每台 12Nm^3/d。启动最大补氢量：800 标立方米/(次・机)。电机充氢水容积为 100m^3。某电厂 2×1050MW 机组设置 2 套氢气汇流排，汇流排系统采用双母管供气，管径为 ϕ57mm×3mm，单套汇流排供一根母管。减压前设计压力为 PN150，减压后设计压力为 PN40。

10.4.2 氢气干燥器

氢气干燥器用来除去发电机内氢气中的水分。发电机中的氢气含水量过高将会对发电机造成多方面的不良影响，在发电机外设置专用的氢气干燥器，它的进氢管路接至转子风扇的高压侧，它的回氢管路接至风扇的低压侧，从而使机内部分氢气不断地流进干燥器内得到干燥。氢气去湿装置可采用冷凝式（即分子筛式），其基本原理是：将进入去湿装置内的氢气冷却到-10℃左右，氢气中的部分水蒸气将在干燥器内凝结成霜，然后定时自动化霜，霜溶化成的水流进集水箱（筒）中，达到一定量之后发出信号，由人工手动排水。经过冷却脱水的氢气在送回发电机之前被加热到 18℃左右，加温设备也设置在去湿装置内，经过这一处理过程，从而使发电机内氢气中水分逐步减少。

10.4.3 氢气循环风机

氢气循环风机用于冷凝式氢气去湿装置系统中，在发电机停机或盘车状态下，开启循环风机，以确保氢气去湿装置的正常循环。

10.4.4 氢气泄漏报警器

氢气泄漏报警是为了报告何处有氢气泄漏情况而设置的，它在冷水、氢冷水、发电机 A、B、C 三相分相母线等部位都设有氢气浓度高检测报警元件。

10.4.5 油水探测报警器

当发电机内部漏进油或水，油水将流入报警器内。报警器内设置有一只浮子，浮子上端载有永久磁铁，在报警器上部设有磁性开关。当报警器内油水积聚液位上升时，浮子随之上升，当达到一定值时永久磁铁吸合，磁性开关接通报警装置，运行人员接到报警信号后，即要进行手动操作报警器底部的排污阀进行排污，并要及时调整密封油压和检查油、水的来源。

10.4.6 置换控制阀

置换控制阀由几只阀门集中组合、装配而成。发电机正常运行时，这几只阀门必须全部关闭，只有发电机需要进行气体置换时，才由人工手动操作这几只阀门，按照发电机内气体置换要求进行操作。

10.5 供氢站防火措施

供氢站防火措施有：

（1）供氢站应与其他生产建筑物分开，并单独布置形成独立区域。宜布置在工厂常年最小频率的下风侧，并远离有明火或火花散发的地方，不得布置于人员密集的地方或交通要道的相邻处。供氢站宜设置非燃烧的墙体，其高度不小于2m。氢气管宜采用架空敷设。

（2）氢站使用区域应通风良好，保证空气中氢气最高含量不超过1%（体积）。

（3）采用机械通风的建筑物，进风口宜设置在建筑物下方，排风口应设置于上方。

（4）建筑物顶内平面应平整，防止氢气在凹面积聚。顶部应设置气窗或排气孔，排气孔应设置最高处，并引至安全地带。

（5）防雷设施应每年检测一次。所有防雷防静电设施应定期检测接地电阻每年至少检测一次。

（6）供氢站、氢储罐平台及地面应平整、耐磨、不发火花。

（7）供氢站、氢气罐周围应设置安全标示。

（8）作业人员应经过岗位培训、考试合格后持证上岗。

（9）工作人员应穿防静电服及防静电鞋。工作服宜上下身分开，容易脱卸。严禁爆炸危险区域穿脱衣服、帽子或类似物，严禁携带火种或非防爆型电子设备进入爆炸危险区域。

（10）作业时应使用不产生火花的工具，严禁在禁火区域吸烟及使用明火。

（11）首次使用或大修后的系统应进行耐压、清洗（吹扫）、气密性试验，合格后方可投产。

（12）氢气管道应采用无缝金属管道，禁止采用铸铁管道，管道的连接应采用焊接或其他防止氢气泄漏的连接方式。管道上的阀门宜采用球阀、截止阀。

（13）氢气管道应设置分析取样口、吹扫口，其设置应满足氢气管道内气体取样、吹扫、置换要求，最高点应设置排放管，并在管口处设置阻火器。

（14）氢气管道应避免穿过地沟、下水道及铁路汽车道路等，穿过时应设套管。

（15）氢气管道穿过墙壁或楼板时应敷设在套管内，套管内的管段不应有焊缝，氢气管穿越空洞处应用阻燃材料封堵。

（16）室内氢气管道不应敷设在地沟中或直接埋地，室外地沟敷设的管道，应有防止氢气泄漏、积聚或窜入其他地沟的措施，埋地的氢气管道深不宜小于0.7m。

（17）氢储罐应设置安全泄压装置，如安全阀等。顶部最高点应设置氢气排放管。氢储罐应设置压力监察仪表，底部最低点应设置排污口。储罐周围应设置消防水系统。

（18）氢气罐应安装放空阀、压力表、安全阀，压力表半年校验一次，安全阀一般应半年校验一次。

（19）氢气储罐应采用强有力的钢筋混凝土基础，其载荷应考虑水压实验的水容积质量。

（20）罐区应设置防撞围墙或围栏，并设置明显的禁火标志。

（21）氢气罐应设置防雷设施，每一年检测一次，并有记录备案。

（22）氢气罐应有静电接地设施，所有的静电设施应定期检查、维修，并建立设备备案。

（23）氢气排放管应使用金属材料，不得使用塑料管或橡皮管。应设置阻火器，阻火器应设在管口处。室内排放管出口应高于屋顶2m。排放管应设置静电接地，并在避雷保护范围之内。排放管应设置防止空气回流措施，应有防止雨水侵入、水汽凝集、冰冻和外来异物堵塞的措施。

10.6　发动机气体置换工作

正常运行发电机内部充满氢气，机组检修时需要将氢气置换成空气。因为氢气和空气混合易引起爆炸，而二氧化碳与氢气混合不会发生爆炸，所以二氧化碳就被作为气体置换的中间介质。二氧化碳传热系数是空气的1.132倍，在置换过程中，冷却效能不比空气差，此外，二氧化碳作为中间介质还有利于防火（不能用二氧化碳作为冷却介质长期运行的原因是：二氧化碳能与机壳内可能含有的水蒸气等化合，生成一种绿垢，附着在发电机绝缘物和构件上。这样，使冷却效果剧烈恶化，并使机件脏污）。

10.6.1　二氧化碳置换空气

置换开始前，应首先检查密封瓦处是否已建立正常的密封油压；确信纯度监测系统能正确运行；已将纯度风机采样管接通到顶部汇流管，排气管也已接通到顶部汇流管。将化验合格的二氧化碳气瓶接到底部汇流管上；通过汇流管减压阀向发电机充二氧化碳；充注速度不能太快；以防结冻。通常相距发电机机座至少3m的二氧化碳进气管上，不允许有结霜现象。充二氧化碳过程中汇流排压力控制在0.015～0.02MPa，机座内压力应保持在0.005～0.01MPa，当二氧化碳瓶内压力降至0.5MPa时，就应换瓶。由于二氧化碳气体密度较大，机内顶部二氧化碳的纯度较差，此时应从发电机顶部汇流管采样。当二氧化碳纯度达到80%时应排死角5～10min，然后继续充二氧化碳直到其纯度达到85%时便可认为系统内的空气已排尽。关闭汇流排上的所有阀门。

10.6.2　氢气置换二氧化碳

首先将排气管和纯度风机取样管路接到底部汇流管上，控制供氢母管压力为0.63～0.70MPa，将纯度和湿度合格的氢气充入发电机，机内压力应保持在0.021～0.035MPa。由于氢气较轻，其底部纯度较差，从底部汇流管取样，当氢气浓度达到90%时，排系统内死角5min，继续充氢至其浓度达到96%且系统内氧气含量（体积分数）小于2%时，便可认为气体置换结束。继续充氢至机内氢压达到0.31MPa。

10.6.3　二氧化碳置换氢气

发电机排氢过程中的气体置换同投氢过程中的气体置换操作大同小异，只是在化验监督上有区别。在用二氧化碳置换氢气时，要求在二氧化碳纯度达到90%时，排除系统内的死角，当其纯度达到95%以上时，二氧化碳置换氢气才结束。

11 化学基础知识

11.1 化学基本概念

11.1.1 无机物的分类

酸：电离时生成的阳离子全部都是 H^+ 的化合物。

碱：电离时生成的阴离子全部都是 OH^- 的化合物。

盐：电离时生成金属阳离子（包括 NH_4^+）和酸根阴离子的化合物。

氧化物：由氧和另一种元素（金属或非金属）组成的化合物。

11.1.2 悬浮物

悬浮物是指水中存在的半径大于 0.1μm 的可以通过一定的过滤方式从水中分离出来的颗粒物质。由于悬浮物颗粒对进入水中的光线有折射、反射的作用，因此，悬浮物是水发生浑浊的主要原因。悬浮物在水中是不稳定的，在重力或浮力的作用下会发生沉淀或者上浮而与水分离。

组成悬浮物的物质主要是水中的沙粒、黏土微粒以及一些动植物在生命活动过程中产生的物质或动植物死亡后的腐败产物。近年来，随着工业污染的加剧，一些排入水体的工业污染物也逐渐成为悬浮物的主要部分。

11.1.3 胶体

胶体是指半径在 0.001~0.1μm 之间的微粒，大多是由不溶于水的大分子组成的集合体。胶体的颗粒大小介于溶解物和悬浮物之间，因此胶体是水中存在相分界面的最小颗粒，胶体特有的丁达尔现象正是因此而产生的。因为粒径极小，所以胶体颗粒具有很大的比表面积和巨大的界面自由能，这一点决定了胶体具有很多的特殊性质，如布朗运动。

天然水中常见的胶体物质有铁、铝、硅的各种化合物；另外一些溶于水的大分子有机物（如腐殖酸等），因为也具有胶体的性质，通常也列入胶体的范围。

11.1.4 溶液

溶液是一种物质以分子或离子状态均匀地分布于另一种物质中，得到均匀、稳定的体系。以水为溶剂的溶液称为水溶液，简称溶液。这种物质称为溶质，另一种物质称为溶剂。溶质是半径小于 0.001μm 的微粒。

溶解度，是指一定温度下，某物质在 100g 溶剂中的饱和溶液的含量（g/100g）。根据溶解度的大小，粗略地分为可溶物、微溶物及难溶或不溶物质。

溶液浓度，是指一定量的溶液或溶剂中所含溶质的量。主要表示方法有物质的量浓度

（C_B）、物质的质量浓度（ρ_B）、物质的质量分数（ω_B）、物质的体积分数（ϕ_B）和体积比密度（V_1+V_2）。

11.1.5 物质的量、摩尔质量

11.1.5.1 物质的量

由于分子、原子太微小，计量不方便，需要使用一个适当的物理量——物质的量进行计算。

物质的量是反映某系统中物质基本单元多少的物理量。或者说，物质 B 的物质的量 n_B是用系统中所含基本单元 B 的粒子数 N_B来确定（或衡量）的一个物理量。物质 B 的物质的 n_B与物质 B 的基本单元 B 的粒子数 N_B的关系用式 $n_B = N_B/N_A$（N_A 为阿伏加德罗常数，为 $6.02\times10^{23}mol^{-1}$）表示。

国际上规定物质的量的单位名称叫作“摩尔”，它也是我国现行的法定基本计量单位之一，单位符号为 mol。

11.1.5.2 摩尔质量

摩尔质量在计算及使用上比较方便，它是物质的量的一个导出量，是表达物质的量与质量的关系的。摩尔质量（M_B）的定义为质量（m）除以物质的量（n_B），即 $M_B = m/n_B$。摩尔质量的单位是 kg/mol，化学分析中常用的单位为 g/mol。例如：

水分子的摩尔质量：$M(H_2O) = 18.01g/mol$

HCl 的摩尔质量：$M(HCl) = 36.5g/mol$

摩尔质量在数值上与物质的分子量相等。

11.1.5.3 酸和碱

化合物在水溶液中能离解成自由移动的正、负离子的过程叫电离。电离时生成的阳离子全部都是 H^+的化合物叫酸。电离时生成的阴离子全部都是 OH^-的化合物叫碱。酸遇甲基橙指示剂变红色，遇酚酞指示剂不变色；碱遇甲基橙指示剂变黄色，遇酚酞指示剂变红色。化学实验中常常利用这个特性来滴定许多溶液的浓度。

目前大多数电厂常用的酸主要是盐酸（HCl），作为离子交换树脂的再生剂及设备的清洗剂。盐酸（HCl）和硫酸（H_2SO_4）也是化学试验中常用的药剂，它们都有腐蚀性，浓盐酸有挥发性，在树脂再生过程中要注意安全。浓硫酸有强氧化性和脱水性，在试验过程中涉及浓硫酸更要小心谨慎。电厂常用的碱主要有氢氧化钠（NaOH）和氨水，分别用作阴离子交换树脂的再生剂及汽水加药系统的 pH 值调整。

浓氨水有强挥发性，在配药的过程中要注意避免伤眼睛，氢氧化钠有腐蚀性，在使用过程中要注意安全。

11.1.6 盐和氧化物

化学上，把在电离时生成金属阳离子（包括 NH_4^+）和酸根阴离子的化合物叫盐。电

厂常用的盐主要有氯化钠（NaCl）、聚合氯化铝（PAC）等。氯化钠用于电厂中树脂复苏时的浸泡；聚合氯化铝（PAC）是电厂中良好的净水剂（又叫混凝剂），它在水溶液中分别水解生成带正电的物质，能把水中的悬浮物和胶体物质吸附在它的表面，并一起沉降下来，从而使水澄清。

另外水处理系统中还用了次氯酸钠（NaClO）和亚硫酸氢钠（$NaHSO_3$），它们分别是氧化剂和还原剂，用来保护反渗透的膜。还有脱硫系统的脱硫原料碳酸钙（$CaCO_3$）等盐。

氧化物是由氧和另一种元素组成的化合物。电厂常用的氧化物主要有 CaO，俗称生石灰，它有较强的吸水性，吸水后成为 $Ca(OH)_2$，它也可以用作水处理的澄清处理药剂和脱硫系统排放废水的中和药剂。另外电厂热力系统中的氧化铁（Fe_2O_3）、氧化亚铁（FeO）、四氧化三铁（Fe_3O_4）、氧化铜（CuO）、氧化亚铜（Cu_2O）和二氧化硅（SiO_2）等氧化物是表征热力系统腐蚀和结垢的物质。

11.1.7 电解质和电离平衡

电解质：化学上把溶于水后（或在熔融状态下）能导电的物质叫作电解质，不能导电的物质叫作非电解质。物质溶于水后之所以能导电，是由于电解质在水中存在着能够自由移动的离子，在外电场的作用下，这些离子做定向移动，使溶液可以导电。

不同电解质在相同的温度和浓度条件下，在水中的电离程度不同，其可分为在水中完全电离的强电解质和部分电离的弱电解质。如 NaCl、HCl、NaOH 是强电解质，氨水（$NH_3 \cdot H_2O$）、醋酸（HAC）是弱电解质。

弱电解质在水中不是完全电离，电离是个可逆过程，存在一个动态的平衡过程。

11.1.8 酸碱性和 pH 值

由于水（H_2O）是一种弱电解质，它能微弱电离成 H^+ 和 OH^-，因此不管是什么水溶液，都总存在 H^+ 和 OH^-，两者相对浓度的大小决定溶液呈现中性、酸性或碱性。中性是指 $[H^+]=[OH^-]$，如纯水、NaCl 溶液是中性；酸性是指 $[H^+]>[OH^-]$，如 HCl、H_2SO_4、醋酸（HAC）溶液是酸性；碱性是指 $[H^+]<[OH^-]$，如 NaOH 溶液、氨水（$NH_3 \cdot H_2O$）是碱性。

pH 值：在酸或碱的稀溶液中，H^+ 的浓度都很小，用 10^{-n} 表示很不方便，因此常采用氢离子浓度的负对数，即 $pH=-\lg[H^+]$ 来表示溶液的酸碱性。pH = 7：显中性；pH 值<7，显酸性；pH 值>7，显碱性，pH 值范围在 1～14 之间。pH 值的测定分别有酸碱指示剂滴定、pH 值试纸及 pH 计精确测定等方法。

11.2 天然水的性质

11.2.1 天然水中的杂质

天然水中的杂质种类很多，但在一般情况下，都是十几种元素所组成的一些常见的化合物；只有少量的杂质以单质或者其他更为复杂的化合物形态存在于水中。杂质在水中有各种存在形态，因为同一分散体系的杂质其处理工艺往往相同，所以在水处理中根据杂质的分散体系对杂质进行分类。

分散体系是以杂质颗粒大小为基础建立的，按照杂质的颗粒半径由大到小将杂质分为悬浮物、胶体和溶解质三部分。颗粒半径大于 0.1μm 的杂质为悬浮物；半径介于 0.1～0.001μm 的杂质为胶体；半径小于 0.001μm 的已经完全溶解于水中，所以这部分为溶解质。

11.2.2 天然水中的溶解物质

天然水中的溶解物质主要包括无机盐和气体两类。

无机盐溶解于水后会发生电离而形成离子态的杂质，包括阳离子和阴离子。水中常见的阳离子有 Ca^{2+}、Mg^{2+}、Na^{+}、K^{+}、Fe^{3+}、Mn^{2+}、Cu^{2+}、Al^{3+} 等，阴离子有 HCO_3^-、Cl^-、SO_4^{2-}、F^-、CO_3^{2-} 等。

常见的气体杂质有 O_2、CO_2、H_2S、SO_2、NH_3 等。

11.2.3 天然水中的有机物

水中的有机物的存在形式包括悬浮物、胶体和分子态。天然水中的有机物种类很多，无法用一种确定的分子式来表示，因此要分别测定有机物十分困难。过去在水处理中，讨论的重点往往是腐殖酸、富里酸、木质磺酸等天然有机物；但近年来因为工业废水污染严重，地表水中存在的有机物主要是工业污染物，因此，有机物的组成更为复杂。

在水处理中，目前只能用有机物的总量来表示其含量的高低，而不再细分有机物的组成。有机物的含量表示方法很多；在火电厂，一般用化学耗氧量（COD）、生化需氧量（BOD）和总有机碳（TOC）来表示。

11.2.4 天然水中的硅化合物

硅酸是一种十分复杂的化合物，在水中的形态包括离子态、分子态和胶体。硅酸分子在水中有多种存在形式，因此天然水中的硅酸化合物是以何种形态存在还没有定论。

硅酸化合物在水中的形态与其本身含量、pH 值、水温以及其他离子的含量有关。硅酸含量太大时会从水中以胶体形式析出。水的 pH 值越高，硅酸的溶解度越大，根据硅酸化合物的电离情况和其盐类的溶解度，一般认为当 pH 值较低时，硅酸以游离态的分子或胶融态的钙镁硅酸盐存在。只有当 pH 值较高时，水中才会出现 SiO_3^{2-}。另外，高 pH 值条件下，如果水中不含 Ca^{2+}或者 Mg^{2+}，则硅酸呈真溶液状态，以 $HSiO_3^-$ 的形式存在；如果水中同时存在 Ca^{2+}和 Mg^{2+}，则容易形成胶融状态的钙镁硅酸盐。

11.2.5 天然水中的二氧化碳

CO_2 溶于水后形成碳酸，碳酸是二元酸，在水中可以进行多级电离形成两种酸根：HCO_3^- 和 CO_3^{2-}。由于该电离反应的存在，使得碳酸盐平衡成为天然水中最重要的化学平衡之一，该平衡控制着天然水的 pH 值，还可以与水中的其他组分进行中和反应和沉淀反应。因此可知碳酸盐在水中有以下 4 种存在形式：

（1）溶于水的 CO_2 分子，通常写作 CO_2（aq）。

（2）碳酸分子，即 H_2CO_3，CO_2 和 H_2CO_3 又合称为游离二氧化碳。

（3）碳酸氢根，HCO_3^-，是构成天然水碱度的主要物质，HCO_3^- 又称为半结合二氧化碳。

（4）碳酸根，即 CO_3^{2-}，是构成天然水碱度的物质，又称为结合二氧化碳。

11.3 水质指标

所谓水质是指水和其中杂质共同表现出的综合特性，而表示水中杂质个体成分或整体性质的项目，称为水质指标。由于各种工业生产过程对水质的要求不同，所以采用的水质指标也有差别。火力发电厂用水的水质指标有两类：（1）表示水中杂质离子的组成的成分指标，如 Ca^{2+}等；（2）表示某些化合物之和或表征某种性能，这些指标是由于技术上的需要而专门制定的，故称为技术指标。

（1）表征电厂水处理水质中悬浮物及胶体的指标有：1）悬浮固体；2）浊度；3）透明度。

（2）表征电厂水处理水质中溶解盐类的指标。

1）含盐量。含盐量是表示水中各种溶解盐类的总和，由水质全分析的结果通过计算求出。含盐量有两种表示方法：① 摩尔表示法，即将水中各种阳离子（或阴离子）均按带一个电荷的离子为基本单位，计算其含量（mmol/L），然后将它们（阳离子或阴离子）相加；② 重量表示法，即将水中各种阴、阳离子的含量以 mg/L 为单位全部相加。由于水质全分析比较麻烦，所以常用溶解固体近似表示，或用电导率衡量水中含盐量的多少。

2）溶解固体。溶解固体是将一定体积的过滤水样，经蒸干并在 105～110℃下干燥至恒重所得到的蒸发残渣量，单位用毫克/升（mg/L）表示。它只能近似表示水中溶解盐类的含量，因为在这种操作条件下，水中的胶体及部分有机物与溶解盐类一样能穿过滤纸，许多物质的湿分和结晶水不能除尽，碳酸氢盐全部转换为碳酸。

3）电导率。表示水中离子导电能力大小的指标，称作电导率。由于溶于水的盐类都能电离出具有导电能力的离子，所以电导率是表征水中溶解盐类的一种代替指标。水越纯净，含盐量越小。电导率越小。水的电导率的大小除了与水中离子含量有关外，还和离子的种类有关，单凭电导率不能计算水中含盐量。在水中离子的组成比较稳定的情况下，可以根据试验求得电导率与含盐量的关系，将测得的电导率换算成含盐量。电导率的单位为微西/厘米（μS/cm）。

（3）表征电厂水处理水质中易结垢物质的指标。表征水中易结垢物质的指标是硬度，形成硬度的物质主要是钙、镁离子，所以通常认为硬度就是指水中这两种离子的含量。水中钙离子含量称钙硬（H_{Ca}），镁离子含量称镁硬（H_{Mg}），总硬度是指钙硬和镁硬之和，即 $H=H_{Ca}+H_{Mg}=[(1/2)Ca^{2+}]+[(1/2)Mg^{2+}]$。根据 Ca^{2+}、Mg^{2+}与阴离子组合形式的不同，又将硬度分为碳酸盐硬度和非碳酸盐硬度。

1）表征水中碱性物质的指标。表征水中碱性物质的指标是碱度，碱度是表示水中可以用强酸中和的物质的量。形成碱度的物质有：①强碱，如 NaOH、$Ca(OH)_2$等，它们在水中全部以 OH^-形式存在；②弱碱，如 NH_3的水溶液，它在水中部分以 OH^-形式存在；

③强碱弱酸盐类，如碳酸盐、磷酸盐等，它们水解时产生 OH^-在天然水中的碱度成分主要是碳酸氢盐，有时还有少量的腐殖酸盐。水中常见的碱度形式是 OH^-的时候，就发生如下式的化学反应：

$$HCO_3^- + OH^- \longrightarrow CO_3^{2-} + H_2O$$

故一般说水中不能同时含有 HCO_3^-碱度。根据这种假设，水中的碱度可能有五种不同的形式：只有 OH^-碱度；只有 CO_3^{2-} 碱度；只有 HCO_3^- 碱度；同时有 $OH^-+CO_3^{2-}$ 碱度；同时有 $CO_3^{2-}+HCO_3^-$ 碱度。碱度的单位为毫摩尔/升（mmol/L），与硬度一样，在美国和德国分别以 ppm$CaCO_3$和°G 为单位。

2）表示电厂水处理水质中酸性物质的指标。表示水中酸性物质的指标是酸度，酸度是表示水中能用强碱中和的物质的量。可能形成酸度的物质有：强酸、强酸弱碱盐、弱酸和酸式盐。天然水中酸度的成分主要是碳酸，一般没有强酸酸度。在水处理过程中，如 H 离子交换器出水出现有强酸酸度。水中酸度的测定是用强碱标准来滴定的。所用指示剂不同时，所得到的酸度不同。如：用甲基橙作指示剂，测出的是强酸酸度。用酚酞作指示剂，测定的酸度除强酸酸度（如果水中有强酸酸度）外，还有 H_2CO_3酸度即 CO_2酸度。水中酸性物质对碱的全部中和能力称总酸度。这里需要说明的是，酸度并不等于水中氢离子的浓度，水中氢离子的浓度常用 pH 值表示，是指呈离子状态的 H^+数量；而酸度则表示中和滴定过程中可以与强碱进行反应的全部 H^+数量，其中包括原已电离的和将要电离的两个部分。

11.4　分析化学基础知识

11.4.1　分析化学分析方法的分类

按照测量原理可分为化学分析和仪器分析。

11.4.1.1　化学分析

化学分析是以物质的化学反应为基础的分析方法，是分析化学的基础。它可分为定性分析和定量分析。定性分析是根据反应产物的外部特征确定待测物质的组分。定量分析可分为以下几种。

（1）滴定分析：滴定分析又称容量分析。将已知准确浓度的试剂溶液，滴加到待测物质溶液中，在化学计量点时，加入试剂的物质的量与待测组分物质的量相等，根据试剂溶液的准确浓度及用量可以计算出待测组分的含量。

滴定分析法对化学反应的要求：反应必须按照化学计量关系进行，能进行完全，没有副反应。反应速度快。要有适当的指示剂或物理化学方法来指示终点。

滴定分析的分类：滴定分析按照反应类型的不同可分为：酸碱滴定法、络合滴定法、沉淀滴定法、氧化还原滴定法。

（2）称量分析：称量分析又称重量分析，通过加入过量的试剂，使待测组分完全转化为一难溶的化合物，经过滤、洗涤、干燥、灼烧等一系列步骤得到组成固定的产物，称量固定产物的质量，就可计算出待测组分的含量。

（3）气体分析：气体分析是利用气体的某些化学特性，当气体混合物与特定的吸收剂接触时，吸收剂有选择性地定量吸收混合气体中的待测组分。若吸收前后的温度和压力不变，则吸收前后气体的体积之差即为待测组分的体积，从而计算出待测组分的含量。

11.4.1.2 仪器分析

以被测物质的物理性质和物理化学性质为基础的分析方法，称为物理或物理化学分析法，这类方法通常要使用特殊的仪器，故又称为仪器分析法。仪器分析法的优点是：操作简便快速灵敏。但同时仪器分析是以化学分析为基础的。

11.4.2 定量分析中的误差和数据处理

11.4.2.1 定量分析中的误差

定量分析的目的是通过一系列的分析步骤获得待测组分的准确含量。

A 定量分析中的误差分类和原因

误差可分为系统误差和偶然误差，系统误差称为可测量误差，系统误差的来源主要是方法误差、仪器误差、试剂误差和主观误差。偶然误差又称随机误差，偶然误差的特点是：(1)大小相等的正负误差出现的概率相等；(2)小误差出现的概率大，大误差出现的概率小。

B 误差的表示方法

准确度是指测定值与真实值相接近的程度。它说明测定值的正确性，用误差的大小来表示。

$$\text{绝对误差} = \text{测定值} - \text{真实值}$$

$$\text{相对误差}(\% \text{ 或 } ‰) = \frac{\text{绝对误差}}{\text{真实值}} \times 100\%(\text{或 } 1000‰)$$

绝对误差和相对误差都有正负之分，正值表示分析结果偏高，负值表示分析结果偏低。绝对误差与测量值的单位相同。

精密度是指在相同条件下，一组平行测定结果之间相互接近的程度。它说明测定数据的再现性，用偏差的大小表示，偏差是指个别测定值 x_i 与多次测定结果的平均值 $\bar{x}$ 之差。与误差相似，偏差也有绝对偏差和相对偏差。

$$\text{绝对偏差}(d_i) = x_i - \bar{x}$$

$$\text{相对偏差}(\% \text{ 或 } ‰) = \frac{d_i}{\bar{x}} \times 100\%(\text{或 } 1000‰)$$

标准偏差是将单次测定结果的偏差加以平方，可以避免各次测量偏差相加时的正负抵消，能将较大偏差对精密度的影响反映出来。标准偏差 S 为：

$$S = \sqrt{\frac{\sum (x_i - \bar{x})^2}{n-1}} = \sqrt{\frac{\sum d_i^2}{n-1}}$$

$$\text{相对标准偏差}(\% \text{ 或 } ‰) = \frac{S}{\bar{x}} \times 100\%(\text{或 } 1000‰)$$

标准偏差与相对标准偏差无正负号，但标准偏差有与测定值相同的单位，而相对标准偏差用百分率或千分率表示。

11.4.2.2 分析数据的处理

A 有效数字的意义

有效数字是指在分析工作中实际能测量到的数字，化学分析中常用到的一些有效数字的举例：

试样质量：0.1430g，四位有效数字（用分析天平称量）。

溶液体积：22.06mL，四位有效数字（用滴定管测量）；

25.00mL，四位有效数字（用移液管测量）；

25mL，二位有效数字（用量筒量取）。

溶液的浓度：0.1000mol/L，四位有效数字；

0.2mol/L，一位有效数字。

百分含量：98.97%，四位有效数字。

相对标准偏差：2.0‰，两位有效数字。

pH 值：4.30，两位有效数字。

有效数字的修约规则：四舍六入五留双法。

B 有效数字的运算规则

加减法：几个数据相加或相减时，有效数字位数的保留，应以小数点后位数最少的数据为准。

乘除法：几个数据相乘或相除时，有效数字位数的保留，应以各数据中有效数字位数最少的数据为准。

12 电厂水分析

12.1 水、汽取样与监督项目

12.1.1 水、汽取样

水汽样品的采集：

(1) 从运行的热力设备中采集有代表性的水汽样品，首先要选用或设计适当的采样器，其次是正确安装及正确使用、维护。

(2) 锅炉及其热力系统中的水和蒸汽大都温度较高，而高温水或汽不便于取样，也不便于测定，在取样中应加以冷却，所以要把取样点的样品引至取样冷却器进行冷却或凝结成水，一般要求保证样品流量在500~700mL/min时，样品能冷却到30~40℃以下。

(3) 取样的导管均采样不锈钢管，不能用普通钢管和黄铜管，以免样品在取样过程中被导管中的金属腐蚀产物污染。

(4) 取样导管上靠近冷却器处，应装有两个阀门，靠近取样点的阀门为截止阀，后面一个为针型节流阀。取样器在工作期间，截止阀门应全开，用节流阀调节样品流量，一般调节在500mL/min左右。对于样品温度，用改变冷却水流量的方法进行调整。样品的流量和温度调好后，应保持样品常流，取样时不再调动。

(5) 为保证样品的代表性，机组每次启动时，必须冲洗采样器，冲洗时将两个阀门都打开，以大流量样品冲洗取样器和取样冷却器，经较长一段时间冲洗后（一般半小时以上，也可根据样品冲洗程度确定），将样品流量调至正常流速。机组正常运行时，也应定期冲洗，冲洗时间可略短一些。

样品的冷却：

(1) 从火电厂热力设备中采集的水汽样品多是高温、高压介质，必须采用减压装置及冷却装置将其温度、压力降至仪表规定的允许界限内，才能输入仪表发送器。

(2) 目前生产的采样架一般由高温采样架与仪表架组成。

(3) 高温架内集中布置了所设各采样点引来的导管，配有相应的高压阀门、冷却器、减压阀、高温断水保护装置、样品温度及流量指示器等。仪表架布置有电源柜，仪表的发送器、变送器、显示器的安装开孔及布线，记录与报警装置，人工取样盘等。

采集样品的注意事项：

(1) 取样冷却器应定期检修和清除水垢。机炉大修时应安排人员检修取样器和所属阀门。

(2) 对取样管道应定期进行冲洗（至少每周一次）。做系统查定前，要冲洗有关取样管道，并适当延长冲洗时间，冲洗后水样流量调至500~700mL/min，待流量稳定后方可取样。

(3) 给水、炉水、蒸汽等样品应保持常流，采集其他水样时应先把管道中的积水放尽，冲洗后方能取样。

(4) 盛水样的取样瓶必须是硬质玻璃瓶或塑料瓶。对测量硅和微量成分分析的样品，必须使用塑料瓶。采样前必须将采样瓶彻底冲洗干净，采集时再用水样冲洗3次（方法中另有规定者除外）后方能取样，采样后应迅速盖上瓶塞。

(5) 测定水中某些不稳定成分（如溶解氧、二氧化碳等）时，应在现场取样，采样方法应按各测定方法中的规定进行。测定以上成分的采样门应严密不漏空气。

(6) 采集样品用来测定铜、铁、铝时，应严格按照各测定方法中的要求进行。

(7) 采集水样后的瓶子应贴标签，在上面注明时间、地点及当时的工况。原则上应及时化验，存放时间尽可能地短，对需要送到外地的水样，应注意妥善保管和运送。

12.1.2 水、汽质量监督项目

水、汽质量监督就是用仪表或化学分析法，测定各种水和汽的质量，看其是否符合标准，以便必要时采取措施的过程，其目的就是为了防止锅炉、汽轮机及其他热力系统的结垢、腐蚀和积盐。水、汽质量监督项目主要有以下几个方面。

(1) 给水质量监督项目。

为了防止锅炉给水系统的腐蚀、结垢，保证给水水质合格，必须对给水进行监督。给水质量监督的项目有硬度、含油量、溶解氧、联胺、pH值、含铁量和含铜量等，其监督的意义如下：

1) 硬度，监督给水硬度是为了防止锅炉和给水系统中生成钙、镁水垢。

2) 含油量，给水中如果含有油，则当它被带进锅炉内时，会产生以下危害：油附着在炉管管壁上，易受热分解而生成一种导热系数很小的附着物，会危及炉管安全；促进锅炉水泡沫的形成，容易引起蒸汽品质的劣化；含油的细小水滴若被蒸汽携带到过热器中，会因生成附着物而导致过热器管的过热损坏。

3) 溶解氧，在加氧处理工况下，若溶解氧含量过低或过高，都会引起给水系统和锅炉省煤器的腐蚀。

4) 联胺，在氨-联胺处理工况下，应监督给水中的过剩联胺量，以确保辅助除氧的效果。

5) pH值，在加氧处理工况下，给水pH值过低会造成给水系统和省煤器系统的腐蚀，过高会增加凝结水精处理系统的负担。

6) 含铁量和含铜量，给水中的铜和铁腐蚀产物的含量是评价热力系统金属腐蚀情况的重要依据，必须对其进行监督。给水中全铁、全铜的含量高，不仅证明系统内发生了腐蚀，而且还会在炉管中生成铁垢和铜垢。

(2) 蒸汽质量监督项目。

1) 蒸汽质量监督的目的是为了寻找蒸汽品质劣化的原因和判断蒸汽携带物在过热器中的沉积情况。监督项目主要是含钠量和含硅量。

2) 含钠量，由于蒸汽中的盐类成分主要是钠盐，蒸汽含钠量可代表含盐量，所以含钠量是蒸汽监督指标之一，而且为随时掌握蒸汽汽质的变化情况，还应投入在线检测仪表，进行连续测量的自动记录。

3）含硅量，若蒸汽中的硅酸含量超标，就会在汽轮机内沉积难溶于水的二氧化硅附着物，对汽轮机的安全运行有较大影响，故含硅量也是蒸汽汽质的指标之一。

（3）凝结水质量监督项目。

凝结水监督项目主要是硬度和溶解氧。其监督的意义如下：

1）硬度，对凝结水硬度的监督是为了掌握凝汽器的泄漏和渗漏情况。当凝结水中硬度很大或持高不下时，应及时采取相应措施，以防凝结水中的钙、镁离子大量地进入锅炉系统。

2）溶解氧，凝结水中的溶解氧高的主要原因是在凝汽器和凝结水泵不严密处漏入空气，凝结水溶氧较大时会引起凝结水系统的腐蚀，使进入锅炉给水系统的腐蚀产物增多，影响水质、汽质。

3）对凝结水处理装置的系统，除正常监督凝结水外，还应监督凝结水处理后的凝结水质量，主要项目有硬度、电导率、二氧化硅含量、含钠量、含铁量、含铜量等。目的是掌握凝结水处理装置的运行状态，以保证送往锅炉的水质良好。

12.2 水质分析概述

12.2.1 水质分析的定义

水质分析是有效地进行锅炉水处理的必要条件。如何选择锅炉水处理方式，保持一定的水工况，判断水处理设备的工作情况等，均要进行水质分析，否则是无法达到水处理的预期效果的。

12.2.2 对水质分析的要求

对水质分析的要求有：

（1）分析的水样应具有代表性。正确采集水、汽样品，使样品具有代表性，是保证分析结果准确性的重要一环。

（2）正确地配制、使用试剂溶液。选用化学试剂的纯度及试剂的配制，应严格按照《火力发电厂水、汽试验方法》的规定操作。对标准溶液的标定，一般应进行平行试验。试验的相对误差应在0.2%~0.4%以内。

（3）正确地使用分析仪器。为保证分析结果的准确性，对所使用的分析仪器如分析天平、砝码，应定期进行校正。对分光光度计等分析仪器，应根据使用说明进行校正。对于容量分析仪器如油定管、容量瓶、移液管等，应按试验要求进行校准。

（4）应掌握分析方法的基本原理和操作步骤，正确地进行分析结果的计算。

12.2.3 水质分析的准备工作和操作步骤

在进行水质分析时，要做好分析的准备工作。根据试验的要求和测定项目，选择适合的分析方法、准备好分析仪器和试剂溶液，然后再进行分析测定，测定时注意以下事项：

（1）应先观察并记录水样的颜色、透明程度和沉淀物的数量及其他特征后，再开启水样瓶封口。为尽可能地减少对易变项目测定结果的影响，开瓶后应立即进行测定，并且在4h内完成。

（2）对于透明水样，开瓶后，先辨别气味并立即测定 pH 值、氨、化学耗氧量、碱度、亚硝酸盐和亚硫酸盐等易变项目。然后进行全固形物、溶解固形物和悬浮物的测定。最后进行硅、铁铝氧化物、钙、镁、硬度、磷酸盐、硝酸盐、氯化物等项目的测定。

（3）对浑浊的水样应取澄清的一瓶，立即进行分析测定。先测定 pH 值、氨、酚酞碱度、亚硫酸盐、亚硝酸盐等易变项目。水样过滤后，再测定全碱度、硬度、磷酸盐、硝酸盐、氯化物等项目。将另一瓶浑浊水样摇匀后，测定化学耗氧量，同时进行全固形物、溶解固形物和悬浮物、硅、铁铝氧化物及钙、镁等项目的测定。

（4）对水质进行全分析后，应对分析结果进行审核。要从两个方面对分析结果进行审核，即数据审核和技术性审核。当相对误差超过《火力发电厂水、汽试验方法》（DL/T 954—2005）中的相应规定时，应查找原因后重新测定，直到符合要求为止。

12.2.4 试验方法的一般规定

12.2.4.1 仪器校正

为了保证分析结果的准确性，对分析天平、砝码，应定期（1~2 年）进行校正；对分光光度计等分析仪器，应根据说明书进行校正；对容量仪器，如滴定管、移液管、容量瓶等，可根据试验的要求进行校正。

12.2.4.2 空白试验

《火力发电厂水、汽试验方法》中空白试验有以下两种：

（1）在一般规定中，以空白水代替水样，用测定水样的方法和步骤进行测定，其测定值为空白值，然后对水样测定结果进行空白值的校正。

（2）在微量成分比色分析中，为校正空白水中待测成分的含量，需进行单倍、双倍试剂的空白试验。单倍试剂空白试验与一般空白试验相同。双倍试剂空白试验是指试剂加入量是测定水样所用试剂量的两倍，测定方法和步骤与测定水样相同，根据单、双倍空白试验结果，可求出空白水中待测成分的含量，以便对水样测定进行空白值的校正。

12.2.4.3 空白水质量

《火力发电厂水、汽试验方法》中空白水是指用来配制试剂和空白试验用的水，如除盐水、蒸馏水、高纯水等。

空白水质量要求为：蒸馏水电导率为 3μS/cm（25℃）；除盐水电导率为 1μS/cm（25℃）；高纯水电导率为 0.2μS/cm（25℃）；Cu、Fe、Na 浓度小于 3μg/L；SiO_2 浓度小于 3μg/L。

12.2.4.4 干燥器

干燥器内一般用氯化钙或变色硅胶作干燥剂。当氯化钙干燥剂表面有潮湿现象或变色硅胶颜色变红时，表明干燥剂失效，应进行更换。

12.2.4.5 蒸发浓缩

当溶液的浓度较低时，可取一定量溶液先在低温电炉上或电热板上进行蒸发，浓缩至体积较小后，再移至水浴锅里进行蒸发。在蒸发过程中，应注意防尘和爆沸溅出。

12.2.4.6 灰化

在重量分析中，沉淀物进行灼烧前，必须在电炉上将滤纸彻底灰化后，方可移入高温炉灼烧。在灰化过程中应注意：（1）不得有着火现象发生；（2）必须盖上坩埚盖，但为了有足够的氧气进入坩埚，坩埚盖不应盖严。

12.2.4.7 恒重

《火力发电厂水、汽实验方法》规定的恒重是指在灼烧（烘干）和冷却条件相同的情况下，最后两次称量之差不大于0.4mg。如方法中另有规定者，不在此限。

12.2.4.8 试剂纯度

在测定中若无特殊指明者均用分析纯（A.R）或化学纯（C.P）试剂。标定溶液浓度时，基准物质应是保证试剂或一级试剂（优级纯）。当试剂不合要求时，可将试剂提纯使用或采用更高级别的试剂。

12.2.4.9 试剂配制

测定中所用试剂的配制除有明确规定者外，均为水溶液。

12.2.4.10 试剂加入量

测定中，如以滴数表示，均应按每20滴相当于1mL来计算。

12.2.4.11 标准溶液标定

标准溶液的标定一般应取两份或两份以上试样进行平行试验，当平行试验的相对偏差在±(0.2%~0.4%）以内时，才能取平均值计算其浓度。

12.2.4.12 工作曲线的制作和校核

用分光光度法测定水样时，应测定5个以上标准溶液的吸光度值才能制作工作曲线。有条件时应使用计算器对数据进行回归处理，以便提高工作曲线的可靠性。工作曲线视测定要求，应定期校核。一般可配制1~3个标准液，对工作曲线再进行水样测定。

制作工作曲线时，要用移液管准确吸取标准溶液，标准溶液的体积数一般应保持3位有效数字。

12.2.4.13 溶液浓度的表示法

溶液的浓度是表示一定量的溶液所含溶质的量。实际应用上，都是根据需要来配制各种浓度的溶液。根据我国法定计量单位规定，可用（物质的）质量分数、（物质的）体积分数和（物质的）浓度（即物质的量浓度）等来表示。

A 质量分数

质量分数以前称为重量百分浓度。它表示物质B（溶质B）的质量与溶液的质量比，

用符号（w_B）表示。即

$$w_B = \frac{\text{物质 B 的质量}}{\text{混合物的质量}} = \frac{\text{溶质 B 的质量}}{\text{溶液的质量}}$$

习惯上为方便起见也可用百分数（%）表示。

B 体积分数（质量浓度）

体积分数表示物质 B（溶质 B）的质量除以混合物（w_B）的体积用符号 ρ_B 表示，即

$$\rho_B = \frac{\text{溶质 B 的质量}}{\text{溶液的体积}}$$

体积分数的单位可用百分数表示，也可用克每升（g/L）或毫克每升（mg/L）或微克每升（μg/L）表示。若溶液用百分数表示，其浓度则不标注（体积分数）。

C 体积比浓度

体积比浓度是指液体试剂与溶剂按 $x+y$ 的体积关系配制溶液，符号（$x+y$）。

如硫酸溶液（1+3）是指 1 体积的浓硫酸与 3 体积的水混合而成的硫酸溶液。

D 滴定度

滴定度是指 1mL 溶液中所含相当于待测成分的质量，用符号 T 表示。单位为毫克每毫升（mg/mL）或微克每毫升（μg/mL）。

E 浓度（即物质的量浓度）

物质的量浓度简称浓度，以前称为（体积）摩尔浓度和当量浓度。它是用物质 B（溶质 B）的物质的量除以混合物（溶液）的体积，用符号 C_B 表示，在化学中也表示成［B］。即

$$[B] = \frac{\text{溶质 B 的物质的量}}{\text{溶液的体积 } V}$$

浓度单位为摩尔每升（mol/L）或毫摩（尔）每升（mmol/L）或微摩尔每升（μmol/L）。根据摩尔的定义，在使用摩尔这一单位时，必须指明基本单元。规定在使用物质的量浓度［B］时，也必须标明 B 是什么粒子，基本单元是多少。

F 市售试剂的浓度

测定中使用的市售试剂均称为浓某酸，浓氨水。其浓度和密度 kg/m^3 应符合表 12-1 中规定。

表 12-1 市售试剂的浓度和密度

试剂名称	密度（20℃）/$g \cdot cm^{-3}$	浓度	
		质量分数/%	物质的量浓度（M）
浓氨水	0.9～0.907	25.0～28.0	13.32～14.44
硝酸	1.391～1.405	65.0～68.0	14.36～15.16
氢溴酸	1.49	47	8.6
氢碘酸	1.50～1.55	45.3～45.8	5.31～5.55
盐酸	1.179～1.185	36.0～38.0	11.65～12.38
硫酸	1.83～1.84	95.0～98.0	17.8～18.5

续表 12-1

试剂名称	密度（20℃）/g·cm^{-3}	浓　　度	
		质量分数/%	物质的量浓度（*M*）
冰醋酸	≤1.0503	≥99.8	≥17.45
冰醋酸	≤1.0549	≥98	≥17.21
磷酸	≥1.68	≥85	≥14.6
氢氟酸	≥1.128	≥40	≥22.55
过氯酸	1.206~1.220	30.0~31.61	3.60~3.84
过氯酸	≥1.675	70~72	11.70~12

12.2.4.14　表示测定结果的单位

表示测定结果的单位应采用法定单位。

12.2.4.15　有效数字

分析工作中的有效数字是指该分析方法实际能测定的数字，因此，分析结果应正确地使用有效数字来表示。

12.2.4.16　物质的量的法定单位

法定单位规定物质的量的单位为摩尔（mol）。其定义为摩尔是一系统的物质的量，该系统中所包含的基本单元数与0.0124g碳-12的原子数目相等。

在使用摩尔时，基本单元应予以指明，可以是原子、分子、离子、电子及其他粒子，或是这些粒子的特定组合。

12.2.4.17　水质分析的代表符号和使用单位

水质分析的代表符号和使用单位见表12-2。

表12-2　水质分析项目、代表符号、单位

项　目	符号	单　　位		测定方法
		中文	法定单位	
固体	QG	毫克/升	mg/L	
悬浮固体	XG	毫克/升	mg/L	
溶解固体	RG	毫克/升	mg/L	
灼烧减少固体	SG	毫克/升	mg/L	
电导率	DD	微西/厘米	μS/cm	
pH值	pH值	—	—	
硅	SiO_2	毫克/升、微克/升	mg/L、μg/L	
铁铝氧化物	R_2O_3	毫克/升	mg/L	
钙	Ca	毫克/升	mg/L	容量法

续表 12-2

项　目	符号	单　位		测 定 方 法
		中文	法定单位	
硬度	YD	毫摩尔/升、微摩尔/升	mmol/L、μmol/L	
镁	Mg	毫克/升	mg/L	
氯化物	Cl^-	毫克/升	mg/L	电极法
铝	Al	毫克/升	mg/L	邻苯二酚紫分光光度法
酸度	SD	毫摩尔/升	mmol/L	酸碱滴定法
碱度	JD	毫摩尔/升、微摩尔/升	mmol/L、μmol/L	
硫酸盐	SO_4^{2-}	毫克/升	mg/L	分光光度法/容量法
磷酸盐	PO_4^{3-}	毫克/升	mg/L	分光光度法
铜	Cu	毫克/升	mg/L	双环己酮草酰二腙分光光度法
铁	Fe	微克/升	μg/L	磺基水杨酸分光光度法
氨	NH_3	毫克/升、微克/升	mg/L、μg/L	容量法/纳氏试剂分光光度法
联氨	N_2H_4	毫克/升	mg/L	碘量法直接滴定/间接滴定法
溶解氧	O_2	毫克/升、微克/升	mg/L、μg/L	靛蓝二磺酸钠葡萄糖比色法/靛蓝二磺酸钠比色法
钠	Na	微克/升	μg/L	
硝酸盐	NO_3^-	微克/升	mg/L	水杨酸分光光度法
亚硝酸盐	NO_2^-	毫克/升	mg/L	
游离氯	Cl_2	毫克/升	mg/L	比色法
硫化氢	H_2S	毫克/升	mg/L	
腐殖酸盐	FY	毫克/升	mg/L	
化学耗氧量	COD	毫摩尔/升	mmol/L	高锰酸钾法/重铬酸钾法
安定性	AX	毫克/升	mg/L	滴定法
透明度	TD	厘米	cm	
硫酸盐凝聚剂	LN	毫摩尔/升	mmol/L	

12.2.4.18 水质全分析结束时注意事项

水质全分析结束时，首先应该检查数据的计算是否有误；然后，根据水质全分析结果的校核内容要求进行校核。当相对误差超过校核规定时，应查找原因后重新测定，直到符合要求。

12.3 水质全分析项目

火力发电厂运行中要求进行化学监督的生水、炉水、除氧水、给水、疏水及凝结水是不同性质的水，对它们监测项目有所不同，视电厂化学监督规程要求而定。

12.3.1 浊度

浊度（ZD）衡量水中悬浮物（ZD）的含量，它反映水的透明度，其单位有 mg/L、NTU、FTU（福马肼浊度），三个单位大体相当。在水处理澄清池、空气擦洗滤池、双介质过滤器、活性炭过滤器，精处理前置过滤器，废水处理澄清池等处都要监测悬浮物的含量。有时，直接用悬浮物（ZD）表示水中颗粒物质等杂质和水的透明度，单位与浊度一样。

12.3.2 硬度

硬度（YD）表示水中钙、镁离子（Ca^{2+}、Mg^{2+}）含量的指标，单位为 mmol/L、μmol/L。水中含钙、镁离子会导致设备结垢。在水处理阳床出水有时要监测硬度是为了防止阳床深度失效，导致硬度带入汽水系统；汽水系统凝结水、给水都要监测硬度，特别是机组启动初期。

12.3.3 碱度

碱度（JD）表示水中可以用酸中和的物质的量。如溶液中 OH^-、HCO_3^-、CO_3^{2-} 等物质，单位为 mol/L。在天然水中碱度主要是 HCO_3^-。碱度大小可以用酸来滴定测得。

在水质全分析中需测定碱度。水处理系统中，原水的碱度大部分被阳床的酸性水中和变成 CO_2，CO_2 被其后的除碳器除去。

12.3.4 酸度

酸度（SD）表示水中可以用碱中和的物质的量。如溶液中 H^+、HCO_3^-、CO_3^{2-} 等物质，单位为 mol/L。在天然水中酸度主要是 H_2CO_3，酸度大小可以用碱来滴定测得。

在原水水质全分析中需测定酸度。水处理系统中，原水的酸度大部分被除碳器和阴床除去。

12.3.5 pH 值

pH 值表示水中 H^+浓度的大小。在水处理系统和热力汽水系统中经常要监测 pH 值。特别是给水需严格把握 pH 值大小，pH 值控制不当随时有可能导致热力系统腐蚀。比如给水 pH 值的控制非常重要。pH 值是一个数值，无单位。

12.3.6 化学耗氧量

化学耗氧量（COD）表示水中有机物含量的大小，化学耗氧量是指采用一定的强氧化剂处理水样时，测定其反应过程中消耗的氧化剂量，单位为 mg/L，在原水水质全分析、活性炭过滤器出口都要监测 COD 大小。活性炭过滤器、反渗透装置和除盐装置都能除去有机物，有机物如果带入热力系统中会分解一些有害物质，导致设备、管道的腐蚀。

12.3.7 污染指数和淤泥密度指数

污染指数（FI）是反映水中污染膜的物质含量的一种表示方法，它是以单位时间内水滤过速度的变化来表示水质的污染性。水中悬浮物和胶体物质的多少会影响污染指数大小，因而比用浊度来表示水质污染性更有代表性。FI 数值可以用污染指数测定装置来测定。常常也用淤泥密度指数（SDI）表示污染膜的物质含量，其测定方法为：在 SDI 测定仪上装好反渗透膜，用橡皮圈压住，并压紧螺栓，不要漏水。注意反渗透膜光滑的一面向上，且不要压破渗透膜。调整 SDI 测定仪进水压力为 0.21MPa，测出流过 SDI 测定仪 500mL 水的时间 t_0，15min 后，再次测出流过 SDI 测定仪 500mL 水的时间 t_1。

12.3.8　溶解氧

溶解氧（DO）表示水中溶解氧气的含量。溶解氧在汽水系统中几乎全程监控，溶解氧单位常用 μg/L。

12.3.9　电导率

电导率（DD）表示水中含盐量的大小及各种阴阳离子多少，与水中各种离子浓度和离子组成有关。电导率单位常用 μS/cm。它是水纯净程度的一个重要指标，能较好地判断水质情况。几乎所有的水系统都要监测电导率。电导率分为比电导率和氢电导率。氢电导率是水样经过小型氢交换柱后仪表监测的电导率。同一种水质，氢电导率相对比电导率而言，数值小些，容易监测水质的变化。如水处理阴床出水、混床出水监测电导从而判断树脂是否失效；凝结水、给水等都要监测电导率能直接判断水质的好坏；凝汽器循环冷却水检漏装置监测电导率，能很灵敏地检测到凝汽器是否泄漏。电导率有时用 C、CC、λ 等符号表示，在阅读有关资料时注意辨识。

12.3.10　钠离子

钠离子（Na^+）表示水中钠离子的含量。凝汽器循环冷却水检漏装置除监测电导率外，还监测钠离子，也能很灵敏地检测到凝汽器是否泄漏；汽水系统中主蒸气监测钠离子是为了检测蒸汽携带的盐类物质，防止系统积盐；阳床出水监测钠离子是因为阳树脂在将近失效时，最先漏过的是钠离子。

12.3.11　二氧化硅

二氧化硅（SiO_2）表示水中活性硅（$HSiO_3^-$）的含量。天然水中的硅分为活性硅和非活性硅（胶体硅），原水中大部分非活性硅被澄清池除去，活性硅被反渗透装置、阴床和混床的阴树脂除去。阴床、混床出水监测硅是因为阴床、混床阴树脂在将近失效时，最先漏过的是 $HSiO_3$。除硬度（Ca^{2+}、Mg^{2+}）外，$HSiO_3^-$ 也是导致设备、管道结垢的主要物质。给水系统中监测二氧化硅可以防止热力系统结垢。

12.4　水质校核

水质全分析的结果及使用全分析数据时，应进行必要的审查，分析结果的审查分为数据检查和技术性审查两个方面。数据检查是保证数据库不出差错；技术性审查是根据分析结果中各成分的相互关系，检查是否符合水质组成的一般规律，从而判断分析结果是否正确。本节将介绍常用的审查方法。

12.4.1 审查阳、阴离子

根据物质是电中性的原则，正负电荷的总和相等。因此水中各种阳离子和各种阴离子的一价基本单元物质的量总数必然相等。即$\sum C_{阳}$为各种阳离子浓度之和，mmol/L；$\sum C_{阴}$为各种阴离子浓度之和，mmol/L。

在测定各种离子时，由于各种原因会导致分析结果产生误差，使得各种阳离子浓度总和（$\sum C_{阳}$）和各种阴离子浓度总和（$\sum C_{阴}$）往往不相等（按一价基本单元计），但是$\sum C_{阳}$与$\sum C_{阴}$的差值应在一定的允许范围（δ）内。一般认为δ小于2%是允许的。δ可由式（12-1）计算：

$$\delta=[(\sum C_{阳}-\sum C_{阴})/(\sum C_{阳}+\sum C_{阴})]\times 100\% \leqslant \pm 2\% \quad (12\text{-}1)$$

在使用式（12-1）时应注意：

（1）分析结果均应换算成一价基本单元物质的量（mmol/L）表示。各种离子的浓度单位 mg/L、mmol/L 的换算系数见表 12-3。

表 12-3 毫克/升（mg/L）与毫摩尔/升（mmol/L）换算系数

离子名称	将 mmol/L 换算成 mg/L 的系数	将 mg/L 换算成 mmol/L 的系数	离子名称	将 mmol/L 换算成 mg/L 的系数	将 mg/L 换算成 mmol/L 的系数
Al^{3+}	8.994	0.1112	$H_2PO_4^-$	96.99	0.01031
Ba^{2+}	68.67	0.01456	HS^-	33.07	0.03024
Ca^{2+}	20.04	0.04990	H^+	1.008	0.9921
Cu^{2+}	31.77	0.03148	K^+	39.10	0.02558
Fe^{2+}	27.92	0.03581	Li^+	6.941	0.1441
Fe^{3+}	18.62	0.05372	Mg^{2+}	12.15	0.08229
CrO_4^{2-}	58.00	0.01724	Mn^{2+}	27.47	0.03640
F^-	19.00	0.05264	Na^+	22.99	0.04350
HCO_3^-	61.02	0.01639	NH_4^+	18.04	0.5544
Sr^{2+}	43.81	0.02283	NO_3^-	62.00	0.01613
Zn^{2+}	32.69	0.03060	OH^-	17.01	0.05880
Br^-	79.90	0.1252	PO_4^{3-}	31.66	0.03159
Cl^-	35.45	0.02821	S^{2-}	16.03	0.06238
CO_3^{2-}	30.00	0.03333	SiO_3^{2-}	38.04	0.02629
HSO^{3-}	81.07	0.01234	$HSiO_3^-$	77.10	0.01298
HSO_4^-	97.07	0.01030	SO_3^{2-}	40.03	0.02498
I^-	126.9	0.007880	SO_4^{2-}	48.03	0.02082
NO_2^-	46.01	0.02174	HPO_4^{2-}	47.99	0.02084

注：由 SiO_2 换算成 SiO_3^{2-} 的系数为 1.266。

（2）计算各种弱酸或弱碱的阴、阳离子浓度时，应根据表 12-4 得出在实测 pH 值下，各种离子所占总浓度的百分比进行校正。

如果 δ 超过±2%，则表示分析结果不正确，或者是分析项目不全面。如果钠钾离子是根据阴、阳离子差值而求得的，则式（12-1）不能应用。钾的含量可根据多数天然水中钠和钾的比例 7∶1（摩尔比）近似估算。

12.4.2 审查总含盐量与溶解固体

水的总含盐量是指水中阳离子和阴离子浓度（mg/L）的总和，即

$$总含盐量 = \sum A_{阳} + \sum A_{阴}$$

通常溶解固体的含量（RG）可以代表水中的总含盐量。由于测得的溶解固体含量不能完全代表总含盐量，因此，用溶解固体含量来检查总含盐量时，还需做如下校正。

（1）碳酸氢根浓度的校正：在溶解固体的测定过程中发生如下反应：

$$2HCO_3^- \longrightarrow CO_3^{2-} + CO_2\uparrow + H_2O\uparrow$$

由于 HCO_3^- 变成 CO_2 和 H_2O 挥发而损失，其损失量约为：

$$(CO_2 + H_2O)/2HCO_3^- = 62/122 \approx 1/2$$

（2）其他部分的校正：测得的溶解固体，除包括水中阴、阳离子浓度的总和外，还包括胶体硅酸，铁铝氧化物以及水溶性有机物等，因而需要校正。

因为 $$RG = (SiO_2)_{全} + R_2O_3 + \sum_{有机物} + \sum B_{阳} + \sum B_{阴} - \frac{1}{2}HCO_3$$

所以 $$(RG)_{校} = RG - (SiO_3)_{全} - R_2O_3 - \sum_{有机物} + \frac{1}{2}HCO_3 \tag{12-2}$$

式中 $(SiO_2)_{全}$——全硅含量（过滤水样），mg/L；

R_2O_3——铁铝氧化物的含量，mg/L；

$\sum B_{阳}$——除 Fe^{3+}、Al^{3+}、Fe^{2+} 外的阳离子之和，mg/L；

$\sum B_{阴}$——除活性硅外的阴离子浓度之和，mg/L；

$\sum_{有机物}$——水溶性有机物的总量，mg/L；

$(RG)_{校}$——校正后的溶解固体含量，mg/L。

由于大部分天然水中，水溶性有机物的含量都很小，计算时可忽略不计。用式（12-2）进行各种离子浓度计算时，也和用式（12-1）时一样，应考虑弱酸、弱碱的阴阳离子浓度及在不同的 pH 值下，各种离子所占总浓度的百分比。

用式（12-2）审查分析结果时，溶解固体校正值 $(RG)_{校}$ 与阴阳离子总和之间的相对误差，允许为 5%。

即 $$\{[(RG)_{校} - (\sum B_{阳} + \sum B_{阴})]/(\sum B_{阳} + \sum B_{阴})\} \times 100\% \leqslant 5\%$$

对于含盐量小于 100mg/L 的水样，该相对误差可放宽至 10%。

12.4.3 pH 值的校核

对于 pH 值小于 8.3 的水样，其 pH 值可根据重碳酸盐和游离二氧化碳的含量算出：

$$pH值 = 6.37 + \lg[HCO_3^-] - \lg[CO_2] \tag{12-3}$$

式中 $[HCO_3^-]$——重碳酸盐碱度，mmol/L；

$[CO_2]$ ——游离 CO_2 的含量，mmol/L。

pH 值的计算值与实测值的差，一般应小于 0.2。

12.4.4 碱度的校正

OH^-、CO_3^{2-}、HCO_3^- 浓度的计算：

（1）有游离的 OH^- 存在 $2(JD)_{酚}$ 大于 $(JD)_{全}$ 时：

$$A = (JD)_{酚} - 1.074[1/3PO_4^{3-}] - 1.94[1/2SiO_3^{2-}] - 0.898[NH_3] - 0.075[1/2SO_3^{2-}] \quad (12\text{-}4)$$

$$B = (JD)_{全} - (JD)_{酚} - 0.926[1/3PO_4^{3-}] - 0.06[1/2SO_3^{2-}] - 0.102[NH_2] - 0.925[1/2SO_3^{2-}] - (FY)' \quad (12\text{-}5)$$

式中 A——校正后的 $OH^-+1/2CO_3^{2-}$ 碱度，mmol/L；

B——校正后的 $1/2CO_3^{2-}$，mmol/L；

$[1/3PO_4^{3-}]$——磷酸盐总浓度，$[1/3PO_4^{3-}] = PO_4^{3-}(mg/L)/95.0$，mmol/L；

$[1/2SiO_3^{2-}]$——硅酸盐总浓度，$[1/2SiO_3^{2-}] = SiO_3^{2-}/76.1$，mmol/L，或 $[1/2SiO_3^{2-}] = SiO_2(mg/L)/60.1$，mmol/L；

$[1/2SO_3^{2-}]$——亚硫酸盐总浓度，$[1/2SO_3^{2-}] = SO_3^{2-}(mg/L)/80.1$，mmol/L；

$(FY)'$——校正后的腐殖酸盐，mmol/L；

FY——未经校正原腐殖酸盐浓度，mmol/L。

$$(FY)' = FY - 0.926[1/3PO_4^{3-}] - 0.06[1/2SiO_3^{2-}] - 0.102[NH_3] - 0.925[1/2SO_3^{2-}] \quad (12\text{-}6)$$

$$OH^- = (A - B) \times 17.0\text{mg/L} \quad (12\text{-}7)$$

$$CO_3^{2-} = 2B \times 30.0\text{mg/L} \quad (12\text{-}8)$$

若用以上方法计算所得 A 或 $(A-B)$ 为负值，说明无游离 OH^- 存在，则应按式(12-2)计算。

（2）无游离 OH^- 存在 $2(JD)_{酚}>(JD)_{全}$，但 A 或 $(A-B)$ 为负值；$2(JD)_{酚}<(JD)_{全}$，且 pH 值不小于 8.3 时：

$$A' = (JD)_{酚} - ([OH^-]_{原} + [1/3PO_4^{3-}]_{原} - [H_2PO_4^-]_{原} + [H_2PO_4^-]_{8.3} + 2[1/2SiO_3^{2-}]_{原} + [HSiO_3^-]_{原} - [HSiO_3^-]_{8.3} + [NH_3]_{原} - [NH_3]_{8.3} + [1/2SO_3^{2-}]_{原} - [1/2SO_3^{2-}]_{8.3}) \quad (12\text{-}9)$$

$$B' = (JD)_{全} - (JD)_{酚} - 0.926[1/3PO_4^{3-}] - 0.06[1/2SiO_3^{2-}] - 0.102[NH_3] - 0.925[1/2SO_3^{2-}] - (FY)' = (JD)_{全} - (JD)_{酚} - FY \quad (12\text{-}10)$$

式中 A'——校正后的 $[1/2CO_3^{2-}]$ 碱度，mmol/L；

B'——校正后的 $[1/2CO_3^{2-}+HCO_3^-]$ 碱度，mmol/L；

[ ] ——平衡浓度，单位为 mmol/L，有注脚“8.3”的指 pH 值为 8.3 时的平衡浓度；

$[OH^-]_{原}$——由原溶液测出的 pH 值算出，例如原溶液 pH 值为 10.8 即 pOH=3.2，故 $[OH^-]_{原} = 10^{-3.2} = 0.631$mmol/L；

$[1/3PO_4^{3-}]_{原}$—— $[1/3PO_4^{3-}]$ 乘以原溶液 pH 值时，PO_4^{3-} 所占浓度的百分比；

$[H_2PO_4^-]_{原}$—— $[1/3PO_4^{3-}]$ 乘以原溶液 pH 值时，$H_2PO_4^-$ 所占总浓度的百分比；

$[H_2PO_4^-]_{8.3}$—— $[1/3PO_4^{3-}]$ 乘以 pH 值等于 8.3 时，$H_2PO_4^-$ 所占总浓度的百分比；

$[1/2SiO_3^{2-}]_{原}$、$[1/2SiO_3^{2-}]_{8.3}$等以此类推；$c_{PO_4^{3-}}$、$(FY)'$、FY 等均同前。

$$CO_3^{2-} = 2A' \times 30.0\text{mg/L} \tag{12-11}$$

$$HCO_3^- = (B' - A') \times 61.0\text{mg/L} \tag{12-12}$$

上述碱度的校正相关计算中涉及的氨、磷酸、硅酸、亚硫酸及其离子在不同 pH 值占总浓度的百分比见表 12-4。

表 12-4 氨、磷酸、硅酸、亚硫酸及其离子在不同 pH 值下占总浓度的百分比（温度为 25℃）

（%）

pH 值	NH_3		H_3PO_4				H_2SiO_3			H_2SO_3		
	NH_4^+	NH_3	H_3PO_4	$H_2PO_4^-$	HPO_4^{2-}	PO_4^{3-}	H_2SiO_3	$HSiO_3^-$	SiO_3^{2-}	H_2SO_3	HSO_3^-	SO_3^{2-}
4.2	100.0		0.9	99.0	0.1		100.0			0.5	99.4	0.1
5.0			0.2	99.2	0.6		100.0				99.3	0.7
6.0	99.9	0.1		94.1	5.9		100.0				94.1	5.9
7.0	99.4	0.6		61.3	38.7		99.7	0.3			61.0	39.0
8.0	99.6	5.4		13.7	86.3		96.9	3.1			13.5	86.5
8.3	89.8	10.2		7.4	92.6		94.0	6.0			7.5	92.5
8.4	87.6	12.4		6.0	94.0		92.6	7.4			5.9	94.1
8.5	84.8	15.2		4.8	95.2		90.8	9.2			4.5	95.5
8.6	81.6	18.4		3.9	96.1			11.3			3.3	96.7
8.7	77.8	22.2		3.0	97.0		86.2	13.8			2.3	97.7
8.8	76.6	23.4		2.5							1.7	98.3
8.9	68.9	31.1		2.0	98.0						1.6	98.4
9.0	63.8	36.2		1.6	98.4						1.5	98.5
9.1	58.3	41.7		1.2	98.7	0.1	71.2	28.7	0.1		1.4	98.6
9.2	52.6	47.4		1.0	98.9	0.1	66.3	33.6	0.1		1.1	98.9
9.3	46.9	53.1		0.8	99.1	0.1	61.0	38.9	0.1		0.8	99.2
9.4	41.2	58.8		0.6	99.3	0.1	55.3	44.5	0.2		0.6	99.4
9.5	35.8	64.2		0.5	99.4	0.1	49.6	50.2	0.2		0.5	99.5
9.6	30.7	69.3		0.4	99.4	0.2	43.8	55.8	0.4		0.3	99.7
9.7	26.0	74.0		0.3	99.5	0.2	38.2	61.3	0.5		0.2	99.8
9.8	21.8	78.2		0.2	99.5	0.3	32.9	66.4	0.7		0.2	99.8
9.9	18.1	81.9		0.2	99.5	0.3	28.0	71.5	0.9		0.2	99.8
10.0	15.0	85.0		0.2	99.4	0.4	23.5	75.3	1.2		0.2	99.8
10.1	12.3	87.7		0.1	99.4	0.5	19.6	78.8	1.6		0.1	99.9
10.2	10.0	90.0		0.1	99.2	0.7	16.1	81.8	2.1		0.1	99.9
10.3	8.1	91.9		0.1	99.1	0.8	13.2	84.1	2.7		0.1	99.9
10.4	6.6	93.4		0.1	98.9	1.0	10.7	85.8	3.5		0.1	99.9

续表 12-4

pH 值	NH_3		H_3PO_4				H_2SiO_3			H_2SO_3		
	NH_4^+	NH_3	H_3PO_4	$H_2PO_4^-$	HPO_4^{2-}	PO_4^{3-}	H_2SiO_3	$HSiO_3^-$	SiO_3^{2-}	H_2SO_3	HSO_3^-	SO_3^{2-}
10.5	5.6	94.4		0.1	98.6	1.3	8.6	87.0	4.4		0.1	99.9
10.6	4.2	95.8			98.3	1.7	6.9	87.5	5.6			100.0
10.7	3.4	96.6			97.9	2.1	5.5	87.5	7.0			100.0
10.8	2.7	97.3			97.4	2.6	4.3	86.9	8.8			100.0
10.9	2.2	97.8			96.8	3.2	3.4	85.7	10.1			100.0
11.0	1.7	98.3			96.0	4.0	2.6	84.0	13.4			100.0
11.1	1.4	98.6			95.0	5.0	2.0	81.5	16.5			100.0
11.2	1.1	98.9			93.8	6.2	1.6	78.5	19.9			100.0
11.3	0.9	99.1			92.3	7.7	1.2	74.9	23.9			100.0
11.4	0.7	99.3			90.4	9.6	0.9	70.7	28.4			100.0
11.5	0.6	99.4			88.3	11.7	0.6	66.0	33.4			100.0
11.6	0.4	99.6			85.7	14.3	0.5	60.8	38.7			100.0
11.7	0.3	99.7		2.0	82.6	17.4	0.3	55.3	44.4			100.0
11.8	0.3	99.7		1.6	79.0	21.0	0.3	49.6	50.1			100.0
11.9	0.2	99.8			75.0	25.0	0.2	43.9	55.9			100.0
12.0	0.2	99.8			70.4	29.6	0.1	38.4	61.5			100.0
12.1	0.1	99.9			65.4	34.6		33.2	66.8			100.0
12.2	0.1	99.9			60.0	40.0		28.3	71.1			100.0
12.3	0.1	99.9			54.4	45.6		23.8	76.2			100.0
12.4	0.1	99.9			48.7	51.3		19.9	80.1			100.0
12.5	0.1	99.9			43.0	57.0		16.5	83.5			100.0
12.6		100.0			37.4	62.6		13.6	86.4			100.0
12.7		100.0			32.2	67.8		11.1	88.9			100.0
12.8		100.0			27.4	72.6		9.0	91.0			100.0
12.9		100.0			23.0	77.0		7.3	92.7			100.0

酸碱平衡体系中，通常同时存在多种酸碱组分，这些组分的浓度随溶液中 H^+浓度的改变而变化。溶液中某酸碱组分的平衡浓度占其总浓度的分数，称为分布分数，分布分数决定于该酸碱物质的性质和溶液中 H^+的浓度，而与其总浓度无关。分布分数的大小能定量说明溶液中的各种酸碱组分的分布情况。知道了分布分数，便可求得溶液中酸碱组分的平衡浓度。

12.5 机组大修化学监督诊断技术

12.5.1 机组大修检查目的和要求

机组大修检查目的和要求如下：

（1）检修前，化学工作人员应对该设备历次检修情况进行全面了解，明确检修的重点内容，并以书面形式报技术支持部。

（2）机组检修时，化学人员应在机、电、炉专业的配合下，对机组进行腐蚀、结垢、积盐、沉积物状况的检查。

（3）机、电、炉专业检修部门对机组检修化学检查，必须予以积极主动的配合，按运行规程的要求，进行设备检查。化学需检查的设备打开之后，先由化学检查，然后进行检修。检修完毕，经化学人员验收后封闭人孔，并由化学验收人员分别在零星验收、分段验收报告上签字。

（4）运行规程规定的化学检查部位及项目为机组大修化学技术诊断必须项目。机组小、临修除特殊要求外不做具体要求，但运行规程中规定的化学检查部位打开后参照运行规程执行。

（5）机组检修化学检查是考核化学技术监督实际效果必不可少的手段。因此，检查要认真、仔细，对一些必要部位要拍照片，通过检查若发现存在问题向有关部门提出解决意见或改进措施。

（6）各项检查报告内容包括：部位、检查或试验结果及异常现象分析、评价、改进建议。一般情况下，检查出的异常情况应及时汇报，检查报告应在检查 1~2 天内向相关专业进行汇报，对存在重大隐患的直接向部门总监汇报。化验报告应在取样后 7~30 天内，主动报送技术支持部、发电部运行总监，抄送技术支持部有关专业专工、有关部门专工，并留一份存档。发现重大问题还应报送发电部、技术支持部专工及有关厂领导。

（7）机组大修化学检查总报告包括以下内容（小修、临修参照执行）：

1）机组的主要技术规范。

2）炉内、炉外水处理方式。

3）补给水、凝结水、给水、蒸汽各指标平均值、合格率。

4）油质合格率，运行中出现的异常情况。

5）运行中水汽异常情况、处理方法，包括凝汽器泄漏情况，炉管有无发生过化学原因引起的爆管等。

6）运行周期内，热力设备停用时间和启动次数，每次停用所采取的保护方法和保护效果。

7）大修检查各种报告，各种分析报告，有明显腐蚀结垢的需附有照片。

8）结合以上材料进行分析，提出存在的问题及解决这些问题的技术措施。

9）上次大修化学检查发现的问题，在本次大修中落实解决的情况，以及本次大修中发现的问题落实解决情况。

10）修后一个月内，完成报告，经发电部总监批准。

12.5.2 拟定检修时化学检查计划

检修时化学检查计划如下：

（1）检查部位：汽轮机、除氧器、凝汽器、加热器、冷油器、油箱、变压器的检查。

（2）割、抽管部位及数量长度：水冷壁、省煤器、过热器、再热器、凝汽器。

（3）在大修前 1 个月提出计划，分送有关专业、技术支持部。

12.5.3 锅炉检查的部位及内容

12.5.3.1 水冷壁管

A 外壁

检查炉膛水冷壁外壁结焦位置、厚度、面积，检查外壁腐蚀程度、腐蚀产物颜色、形状。

B 割管数量

水冷壁割管根数不少于2根，其中一根为监视管，长度1~1.5m。

C 割管部位

割管部位，按下列顺序进行选择：

(1) 若发生爆管，在爆破口附近处（包括爆破口）割取。

(2) 经外观检查，在有变色、胀粗、鼓包处割取。

(3) 用测厚仪测量，在发现管壁有明显减薄处割取。

(4) 认为水循环不良处割取。

(5) 如无上述情况，应从热负荷最高处：水冷壁墙中部，上层喷燃器上1.5~3m处割取。

D 洗垢前的检查

洗垢前的检查包括：(1) 进行样管处理；(2) 分别对样管外壁、内壁进行检查，如颜色、腐蚀状态、表面形态、是否有鼓包等详细记录。

E 洗垢后的检查

洗垢后的检查包括：

(1) 洗垢后，检查管样的腐蚀状况，记录腐蚀坑的形状，测量其面积和深度，并由监视管段计算出腐蚀速度mm/a，保留管样，必要时照相。

(2) 腐蚀坑深度，附着物厚度的测量，按如下方法进行：

1) 腐蚀坑深度的测定：可用X光机、超声波测厚仪、百分表或由背面钻透，用千分卡测量。

2) 附着物厚度的测量：可用百分表、千分卡、直尺来测量。在腐蚀坑深度、附着物厚度项目后，应注明使用的测量方法。

12.5.3.2 过热器检查

过热器检查包括：

(1) 割取高温过热器、屏式过热器管各1根，带下弯头，长度1~1.5m。

(2) 检查其积水、积盐、腐蚀积盐状况。

(3) 积盐成分分析。

(4) 根据平时汽、水品质情况，决定是否对过热器易积盐部位割管，检查积盐情况。

12.5.3.3 再热器检查

再热器检查包括：

（1）割取再热器低温段入口管 1 根，带下弯头，长度 1～1.5m。
（2）检查其积水、积盐、腐蚀积盐状况。
（3）积盐成分分析。

12.5.3.4　省煤器检查

省煤器检查包括：
（1）割取省煤器入口管 1 根，带弯头，长度 1～1.5m。
（2）检查结垢颜色、致密度、均匀度、有无凸出处。
（3）进口水平段下部氧腐蚀程度，是否有油污迹象。
（4）测定垢量。
（5）检查腐蚀情况，如腐蚀坑数量、深度、面积、形状。

12.5.4　汽轮机检查部位及内容

12.5.4.1　汽轮机本体

汽轮机本体检查包括：
（1）对主汽门、调速汽门等部位要检查其积盐和腐蚀情况。
（2）对各级叶片、各级隔板及汽缸壁的积盐和腐蚀情况进行检查。

1）首先用除去 CO_2 的中性除盐水浸润的广泛 pH 值试纸，定性检查各部位的表面 pH 值。

2）外观检查各级叶片积盐，定性检测有无铜。

3）对明显腐蚀、积盐严重及其他如铁锈颗粒造成的磨损、麻点处，进行局部照相。

4）高压缸调整级、中压缸第一级叶片有无机械损伤、麻点，高压缸调速级，中压缸一、二级围带氧化铁集积程度；低压缸及最后二级叶片及隔板检查表面 pH 值（有无酸性腐蚀迹象）。

5）刮取单级叶片（动、静叶片）叶背部上的积盐，称重并计算积盐速率（$mg/(cm^2 \cdot a)$）。积盐少时，可刮取几片的积盐，积盐极少时可不刮取，注明微量。

6）对中、低压缸的腐蚀和磨蚀应仔细检查，如发现有损坏，应详细描述具体部位、腐蚀特征及状况，并拍照。

7）进行积盐成分分析，保存积盐样。

12.5.4.2　高、低压加热器

高、低压加热器检查包括：
（1）检查加热器水、汽侧腐蚀、结垢情况。
（2）检查加热器疏水管道腐蚀状况。

12.5.4.3　除氧器

除氧器检查包括：

（1）检查除氧器的内部喷头、蒸汽管等内部装置的完整情况和腐蚀情况。

（2）检查水箱底部有无积水及沉淀物，称量沉淀物总重量。

（3）检查水箱水汽两侧的分界线是否明显，颜色、腐蚀情况如何。

（4）检查单位面积腐蚀坑的大小、数量、深度、腐蚀产物。

12.5.4.4 凝汽器

A 汽侧

汽侧检查包括：

（1）检查不锈钢管外表色泽、有无油污、氧化铁及其他附着物，隔板处有无因振动引起的磨蚀。

（2）热水井是否有杂物。

（3）除盐水布水管是否完好，有无堵塞。

B 水侧

水侧检查包括：

（1）检查管内有无结垢、污染情况，有无生物附着滋长，管板处、水室、管道有无腐蚀。

（2）管子已堵的部分要在布置图上查对标明，不同时期的标记要有区别，以便了解其发展情况。

（3）检查锌合金块的损失情况，必要时称重。

（4）检查防腐涂层的完整情况。

（5）测定垢的厚度及成分。

C 抽管

为了检查管水侧整个管段泄漏、冲击腐蚀和其他类型的腐蚀，应进行抽管检查。

（1）一般情况下，每区抽取一根不锈钢管。

（2）在现场将选定的管子位置画出，先在管内底部中央粘一条胶布，标明水流方向。

（3）抽出后，进行外表检查，重新做好标记，如：管子处于哪一侧，按顺序为第几排第几根，水流方向和管子的上、下位置。

（4）如是漏管，用灌水法找漏，标明漏点位置，并割下检查。不漏管每隔 2m 取 100~200mm 一段，将钛管用锯剖开。

（5）测量垢、管壁厚度，去垢后观察有无腐蚀，无垢则直接检查表面保护膜及腐蚀情况，记录颜色。

（6）如有点蚀，应用放大镜、显微镜观察裂纹情况，必须照相。如有均匀腐蚀，用显微镜观测其厚度。

（7）管端如有冲刷磨损、过胀等情况，应做好记录。

D 更换钛管

（1）若需更换钛管时，按照《钛管选材导则》选取合适的材质。

（2）抽取安装钛管总数的 1/1000 样管，对不合格批号的钛管，应全部作整根消除内应力处理。

12.5.4.5 油系统

A 油质分析

取样分析化验抗燃油、汽轮机油。

B 油箱

检查油箱内的油泥厚度及腐蚀情况，做好记录。

C 润滑、调速、密封系统

检查锈蚀、积污、机械杂质、磨损情况。

D 冷油器

检查铜管内的油泥厚度，并做好记录。冷油器内所积油泥最厚处达 1mm 时，应对其进行清洗。清洗时如用碱液，应用除盐水冲洗至酚酞指示剂不显红色为止。

E 新补充油

进行新补充油的化验，合格后方可补入系统。

12.5.5 电气设备检查部位及内容

12.5.5.1 电气设备

主变压器、高压厂用变压器取样，进行简化试验、微水分析、油中气体色谱分析。

12.5.5.2 内冷水系统

检查定子线圈、水箱、冷却器的腐蚀、结垢、污物情况，必要时采样进行分析。

12.5.6 热力设备腐蚀评价

腐蚀评价标准用腐蚀速率或总腐蚀深度表示，其评价标准见表 12-5。

表 12-5 热力设备腐蚀评价表

类别 部位	一级	二级	三级
省煤器	基本没腐蚀	轻微均匀腐蚀或点蚀深度不大于 1mm	有局部溃疡性腐蚀或点蚀深度大于 1mm
水冷壁	基本没腐蚀	轻微均匀腐蚀或点蚀深度不大于 1mm	有局部溃疡性腐蚀或点蚀深度大于 1mm
过热器 再热器	基本没腐蚀	轻微均匀腐蚀或点蚀深度不大于 1mm	有局部溃疡性腐蚀或点蚀深度大于 1mm
汽轮机转子 叶片、隔板	基本没腐蚀	轻微均匀腐蚀或点蚀深度不大于 1mm	有局部溃疡性腐蚀或点蚀深度大于 1mm
凝汽器管 不锈钢管	无局部腐蚀，均匀腐蚀小于 0.005mm/a	均匀腐蚀 0.005～0.02mm/a 或点蚀深度不大于 0.3mm	均匀腐蚀大于 0.02mm/a 或点蚀深度大于 0.3mm

12.5.7 热力设备结垢评价

结垢、结盐评价标准用沉积速率或总沉积量或垢层厚度表示，其评价标准见表12-6。

表12-6 热力设备结垢评价表

类别 部位		一级	二级	三级
省煤器	化学清洗后第1年内	结垢速率小于40g/(m^2·a)	结垢速率50~80g/(m^2·a)	结垢速率50~80g/(m^2·a)
	化学清洗1年后	结垢速率小于40g/(m^2·a)	结垢速率50~80g/(m^2·a)	结垢速率50~80g/(m^2·a)
水冷壁	化学清洗后第1年内	结垢速率小于80g/(m^2·a)	结垢速率50~80g/(m^2·a)	结垢速率50~80g/(m^2·a)
	化学清洗1年后	结垢速率小于40g/(m^2·a)	结垢速率50~80g/(m^2·a)	结垢速率50~80g/(m^2·a)
过热器、再热器		结垢速率小于50g/(m^2·a)	结垢速率50~80g/(m^2·a)	结垢速率50~80g/(m^2·a)
汽轮机转子 叶片、隔板		结垢、结盐速率小于1mg/(cm^2·a) 沉积物总量小于4mg/cm^2	结垢、结盐速率1~5mg/(cm^2·a) 沉积物总量4~10mg/cm^2	结垢、结盐速率大于5mg/(cm^2·a) 沉积物总量大于10mg/cm^2
凝汽器管 不锈钢管		结垢速率小于10g/(m^2·a) 垢层厚度小于0.1mm	结垢速率10~20g/(m^2·a) 垢层厚度不大于0.5mm	结垢速率大于20g/(m^2·a) 垢层厚度大于0.5mm

注：1. 对于省煤器、水冷壁、过热器、再热器和凝汽器的垢量均指多根管中垢量最大的一侧（通常为向火侧、应烟侧和应汽侧），一般用化学清洗法测量计算；对于汽轮机的垢量是指某级叶片局部最大的结垢量，一般采用刮取一定面积的垢样、干燥器干燥24h后重量法测量计算。

2. 计算结垢速率所用的时间是指运行时间和停用时间之和。

12.5.8 管样处理及试验方法

12.5.8.1 管样的处理

管样的处理包括：

(1) 割取的管段不可溅上水，不能使管段受到强烈振动和碰撞。

(2) 如果管内潮湿时，需吹干。

(3) 割取的管段应贴上标签，标明取管时间、详细位置、炉号、向火侧和背火侧。

(4) 在割管中部选取无焊渣、未受到破坏的一段，用车床车取约100mm，将外壁车削至壁厚约0.5~2mm，并切成50mm长的两段。

（5）用刨床将其中一段沿管轴方向对剖开，分成向火侧、背火侧两半，用锉刀除去毛刺、磨平。另一段作为原始管样，放入干燥器内存档。

（6）对弯头的加工，通常用手锯截取所取管段，并从中间剖开，用锉刀将外壁和周边锉平。

车、剖管样时，均不得使用冷却剂，并且速度要慢。

12.5.8.2 垢的沉积量的测定（洗垢法）

垢的沉积量的测定：

（1）准确测量管样内表面积（S）。

（2）用乙醇或丙酮去除管样外壁的油污，干燥后称量（m_1）。

（3）用毛刷刷去软垢，刷至无软垢脱落为止，然后称量（m_2）。

（4）配制清洗液500mL：含5%~6%HCl、0.2%~0.5%缓蚀剂六次甲基四胺（俗名乌洛托品），在水浴上加热至60℃。

（5）将刷去软垢的管样浸入清洗液中，浸泡至硬垢完全脱落。如有不易脱落处，可用带橡皮头的玻璃棒擦拭。然后取出，用除盐水冲净。

（6）若管样上有镀铜，将其放入含有1%~2%NH_4OH、0.3%$(NH_4)_2S_2O_8$，并加热至55℃的溶液中，至镀铜完全溶解后取出，用除盐水冲净。

（7）将管样浸入无水乙醇中反复晃动，取出风干，放入干燥器中干燥1h，取出称重（m_3）。

（8）将管样放入80~90℃的2%Na_3PO_4溶液中钝化0.5h，取出后贴上标签存档。

（9）垢量计算：

1）软垢：

$$G_r = \frac{m_1 - m_2}{S} \tag{12-13}$$

2）硬垢：

$$G_y = \frac{m_2 - m_3}{S} \tag{12-14}$$

3）总垢量：

$$G = G_r + G_y \tag{12-15}$$

式中 G_r——软垢量，g/m^2；

G_y——硬垢量，g/m^2；

G——总垢量，g/m^2；

m_1——管样和垢量的总质量，g；

m_2——管样和硬垢的质量，g；

m_3——管样质量，g；

S——管样内表面积，m^2。

12.5.8.3 直流炉确定需要化学清洗的条件

（1）管垢量达到200~300g/m^2；（2）清洗间隔时间达4年。

12.5.8.4 垢的沉积量的测定（轧管法）

（1）准确测量管样内表面积（S）；（2）用乙醇或丙酮去除管样外壁的油污，干燥后称量（m_1）；（3）将管样置于台虎钳上用力挤压，当内部垢层全部脱落后，再称量管样重量（m_2），即可算出其结垢量。该方法测定简捷，适合丁测高温过热器管内的高温氧化皮量。对于粉状结垢的管样不太合适。

12.5.8.5 汽轮机叶片 pH 值测定

将 1~14 广泛 pH 试纸用中性无盐水湿润后粘在叶片上。按颜色变化记其大概的 pH 值，在这基础上可选用狭范围的 pH 试纸作第二次测试。

12.5.8.6 腐蚀坑深度的测量

检测设备上的腐蚀坑，可以先刮尽腐蚀产物用胶泥、石膏或医用打样膏压在腐蚀坑上固化后取出，再用千分卡、游标卡等置其突出高度即腐蚀坑深度。医用打样膏使用方便效果好，只要在开水杯内烫软即可立即应用，冷后即成型。

对于割下管段的腐蚀坑深度，可以用百分表定位后直接测量（百分表探针要改制成针状）。

12.5.8.7 单位面积腐蚀点的测量

用薄铝片正确挖去 10cm×10cm 面积的空框，在需要检查的部位或定点部位处事先清理干净表面附着物，将铝框按在该处，进行计数。

12.6 大宗来药验收

12.6.1 验收标准

大宗来药验收标准见表 12-7。

12.6.2 验收方法

12.6.2.1 工业盐酸的验收

工业盐酸验收合格标准：质量百分浓度不小于 31%，$w(Fe) \leqslant 0.006\%$。

A 盐酸含量的测定

试剂：0.1mol/L 氢氧化钠溶液；0.1%甲基橙指示剂。

测定步骤：

（1）用量筒量取 30mL 除盐水，置于锥形瓶内，并将锥形瓶放在天平的托盘内，去皮。

（2）用大肚移液管准确吸取 1mL 试样，置于锥形瓶内，称重，记录 1mL 试样质量，记为 m。

表 12-7　大宗来药验收标准

品　名	成　　分	质量标准或技术要求	其他要求	分析纯药品
盐酸	HCl	≥30%	工业合成盐酸（由食盐电解法制得）	按计划要求
	SO_4^{2-}	<0. 007%		
	Na^+	<0. 008%		
	铁	<0. 008%		
	砷	<0. 0001%		
硫酸	H_2SO_4	≥93%		
	铁	<0. 010%		
	透明度	≥50mm		
	色度	≤2. 0mL		
液碱Ⅰ	NaOH	≥30%	离子膜法	
	Na_2CO_3	<0. 2%		
	NaCl	<0. 01%		
	Fe_2O_3	<0. 0005%		
液碱Ⅱ	NaOH	≥48%		
	Na_2CO_3	<0. 2%		
	NaCl	<0. 01%		
	Fe_2O_3	<0. 0005%		
氨水	$NH_3 \cdot H_2O$	≥25%		
联氨	$N_2H_4 \cdot H_2O$	≥40%		
磷酸三钠	$Na_3PO_4 \cdot 12H_2O$	≥98%		

（3）小心摇匀，加 1~2 滴甲基橙指示剂。

（4）用氢氧化钠溶液滴定，溶液由红色变为橙色即为终点，记录消耗氢氧化钠标液的体积，记为 V。

计算及允许误差：

盐酸的质量百分数为 $$x = \frac{c_{NaOH} \cdot V_{NaOH} \cdot M_{HCl}}{m \times 1000} \times 100\% \qquad (12\text{-}16)$$

式中，$M_{HCl} = 36.46g/mol$。

允许误差：平行测定的运行误差不大于0.2%。

B 盐酸中铁含量的测定

试剂：10%盐酸羟胺溶液、0.1%邻菲啰啉溶液、乙酸-乙酸铵缓冲溶液、(1+1)氨水溶液。

测定步骤：(1) 吸取8mL试样，称重；(2) 稀释定容至100mL，摇匀；(3) 吸取10mL稀释液于事先加入少量温度为35℃除盐水的50mL容量瓶中；(4) 加1mL盐酸羟胺，摇匀，静置5min；(5) 加5mL邻菲啰啉，摇匀后加入一片刚果红试纸；(6) 慢慢滴加氨水至刚果红试纸由蓝色变为紫红色；(7) 加5mL乙酸-乙酸铵缓冲溶液；(8) 用35℃的除盐水稀释定容，摇匀；(9) 放置15min后，在波长510nm处用1cm比色皿测定吸光度值，根据标准曲线得出铁含量值。

$$x = \frac{0.5\alpha \times 10^6}{M} \times 100\% \qquad (12\text{-}17)$$

式中，α为根据标准曲线得出的铁含量。

12.6.2.2 聚合氯化铝的验收

聚合氯化铝验收合格：盐基度40%~90%。

试剂：约0.5mol/L盐酸溶液；约0.5mol/L氢氧化钠溶液；10g/L酚酞乙醇溶液；500g/L氟化钾溶液：称取500g氟化钾，以200mL不含二氧化碳的蒸馏水溶解后，稀释至1000mL，加入2mL酚酞指示剂，并用氢氧化钠溶液或盐酸溶液调节溶液呈微红色，滤去不溶物后贮于塑料瓶中。

测定步骤：称取约1.8g液体试样，盛于加有20~30mL水的锥形瓶中。再用移液管加入25mL盐酸溶液，盖上表面皿，在沸水浴上加热10min，冷却至室温。加入25mL氟化钾溶液，摇匀。加入5滴酚酞指示剂，立即用氢氧化钠滴定至微红色。

盐基度为：$x_2 = \frac{V_{NaOH} \cdot c_{NaOH} \times 0.01699}{mx_1/100}$，其中$x_1$为氧化铝的质量分数，以10%计。

13 油 分 析

13.1 油品的取样

当从贮油桶或运行设备内取样时，正确的取样技术和样品保存是很重要的（见 GB/T 7597—2017），对于颗粒计数测定有专门的取样方法。

13.1.1 新油到货时的取样

对新到货或准备新购置的油品，应当严格地执行取样手续，以使样品具有代表性。

（1）新油以桶装形式交货时，取样数目和方法应按 GB/T 7597—2017 方法进行，应从污染最严重底部取样，必要时可抽查上部油样。如怀疑大部分桶装油有不均匀现象时，应重新取样；如怀疑有污染物存在，则应对每桶油逐一取样。并应逐桶核对牌号、标志，在过滤时应对每桶油进行外观检查。

（2）对油槽车应进一步从下部阀门处进行取样。因为留在油槽车底部的阀门导管上的黏附物可能使油品部分的污染，特别是装过不同油品的油槽车，更有可能出现上述的污染，必要时抽检上部油样。

13.1.2 运行中从设备内取样

（1）正常的监督试验，一般情况下从冷油器中取样。

（2）检查油的杂质及水分时，应从油箱底部取样。

（3）在发现不正常情况时，需从不同的位置上取样，以跟踪污染物的来源和寻找其他原因。

（4）如果需要时，从管线中取样，则要求管线中的油应能自由流动而不是停滞不动，避免取到死角地方的油。

13.1.3 取样瓶

取样瓶一般为 500~1000mL 的磨口具塞玻璃瓶，并应符合下述要求：

（1）取样瓶应先用洗涤剂进行充分清洗，再用自来水冲洗然后用去离子水（或蒸馏水）冲洗干净，放于 105℃烘箱中干燥冷却后，盖紧瓶塞，备用。

（2）取样瓶应能满足存放的要求。无盖容器或无色透明玻璃容器是不适于贮存的，应采用磨口具塞的棕色玻璃瓶。

（3）取样瓶应足够大，以适应试验项目的需要，一般为 1000mL 是足够用的。绝缘油进行全分析，取样量一般应为 3L 左右。

（4）对于新油验收或进口油样，一般应取双份以上的样品，除试验所需的用量以外，应保留存放一份以上的样品，以备复核或仲裁用。

(5) 用于油中水分含量测定和溶解气体组分分析（色谱法）的容器。

应用医用玻璃注射器，一般应为50~100mL容量；取样前，注射器应按顺序用有机溶剂（或清洁剂）、自来水、蒸馏水洗净，并在105℃下充分干燥，然后套上注射器芯，并用小胶帽盖住头部，保存于干燥器中备用；取样后，注射器头部应立即盖上小胶帽密封。注射器应装在一个专用油样盒内，并应避光、防震、防潮。

13.1.4 标记

每个样品应有正确的标记，一般取样前应将印好的标签粘贴于取样容器上。

标签至少应包括下述内容：(1) 单位名称；(2) 设备编号；(3) 油的牌号；(4) 取样部位；(5) 取样时天气；(6) 取样日期；(7) 取样人签名。

取样完后，应及时按标签内容要求，逐一填写清楚。

13.2 新油的评定

汽轮机油（绝缘油）的取样、检验，均应按标准方法和程序进行，特别需要有经验的和技术水平较高的工作人员进行操作。同时应对全过程的微小细节严加注意，以保证数据的真实性和可靠性。

13.2.1 新油交货时的验收

在新油到货时，应对接受的油样进行监督（新油验收标准见表13-1），以防止出现差错，或交货时带入污染物。所有的样品应在注入时进行外观检验。对国产新汽轮机油应按GB 2537—2003或GB 11120—2011验收；国产新变压器油应按GB 2536—2011标准验收。对从国外进口的油则应按有关国外标准验收或按合同规定指标验收。

表13-1 新油验收标准

新油名称	验收标准
防锈汽轮机油	GB 11120—2011
液压油	GB 11118.1—2011
齿轮油	GB 5903—2011
空气压缩机用油	GB 12691—1990
液力传动油	TB/T 2957—1999

13.2.2 新油（汽轮机油）注入设备后试验程序

新油（汽轮机油）注入设备后试验程序：

(1) 当油装入设备后进行系统冲洗时，应连续循环，对系统内各部件进行充分清洗，以除去在安装、管道除锈过程中所遗留的污染物和固体杂质。直到取样分析各项指标与新油无差异，特别是对大机组清洁度有要求的，必须经检查清洁度达到要求时，才能停止油系统的连续过滤循环。

(2) 新油注入设备，经过24h循环后，从设备中采取4L油样，供检验和保存用。

试验项目：

外观——清洁、透明、无游离水。

颜色——符合新油指标。

黏度——符合新油指标。

酸值——符合新油指标。

闪点——符合新油指标。

颗粒数量：符合规定的指标。

13.2.3 新油（绝缘油）注入设备的试验程序

13.2.3.1 新油（绝缘油）在脱气注入设备前的检验

新油注入设备前必须用真空脱气滤油设备进行过滤净化处理，以脱除油中的水分、气体和其他杂质，在处理过程中应随时进行油品的检验。新油净化后检验指标见表 13-2。

表 13-2 新油净化后检验指标

项 目	设备电压等级 500kV	设备电压等级 220~330kV	设备电压等级 66~110kV
击穿电压/kV	≥60	≥55	≥45
含水量/$\mu L \cdot L^{-1}$	≤10	≤10	≤15
含气量（体积分数）/%	≤1	≤1	—
介质损耗因数（90℃）/%	≤0.2	≤0.5	≤0.5

13.2.3.2 新油注入设备时进行热循环后的检验

新油经真空过滤净化处理达到要求后，应从变压器下部阀门注入油箱内，使氮气排尽，最终油位达到大盖以下 100mm 以上，油的静置时间应不小于 12h，经检验油的指标应符合表 13-1 规定，真空注油后，应进行热油循环，热油经过二级真空脱气设备由油箱上部进入，再从油箱下部返回处理装置，一般控制净油箱出口温度为 60℃（制造厂另外规定除外），连续循环时间为三个循环周期。经过热油循环后，应按表 13-3 规定进行试验。

表 13-3 热油循环后油质检验指标

项 目	设备电压等级 500kV	设备电压等级 220~330kV	设备电压等级 66~110kV
击穿电压/kV	≥60	≥50	≥40
含水量/$\mu L \cdot L^{-1}$	≤10	≤10	≤20
含气量（体积分数）/%	≤1	≤1	—
介质损耗因数（90℃）/%	≤0.2	≤0.5	≤0.5

13.2.3.3 新油注入设备后通电前的检验

新油经真空脱气、脱水处理后充入电气设备，即构成设备投运前的油，称为“通电前的油检验”。它的某些特性由于在与绝缘材料接触中溶有一些杂质而较新油有所改变，其变化程度视设备状况及与之接触的固体绝缘材料性质的不同而有所差异。因此，这类油品既应有别于新油，也不同于运行油。控制标准按 GB/T 7595—2017 中 “投入运行前的油” 质量指标要求。

13.3 运行中汽轮机油的检验

运行中汽轮机油除定期进行较全面的检测以外，平时必须注意有关项目的监督检测，以便随时了解汽轮机油的运行情况，如发现问题应采取相应措施，保证机组安全运行。

13.3.1 运行中的日常监督

13.3.1.1 现场检验

现场检验包括以下性能的测定：
(1) 外观：目测无可见的固体杂质。
(2) 水分（定性）：目测无可见游离水或乳化水。
(3) 颜色：颜色是否变深。
以上项目和运行油温、油箱油面高度均可由汽轮机操作人员或油化人员观察、记录。

13.3.1.2 试验室检验

试验室检验，250MW 机组以上按表 13-4～表 13-6 进行。大多数试验可在电厂化验室进行，某些特殊试验项目需经过认可的试验室承担，如颗粒度试验等。

13.3.2 检验周期

至少每星期检查一次外观、机械杂质及游离水或乳化情况，对漏水机组应坚持每天检查上述项目，其他试验项目按表 13-5 所列的正常试验周期，所增加的试验次数，有利于观察新机组的运行情况。表 13-6 所列为各项试验的运行中超极限值可能的原因及采取措施。

表 13-4 新汽轮机组（250MW 以上）投运 12 个月内的检验周期

项目	外观	颜色	酸值	黏度	机械杂质	闪点	颗粒度	破乳化度	防锈性	空气释放值	含水量	起泡性试验
试验周期	每天或至少每周	每月	每月	第1个月、第3个月	每天或至少每周	第1个月、第3个月	第1个月、第6个月	第1个月、第3个月	第1个月	第1个月、第6个月	每周	第1个月、第6个月

表 13-5 250MW 以上汽轮机组正常运行检验周期表

项目	外观	颜色	酸值	黏度	机械杂质	闪点	颗粒度	破乳化度	防锈性	空气释放值	含水量	起泡性试验
试验周期	至少每周	每季	每季	半年	每月	半年	每年	半年	半年	每年	每月	每年

13.3.3 运行中汽轮机油的检验标准

运行中汽轮机油质量见表 13-6。

表 13-6 运行中汽轮机油质量

序号	项 目		设备规范	质量标准	检验方法
1	外观			透明	DL/T 429.1—2017
2	运动黏度（40℃）/$mm^2 \cdot s^{-1}$	32		28.8～35.2	GB/T 265—1988
		46		41.4～50.6	
3	闪点（开口杯）/℃			≥180，且比前次测定值不低于 10	GB/T 267—1988 GB/T 3536—2008
4	机械杂质		200MW 以下	无	GB/T 511—2012
5	洁净度（NAS1638）/级		200MW 及以上	≤8	DL/T 432—2007
6	酸值(KOH)/$mg \cdot g^{-1}$		未加防锈剂	≤0.2	GB/T 264—1983
			加防锈剂	≤0.3	
7	液相锈蚀			无锈	GB/T 11143—2008
8	破乳化度（54℃）/min			≤30	GB/T 7605—2008
9	水分/$mg \cdot L^{-1}$			≤100	GB/T 7600—2014 或 GB/T 7601—2008
10	起泡沫试验/mL	24℃		500/10	GB/T 12579—2002
		93.5℃		50/10	
		后 24℃		500/10	
11	空气释放值（50℃）/min			≤10	SH/T 0308—1992
12	旋转氧弹值/min			报告	SH/T 0193—2008

注：1. 32、46 为汽轮机油的黏度等级；

2. 对于润滑系统和调速系统共用一个油箱，也用矿物汽轮机油的设备，此时油中洁净度指标应参考制造厂提出的控制指标执行。

运行中汽轮机油试验数据及措施概要见表 13-7。

表 13-7 运行中汽轮机油试验数据及措施概要

试 验 项 目	超 极 限 值	超极限可能原因	措 施 概 要
外观	乳化、不透明、有杂质	油中含有水或固体物	调查原因，采取机械过滤
颜色（DL/T 429.2—2016）	迅速变深	1. 有其他污染物； 2. 老化程度深	找出原因，必要时投入油再生装置
酸值（KOH)/$mg \cdot g^{-1}$（GB/T 264—1983，GB/T 7599—2017）	未加防锈剂油：大于 0.2 加防锈剂油：大于 0.3	1. 系统运行条件苛刻； 2. 抗氧剂消耗； 3. 补错了油； 4. 油被污染	调查原因，增加试验次数，应进行开杯老化试验补加抗氧剂；投入油再生装置

续表 13-7

试验项目	超极限值	超极限可能原因	措施概要
闪点（开口杯）（GB/T 267—1988）	1. 比新油低 8℃； 2. 比前次测定值低 8℃	有可能轻质油污染或过热	找出原因，与其他试验项目结果比较，并考虑处理或换油
黏度（40℃）/mm²·s⁻¹（GB/T 265—1988）	比新油黏度相差±20%	1. 油被污染； 2. 油已严重老化； 3. 补错了油	查找原因，并测定闪点，或破乳化度。必要时可换油
油泥（DL/T 429.7—2017）	可观察到	油深度劣化	可进行开杯老化试验，以比较试验结果，必要时可换油
防锈性能（GB/T 11143—2008）	轻锈	1. 系统中有水分； 2. 系统维护不当（忽视放水或呈乳化状态）； 3. 防锈剂消耗	查明原因，加强系统的维护，并考虑补加防锈剂
破乳化度/min（GB/T 7605—2008）	超过 60	油污染或劣化变质	如果油呈乳化状态，应采取脱水措施
起泡沫试验/mL（GB/T 12579—2002）	报告①	可能被固体物污染或加错油；也可能加入防锈剂而产生的问题	注意观察，并与其他试验结果相比较，如果加错油，应纠正。也可添加消泡剂
空气释放值/min（SH/T 0308—1992）	报告②	油污染或变质	注意监视，并与其他结果相比较，找出污染原因并消除
颗粒度（SD 313）	报告③	1. 补油时带入； 2. 系统中进入灰尘； 3. 系统磨损颗粒	鉴别颗粒性质，消除颗粒可能来源；启动精密过滤装置，净化油系统
含水量/（GB/T 7600—2014）	报告④	1. 冷油器泄漏； 2. 轴封不严； 3. 油箱未及时排水	检查破乳化度，如不合格应检查污染来源。启用离心泵，排出水分，并注意观察系统情况消除设备缺陷

①参考国外标准控制限值为 600mL。
②参考国外标准控制限值为 600min。
③参考 SAE 标准 5~6 级或 NAS1638 中规定为 8~9 级。
④参考国外标准控制限值为 600mL。

13.4 运行中变压器油的检验

13.4.1 检验周期

对运行中油要确定一个适用于所有可能遇到情况的检验周期是不太现实，也是难以做到的。最佳的检验间隔时间取决于设备的型式、用途、功率、结构和运行条件及气候条件。检验周期的确定主要考虑安全可靠性和经济性之间的必要平衡。表 13-8 根据 GB/T 7595—2017 的原则和表 13-9 根据 GB/T 7252—2016 的原则列出了适用于不同电气设备类型的检验周期。它是一个通用的最低要求，具体还可结合下述情况予以考虑：

（1）有些设备，制造厂有比较明确的规定，一般应按制造厂的要求进行检验。

（2）有些设备经常所带负荷比较高，则应在表 13-8、表 13-9 规定的试验周期基础上，增加检验次数。

（3）当运行中油经检验的项目中某些指标明显接近所控制的极限时，应增加试验次数以确保安全。

（4）油的某些试验项目，如现场条件允许时，则可根据需要适当增加检验次数。

表 13-8 运行中变压器油检验项目和周期

设备等级分类		水溶性酸值	闪点	机械杂质	游离碳	水分	界面张力	介质损耗因数	击穿电压	含气量	体积电阻率	检验周期
互感器	≥220kV	0			0	0					0	每年至少一次
	35~110kV											3 年至少一次
油开关	≥110kV	0		0							0	每年至少一次
	<110kV											3 年至少一次油开关
	少油开关											3 年至少一次或换油
套管	110kV 及以上	0			0	0					0	3 年至少一次
电力变压器	220~500kV	0	0	0	0	0	0	0	0	0	0	半年至少一次
	≤110kV 或 >630kV・A											每年至少一次
配电变压器	≤630kV・A	0	0	0		0			0			3 年至少一次
厂所用变压器	≥35kV・A 或 1000kV・A 及以上	0	0	0	0	0	0		0		0	每年至少一次

表 13-9 运行中变压器油气体组分含量正常检测周期

设 备	电 压 等 级	检 测 周 期
变压器和电抗器	330kV 及以上发电厂主变、容量 240000kV・A 及以上	3 个月至少一次
	220kV 发电厂主变、容量在 120000kV・A 及以上	6 个月至少一次
	63~110kV 容量在 8000kV・A 及以上	每年至少一次
互感器	220kV 及以上	每年至少一次
	63~110kV	2~3 年至少一次
套管	自行规定	自行规定

13.4.2 运行中变压器油的评价

运行油的质量随老化程度和所含杂质等条件的不同而变化很大，除能判断设备故障的项目（如油中溶解气体色谱分析等）以外，通常不能单凭任何一种试验项目作为评价油质状态的依据，而应根据所测定的几种主要特性指标进行综合分析，并且随电压等级和设备种类的不同而有所区别，但评价油品质量的前提首先是考虑安全第一的方针，其次才是考虑各地具体情况和经济因素。

13.4.3 运行中变压器油的分类概况

根据实际经验，运行油按其主要特性指标的评价（运行中变压器油质量标准见表13-10），大致可分以下几类：

（1）第一类：可满足连续运行的油。各项指标均符合 GB/T 7595—2017 中按设备类型规定的允许极限值的油品。此类油可继续运行，不需采取处理措施。

（2）第二类：能继续使用，仅需过滤处理的油。这种情况一般是指水分含量、击穿电压不符合 GB/T 7595—2017 中的极限值，其他特性均属正常的油品。这类油品外观可能有絮状物或污浊物存在，可用机械过滤去除水分及不溶物。但处理必须彻底，水分含量和击穿电压应能符合 GB/T 7595—2017 中的标准要求。

（3）第三类：油品质量较差，为恢复正常特性指标必须进行再生处理。该类油通常表现为油中存在不溶性或可沉析性油泥，酸值或介质损耗因数超过控制标准的极限值。此类油必须再生处理或者若经济性合理也可更换。

（4）第四类：油品质量很差，许多指标均不符合 GB/T 7595—2017 极限值要求。因此，从技术角度考虑应予报废，更换新油。

表 13-10 运行中变压器油质量标准

序号	项目	设备电压等级/kV	质量标准		检验方法
			投入运行前	运行中	
1	外观		透明，无杂质或悬浮物		DL/T 429.1—2017
2	水溶性酸（pH 值）		>5.4	≥4.2	GB/T 7598—2017
3	酸值（KOH）/$mg \cdot g^{-1}$		≤0.03	≤0.1	GB/T 7599—1987 或 GB/T 26—1983
	闪点（闭口）/℃		≥140（10 号，25 号油），≥135（45 号油）	与新油原始测定值相比不低于 10	GB/T 261—2008
	水分/$mg \cdot L^{-1}$	330~500 220 ≤110 及以下	≤10 ≤15 ≤20	≤15 ≤25 ≤35	GB/T 7600—2014 或 GB/T 7601—2008
4	界面张力（25℃）/$mN \cdot m^{-1}$		≥35	≥19	GB/T 6541—1986
5	介质损耗因素（90℃）	500 ≤330	≤0.007 ≤0.010	≤0.020 ≤0.040	GB/T 5654—2007

续表 13-10

序号	项　目	设备电压等级/kV	质量标准		检验方法
			投入运行前	运行中	
6	击穿电压/kV	550 330 66~220 35 及以下	≥60 ≥50 ≥40 ≥35	≥50 ≥45 ≥35 ≥30	GB/T 507—2002 或 DL/T 429. 9—2005
7	体积电阻率（90℃）/Ω·m	500 ≤330	$\geqslant 6\times10^{16}$	$\geqslant 1\times10^{14}$ $\geqslant 5\times10^{9}$	GB/T 5654—2007 或 DL/T 421—2009
8	油中含气量（体积分数）/%	330~500	≤1	≤3	DL/T 423—2009 或 DL/T 450—1991
9	油泥与沉淀物（质量分数）/%		≤0. 02 以下可忽略不计		GB/T 511—2010
10	油中溶解气体组分含量色谱分析		按 DL/T 596—1996 中的第 6、7、9 章		GB/T 17623—2017、 GB/T 7252—2001

注：1. 取样油温为 40~60℃。
2. DL/T 429. 9—2005 方法是采用平板电极，GB/T 507—2002 是采用圆球、球盖形两种形状电极。其质量指标为平板电极测定值。

13.5 油的净化处理

油品在长期使用、保管及运输等过程中，会逐渐裂化变质和受到外界污染等使油品的性能下降至某些指标达不到要求。但变质的只是油中的部分烃类，或是可以去除的外界污染物，如水分、机械杂质等造成的，而其余大部分成分（约占 75%~99%）是好的，具有良好的性能和使用价值。如果采取适当的措施就可将这些变质及外界污染物去除，使某些质量不合格的油品性能得到恢复和改善。这种去除油中有害杂质使油品性能重新恢复或改善的过程即油品的净化再生过程。

13.5.1 油品的净化

油品的净化一般是指通过简单的物理方法（如沉降、过滤等）去除油中污染物的过程。通常把由于氧化等原因使油品的理化性能及电气性能严重变化达到不能继续使用程度的油称为“废油”，而把废油处理成合格油的工艺过程称为油品的再生处理。油品的净化再生的方法有很多，在实际工作中，根据油品的种类、污染程度及质量要求等选用不同的净化再生方法。本小节就几种常见的油品净化方法分别加以介绍。

13.5.1.1 沉降法

沉降法也称重力沉降法，其原理是利用水分及机械杂质等比油品的密度大，在重力的作用下杂质可沉积到容器的底部而达到从油中分离的目的。沉降法是一种较为简单的油品净化方法，用这种方法只能除去油中大部分的水分和能自然沉降的机械杂质。

液体中悬浮颗粒的沉降时间可根据斯托克斯定律表示如下：

$$w = \frac{d(\rho_1 - \rho_2)}{18\eta} \tag{13-1}$$

式中 w——杂质颗粒沉降速度，m/s；

d——杂质颗粒直径，m，

ρ_1——杂质颗粒密度，kg/m³；

ρ_2——油品密度，kg/m³；

η——油品的黏度，kg/(m·s)。

从式（13-1）中可以看出：悬浮沉降速度与颗粒大小、密度及油品的黏度有关，颗粒的密度和直径越大，油品的密度和新度越小，沉降所用的时间越短。温度直接影响油品的黏度，温度越高，油品的黏度越小，越有利于沉降。但温度过高，一方面会加速油品老化，另一方面因热对流增强而不利沉降。一般变压器油油温最好控制在25~35℃，汽轮机油油温控制在40~50℃较为适宜。

沉降过程一般是在装有加热装置、保温措施及排污阀的沉降罐内进行。首先，将油加热到一定沉降温度开始静置沉降。在沉降过程中即使温度降低也不宜再加热，因为再加热会产生热对流，而使原来已形成的沉淀分离破坏。

13.5.1.2 压力过滤法

利用油泵的压力使油通过过滤介质（滤纸或其他过滤材料），使油中混杂物等被截流或吸附，从而达到油品的净化目的的方法称为压力过滤净化法。目前常用的板框式滤油机即利用该原理而生产的一种净油设备。

过滤介质有滤纸（粗孔、细孔及碱性等）、致密的毛织物和树脂微孔滤膜等。滤纸是压力式滤油机常采用的过滤介质，它不仅能除去油中的机械杂质，还能去除油中部分水分(滤纸需经干燥处理才会有较好的除水效果)。树脂微孔滤膜是近几年来发展起来的过滤材料，它对去除油中微粒杂质（约0.8~5μm）和游离碳等效果较好。

板框式滤油机是目前应用十分广泛的一种压力式滤油机，它的工作过程是：污油首先进入由框架及滤纸构成的空间单元，在油压的作用下油被迫通过滤纸，油中部分杂质被截留，油再进入下一单元，再截留部分杂质，如此重复达到较彻底净化的目的。

板框式滤油机一般采用工业滤纸，滤纸的纤维组织较为稀松，形成纵横交错的多孔状结构，水分会渗入滤纸孔内。在0.15~0.3MPa这样不太高的压力下，水分会因毛细管的作用始终附着在滤纸的微孔内，从而达到去除水分的作用。为了更好地吸收水分，油温最好加热到35~45℃，滤纸一般要在80℃下干燥8~16h，或在100℃下干燥2~4h，以去除滤纸中已吸收的水分，提高滤纸吸收油中水分的能力。滤纸的干燥处理一般在烘箱内进行。滤纸的厚度通常为0.5~2mm，在滤板和滤框间一般放2~4张滤纸。

随着滤纸截留杂质量的增多，滤油机的工作压力会逐渐增大，当压力达到0.5~0.6MPa以上时（滤油机的正常工作压力为0.1~0.4MPa），说明滤纸上截留的污物较多，应及时更换滤纸。含有较多水分时，滤纸吸收较多水后强度会下降，滤纸会出现破损穿透现象，这时也应注意及时更换滤纸以防滤纸上的纤维脱落进入油中，造成新的污染。

13.5.1.3　真空过滤法

真空过滤法是在高真空和一定温度下，使油雾化或使油流形成油膜，以脱除油中气体和水分的一种油品净化方法。由于真空滤油机也带有滤网，也可滤去油中杂质等污染物，因此该方法称为真空过滤法。该种油品净化方法应用十分广泛，尤其适用于含水量和含气量（包括可燃气体）有很高要求的高压电器设备用油的净化处理方面，即该方法更适合于对油品的深度脱水脱气的处理。如果油中含水及机械杂质较多，最好先用离心机或压力式滤油机去除大量水分和机械杂质，然后再用真空过滤法处理。

真空滤油机是由一级滤网（粗滤）、进油泵、加热器、真空泵及冷凝器等组成的。

13.5.1.4　离心分离法

油的离心分离净化是基于油水等杂质的密度不同，在旋转时产生的离心力不同而使油水等杂质迅速分离的一种油品净化方法。当滤油机鼓体旋转时，油最轻，聚集在旋转鼓的中心，水的密度稍大被甩在油的外层，油中固体杂质最重被甩在最外层，在鼓中的不同分层处被抽出。

离心式滤油机主要是靠高速旋转的鼓体来工作的，它是一些碗形的金属片，上下叠置，中间有薄层间隙，金属片装在一根主轴上，运行时由电动机带动主轴高速旋转(6000~1000r/min)，产生离心力使油、水和杂质分开。

13.5.1.5　吸附法

吸附法是利用较大活动表面的吸附剂对油中的氧化产物及水等有较强的吸附作用，使有害物质吸附到吸附剂上，从而使油品达到净化再生的目的。一般吸附净化再生的方法有两种：(1) 接触法；(2) 过滤法。接触法主要采用吸附剂，如活性白土、801 吸附剂等与油直接接触，使有害杂质被吸附剂吸附掉，从而达到油品再生净化。图 13-1 为变压器油的在线带电处理典型的流程。该流程较适用于油劣化不太严重，油的颜色不太深，酸值在 0.1(KOH)mg/g 以下以及介质较大或水溶性酸（pH 值）较低的油。对于运行油的处理要采用过滤法，在设备不停电情况下，带电吸附处理。该法一般适合处理轻度裂化的油。变压器油的在线带电处理典型的流程如图 13-1 所示。

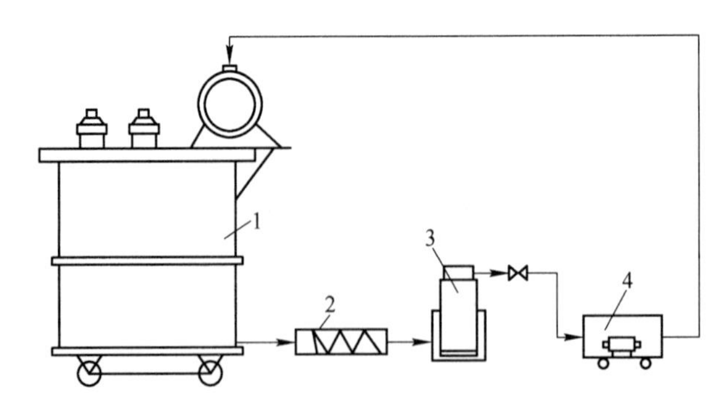

图 13-1　变压器油的在线带电处理典型的流程

1—变压器；2—电热预热器；3—吸附剂过滤器；4—过滤机

油品的净化再生方法还有硫酸法、硫酸-白土法及硫酸-碱-白土法等，这些方法适用于裂化较重或深度裂化的油品，一般酸值在0.5(KOH)mg/g。但由于目前油品维护得普遍较好，深度劣化的油品很少见，因此这些方法在这里就不再赘述。

13.5.2　油品的在线净化处理

为了延长油品的使用寿命，保障设备的安全运行，一般用油设备都装有在线的油品净化再生装置。

13.5.2.1　呼吸器

充油电气设备一般均装有呼吸器，它通常与储油柜配合使用，其内部装有性能良好的吸附剂（如硅胶、氟石分子筛等），其底部设有油封。吸附剂在使用前应按规定烘干处理，失效时应及时更换。

由于一般呼吸器作用有限，特别是对油温经常变化的设备，除湿效果不好，在110kV及以上的电力变压器上常装有冷冻除湿器（电热式除湿器）。这种除湿器既能防止外界水分侵入，又可清除设备内部水分。

13.5.2.2　净油器

净油器是利用吸附剂对油进行连续再生的一种装置，适用于不同形式的电力变压器。净油器的使用效果只取决于所用吸附剂的性能与用量，对于超高压设备，由于吸附剂粉尘有可能进入油流，应慎重考虑。

净油器是一种渗流过滤装置，它分为温差环流净油器（即通常所说的热虹吸器）和强制循环净油器两种。热虹吸器安装在油浸自冷及油浸风冷变压器的油箱壁上。净油器的尺寸根据设备用油量而定，吸附剂用量为油量的0.5%~1.5%（质量比）。强制循环净油器使用在强迫循环的电力变压器上。净油器的吸附剂应选用吸附性能和机械强度良好的粗孔硅胶，沸石分子筛或活性氧化铝等在使用前应过筛（粒度一般为4~6cm）和活化处理，装入净油器后应排除内部积存的空气。净油器在安装和使用中应仔细检查其油流出口滤网是否坚固完好，如发现滤网支撑塌陷或网孔破损，应立即修理或更换，以防吸附剂颗粒漏入油系统，造成不良后果。

13.5.2.3　滤油器

滤油器是装在汽轮机油系统的净油设备，它包括滤网式、缝隙式、滤芯式和铁磁式等类型。机组设计时应根据油中污染物的种类和含量以及油系统重要部件对油清洁度的要求合理配备合适的滤油器。滤油器的截污能力决定于过滤介质的材料及其孔径，金属质滤料包括滤网、细丝烧结板等，这种金属质滤元使用后可清扫再用。非金属滤料包括滤纸、编织物等，它不仅可以清除机械杂质，还对水分及酸类有吸附作用。

滤油器在使用中应加强检查和维修。应定期检查滤元上的附着物，可以及时发现机组、油系统及油中初始出现的问题。如发现滤油器滤元上有污堵、腐蚀、破损或压降过大等情况，应查明原因，进行清扫或更换，精密滤元一般每年至少更换一次。

13.5.2.4 连续再生装置（净油器）

连续再生装置是一种滤渗吸附装置，它利用硅胶、活性氧化铝等吸附剂去除运行油老化过程中产生的酸类等氧化物，对防止调节系统部件的腐蚀有良好的作用。

净油器与油系统连接采用旁路循环方式，即一端连在主油泵出口油路或冷油器入口侧，另一端与油路相连，返回油箱。借主油泵油压，迫使旁路油进入冷油器。进入冷油器的油量按主油路油重的2%~4%控制，装入净油器的吸附剂应筛选和活化，装入时要排除内部积存的空气，吸附剂失效时应及时更换。

13.6 绝缘油潜伏性气体的故障分析

13.6.1 油和固体绝缘材料产生的气体

油和固体绝缘材料在电或热的作用下分解产生的各种气体中，对判断故障有价值的气体有甲烷、乙烷、乙烯、乙炔、氢、一氧化碳、二氧化碳。正常运行的老化过程产生的气体主要是一氧化碳和二氧化碳。在油纸绝缘中存在局部放电时，油裂解产生的气体主要是氢和甲烷。在故障温度高于正常运行温度不多时，产生的气体主要是甲烷。随着故障温度的升高，乙烯和乙烷逐渐成为主要特征。在温度高于1000℃时，例如在电弧弧道温度（3000℃以上）的作用下，油裂解产生的气体中含有较多的乙炔。如果故障涉及固体绝缘材料时，会产生较多的一氧化碳和二氧化碳。表13-11为不同故障类型产生的气体组分。

表13-11 不同故障类型产生的气体组分

故障类型	主要气体组分	次要气体组分
油过热	CH_4、C_2H_4	H_2、C_2H_6
油和纸过热	CH_4、C_2H_4、CO、CO_2	H_2、C_2H_6
油纸绝缘中局部放电	H_2、CH_4、C_2H_4、CO	C_2H_6、CO_2
油中火花放电	H_2、C_2H_2	
油中电弧	H_2、C_2H_2	CH_4、C_2H_4、C_2H_6
油和纸中过热	H_2、C_2H_2	CO、CO_2

有时设备内并不存在故障，而由于其他原因，在油中也会出现上述气体（油中溶解气体含量的注意值见表13-12），要注意这些可能引起误判断的气体来源。例如：有载调压变压器中切换开关油室的油向变压器本体渗漏或某种范围开关动作时悬浮电位放电的影响；设备曾经有过故障，而故障排除后绝缘油未经彻底脱气，部分残余气体仍留在油中；设备油箱曾带油补焊；原注入的油就含有某几种气体等。

还应注意油冷却系统附属设备（如潜油泵、油流继电器等）的故障产生的气体也会进入到变压器本体的油中。

表 13-12　油中溶解气体含量的注意值①

设　　备	气体组分	含量/×10^{-6}
变压器和电抗器	总烃	150
	乙炔	5
	氢	150
互感器	总烃	100
	乙炔	3
	氢	150②
套管	甲烷	100
	乙炔	5
	氢	500②

①气体浓度达到注意值时，应进行追踪分析、查明原因。注意值不是划分设备有无故障的唯一标准。该表数值不适用于从气体继电器放气嘴取出的气样。

②影响电流互感器和电容式套管油中氢气含量的因素较多，有的氢气含量低于表中数值，若增加较快，也应引起注意；有的只有氢气含量超过表中数值，若无明显增加趋势，也可判断为正常。

13.6.2　油中溶解气体的注意值

13.6.2.1　运行中的设备

运行中设备内部油中气体含量超过表 13-13 所列数值时，应引起注意。仅仅根据分析结果的绝对值是很难对故障的严重性做出正确判断的，必须考察故障的发展趋势，也就是故障点（如果存在的话）的产气速率。产气速率是与故障消耗能量大小、故障部位、故障点的温度等情况直接有关的。推荐下列两种方式来表示产气速率（未考虑气体损失）：

（1）绝对产气速率即每运行 1h 产生某种气体的平均值，按式（13-2）计算：

$$\gamma_a = \frac{C_{i2} - C_{i1}}{\Delta t} \frac{G}{\rho} \times 10^{-3} \tag{13-2}$$

式中　γ_a——绝对产气速率，mL/h；

C_{i2}——第二次取样测得油中某气体浓度，10^{-6}；

C_{i1}——第一次取样测得油中某气体浓度，10^{-6}；

Δt——二次取样时间间隔中的实际运行时间，h；

G——设备总油量，t；

ρ——油的密度，t/m^3。

变压器和电抗器总烃产气速率的注意值见表 13-13。

表 13-13　总烃产气速率的注意值

设备型式	开放式	隔膜式
产气速率/$mL \cdot h^{-1}$	0.25	0.5

注：当产气速率达到注意值时，应进行追踪分析。

（2）相对产气速率即每运行月（或折算到月）某种气体含量增加原有值的百分数的平均值，按式（13-3）计算：

$$\gamma_r = \frac{C_{i2} - C_{i1}}{C_{i1}} \frac{1}{\Delta t} \times 100\% \tag{13-3}$$

式中　γ_r——相对产气速率，%（每月）；

C_{i2}——第二次取样测得油中某气体浓度，10^{-6}；

C_{i1}——第一次取样测得油中某气体浓度，10^{-6}；

Δt——二次取样时间间隔中的实际运行时间，月。

相对产气速率也可以用来判断充油电气设备内部状况，总烃的相对产气速率大于 10% 时应引起注意。对总烃起始含量很低的设备不宜采用此判据。

13.6.2.2　出厂和新投运的设备

出厂和新投运的设备，油中不应含有乙炔，其他各组分也应该很低。出厂试验前后两次分析结果不应有明显差别。

13.6.3　对一氧化碳和二氧化碳的判断

当故障涉及固体绝缘时会引起一氧化碳和二氧化碳含量的明显增长。但根据现有统计资料，固体绝缘的正常老化过程与故障情况下劣化分解表现在油中一氧化碳的含量上，一般情况下没有严格的界限，二氧化碳含量的规律更不明显。因此，在考察这两种气体含量时更应注意结合具体变压器的结构特点（如油保护方式）、运行温度、负荷情况、运行历史等情况加以综合分析。

对开放式变压器一氧化碳含量一般在 3×10^{-4}（质量分数）以下。如总烃含量超出正常范围，而一氧化碳含量超过 3×10^{-4}，应考虑有涉及固体绝缘过热的可能性。若一氧化碳含量虽然超过 3×10^{-4}，但总烃含量在正常范围，一般可认为是正常的；对某些有双饼式线圈带附加外包绝缘的变压器，当一氧化碳含量超过 3×10^{-4}时，即使总烃含量正常，也可能有固体绝缘过热故障。

对贮油柜中带有胶囊或隔膜的变压器，油中一氧化碳含量一般均高于开放式变压器。突发性绝缘击穿事故时，油中溶解气体中的一氧化碳、二氧化碳含量不一定高，应结合气体继电器中的气体分析做判断。

13.6.4　判断故障性质的三比值法

一般采用三比值法（五种特征气体的三对比值）作为判断变压器或电抗器等充油电气设备故障性质的主要方法。三对比值以不同的编码表示。三比值法的编码规则和判断方法分别见表 13-14 和表 13-15。

表 13-14　三比值法的编码规则

特征气体的比值	比值范围编码			说　明
	$\frac{C_2H_2}{C_2H_4}$	$\frac{C_2H_2}{H}$	$\frac{C_2H_4}{C_2H_6}$	
<0.1	0	1	0	例如：$\frac{C_2H_2}{C_2H_4}=1\sim3$ 时，编码为 1
0.1~1	1	0	0	
1~3	1	2	1	
>3	2	2	2	

表 13-15　判断故障性质的三比值法

序号	故 障 性 质	比值范围编码			典型例子
		$\frac{C_2H_2}{C_2H_4}$	$\frac{C_2H_2}{H}$	$\frac{C_2H_4}{C_2H_6}$	
0	无故障	0	0	0	正常老化
1	局部放电	0⑤	1	0	含气空腔中的放电，这种空腔是不完全浸渍、气体过饱和、空吸作用或高湿度等原因造成的
2	高能量密度的局部放电	1	1	0	同上，但已导致固体绝缘的放电痕迹或穿孔
3	低能量的放电①	1→2	0	1→2	不同电位的不良连接点间或者悬浮电位体的连续火花放电，固体材料之间的击穿
4	低能量的放电	1	0	2	有工频续流的放电。线圈、线饼、线匝之间或线圈对地之间的油的电弧击穿。有载分接开关的选择开关切断电流
5	低于 150℃的热故障②	0	0	1	通常是包有绝缘层的导线过热
6	150~300℃低温范围的过热故障③	0	2	0	由于磁通集中引起的铁芯局部过热，热点温度依下述情况为序而增加：铁芯中的小热点，铁芯短路，由于涡流引起的铜过热，接头或接触不良（形成焦炭），铁芯和外壳的环流
7	300~700℃中温范围的热故障	0	2	1	
8	高于 700℃高温范围的热故障④	0	2	2	

①随着火花放电强度的增长，特征气体的比值有如下增长的趋势：乙炔/乙烯比值从 0.1~3 增加到 3 以上；乙烯/乙烷比值从 0.1~3 增加到 3 以上。

②在此情况中，气体主要来自固体绝缘的分解，这说明了乙烯/乙烷比值的变化。

③这种故障情况通常由气体浓度的不断增加来反映。甲烷/氢的比值通常大约为 1。实际值大于或小于 1 与很多因素有关，如油保护系统的方式、实际的温度水平和油的质量等。

④乙炔含量的增加表明热点温度可能高于 1000℃。

⑤乙炔和乙烯的含量均未达到应引起注意的数值。

在应用三比值法时应该注意到：

（1）只有根据各组分含量的注意值或产气速率的注意值有理由判断可能存在故障时，才能进一步用三比值法判断其故障的性质。对气体含量正常的变压器等设备，比值没有意义。

（2）表中每一种故障对应于一组比值，对多种故障的联合作用，可能找不到相对应的比值组合。

（3）在实际中可能出现没有包括在表 13-15 中的比值组合，对于某些组合的判断正在研究中。例如，121 或 122 对应于某些过热与放电同时存在的情况；202 或 201 对于有载调压变压器，应考虑切换开关油室的油可能向变压器的本体油箱渗漏的情况。

13.6.5 判断故障的步骤

将试验结果的几项主要指标（总烃、甲烷、乙炔、氢）与表 13-12 列出的注意值比较，同时注意产气速率与表 13-13 列出的注意值比较，短期内各种气体含量迅速增加，但尚未超过表 13-13 中的数值，也可判为内部有异常状况；有的设备因某种原因气体含量基值较高，超过表 13-13 的注意值，但增长速率低于表 13-13 产气速率的注意值，仍可认为是正常设备。

对一氧化碳和二氧化碳的指标按 13.6.3 节所述原则进行判断。当认为设备内部存在故障时，可用三比值法对故障的类型作出判断。在气体继电器内出现气体的情况下，应将继电器内气样的分析结果与油中取出气体的分析结果比较。

根据上述结果以及其他检查性试验（如测量绕组直流电阻空载特性试验、绝缘试验、局部放电试验和测量微量水分等）的结果，并结合该设备的结构、运行、检修等情况，综合分析判断故障的性质及部位，根据具体情况对设备采取不同的处理措施（如缩短试验周期、加强监视、限制负荷、安排内部检查、立即停止运行等）。

13.7 技术管理与安全要求

13.7.1 技术档案与技术资料的管理

应根据实际情况，建立有关技术档案与技术资料。主要有：

（1）主要用油设备台账：包括设备铭牌主要规范，油种、油量、油净化装置配备情况，投运日期等记录。

（2）主要用油设备运行油的质量检验台账：包括换油、补油、防劣化措施执行，运行油处理等情况记录。

（3）主要用油设备大修检查记录。

（4）旧油、废油回收和再生处理记录。

（5）库存备用油及油质检验台账：包括油种、牌号、油量及油移动等情况记录。

（6）汽（水）轮机油系统图、油库、油处理站设备系统图等。

13.7.2 库存油管理

库存油管理应严格做好油的入库、储存和发放三个环节，防止油的错用、错混和油质劣化。

(1) 对新购进的油，须先验明油种、牌号并检验油质是否合格。经验收合格的油入库前须经过滤净化合格后方可灌入备用油罐。

(2) 库存备用的新油和合格的油，应分类、分牌号、分质量进行存放。所有油桶、油罐必须标志清楚，挂牌建账。且应账物相符，定期盘点无误。

(3) 严格执行库存油的油质检验。除按规定对每批入库、出库油作检验外，还要加强库存油移动时的检验与监督。油的移动包括倒罐、倒桶以及原来存有油的容器内再进入新油等。

凡油在移动前后均应进行油质检验，并作好记录，以防油的错混与污损。对长期储放的备用油，应定期（一般3~6月一次）检验，以保持油质处于合格备用状态。

(4) 为防止油在储存和发放过程中发生污损变质，应注意：

1）油桶、油罐、管线、油泵以及计量、取样工具等必须保持洁净，一旦发现内部积水、脏物或锈蚀以及接触过不同油品或不合格油时，均须及时清除或清洗干净。

2）尽量减少倒罐、倒桶及油移动次数，避免油质意外的污损。

3）经常检查管线、阀门开关情况，严防窜油、窜汽和窜水。

4）准备再生处理的污油、废油应用专门容器盛装并另库存放，其输油管线与油泵均与合格油严格分开。

5）油桶严密上盖，防止进潮并避免日晒雨淋；油罐装有呼吸器并经常检查和更换其吸潮剂。

13.7.3 油库、油处理站的管理

油库、油处理站的设计必须符合消防与工业卫生有关要求。油罐安装间距及油罐与周围建筑物的距离应具有足够的防火间距且应设置油罐防护堤。为防止雷击和静电放电，油罐及其连接管线，应装设良好的接地装置，必需的消防器材，通风、照明、油污废水处理等设施均应合格齐全。油再生处理站还应根据环境保护规定，妥善处理油再生时的废渣、废气、残油和污水等，以防污染环境。

油库、油处理站及其所辖储油区应严格执行防火防爆制度，杜绝油的渗漏与泼洒，地面油污应及时清除，严禁烟火。对用过的沾油棉物及一切易燃易爆物品均应清除干净。油罐输油操作应注意防止静电放电。查看或检修油罐油箱时，应使用低电压安全行灯并注意通风等。

14 煤　分　析

14.1 煤质概述

14.1.1 煤的形成及种类

远在几亿年前的古生代、中生代和几千万年前的新生代，由于地壳运动，大量植物的遗体经过复杂的生物化学和物理化学作用转变为煤，这个过程称为成煤过程。成煤过程分为两个阶段。第一阶段，植物在浅海、湖泊和沼泽中大量繁殖，这些植物死后沉于水下，经微生物的生物化学作用，使低等植物成为腐泥，高等植物成为泥炭。第二阶段由于地壳运动，泥炭和腐泥下沉或被矿物岩石掩盖在底下，受地质因素的作用，即长期受高温高压作用而形成煤，这一阶段也称为煤化阶段。随着煤化阶段的深入，泥炭转为褐煤、烟煤和无烟煤。

常用作动力用煤的有无烟煤、贫煤、贫瘦煤、不黏煤、弱黏煤、长焰煤和褐煤等，另外还有含硫高而又难洗选的一些炼焦用煤等。

火力发电厂就其实质而言，是一个转化能量的工厂，火电厂的电能生产是利用燃料中蕴藏的化学能转化为热能。再由热能转化为机械能，最后由机械能转化为电能，燃料是火力发电厂的能源，至今燃煤仍是燃料的最重要组成部分，还占有相当重要的地位。

14.1.2 煤在火力发电厂中的应用

煤是火力发电厂的主要燃料，它占整个电厂生产成本的60%以上，一座1800MW的火力发电厂一昼夜燃烧的标准煤在15000t以上（标准煤是指低位发热量为29307.6kJ/kg的煤）。

煤通过燃烧将化学能转化为热能，热能通过锅炉、汽轮机转化为机械能，最后经发电机转变为电能。能量转化的过程中，由于诸多因素的影响，总是有损失的，通常用“煤耗”这一指标来说明煤中化学能的利用率。所谓煤耗，就是每提供1kW·h（发1kW·h）电所消耗标准煤的千克数。

为了降低煤耗，提高热效率，必须了解煤的成分和特性。通过对煤质的分析，便可为锅炉的合理燃烧提供科学依据，为电厂的经济核算、锅炉热效率和煤耗的计算，提供基础资料。

14.2 煤组成及分析基准

14.2.1 煤的组成及分析项目

14.2.1.1 煤的组成

煤是由植物转变而成的。由高等植物变成的煤称为腐植煤，这种煤的储量多，用途广。由低等植物变成的煤称为腐泥煤。自然界中的各种煤尽管种类不同，但都是由有机物质、无机物质和水分三部分组成。根据含碳量的多少，可以把煤分为：无烟煤（含碳95%左右）、烟煤（含碳70%~80%）、褐煤（含碳50%~70%）、泥煤（含碳50%~60%）。煤的含碳量越高，燃烧热值也越高，质量越好。

碳是煤中的主要成分。煤中的含碳量随着煤变质的程度而有规律地增加。所以，含碳量的多少可以表示煤的变质程度。氢是煤中有机质的主要元素。煤中的含氢量随煤变质程度的加深而减少。氧煤中的氧在燃烧过程中并不放出热量，含氧多的煤热值较低。硫煤中的硫以有机硫和无机硫的形式存在，是煤中的有害成分。在煤的储存过程中，因黄铁矿氧化放热而加速了煤的氧化变质。在炼焦过程中产生的硫化物气体对设备有一定的腐蚀作用，残留在焦炭中的硫使焦炭的质量降低。磷煤中的磷存在于矿物质中，一般含量较低，最高不超过1%。煤中的磷虽然不多，但危害极大。在用煤炼焦时，磷全部转入焦炭中，在用焦炭炼铁时又转入生铁中，使生铁变脆。

氮是组成煤中有机物的次要元素，含量较少，且变化不大。煤中的氮在煤燃烧时常以游离状态分解出来，炼焦时因温度较高，氮也会转化为氨或其他氮的化合物。水分煤中的水分有内在水分和外在水分的区别。煤中的内在水分指在煤风干后，将煤加热到102~105℃时逸出的水分。这部分水分是依靠吸附力而保持在煤粒气孔中的水分。外在水分是保持在煤粒表面和煤颗粒之间的水滴，这部分水在风干时即可除去。内在水和外在水之和就是煤的总水分。

矿物质煤中的矿物质组分非常复杂，含量的变化也很大，主要是由铁、铝、钙、镁等以碳酸盐、硅酸盐、硫酸盐和硫化物等形式存在。煤中矿物质的含量和成分与煤的形成过程有关。煤在燃烧过程中，矿物质发生一系列的变化，煤燃烧后的残留物称为灰分。一般来说，灰分的含量可以反映出煤中矿物质的大致含量，因此，有时也笼统地将矿物质称为灰分。对于工业用煤来说，灰分是非常有害的。在炼焦的过程中，灰分全部转入焦炭，不但降低了焦炭的强度，也降低了焦炭的含碳量。灰分高的煤发热量较低。因此，灰分是降低煤质的重要指标。

上述煤的组成是元素分析的结果。但由于元素的测定手续繁杂，在工业上很少应用。目前，工业评定煤的品质，大多采用工业分析来测定煤的发热量、挥发分、固定碳、水分和灰分等项目。

14.2.1.2 煤分析项目及成分表达符号

煤质分析化验项目名称的符号，以国际上广泛采用的符号表示，属于化学元素分析项目采用化学元素符号表示，见表14-1。

表14-1 煤质分析化验项目名称的符号表示

表示	水分	灰分	挥发分	硫分	发热量	罗加指数	黏结指数	胶质指数	碳	氢	氧	氮	氧化碳
符号	M	A	V	S	Q	$R*1$	G	Y	C	H	O	N	CO_2

煤质分析化验指标存在的形态或操作条件的符号表示，用英文字母标在表示该分析化验制表符号的右下角，见表14-2。

表 14-2 煤质分析化验指标存在形态或操作条件的符号表示

全水分	内在水分	外在水分	全硫分	有机硫	硫铁盐硫	硫酸盐硫	弹筒发热量	高位发热量	低位发热量
M_t	M_{inh}	M_f	S_t	S_o	S_p	S_s	Q_b	Q_{gr}	Q_{net}

煤质分析化验指标不同基准的符号表示，也用英文字母标在表示该分析化验制表符号的右下角。

如果某分析化验指标既要表明其存在形态或操作条件，又要标明其基准，其符号表示方法是，在该分析化验制表符号右下角先标明其形态或条件，后标明其基准，中间用“,”断开。

14.2.2 煤分析基准

在煤质分析化验中，不同的煤样其化验结果是不同的。同一煤样在不同的状态下其测试结果也是不同的。如一个煤样的水分，经过空气干燥后的测试值比空气干燥前的测试值要小。所以，任何一个分析化验结果，必须标明其进行分析化验时煤样所处的状态。分叙如下。

14.2.2.1 收到基

收到基也称工作基，是指收到状态供实际使用的煤，也叫原煤。火力发电厂中的进厂煤和存煤都是收到基煤。这些煤除含有一切有机和无机成分外，还有全部水分（内在水分和外在水分）。以收到状态的煤为基准，表示煤中各组成含量的百分比。

工业分析： $M_{ar}+A_{ar}+V_{ar}+FC_{ar}=100\%$

元素分析： $C_{ar}+H_{ar}+N_{ar}+S_{c,ar}+O_{ar}+A_{ar}+M_t=100\%$

式中，$S_{c,ar}$为煤中可燃硫。

14.2.2.2 空气干燥基

除去外在水分的煤就是空气干燥基状态的煤。煤中的外在水分（又称湿分）是最容易变化的，一般用空气干燥的方法除去。以空气干燥状态的煤为基准，表示煤中各组成成分的百分比。

工业分析： $M_{ad}+A_{ad}+V_{ad}+FC_{ad}=100\%$

元素分析： $C_{ad}+H_{ad}+N_{ad}+S_{c,ad}+O_{ad}+A_{ad}+M_{ad}=100\%$

14.2.2.3 干燥基

除去全部水分的煤，称为干燥基煤。以无水状态的煤为基准，表示煤中各组分的百分比含量。

工业分析： $A_d+V_d+FC_d=100\%$

元素分析： $C_d+H_d+N_d+S_{c,d}+O_d+A_d=100\%$

14.2.2.4 干燥无灰基

干燥无灰基是指煤中的可燃部分，它包括有机部分和部分可燃硫（有机硫和硫铁矿硫），其中氮、氧虽然不能燃烧，但它是有机组成成分，故也应作为干燥无灰基成分。用假想无水、无灰状态的煤为基准，来表示煤中各组成含量的百分比。

工业分析：　$V_{daf}+FC_{daf}=100\%$

元素分析：　$C_{daf}+H_{daf}+N_{daf}+S_{c,daf}+O_{daf}=100\%$

14.2.3　煤质基准换算

煤质两极分化严重，有些基准在实际中是不存在的，是根据需要换算出来的；有些基准在实际存在，但为了方便，有时不进行测试，而是根据已知基准的分析化验结果进行换算，这样就简单多了。

化验室中进行煤质分析化验时，使用的煤样为分析煤样。分析煤样是经过一次次破碎和缩分得到的，它所处的状态为空气干燥状态。所以，化验室中用分析煤样进行分析化验时，其基准为分析基（又称为空气干燥基）。

分析煤样分析基化验结果，是化验室中直接测到的，是最基础的化验结果，是换算其他基准的分析化验结果的基础。

各种基准间的换算公式：

干基的换算：　$X_d = 100X_{ad}/(100 - M_{ad})\%$　（14-1）

式中　X_d——换算干燥基的化验结果；

X_{ad}——分析基的化验结果；

M_{ad}——分析基水分。

收到基的换算：　$X_{ar} = (100 - M_{ar})/(100 - M_{ad})\%$　（14-2）

式中　M_{ar}——收到基水分；

X_{ar}——换算为收到基的化验结果。

无水无灰基的换算：　$X_{daf} = 100X_{ad}/(100 - M_{ad} - A_{ad})\%$　（14-3）

式中　X_{daf}——换算为干燥无灰基的化验结果；

A_{ad}——分析基灰分。

当煤中碳酸盐含量大于2%时，式（14-1）～式（14-3）的分母中还要减去碳酸盐中的CO_2含量。

分析结果要从一个基准换算为另一个基准时，可按下式计算：

$$Y = KX_0 \quad (14\text{-}4)$$

式中　X_0——按原基准计算的某一组成含量的百分比，%；

Y——按新基准计算的同一组成含量的百分比，%；

K——基准换算比例系数（见表14-3）。

表14-3　基准换算比例系数

项　目	收到基	空气干燥基	干燥基	干燥无灰基
收到基	1	$100 - M_{ad}/(100 - M_{ar})$		$100/(100 - M_{ar} - A_{ar})$
空气干燥基	$100 - M_{ar}/(100 - M_{ad})$	1	$100/(100 - M_{ad})$	$100/(100 - M_{ad} - A_{ad})$
干燥基	$100 - M_{ar}/100$	$100 - M_{ar}/100$	1	$100/(100 - A_d)$
干燥无灰基	$100 - M_{ar} - A_{ar}/100$	$100 - M_{ad} - A_{ad}/100$	$100-A_d/100$	1

14.3　煤分析实验室

基于《火力发电厂入厂煤检测实验室导则》，煤分析实验室设置如下：制样室、天平室、工业分析室、发热量测定室、元素分析室、煤样品存放室。

14.3.1　制样室

制样室用于煤样的制备、煤炭筛分实验、煤炭堆积密度及煤的哈氏可磨性指数测定。

制样室要宽大敞亮，不受风雨及外来灰尘和有害气体的影响，制样室应为水泥地面。堆掺缩分区还需要在水泥地面上铺以厚度为6mm以上的钢板。制样室内的防尘设备应安装在与制样设备等高度的地方，以增加防尘效果。存样室不应有热源，不受强光照射，不受风沙及外来灰尘的影响。通风良好，不潮湿，并无存放任何化学药品。制样设备确定无系统偏差并且精密度要符合标准。应配备消防器材。

用耐火或不易燃材料建成，隔断和顶棚也要考虑防火性能。可采用地板砖或水磨石地面，窗户要能防尘，室内采光要好。门应向外开，在实验室应设两个出口。

碎煤机、制粉机均应安装排尘设施，一般有两种通风方式。全室通风，采用排气扇或竖井通风，换气次数一般3~5次/小时。局部排气罩：一般安装在仪器发生有害气体部位上方。

人工破碎、缩分设备：铁铲（锹）、锤击器、十字分样板、槽式二分器（含不同格槽尺寸的二分器系列，以满足不同粒度煤样的缩分）。

机械破碎、缩分设备：破碎机，包括粗碎设备（出料粒度为6~13mm）、中碎设备（出料粒度为3~6mm）、细碎设备（出料粒度为1~3mm）。密封式制粉机，出料粒度小于0.2mm。联合破碎缩分机。筛分设备：试验筛，孔径为150mm、100mm、50mm、25mm、13mm、6mm、3mm、1mm和0.2mm。振筛机，与外径为200mm的金属网孔试验筛相匹配。辅助工具：盛样盘（桶、瓶）、毛刷、磁铁等。

化验室的电源：应根据仪器设备，配有足够的电源容量。照明电源和设备电源应分开。有条件的化验室，电源应当与车间生产用电源分开。最好配备双电源。设备用电最好每间房间有单独的电源总开关，以利于维修而又不相互影响。每台用电设备设专用的电源开关及熔断器。安置应急灯以备夜间突然停电时使用。

14.3.2　天平室

天平室用于煤样检测时称量样品，如环境条件允许，可与其他实验室共用。

天平室应在诸多试验室的居中位置。天平室的门能正反双向开，便于持物进出。天平室最好是北向房间，防止阳光直射。天平室需保持室温在15~30℃，湿度在70%以下。天平室应密闭，防止受灰尘及外部震动的影响。天平室内应无腐蚀性气体。

天平台要坚固、平整且防震。台面为水磨石或大理石。天平台高度为800mm、宽度为600mm，两台天平放置的间距应大于0.5m。天平室内座椅应稳定且能旋转，以方便称量。天平应有防尘罩。分析天平，称量100~200g，最小分度值为0.0001g。

14.3.3 工业分析室

工业分析室用于测定煤中的水分、灰分、挥发分、固定碳含量，并可用于煤样的灰化。煤分析常用设备见表 14-4。

表 14-4 煤分析常用设备

化验项目	主要仪器设备		标准物质
	名　称	主要技术要求	
全水分	电子水平	量程不小于 2kg，分辨率为 0.5g	—
	（通氮）干燥箱	较大容积，可控制温度为 105~110℃	
工业分析	电子水平	量程 0~200g，分度值 0.0001g	
	（通氮）干燥箱	较小容积，可控制温度为 105~110℃	
	马弗炉	能保持温度为（815±10）℃，并有足够的恒温区	
	箱型电炉		
	自动工业分析仪（可替代马弗炉和箱型电炉）		
	煤中碳酸盐二氧化碳测定装置	实验装置应保持气密	
全硫	电子水平	量程 0~200g，分度值 0.0001g	煤物理和化学特性标准煤样
	测硫仪（包括库仑定硫仪、高温燃烧红外测硫仪或其他可替代仪器）	库仑定硫仪：能加强到 1200℃ 以上并有 90mm 以上的高温带（1150±5）℃； 高温燃烧红外测硫仪：能加热到 1300℃	
碳、氢、氮	电子水平	量程 0~200g，分度值 0.0001g	
	碳、氢元素分析仪或碳、氢、氮元素分析仪	碳、氢元素分析仪：催化段炉温为（300±10）℃； 燃烧段温度为（800±10）℃； 碳、氢、氮元素分析仪：可控制炉温在 950~110℃	
发热量	电子水平	量程 0~200g，分度值 0.0001g	1. 煤物理和化学特性标准煤样； 2. 量热标准苯甲酸
	恒温式、绝热式或自动式热量计	测量精度：5 次或 5 次以上苯甲酸测定结果的相对标准偏差不大于 0.2%	
煤灰熔酸性	灰熔点测定仪	可温升至 1500℃，人工目测仪器或自动摄像记录仪器	煤灰熔酸性标准灰样
哈氏可磨性指数	电子水平	量程 0~200g，分度值 0.0001g	哈氏可磨性指数标准煤样
	哈氏可磨性指数测定仪	运转速度为（20±1）r/min，钢球直径为 25.4mm，加上钢球上的总垂直力为（284±2）N	

试验台的台基应坚固。地面具有硬质、绝缘、不燃烧的特点。安装排气通风设施。

分析试验室应有上、下水设施，应考虑水压，水的质量。室内总阀门应设在易操作的显著位置。下水道应采用耐酸耐碱的材料。地面应有地漏。

仪器设备：

（1）高温炉：带有时间温度自动控制器和能够开、关的烟囱。温度控制范围为0~1000℃。

（2）干燥箱：带有自动控温装置及鼓风机。温度控制范围为0~300℃。

14.3.4 发热量测定室

发热量测定室用于测定煤的发热量。

发热量测定室应设在北向房间，避免阳光直射。室内不应有强烈空气对流。测热室应与放置氧气瓶的房间隔开。测热室温度应控制在15~30℃，每次测定的室温变化不超过1℃。热量计应避开空调气流的直接冲击。如果热量计为绝热式，就应使冷却水源及上、下水道设施适应仪器要求。

仪器设备：量热计，热容量重复性误差小于或等于0.2%。

充氧器、压饼机、托盘天平或电子秤，称量5kg，最小分度值1g。氧气钢瓶：配有二级氧气表，且分压表量程不小于5MPa。恒温水槽或电冰箱。

14.3.5 元素分析室

元素分析室用于测定煤的碳、氢、氮、磷、硫等元素含量。

仪器应放在由不燃烧或绝热材料制作的坚固台面上。应安装适宜的排气装置，并配备消防器材。应配备稳压电源，室温应控制在15~30℃，每次测定的室温变化不超过1℃。元素分析仪、测硫仪的电源应单独布线。

仪器设备：碳氢分析仪，测硫仪，定氮用玻璃仪器及多用电炉等。

14.3.6 煤样品存放室

煤样品存放室应设置专门的煤样架或柜。室内严禁明火，不应有热源与强光直射，大量煤样不应与存查煤样一起存放。室内温度尽可能保持温度在15~30℃。

制备的存查煤样应立即存入存样室，分类别按照日期、编码顺序号存放在样品柜内。入厂煤存查煤样保存时间一般不少于2个月，因供需双方发生煤质纠纷对未结算批次的入厂煤存查煤样要存放到纠纷处理完毕为止。任何人员不得以任何理由将未到留存期限的存样挪作他用。

14.4 燃料试验的规定及样品采制

14.4.1 燃料试验的规定

燃料试验的规定有：

（1）入厂煤、入炉煤、煤粉（或飞灰和炉渣）等，都应按规定要求采样和缩分。除另有说明外，它们最后都应缩制成粒度为0.2mm以下的分析试样。入炉油同样按规定要求采样和缩分，并最后缩制成分析油样。对水分含量较大的油样，要按规定进行脱水处理。

（2）煤或油的分析试样，应存放在符合防锈蚀、密封等要求的容器中。

（3）为以后核对需保留试样时，可在分析试样中分取一份保存起来。保存时间一般不超过两个月。

（4）称取煤、油试样时，都应在充分搅匀后，从不同部位取样。除另有规定外，称取10~20g试样时，一般准确到0.01g；称取1~2g试样时，一般准确到0.0002g。

（5）干燥箱、高温炉、立式炉的常用温度区域，必须进行温度标定。更换电炉加热和控温元件后，应重新标定。

（6）温度计、热电偶及高温计至少每年校验一次。

（7）凡受压容器及其附件，都应遵守压力容器使用的有关规定，定期进行压力试验。

（8）使用分析天平应遵守有关规定。对分析天平应进行定期校验。

（9）初次使用的瓷坩埚或方皿，须予以编号并烧至恒重。

（10）从热干燥箱中取出的称量瓶和坩埚等，一般在室温下冷却1~2min后放入干燥器中；从高温炉、立式炉等设备中取出的坩埚、方皿等，应在室温下冷却3~5min后，放入干燥器中。

（11）试验中所用的蒸馏水，一般电导率应不大于2μS/cm。除另有说明外，本书各试验方法中所用的水，均为蒸馏水。

（12）试验方法中所用试剂的纯度，除另有说明外，均为分析纯或化学纯。

（13）需用水分进行校正或换算的试验项目，最好和水分同时测定。若不能同时进行，对烟煤、褐煤、油页岩来说，前后测定的时间差不应超过7d，其余煤种则不应超过10d。

（14）快速试验方法，经与常规法比较，其结果均不超过允许误差时，方可用于例行监督试验。对例行的监督项目，若经多次检查性试验，其结果均不超过允许误差时，则可免去检查性试验。

（15）溶液百分浓度用“%”符号表示。如试剂为固体，则表示100mL溶液中所含试剂的质量（g）；如试剂为液体，则表示100mL溶液中所含试剂的体积（mL）。

（16）体积浓度，可用$M:N$表示。M指液体溶质的份数；N指液体溶剂的份数。

（17）凡以去离子水或蒸馏水为溶剂的溶液称为水溶液，一般简称溶液。以其他液体为溶剂时，则称为某某溶液，如乙醇溶液。

（18）外在水分、全水分一般允许单次测定，但对校核试验必须进行两次平行测定。其余试验项目均须进行两次平行测定。两次测定值如不超过同一实验室允许误差（T），则取算术平均值作为测定结果，否则要进行第三次测定；如三次测定结果的极差小于1.2T，则取此三次测定值的算术平均值作为测定结果，否则需进行第四次测定；如四次测定值的极差小于1.3T，取此四个测定值的算术平均值作为测定结果；如极差大于1.3T，而其中三个测定值的极差在1.2T内，则可取此三个测定值的算术平均值作为测定结果，另一测定值弃去。如上述条件均未满足，则应舍弃全部测定结果，并检查仪器和操作，然后重新测定。

（19）测定值和报告值数值位数（见表14-5）按规定确定。

表 14-5 测定值和报告值的数值位数

测定项目	测定值	报告值	测定项目	测定值	报告值
全水分	小数点后二位	小数点后一位	可磨性	小数点后一位	修约到整数
工业分析	小数点后二位	小数点后二位	灰成分	小数点后二位	小数点后二位
发热量	1cal/g	修约到 10cal	灰熔融特征温度	5℃	10℃
元素分析	小数点后二位	小数点后二位	水　分	小数点后二位	小数点后一位
全　硫	小数点后二位	小数点后二位	灰　分	小数点后二位	小数点后二至三位
各种形态硫	小数点后二位	小数点后二位	闪　点	小数点后一位	修约到整数
碳酸盐二氧化碳	小数点后二位	小数点后二位	凝固点	小数点后一位	修约到整数
煤粉细度	小数点后二位	小数点后二位	恩氏黏度	小数点后二位	修约到整数
真密度	小数点后三位	小数点后二位	密　度	小数点后二位	小数点后三位
视密度	小数点后三位	小数点后二位	机械杂质	小数点后二位	小数点后二至三位

14.4.2 煤样制备方法

14.4.2.1 入厂和入炉煤试样的制备

分析试样：原始煤样必须全部破碎到粒度级在 25mm 以下方可缩分。按表 14-6 中规定逐级缩制煤样。

表 14-6 粒度级与样品最小重量的关系

粒度级/mm	≤25	≤13	≤6	≤3	≤1
最小质量/kg	60	15	7.5	3.75	0.1

在缩制过程中，必须使全部原始煤样通过规定的筛子，不得任意舍弃。若原始煤样水分太高不易制备，可将其适当干燥后再进行破碎、缩分。将粒度为 1mm 以下的煤样继续干燥至恒重后，用磁铁进行除铁，再制备成粒度为 0.2mm 的分析试样。

测定应用基水分的煤样：按照点攫法从堆成锥体的原始煤样中的不同部位采集子样（至少四个），并立即用破碎机破碎到 3mm 以下（对水分较高的煤样，允许破碎到粒度为 13mm 以下）后，再用点攫法缩分出 0.1kg（粒度 13mm 以下为 2kg），作为测定应用基水分试样。

14.4.2.2 入炉煤粉试样的制备

入炉煤粉的试样不须磨细，但要按要求进行缩分。将煤粉试样倒入方盘内，摊成厚度为 2~3mm 的薄层，将它分成若干个小方块，再用平底小铲按顺序或一定间隔取样，取样点不得少于 9 个，每点取样量为 5g，此样充分混匀后作为分析试样。

14.4.2.3 飞灰和炉渣试样的制备

炉渣粒度及与最小重量的关系见表 14-7。

表 14-7 炉渣粒度级与最小重量的关系

粒度级/mm	最小重量/kg
≤25	15
≤3	1
≤1	0.1
<0.2	0.05

飞灰：若灰样量较多，可参照入炉煤粉试样的制备方法，缩分出适量试样，并磨细到粒度在 0.2mm 以下供试验用。

炉渣：将全部炉渣试样破碎到粒度为 25mm 以下，然后按表 14-7 缩制。若炉渣水分较高，则可予以干燥并达到恒重后制备分析试样。

14.4.2.4 全水分煤样的制备

船上采样：采样单元以一船煤作为一个采样单元。采样工具根据 GB 475—2008 关于静止煤采样机械的要求，采用约 300mm×250mm 的采样尖铲及洁净密封的储煤桶配合作为采样工具。采样器具操作一次所采取的一份样为一个子样。煤量超过 1000t 的子样数目按式（14-5）计算：

$$N = n\sqrt{\frac{M}{1000}} \tag{14-5}$$

式中 N——每船实际应采子样数目，个；

n——根据煤种的灰分及采样地点不同，GB 475—2008 规定不同的数值；

M——实际被采样煤量，t。

煤船中采样方法，一艘煤轮一般有 5～6 个煤仓，将煤仓分为上、中、下三层采样，即每船煤需采样三次。一艘煤轮（以 35000t 计算）总共需采取子样数目 $N \approx 360$ 个（以子样数目的公式计算，如 5 万吨煤船，则子样数目 $N \approx 430$），每层需采取子样数目 $N = 120$ 个。平均分配到 5 个煤仓，每个煤仓采取子样数目不少于 24 个，将子样平均分布在每层煤表面上。子样质量 2kg，即每次采样煤量约 240kg。采样时用采样铲从煤表面挖坑至 0.4m 以下采取。每次采取子样量必须满足要求，采样时煤样不损失（如果有 6 个舱，每舱每层采取子样数目也不少于 24 个）。采样完毕应及时将储煤桶的盖子盖好，以保证水分不散失。

依据国标对采样的相关规定和具体实际情况，制订出 5 个采样方案，原则上采用方案 A（输煤班长可依据实际情况选择具体方案）。

（1）方案 A：分三层采样，分别在上层、1/2 处、底层。

（2）方案 B：分三层采样，分别在 1/4 处、1/2 处、底层。

（3）方案 C：分三层采样，分别在上层、1/2 处、3/4 处。

（4）方案 D：分三层采样，分别在 1/4 处、1/2 处、3/4 处。

（5）方案 E：分四层采样，分别在上层、1/4 处、1/2 处、3/4 处。

船上采样：用破碎缩分机一次性破碎缩分出粒度小于 3mm 的煤样大于 7.5kg，稍加混合摊平后，立即用九点法缩取 500g 煤样，送化验室测定全水分。

机械采样：自采样间采来样后，缩分出粒度小于 3～4mm 的煤样大于 7.5kg，稍加混合摊平后，立即用九点法缩取 500g 煤样，送化验室测定全水分。

14.4.2.5　分析煤样及存查煤样的制备

用二分器直接从“取完全水分样的煤样”中缩分出不少于 3.75kg 的两份样（粒度小于 3mm），分别用于制备分析用煤样和作为存查煤样。

制备分析用煤样再破碎至粒度小于 1mm，缩分出不少于 100g 的煤样制空干基分析煤样。把该煤样摊成均匀的薄层放入烘箱内以低于 50℃ 温度下干燥，如连续干燥 1h 后，煤样的质量变化不超过 0.1%，则变成空气干燥基状态，然后用制粉机制成小于 0.2mm 的分析煤样，再用该煤样进行煤质检验。

14.5　煤的工业分析方法

在国家标准中，煤的工业分析是指包括煤的水分（M）、灰分（A）、挥发分（V）和固定碳（F_c）四个分析项目指标测定的总称。煤的工业分析是了解煤质特性的主要指标，也是评价煤质的基本依据。通常煤的水分、灰分、挥发分是直接测出的，而固定碳是用差减法计算出来的。广义上讲，煤的工业分析还包括煤的全硫分和发热量的测定，又叫煤的全工业分析。

煤的工业分析、含硫量的测定见《火力发电厂燃料试验方法》。

14.5.1　煤的水分

煤的水分，是煤炭计价中的一个最基本指标。煤的水分直接影响煤的使用、运输和储存。煤的水分增加，煤中有用成分相对减少，且水分在燃烧时变成蒸汽要吸热，因而降低了煤的发热量。煤的水分增加，还增加了无效运输，并给卸车带来了困难。特点是冬季寒冷地区，经常发生冻车，影响卸车、生产、车皮周转，加剧了运输的紧张。

煤的水分也容易引起煤炭黏仓而减小煤仓容量，甚至发生堵仓事故。随着矿井开采深度的增加，采掘机械化的发展和井下安全生产的加强，以及喷入洒水、煤层注水、综合防尘等措施的实施，原煤水分呈增加的趋势。为此，煤矿除在开采设计上和开采过程中的采煤、掘进、通风和运输等各个环节上制定减少煤的水分的措施外，还应在煤的地面加工中采取措施减少煤的水分。

14.5.1.1　煤中游离水和化合水

煤中水分按存在形态的不同分为两类，即游离水和化合水。游离水是以物理状态吸附在煤颗粒内部毛细管中和附着在煤颗粒表面的水分；化合水也叫结晶水，是以化合的方式同煤中矿物质结合的水。如硫酸钙（$CaSO_4 \cdot 2H_2O$）和高岭土（$Al_2O_3 \cdot 2SiO_2 \cdot 2H_2O$）中的结晶水。游离水在 105～110℃ 的温度下经过 1～2h 可蒸发掉，而结晶水通常要在

200℃以上才能分解析出。煤的工业分析中只测试游离水，不测结晶水。

14.5.1.2 煤的外在水分和内在水分

煤的游离水分又分为外在水分和内在水分。外在水分，是附着在煤颗粒表面的水分。外在水分很容易在常温下的干燥空气中蒸发，蒸发到煤颗粒表面的水蒸气压与空气的湿度平衡时就不再蒸发了。内在水分，是吸附在煤颗粒内部毛细孔中的水分。内在水分需在100℃以上的温度经过一定时间才能蒸发。

最高内在水分，当煤颗粒内部毛细孔内吸附的水分达到饱和状态时，这时煤的内在水分达到最高值，称为最高内在水分。最高内在水分与煤的孔隙度有关，而煤的孔隙度又与煤的煤化程度有关，所以，最高内在水分含量在相当程度上能表征煤的煤化程度，尤其能更好地区分低煤化度煤。如年轻褐煤的最高内在水分多在25%以上，少数的如云南弥勒褐煤最高内在水分达31%。最高内在水分小于2%的烟煤，几乎都是强黏性和高发热量的肥煤和主焦煤。无烟煤的最高内在水分比烟煤有所下降，因为无烟煤的孔隙度比烟煤增加了。

14.5.1.3 煤的全水分

全水分，是煤炭按灰分计价中的一个辅助指标。煤中全水分，是指煤中全部的游离水分，即煤中外在水分和内在水分之和。必须指出的是，化验室里测试煤的全水分时所测的煤的外在水分和内在水分，与上面讲的煤中不同结构状态下的外在水分和内在水分是完全不同的。化验室里所测的外在水分是指煤样在空气中并同空气湿度达到平衡时失去的水分（这时吸附在煤毛细孔中的内在水分也会相应失去一部分，其数量随当时空气湿度的降低和温度的升高而增大），这时残留在煤中的水分为内在水分。显然，化验室测试的外在水分和内在水分，除与煤中不同结构状态下的外在水分和内在水分有关外，还与测试时空气的湿度和温度有关。

煤的水分测定方法：A——通氮干燥法；B——空气干燥法；C——微波干燥法。方法A适用于所有煤种，方法B仅适用于烟煤和无烟煤。C适用于褐煤和烟煤水分的快速测定。在仲裁分析中遇到有用一般分析试验煤样水分进行校正以及基的换算时，应用方法A测定一般分析试验煤样的水分。

14.5.1.4 分析方法

A 分析全水分含量（空气干燥法）

全水分含量的分析步骤如下所示。

（1）在预先干燥并已称量过的称量瓶内称取粒度小于6mm的煤样10～12g，称准至0.01g平摊在称量瓶中。

（2）打开称量瓶盖，放入预先鼓风并已加热到105～110℃的干燥箱中，在一直鼓风的条件下，烟煤干燥2h，无烟煤干燥3h。

（3）从干燥箱中取出称量瓶，立即盖上盖，在空气中冷却约5min。然后放入干燥器中冷却至室温（约20min）后称量。

（4）进行检查性干燥，每次30min，直到连续两次干燥煤样的质量减少不超过0.01g

或质量增加为止。在后一种情况下，采取质量增加前一次的质量为依据。水分在 2.00%以下时，不必进行检查性干燥。

B　全水分的测定（微波干燥法）

全水分测定的步骤如下所示，全水分测定的重复性要求见表 14-8。

表 14-8　全水分测定重复性要求

全水分/%	重复性/%
< 10	0.4
> 10	0.5

（1）按微波干燥水分测定仪说明书进行准备和状态调节。

（2）在预先干燥并已称量过的称量瓶内称取粒度小于 6mm 的煤样 10~12g，称准至 0.01g 平摊在称量瓶中。

（3）打开称量瓶盖，放入测定仪的旋转盘的规定区内。

（4）关上门，接通电源，仪器按预先设定的程序工作，直到工作程序结束。

（5）打开门，取出称量瓶，盖上盖，立即放入干燥器中冷却至室温（约 20min）后称量。如果仪器有自动称量装置，则不必取出称量。

C　分析水分的测定（空气干燥法）

分析水分的测定步骤如下所示。

（1）在预先干燥并已称量过的称量瓶内称取粒度小于 0.2mm 的空气干燥煤样（1±0.1）g，称准至 0.0002g 平摊在称量瓶中。

（2）打开称量瓶盖，放入预先鼓风并已加热到 105~110℃的干燥箱中。在一直鼓风的条件下，烟煤干燥 1h，无烟煤干燥 1.5h（预先鼓风是为了使温度均匀）。

（3）从干燥箱中取出称量瓶，立即盖上盖，放入干燥器中冷却至室温（约 20min）后称量。

（4）进行检查性干燥，每次 30min，直到连续两次干燥煤样的质量减少不超过 0.0010g 或质量增加为止。在后一种情况下，采取质量增加前一次的质量为依据。水分在 2.00%以下时，不必进行检查性干燥。

D　分析水分的测定（微波干燥法）

分析水分的测定（微波干燥法）步骤如下所示，分析水分的测定要求见表 14-9。

表 14-9　分析水分的测定要求

分析水分/%	重复性/%
< 5	0.20
5~10	0.30
> 10	0.40

（1）在预先干燥并已称量过的称量瓶内称取粒度小于 0.2mm 的空气干燥煤样（1±0.1）g，称准至 0.0002g 平摊在称量瓶中。

（2）将一个盛有约 80mL 蒸馏水、容量为 250mL 的烧杯置于测水仪内的转盘上，用预热程序加热 10min 后，取出烧杯。如连续进行数次测定，只需在第一次测定前进行预热。

(3) 将带煤样的称量瓶开着盖放在测水仪的转盘上，并使称量瓶与石棉垫上的标记圈相内切。放满一圈后，多余的称量瓶可紧挨第一圈称量瓶内侧放置。在转盘中心放一个盛有蒸馏水的带表面皿盖的 250mL 烧杯（盛水量与测水仪说明书规定一致），并关上测水仪门。

(4) 按测水仪说明书规定：用测定烟煤、褐煤的程序进行烟煤和褐煤的水分测定；用测定无烟煤的程序进行无烟煤和用氯化锌重液减灰煤样的水分测定。

(5) 加热程序结束后，打开测水仪门，立即盖上称量瓶盖并取出放入干燥器中，冷却到室温后称量。

14.5.2 煤的灰分

煤的灰分，是指煤完全燃烧后剩下的残渣。因为这个残渣是煤中可燃物完全燃烧，煤中矿物质（除水分外所有的无机质）在煤完全燃烧过程中经过一系列分解、化合反应后的产物，所以确切地说，灰分应称为灰分产率。

14.5.2.1 煤中矿物质

煤中矿物质分为内在矿物质和外在矿物质。

(1) 内在矿物质，又分为原生矿物质和次生矿物质。

原生矿物质，是成煤植物本身所含的矿物质，其含量一般不超过 1%~2%；次生矿物质，是成煤过程中泥炭沼泽液中的矿物质与成煤植物遗体混在一起成煤而留在煤中的。次生矿物质的含量一般也不高，但变化较大。

内在矿物质所形成的灰分叫内在灰分，内在灰分只能用化学的方法才能将其从煤中分离出去。

(2) 外来矿物质，是在采煤和运输过程中混入煤中的顶、底板和夹石层的矸石。外在矿物质形成的灰分叫外在灰分，外在灰分可用洗选的方法将其从煤中分离出去。

14.5.2.2 煤中灰分

煤中灰分来源于矿物质。煤中矿物质燃烧后形成灰分。如黏土、石膏、碳酸盐、黄铁矿等矿物质在煤的燃烧中发生分解和化合，有一部分变成气体逸出，留下的残渣就是灰分。

$$2SiO_2 \cdot Al_2O_3 \cdot 2H_2O \longrightarrow 2SiO_2 + Al_2O_3 + 2H_2O\uparrow \qquad CaSO_4 \cdot 2H_2O \longrightarrow CaSO_4 + 2H_2O\uparrow$$

$$CaCO_3 \longrightarrow CaO + CO_2\uparrow \qquad CaO + SO_3 \longrightarrow CaSO_4 \qquad 4FeS_2 + 11O_2 \longrightarrow 2Fe_2O_3 + 8SO_2\uparrow$$

灰分通常比原物质含量要少，因此根据灰分，用适当公式校正后可近似地算出矿物质含量。

14.5.2.3 煤灰灰分对工业利用的影响

煤中灰分是煤炭计价指标之一。在灰分计加重，灰分是计价的基础指标；在发热量计加重，灰分是计价的辅助指标。灰分是煤中的有害物质，同样影响煤的使用、运输和储存。

煤用作动力燃料时，灰分增加，煤中可燃物质含量相对减少。矿物质燃烧灰化时要吸收热量，大量排渣要带走热量，因而降低了煤的发热量，影响了锅炉操作（如易结渣、熄火），加剧了设备磨损，增加排渣量。煤用于炼焦时，灰分增加，焦炭灰分也随之增加，从而降低了高炉的利用系数。还必须指出的是，煤中灰分增加，增加了无效运输，加剧了我国铁路运输的紧张。

14.5.2.4 测定方法

A 快速灰化法

快速灰化法测定的步骤如下所示。

（1）在预先灼烧至质量恒定的灰皿中，称取粒度小于 0.2mm 的空气干燥煤样(1±0.1)g。将盛有煤样的灰皿预先分排放在耐热瓷板或石棉板上。

（2）将马弗炉加热到 850℃，打开炉门，将放有灰皿的耐热瓷板或石棉板缓慢地推入马弗炉中，先使第一排灰皿中的煤样灰化。待 5~10min 后煤样不再冒烟时，以每分钟不大于 2cm 的速度把其余各排灰皿顺序推入炉内炽热部分（若煤样着火发生爆燃，试验应作废）。

（3）关上炉门，在（815±10)℃温度下灼烧 40min。

（4）从炉中取出灰皿，放在空气中冷却 5min 左右，移入干燥器中冷却至室温（约 20min）后称量。

（5）进行检查性灼烧，每次 20min，直到连续两次灼烧后的质量变化不超过 0.0010g 为止。以最后一次灼烧后的质量为计算依据。灰分低于 15.00%时，不必进行检查性灼烧。

结果的计算：

$$A_{ad} = m_1/m \times 100\%$$

式中 A_{ad}——空气干燥煤样的灰分,%；

m——称取的空气干燥煤样的质量，g；

m_1——灼烧后残留物的质量，g。

B 缓慢灰化法

缓慢灰化法测定的步骤如下所示。

（1）在预先灼烧至质量恒定的灰皿中，称取粒度小于 0.2mm 的空气干燥煤样(1±0.1)g。

（2）将灰皿送入炉温不超过 100℃的马弗炉恒温区中，关上炉门并使炉门留有 15mm 左右的缝隙。在不少于 30min 的时间内将炉温缓慢升至 500℃，并在此温度下保持 30min。继续升温到（815±10)℃，并在此温度下保持 1h。

（3）从炉中取出灰皿，放在空气中冷却 5min 左右，移入干燥器中冷却至室温（约 20min）后称量。

（4）进行检查性灼烧，每次 20min，直到连续两次灼烧后的质量变化不超过 0.0010g 为止。以最后一次灼烧后的质量为计算依据。灰分低于 15.00%时，不必进行检查性灼烧。

C 焦炭灰分的测定

焦炭灰分的测定步骤如下所示。

（1）在预先灼烧至质量恒定的灰皿中，称取粒度小于 0.2mm 的空气干燥煤样

(0.5±0.05)g。将盛有煤样的灰皿预先分排放在耐热瓷板或石棉板上。

(2) 将灰皿送入温度为 (815±10)℃的高温炉的炉门口，在10min内逐渐将其移入炉子的恒温区，关上炉门并使留有约15mm的缝隙，同时打开炉门上通气孔和烟囱，于(815±10)℃下灼烧30min。

D 灰分测定的精密度

灰分测定的精密度见表14-10。

表14-10 灰分测定的精密度要求

灰分/%	重复性限 A_{ad}/%	再现性临界差 A_d/%
< 15.00	0.20	0.30
15.00~30.00	0.30	0.50
> 30.00	0.5	0.70

14.5.3 挥发分

煤的挥发分，即煤在一定温度下隔绝空气加热，逸出物质（气体或液体）中减掉水分后的含量。剩下的残渣叫作焦渣。因为挥发分不是煤中固有的，而是在特定温度下热解的产物，所以应称为挥发分产率。

煤的挥发分不仅是炼焦、气化要考虑的一个指标，也是动力用煤的一个重要指标，是动力煤按发热量计价的一个辅助指标。挥发分是煤分类的重要指标。煤的挥发分反映了煤的变质程度，挥发分由大到小，煤的变质程度由小到大。如泥炭的挥发分高达70%，褐煤一般为40%~60%，烟煤一般为10%~50%，高变质的无烟煤则小于10%。煤的挥发分和煤岩组成有关，角质类的挥发分最高，镜煤、亮煤次之，丝碳最低。所以世界各国和我国都以煤的挥发分作为煤分类的最重要的指标。

(1) 分析步骤：

1) 先于900℃温度下灼烧至质量恒定的带盖的瓷坩埚中，称取粒度小于0.2mm搅拌均匀的试样 (1±0.1)g，然后轻轻振动坩埚，使煤样摊平，盖上盖，放在坩埚架上（褐煤和长焰煤应预先压饼，并切成约3mm的小块）。

2) 将马弗炉预先加热至920℃左右。打开炉门，迅速将放有坩埚的架子送入恒温区，立即关上炉门并计时，准确加热7min。坩埚及架子放入后，要求炉温在3min内恢复至 (900±10)℃，此后保持在 (900±10)℃，否则此次试验作废。加热时间包括温度恢复时间在内。

3) 从炉中取出坩埚，放在空气中冷却5min左右，移入干燥器中冷却至室温（约20min）后称量。

(2) 结果的计算：

$$V_{ad} = m_1/m \times 100 - M_{ad} \tag{14-6}$$

式中 V_{ad}——空气干燥煤样的挥发分,%；

m——称取的空气干燥煤样的质量，g；

m_1——煤样加热后减少的质量，g；

M_{ad}——空气干燥煤样的水分,%。

14.5.4 煤固定碳

煤中去掉水分、灰分、挥发分，剩下的就是固定碳。

煤的固定碳与挥发分一样，也是表征煤的变质程度的一个指标，随变质程度的增高而增高，所以一些国家以固定碳作为煤分类的一个指标。固定碳是煤的发热量的重要来源，所以有的国家以固定碳作为煤发热量计算的主要参数。固定碳也是合成氨用煤的一个重要指标。

固定碳计算公式：

$$(FC)_{ad} = 100 - (M_{ad} + A_{ad} + V_{ad}) \tag{14-7}$$

当分析煤样中碳酸盐 CO_2 含量为 2%～12%时：

$$(FC)_{ad} = 100 - (M_{ad} - A_{ad} + V_{ad}) - CO_{2ad}(煤) \tag{14-8}$$

当分析煤样中碳酸盐 CO_2 含量大于 12%时：

$$(FC)_{ad} = 100 - (M_{ad} + A_{ad} + V_{ad}) - [CO_{2ad}(煤) - CO_{2ad}(焦渣)] \tag{14-9}$$

式中，$(FC)_{ad}$为分析煤样的固定碳,%；M_{ad}为分析煤样的水分,%；A_{ad}为分析煤样的灰分,%；V_{ad}为分析煤样的挥发分,%；CO_{2ad}（煤）为分析煤样中碳酸盐 CO_2 含量,%；CO_{2ad}（焦渣）为焦渣中 CO_2 占煤中的含量,%。

14.5.5 煤的硫分

14.5.5.1 煤中硫存在的形态

煤中硫分，按其存在的形态分为有机硫和无机硫两种。有的煤中还有少量的单质硫。

煤中的有机硫，是以有机物的形态存在于煤中的硫，其结构复杂，至今了解的还不够充分，大体有以下官能团：硫醇类，R—SH（—SH 为硫基）；噻吩类，如噻吩、苯骈噻吩；硫醌类，如对硫醌；硫醚类，R—S—R′；硫蒽类等。

煤中无机硫，是以无机物形态存在于煤中的硫。无机硫又分为硫化物硫和硫酸盐硫。硫化物硫绝大部分是黄铁矿硫，少部分为白铁矿硫，两者是同质多晶体。还有少量的 ZnS、PbS 等。硫酸盐硫主要存在于 $CaSO_4$ 中。

煤中硫分，按其在空气中能否燃烧又分为可燃硫和不可燃硫。有机硫、硫铁矿硫和单质硫都能在空气中燃烧，都是可燃硫。硫酸盐硫不能在空气中燃烧，是不可燃硫。

煤燃烧后留在灰渣中的硫（以硫酸盐硫为主），或焦化后留在焦炭中的硫（以有机硫、硫化钙和硫化亚铁等为主），称为固体硫。煤燃烧逸出的硫或煤焦化随煤气和焦油析出的硫，称为挥发硫（以硫化氢和硫氧化碳 COS 等为主）。煤的固定硫和挥发硫不是不变的，而是随燃烧或焦化温度、升温速度和矿物质组分的性质和数量等而变化。

煤中各种形态的硫的总和称为煤的全硫（S_t）。煤的全硫通常包含煤的硫酸盐硫（S_s）、硫铁矿硫（S_p）和有机硫（S_o）。

$$S_t = S_s + S_p + S_o \tag{14-10}$$

如果煤中有单质硫，全硫中还应包含单质硫。

14.5.5.2 煤中硫对工业利用的影响

硫是煤中有害物质之一。煤作为燃料在燃烧时生成 SO_2、SO_3，不仅腐蚀设备，而且污染空气，甚至降酸雨，严重危及植物生长和人的健康。煤用于合成氨制半水煤气时，由于煤气中硫化氢等气体较多不易脱净，易毒化合成催化剂而影响生产。煤用于炼焦，煤中硫会进入焦炭，使钢铁变脆。钢铁中硫含量大于0.07%时就成了废品。为了减少钢铁中的硫，在高炉炼铁时加石灰石，这就降低了高炉的有效容积，而且还增加了排渣量。煤在储运中，煤中硫化铁等含量多时，会因氧化、升温而自燃。

我国煤田硫的含量不一。东北、华北等煤田硫含量较低，山东枣庄小槽煤、内蒙古乌大、山西汾西、陕西铜川等煤矿硫含量较高，贵州、四川等煤矿硫含量更高。四川有的煤矿硫含量高达4%~6%，洗选后降到2%都困难。

脱去煤中的硫，是煤炭利用的一个重要课题。在这方面美国等西方国家对洁净煤的研究取得了很大进展。他们首先是发展煤的洗选加工（原煤入洗比占0~80%以上，我国不足20%），通过洗选降低了煤中的灰分，除去煤中的无机硫（有机硫靠洗选是除不去的）；其次是在煤的燃烧中脱硫和烟道气中脱硫，这无疑增加了用煤成本。目前也在开展洁净煤的研究，针对我国动力煤洗煤厂能力利用率仅50%多，应尽快制定和实施燃煤环保法，以促进煤炭洗选加工的发展和洁净煤技术的应用。

14.5.5.3 煤中硫的测试要点

煤中硫的测试包括煤的全硫、硫铁矿硫和硫酸盐硫的测试。

A 全硫测定

a 重量法（艾士卡法）

将煤样与艾氏剂混合，在850℃灼烧，生成硫酸盐，然后使硫酸根离子生成硫酸钡沉淀。根据硫酸钡的重量计算煤样中全硫的含量。

（1）仪器设备。

分析天平：精确到0.0002g。

箱形电炉：附有热电偶高温计，能升温到900℃，并可调节温度，进行通风。

瓷坩埚：容量30mL和10~20mL两种。

（2）试剂。

艾氏剂：以2份重的化学纯轻质氧化镁（HG 3-1294—80）与1份重的化学纯无水碳酸钠（GB 639—2008）研细至小于0.2mm后，混合均匀，保存在密闭容器中。

盐酸（GB 622—2006）：化学纯，密度为1.19g/cm^3，配成1：1水溶液。

氯化钡（GB 652—2003）：化学纯，10%水溶液。

甲基橙（HGB 3089—1959）：0.2%水溶液。

硝酸银（GB 670—2007）：分析纯，1%水溶液，储存于棕色瓶中，并加入几滴硝酸。

（3）试验步骤。

1）于30mL坩埚内称取粒度为0.2mm以下的分析煤样1g（全硫含量超过8%时称取0.5g）（准确称量到0.0002g）和艾氏剂2g，仔细混合均匀，再用1g艾氏剂覆盖（艾氏剂准确称量到0.1g）。

2）将装有煤样的坩埚移入通风良好的箱形炉中，必须在1~2h内将电炉从室温逐渐升到800~850℃，并在该温度下加热1~2h。

3）将坩埚从电炉中取出，冷却到室温，再将坩埚中的灼烧物用玻璃棒仔细搅松捣碎

（如发现有未烧尽的煤的黑色颗粒，应在800～850℃下继续灼烧30min），然后放入400mL烧杯中，用热蒸馏水冲洗坩埚内壁，将冲洗液加入烧杯中，再加入100～150mL刚煮沸的蒸馏水，充分搅拌，如果此时发现尚有未烧尽的煤的黑色颗粒漂浮在液面上，则本次测定作废。

4）用中速定性滤纸以倾泻法过滤，用热蒸馏水倾泻冲洗三次，然后将残渣移入滤纸中，用热蒸馏水仔细冲洗，其次数不得少于10次，洗液总体积约为250～300mL。

5）向滤液中滴入2～3滴甲基橙指示剂，然后加1：1盐酸至中性，再过量加入2mL盐酸，使溶液呈微酸性。将溶液加热到沸腾，用玻璃棒不断搅拌，并滴入10%氯化钡溶液10mL，保持近沸状态约2h，最后溶液体积为200mL左右。

6）溶液冷却后或静置过夜后用致密无灰定量滤纸过滤，并用热蒸馏水洗至无氯离子为止（用硝酸银检验）。

7）将沉淀连同滤纸移入已知重量的瓷坩埚中，先在低温下灰化滤纸，然后在温度为800～850℃箱形电炉内灼烧20～40min，取出坩埚，在空气中稍加冷却后，再放入干燥器中冷却到室温（约25～30min），称重。

8）每配制一批艾氏剂或改换其他任一试剂时，应进行空白试验（试验除不加煤样外，全部按本实验步骤进行），同时测定2个以上，硫酸钡最高值与最低值相差不得大于0.0010g，取算术平均值作为空白值。

（4）结果计算。

$$S_{t,ad} = \frac{(m_1 - m_2) \times 0.1374}{m} \times 100 \tag{14-11}$$

式中，$S_{t,ad}$为空气干燥样中全硫含量，%；m_1为硫酸钡质量，g；m_2为空白试验的硫酸钡质量，g；0.1374为由硫酸钡换算为硫的系数；m为煤的质量，g。

（5）精密度。全硫测定的精密度见表14-11规定。

表14-11　全硫测定的精密度

S_t/%	$S_{t,ad}$/%	$S_{t,d}$/%
<1	0.05	0.10
1～4	0.10	0.20
>4	0.20	0.30

b　库仑滴定法

煤样在不低于1150℃高温和催化剂作用下，于净化的空气流中燃烧分解。生成的二氧化硫以电解碘化钾和溴化钾溶液所产生的碘和溴进行库仑滴定。电生碘和电生溴所消耗的电量由库仑积分仪积分，并显示煤样中所含硫的毫克数。

（1）仪器设备。

以库仑滴定为原理的自动测硫仪包括：

1）送样程序控制器：煤样可按指定的程序前进、后退。

2）高温炉：用硅碳管或硅碳棒做加热元件，有不少于90mm长的高温带（(1150±5)℃）。

燃烧管需耐温 1300℃以上。采用铂铑-铂热电偶。燃烧舟由耐温 1300℃以上的瓷制成。

3）搅拌器和电解池：搅拌器转速 500r/min，连续可调。电解池高约 12cm，容量约 400mL，内安有两块面积为 150mm^{2}的铂电解电极和两块面积为 15mm^{2}的铂指示电极。指示电极响应时间应小于 1s。

4）库仑积分器：电解电流 0～350mA 范围内积分线性度应为±0.1%。配有 5～6 位数字的数码管显示硫的毫克数或配有不少于 5 位数字的打印机。

5）空气净化系统：由泵供出的约 1500mL/min 的空气，经内装氢氧化钠及变色硅胶的管净化、干燥。

（2）试剂。

碘化钾（GB 1272—2007）：分析纯。溴化钾（GB 649—1999）：分析纯。冰乙酸（GB/T 676—2007）：分析纯。三氧化钨：化学纯。变色硅胶：工业品。氢氧化钠（GB 629—77）：化学纯。电解液：碘化钾、溴化钾各 5g，冰乙酸 10mL，蒸馏水 250～300mL。

（3）试验准备。

1）接上电源后，使高温炉升温到 1150℃，另取一组已校正的铂铑-铂热电偶高温计测定燃烧管中高温带的位置、长度及 600℃预分解的位置。

2）调节程序控制器，使预分解及高温分解的位置分别处于高温炉的 600℃和 1150℃处。

3）在燃烧管中充填厚度为 3mm 的硅酸铝棉，位于高温带后端。在燃烧管出口处充填洗净、干燥的玻璃纤维棉。

4）将程序控制器、高温炉（内装燃烧管）、库仑积分器、搅拌器和电解池及空气净化系统组装在一起。燃烧管、活塞及电解池的玻璃口对玻璃口处需用硅橡胶管封接。

5）开动送气抽气泵，将抽速调节到 1000mL/min。然后关闭电解池与燃烧管间的活塞。如抽速降到 500mL/min 以下，表示电解池、干燥管等部件均气密。否则需重新检查电解池等各部件。

（4）试验步骤。

1）将炉温控制在（1150±5）℃。

2）将抽气泵的抽速调节到 1000mL/min。于供气和抽气条件下，将 250～300mL 电解液倒入电解池内。开动搅拌器后，再将旋钮转至自动电解位置。

3）于瓷舟中称取粒度小于 0.2mg 的煤样 0.05g 左右（准确称量至 0.0002g），在煤样上盖一薄层三氧化钨。将舟置于送样的石英托盘上，开启程序控制器，石英托盘即自动进炉，库仑滴定随即开始。积分仪显示出硫的毫克数或打印机打出硫的百分含量。

$$S_{t,ad} = \frac{m_1}{m} \times 100 \tag{14-12}$$

式中，$S_{t,ad}$为空气干燥样中全硫含量，%；m_1为库仑积分显示值，mg；m为煤的质量，mg。

（5）允许差同表 14-11 规定。

c　高温燃烧中和法

将煤样在氧气流中进行高温燃烧，使煤中各种形态硫都氧化分解成硫的氧化物，然后捕集在过氧化氢溶液中，使其形成硫酸溶液，用氢氧化钠溶液进行滴定，计算煤样中全硫含量。

（1）仪器和材料。

1）高温炉：要求炉温能保持80~100mm长的高温带（(1200±5)℃）。高温计应事先进行校正。

2）燃烧管：耐温1300℃以上。管总长约750mm。一端外径22mm，内径19mm，长约690mm。另一端外径10mm，内径约7mm，长约60mm。

3）燃烧舟：用高温瓷或刚玉制成，长77mm，上宽12mm，高8mm。

4）热电偶：铂铑-铂热电偶。

5）镍铬丝推棒：直径约2mm、长约650mm的镍铬丝，把一端卷成螺旋状，使其成为直径约10mm的圆垫，作为推进燃烧舟用。

6）镍铬丝钩：直径约2mm、长约650mm的镍铬丝，把一端弯成小钩，作为取出燃烧舟用。

7）硅橡胶管：外径11mm，内径8mm，长约30mm，接在燃烧管的细径一端，作为连接吸收系统用。

8）T形玻璃管：T形管的水平方向一端装上一个3号橡皮塞，作为密闭燃烧管用。水平方向的另一端装上一个翻胶帽，翻胶帽穿一个小孔使镍铬丝推棒能穿过小孔而又通过T形管的水平方向穿出。T形管的垂直方向接上橡胶管，作为通入氧气用。

9）流量计：能测量每分钟350mL以上的氧气流量。

10）吸收瓶：250mL或300mL锥形瓶。

11）气体过滤器：由玻璃砂烧结而成的玻璃熔板，熔板型号G1~G3，接在吸收瓶的出气口一端。

12）干燥塔：250mL，内盛3碱石棉和3氯化钙。

13）储气桶：容量30~50L。

14）酸滴定管：25mL和10mL两种。

15）碱滴定管：25mL和10mL两种。

（2）试剂。

1）氧气。

2）过氧化氢（HG 3-1082—77）：分析纯，浓度30%。

3）碱石棉：粒状（三级）。

4）三氧化钨；化学纯。

5）混合指示剂：0.125g甲基红（HG/T 3958—2007）溶于100mL乙醇中，0.083g亚甲基蓝（HGB 3394—1960）溶于100mL乙醇中，分别储存于棕色瓶中，使用前按等体积混合。

6）氢氧化钠：0.03mol/L溶液，氢氧化钠溶液的配制，称取优级纯氢氧化钠（GB/T 629—1997）6g，溶于5000mL经煮沸后冷却的蒸馏水中，混合均匀，装入瓶内，用橡皮塞塞紧。称取0.2g左右的标准煤样（准确称量至0.0002g），置于燃烧舟中，再盖上一薄层三氧化钨催化剂。然后按试验步骤进行试验，最后记下滴定时氢氧化钠溶液的用量。氢氧化钠溶液的滴定度（硫的克数/毫升）由式（14-9）计算：

$$T = \frac{m \times S'_{t,ad}}{100V} \tag{14-13}$$

式中，T 为氢氧化钠标准溶液的滴定度，g/mL；m 为标准煤样的质量，g；$S'_{t,ad}$ 为标准煤样的硫含量,%；V 为氢氧化钠溶液的用量，mL。

7）羟基氰化汞溶液：称取约 6.5g 羟基氰化汞，溶于 500mL 蒸馏水中，充分搅拌后，放置片刻，过滤，滤液中加入 2~3 滴混合指示剂，用稀硫酸溶液中和至中性，储存于棕色瓶中，此溶液应在一星期内使用。

（3）试验准备：仪器设备包括三个主要部分，即氧气净化系统、燃烧装置和氧化产物（二氧化硫和三氧化硫气体）吸收系统。

1）高温炉的准备。把燃烧管插入高温炉，使细径管端伸出炉口 100mm，并接上一段长约 30mm 的硅橡胶管。高温炉接上电源以后，必须测定炉中燃烧管的各区段温度的分布情况及其高温带的长度，以选择煤样在燃烧管中放置的位置，测量温度的方法如下：接通电源，使炉膛温度逐渐升到 1200℃，并恒定在±5℃的温度范围内，另取一组已校对的铂铑-铂热电偶高温计，把热电偶插入燃烧管中，以每 2min 推进 2cm 的距离，测量并记录各点的温度，即可确定燃烧舟在燃烧管内 500℃以下预热的位置以及高温带的位置。在镍铬丝推棒上做上两个记号：①把燃烧舟前端推到 500℃的距离；②把燃烧舟推入高温带的距离。

2）气密试验：将仪器连接之后，紧闭通氧管，在吸收系统接上一个吸收瓶。在用水力泵连续抽气后，如吸收瓶中不产生气泡即表示系统不漏气。

3）吸收液的准备：3%过氧化氢吸收液，取 30mL 30%过氧化氢溶液，加入 970mL 蒸馏水，加 2 滴混合指示剂，根据溶液的酸碱性，加入稀的硫酸或氢氧化钠溶液中和至溶液呈钢灰色。此溶液中和后，应当天使用，过夜以后，溶液略显微弱酸性，故需重新中和。用量筒分别量取 100mL 已中和的过氧化氢吸收液，倒入 2 个吸收瓶中，塞好带有气体过滤器的橡皮塞。

4）煤样的称取，称取 0.2g 左右（准确称量至 0.0002g）的煤样于燃烧舟中，再盖上一薄层三氧化钨催化剂。

（4）测定。

1）将盛有煤样的燃烧舟放在燃烧管入口端，随即用带 T 形管的橡皮塞塞紧，然后以 350mL/min 的流量通入氧化。用镍铬丝推棒将燃烧舟推到 500℃温度区并保持 5min，再将舟推到高温区，立即撤回推棒，使煤样在该区燃烧 10min。

2）停止通入氧气，先取下靠近燃烧管的吸收瓶，再取下另一个吸收瓶。

3）取下带 T 形管的橡皮塞，用镍铬丝钩取出燃烧舟。

4）取下吸收瓶塞，用水清洗气体过滤器 2~3 次，清洗时，用洗耳球加压，排出洗液。

5）分别向 2 个吸收瓶内加入 3~4 滴混合指示剂，用氢氧化钠标准溶液滴定至溶液由桃红色变为钢灰色，记下氢氧化钠溶液的用量。

（5）空白测定。在燃烧舟内放一薄层三氧化钨（不加煤样），按上述步骤测定空白值。

（6）结果计算。煤中全硫含量按式（14-14）计算。

$$S_{t,ad} = \frac{(V_1 - V_0) \times T}{m} \times 100 \tag{14-14}$$

式中，$S_{t,ad}$为空气干燥煤样中全硫含量,%；V_1为煤样测定时，氢氧化钠标准溶液的用量，mL；V_0为空白测定时，氢氧化钠标准溶液的用量，mL；T为氢氧化钠标准溶液的滴定度，g/mL；m为煤样质量，mg。

（7）氯的校正。氯含量高于0.02%的煤或用氯化锌减灰的精煤应按以下方法进行氯的校正：在氢氧化钠标准溶液滴定到终点的试液中加入10mL羟基氰化汞溶液，用$c(1/2\ H_2SO_4)=0.003$mol/L硫酸标准溶液滴定到溶液由绿色变钢灰色，记下硫酸标准溶液的用量，按式（14-15）计算全硫含量（全硫测定的精度见表14-12）：

$$S_{t,ad} = S^n_{t,ad} \times \frac{c \times V_2 \times 0.016}{m} \times 100 \tag{14-15}$$

式中，$S_{t,ad}$为空气干燥煤样中全硫含量,%；$S^n_{t,ad}$为按无氯时计算的全硫含量,%；c为硫酸标准溶液的浓度，mmol/mL；V_2为硫酸标准溶液的用量，mL；0.016为硫的毫摩尔质量，g/mmoL；m为煤样质量，mg。

表14-12 全硫测定的精密度

S_t/%	$S_{t,ad}$/%	$S_{t,d}$/%
<1	0.05	0.15
1~4	0.10	0.25
>4	0.20	0.35

B 硫酸盐硫的测定

盐酸煮沸煤样，浸取煤中硫酸盐，生成硫酸钡沉淀。根据硫酸钡的质量，计算硫酸含量。

（1）试剂。

1）盐酸溶液：$c(HCl)=5$mol/L，取417mL盐酸（分析纯），加水稀释至1L，摇匀备用。

2）氨水溶液（分析纯）：体积比为1+1。

3）氯化钡溶液：100g/L，称取氯化钡（分析纯）10g，溶于100mL水中。

4）过氧化氢（分析纯）。

5）硫氢酸钾溶液：20g/L，称取2g硫氢酸钾（分析纯）溶于100mL水中。

6）硝酸银溶液：10g/L，称取1g硝酸银（分析纯）溶于100mL水中，并滴加数滴硝酸（分析纯），混匀，储于棕色瓶中。

7）乙醇（分析纯）：95%以上。

8）甲基橙溶液：2g/L，称取0.2g甲基橙（分析纯）溶于100mL水中。

9）铝粉：（分析纯）。

10）锌粉：（分析纯）。

11）滤纸：慢速定性滤纸和慢速定量滤纸。

（2）仪器设备。

1）分析天平：质量为0.1mg。

2）马弗炉：能升温到900℃，并可调节温度，通风良好。

3）电热板或沙浴：温度可调。

4）烧杯：容量250 300mL。

5）表面皿：直径100mm。

6）瓷坩埚：光滑，容量10~20mL。

（3）测定步骤：

准确称取粒度小于0.2mm的空气干燥煤样（1±0.1）g(准确称量至0.0002g)，放入烧杯中，加入0.5~1mL乙醇润湿，然后加入50mL盐酸溶液，盖上表面皿，摇匀，在电热板上加热，微沸30min。

稍冷后，先用倾泻法通过慢速定性滤纸过滤，用热水洗煤样数次，然后将煤样全部转移到滤纸上，并用热水洗到无铁离子为止（用硫氢酸钾溶液检查，如溶液无色，说明无铁离子）。过滤时如有煤粉穿过滤纸，则重新过滤，如滤液呈黄色，需加入0.1g铝粉或锌粉，微热使黄色消失后再过滤，用水洗到无氯离子为止（用硝酸银溶液检查，如溶液不浑浊，说明无氯离子）。过滤后，向滤液与滤纸一起叠好后放入原烧杯中，供测定硫化铁硫用。

向滤液中加入2到3滴甲基橙指示剂，用氨水中和至微碱性（溶液呈黄色），再加盐酸调至溶液成微酸性（溶液呈红色），再过量2mL，加热到沸腾，在不断搅拌下滴加10%氯化钡溶液2~10mL，放在电热板上或沙浴上微沸2h或放置过夜，最后保持溶液的体积在200mL左右。用慢速定量滤纸过滤，并用热水洗到无氯离子为止。将沉淀连同滤纸，移入已恒重的瓷坩埚中，先在低温下灰化滤纸，然后在温度800~850℃马弗炉中灼烧40min。取出坩埚，在空气中稍稍冷却后，放入干燥器中冷却至室温，称量。

按照上述步骤（不加煤样），进行空白测定，取两次测定的平均值作为空白值。

（4）结果计算。

空气干燥煤样中硫酸盐硫的质量分数（%）按公式计算：

$$S_{s,ad} = \frac{(m_1 - m_0) \times 0.1347}{m} \times 100 \tag{14-16}$$

式中 m_1——煤样测定的硫酸钡质量，g；

m_0——空白测定的硫酸钡质量，g；

m——煤样质量，g；

0.1374——由硫酸钡换算为硫的系数。

C 硫化铁硫的测定

a 氧化法

用盐酸浸取煤中非硫化铁中的铁，浸取后的煤样用稀硝酸浸取，以重铬酸钾滴定硝酸浸取液中的铁，再以铁的质量计算煤中硫化铁硫含量。

（1）试剂和材料。

所用的水均为实验室用二级水（GB/T 6682—2008）。

硝酸溶液（GB/T 626—2006）：体积比为1+7。

氨水溶液（GB/T 631—2007）：体积比为1+1。

过氧化氢（GB/T 6684—2002）。

盐酸溶液：$c(HCl)=5mol/L$，取417mL盐酸（GB/T 622—2006）加水稀释至1L，摇匀备用。

硫酸-磷酸混合液：量取150mL硫酸（GB 625—2007）（相对密度为1.84g/cm^3）和150mL磷酸（GB/T 1282—2013）小心混合，将此混合液倒入700mL水中，混匀，备用。

二氯化锡溶液：100g/L。

称取10g二氯化锡（GB/T 638—2018）溶于50mL浓盐酸（GB/T 622—2006）中，加水稀释到100mL（用时现配）。

氯化汞饱和溶液：称取80g氯化汞（HG/T 3-1068）溶于1000mL水中。

重铬酸钾标准溶液：$c(1/6\ K_2Cr_2O_7)=0.05mol/L$。准确称取预先在150℃下干燥至质量恒定的优级纯重铬酸钾（GB/T 642—1999）2.4518g，溶于少量水中。溶液转入1L容量瓶中，用水稀释到刻度。

二苯胺磺酸钠指示剂：2g/L。称取0.2g二苯胺磺酸钠（HG 3-621）溶于100mL水中，储于棕色瓶中备用。

硫氰酸钾：20g/L。称取2g硫氰酸钾（GB/T 648—2011）溶于100mL水中。

滤纸：慢速和快速定性滤纸。

（2）仪器设备。

干燥箱：能保持温度（150±5）℃。

表面皿：直径100mm。

烧杯：容量250~300mL。

（3）测定步骤。

在盐酸浸取的煤样中加入50mL硝酸溶液，盖上表面皿，煮沸30min，用水冲洗表面皿，用慢速定性滤纸过滤，并用热水洗到无铁离子为止（用硫氰酸钾溶液检查）。

在滤液中加入2mL过氧化氢，煮沸约5min，以消除由于煤样分解产生的颜色（对于煤化程度低的煤种，可多加过氧化氢直至棕色消失）。

在煮沸的溶液中加入氨水溶液至出现氢氧化铁沉淀，待沉淀完全时，再加2mL。将溶液煮沸，用快速定性滤纸过滤，用热水冲洗沉淀和烧杯壁1~2次。穿破滤纸，用热水把沉淀洗到原烧杯中，把沉淀转移到滤纸中，并用10mL盐酸溶液冲洗滤纸四周，以溶解滤纸上痕量铁，再用热水洗涤滤纸数次至无铁离子为止。

盖上表面皿，将溶液加热到沸腾，至溶液体积约为20~30mL，在不断搅拌下，滴加二氯化锡溶液直到黄色消失并多加2滴，迅速冷却后，用水冲洗表面皿和烧杯壁，加入10mL氯化汞饱和溶液直到白色丝状的氯化亚汞沉淀形成。放置片刻，用水稀释到100mL，加入15mL硫酸-磷酸混合液和5滴二苯胺磺酸钠指示剂，用重铬酸钾标准溶液滴定，直到溶液呈稳定的紫色，记下消耗的标准溶液体积。

按照上述步骤（不加煤样），进行空白测定，取两次测定的平均值作为空白值。

（4）结果计算。

空气干燥煤样中硫化铁硫（$S_{p,ad}$）的质量分数（%）按式（14-17）计算：

$$S_{p,ad} = \frac{C_1 - C_0}{m \times V} \times 1.148 \times 2 \tag{14-17}$$

式中　$S_{p,ad}$——空气干燥煤样中硫化铁硫的质量分数，%；

C_1——待测样品溶液中铁的浓度，μg/mL；

C_0——空白溶液中铁的浓度，μg/mL；

V——分取的样品母液的体积，mL；

1.148——由铁换算成硫化铁硫的系数；

m——煤样质量，g。

b　原子吸收分光光度法

用盐酸浸取煤中非硫化铁中的铁，浸取后的煤样用稀硝酸浸取，以原子吸收分光光度法测定硝酸浸取液中的铁，再以铁的质量计算煤中硫化铁硫的含量。

（1）试剂和材料。

所用的水均为实验室用一级水（GB/T 6682—2008）。

硝酸溶液（GB/T 626—2006）：体积比为1+7。

硝酸溶液（GB/T 626—2006）：体积比为1+1。

铁标准储备溶液：1mg/mL。

称取1.0000g（准确称量至0.0002g）高纯铁（99.99%）于300mL烧杯中，加50mL硝酸，置于电热板上缓缓加热至溶解完全，然后冷至室温，移入1000mL容量瓶中，用水稀释到刻度，摇匀转入塑料瓶中。

铁标准工作溶液：200μg/mL。准确吸取铁标准储备溶液100mL于500mL容量瓶中，加水稀释至刻度，摇匀转入塑料瓶中。

硫氰酸钾溶液：20g/L。称2g硫氰酸钾（GB/T 648—2011）溶于100mL水中。

滤纸：慢速定性滤纸。

（2）仪器设备。

原子吸收分光光度计。

光源：铁元素空心阴极灯。

电热板：温度可调。

容量瓶：容量200mL和100mL。

烧杯：容量250～300mL。

表面皿：直径100mm。

（3）测定步骤。

样品母液的制备：在盐酸浸过的煤样中加入50mL硝酸溶液，盖上表面皿，置于电热板上加热微沸30min后，用慢速定性滤纸过滤于500mL容量瓶中，用热水洗到无铁离子为止，用硫氰酸钾溶液检查，冷至室温后加水至刻度，摇匀。

待测样品溶液的制备用移液管从上述母液中准确吸取5mL于100mL容量瓶中，加2mL硝酸溶液，用水稀释到刻度，摇匀。

空白溶液的制备：按照规定的步骤（不加煤样），制备空白溶液。

标准系列溶液的制备：用单标记移液管吸取铁标准工作溶液0mL、1.0mL、2.0mL、3.0mL、4.0mL、5.0mL分别置于200mL容量瓶中，加4mL硝酸溶液，加入稀释到刻度，摇匀。此标准系列的铁的浓度为 0、1、2、3、4、5μg/mL。标准系列的间隔可根据所用仪器性能和工作曲线性关系增大或减小。

(4) 仪器工作条件的确定。

元素分析线波长为 Fe248.3m，火焰气体为空气/乙炔。铁的测定按确定的仪器工作条件，分别测定样品溶液、空白溶液和标准系列溶液的吸光度。以标准系列中铁的浓度 μg/mL 为横坐标，以相应溶液的吸光度为纵坐标，绘制铁的工作曲线根据样品溶液和空白溶液的吸光度，从工作曲线查出铁的浓度。

14.5.6　煤发热量

煤的发热量，又称为煤的热值，即单位质量的煤完全燃烧所发出的热量。

煤的发热量是煤按热值计价的基础指标。煤作为动力燃料，主要是利用煤的发热量，发热量愈高，其经济价值愈大。同时发热量也是计算热平衡、热效率和煤耗的依据，以及锅炉设计的参数。

煤的发热量表征了煤的变质程度（煤化度），这里所说的煤的发热量，是指用比重液分选后的浮煤的发热量（或灰分不超过 10%的原煤的发热量）。成煤时代最晚煤化程度最低的泥炭发热量最低，一般为 20.9~25.1MJ/kg，成煤早于泥炭的褐煤发热量增高到 25~31MJ/kg，烟煤发热量继续增高，到焦煤和瘦煤时，碳含量虽然增加了，但由于挥发分的减少，特别是其中氢含量比烟煤低得多，有的低于 1%，相当于烟煤的 1/6，所以发热量最高的煤还是烟煤中的某些煤种。

鉴于低煤化度煤的发热量，随煤化度的变化较大，所以，一些国家常用煤的恒湿无灰基高位发热量作为区分低煤化度煤类别的指标。我国采用煤的恒湿无灰基高位发热量来划分褐煤和长焰煤。

14.5.6.1　发热量的单位

热量的表示单位主要有焦耳（J）、卡（cal）和英制热量单位 Btu。

焦耳，是能量单位。1 焦耳等于 1 牛顿（N）力在力的方向上通过 1m 的位移所做的功。

$$1J = 1N \times 1m；1MJ = 1000kJ$$

焦耳是国际标准化组织（ISO）所采用的热量单位，也是我国 1984 年颁布并于 1986 年 7 月 1 日实施的法定计量热量的单位。煤的热量表示单位为 J/g、kJ/g、MJ/kg。

卡（cal）是新中国成立后长期采用的一种热量单位。1cal 是指 1g 纯水从 19.5C 加热到 20.5C 时所吸收的热量。欧美一些国家多采用 15Ccal，即 1g 纯水从 14.5C 加热到 15.5C 时所吸收的热量。

$$1cal(20Ccal) = 4.1816J，1cal(15Ccal) = 4.1855J$$

1956 年伦敦第五届蒸汽性质国际会议上通过的国际蒸汽表卡的温度比 15Ccal 还低，其定义如下：

$$1cal = 4.1866J$$

从上看出，15Ccal 中，每卡所含热能比 20Ccal 还高。

英、美等国家仍采用英制热量单位（Btu），其定义是：1 磅纯水从 32F 加热到 212F

时，所需热量的 1/180。

焦耳、卡、Btu 之间的关系：1Btu = 1055.79J（≈ 1.055 × 1000J），1J = 9471.58 × 10^{-7}Btu。

20Ccal/g 与 Btu/lb 的换算公式：因为 1Btu = 1055.79J，lb = 453.6g，所以 1Btu/lb = 1/1.8cal/g，1cal/g = 1.8Btu/lb。

由于 cal/g 的热值表示因 15Ccal 或 20Ccal 等的不同而不同，所以国际贸易和科学交往中，尤其是采用进口苯甲酸（标明其 cal/g）作为热量计的热容量标定时，一定要了解是什莫温度（C）或条件下的热值（cal/g），否则将会使燃烧的热值产生系统偏高或偏低。

为了使热量单位在国内外统一，必须以 J 取代 cal 作为煤的发热量表示单位。

14.5.6.2 煤的各种发热量名称的含义

A 煤的弹筒发热量（Q_b）

煤的弹筒发热量，是单位质量的煤样在热量计的弹筒内，在过量高压氧（25~35 个大气压左右）中燃烧后产生的热量（燃烧产物的最终温度规定为 25C）。

由于煤样是在高压氧气的弹筒里燃烧的，因此发生了煤在空气中燃烧时不能进行的热化学反应。如：煤中氮以及充氧气前弹筒内空气中的氮，在空气中燃烧时，一般呈气态氮逸出，而在弹筒中燃烧时却生成 N_2O_5或 NO_2等氮氧化合物。这些氮氧化合物溶于弹筒水中生成硝酸，这一化学反应是放热反应。另外，煤中可燃硫在空气中燃烧时生成 SO_2气体逸出，而在弹筒中燃烧时却氧化成 SO_3，SO_3溶于弹筒水中生成硫酸。SO_2、SO_3以及 H_2SO_4溶于水生成硫酸水化物都是放热反应。所以，煤的弹筒发热量要高于煤在空气、工业锅炉中燃烧时实际产生的热量。为此，实际中要把弹筒发热量折算成符合煤在空气中燃烧的发热量。

B 煤的高位发热量（Q_{gr}）

煤的高位发热量，即煤在空气中大气压条件下燃烧后所产生的热量。实际上是由实验室中测得的煤的弹筒发热量减去硫酸和硝酸生成热后得到的热量。

应该指出的是，煤的弹筒发热量是在恒容（弹筒内煤样燃烧室容积不变）条件下测得的，所以又叫恒容弹筒发热量。由恒容弹筒发热量折算出来的高位发热量又称为恒容高位发热量。而煤在空气中大气压下燃烧的条件是恒压的（大气压不变），其高位发热量是恒压高位发热量。恒容高位发热量和恒压高位发热量两者之间是有差别的。一般恒容高位发热量比恒压高位发热量低 8.4~20.9J/g，实际中当要求精度不高时，一般不予校正。

C 煤的低位发热量（Q_{net}）

煤的低位发热量，是指煤在空气中大气压条件下燃烧后产生的热量，扣除煤中水分（煤中有机质中的氢燃烧后生成的氧化水，以及煤中的游离水和化合水）的汽化热（蒸发热）剩下的实际可以使用的热量。

同样，实际上由恒容高位发热量算出的低位发热量，也叫恒容低位发热量，它与在空气中大气压条件下燃烧时的恒压低位热量之间也有较小的差别。

D 煤的恒湿无灰基高位发热量（Q_{maf}）

恒湿，是指温度 30℃，相对湿度 96%时，测得的煤样的水分（或叫最高内在水分）。

煤的恒湿无灰基高位发热量，实际中是不存在的，是指煤在恒湿条件下测得的恒容高位发热量，除去灰分影响后算出来的发热量。

恒湿无灰基高位发热量是低煤化度煤分类的一个指标。

E 煤的高位发热量计算

煤的高位发热量计算公式为：

$$Q_{gr,ad} = Q_{b,ad} - 95S_{b,ad} - aQ_{b,ad} \quad (14\text{-}18)$$

式中 $Q_{gr,ad}$——分析煤样的高位发热量，J/g；

$Q_{b,ad}$——分析煤样的弹筒发热量，J/g；

$S_{b,ad}$——由弹筒洗液测得的煤的硫含量,%；

95——煤中每 1%（0.01g）硫的校正值，J/g；

a——硝酸校正系数。

F 煤的低位发热量的计算

煤的低位发热量的计算公式为：

$$Q_{net,ad} = Q_{gr,ad} - 0.206H_{ad} - 0.023M_{ad} \quad (14\text{-}19)$$

式中 $Q_{net,ad}$——分析煤样的低位发热量，J/g；

$Q_{gr,ad}$——分析煤样的高位发热量，J/g；

H_{ad}——分析煤样氢含量,%；

M_{ad}——分析煤样水分,%。

G 煤的各种基准发热量及其换算

如上所述，煤的发热量有弹筒发热量、高位发热量和低位发热量，每一种发热量又有 4 种基准，所以煤的不同基准的各种发热量有 3×4＝12 种表示方法，即

（1）弹筒发热量 4 种表示方式：$Q_{b,ad}$为分析基弹筒发热量；$Q_{b,d}$为干燥基弹筒发热量；$Q_{b,ar}$为收到基弹筒发热量；$Q_{b,daf}$为干燥无灰基弹筒发热量。

（2）高位发热量 4 种表示形式：

$Q_{gr,ad}$为分析基高位发热量；$Q_{gr,d}$为干燥基高位发热量；$Q_{gr,ar}$为收到基高位发热量；$Q_{gr,daf}$为干燥无灰基高位发热量。

（3）低位发热量 4 种表示形式：$Q_{net,ad}$为分析基低位发热量；$Q_{net,ar}$为收到基低位发热量；$Q_{net,daf}$为干燥无灰基低位发热量。

H 煤的各种基准的发热量间的换算

煤的各种基准的发热量间的换算公式和煤质分析中各基准的换算公式相似。如：

$$Q_{gr,ad} = Q_{gr,ad} \times (100 - M_{ar})/(100 - M_{ad}) \quad (14\text{-}20)$$

$$Q_{gr,d} = Q_{gr,ad} \times 100/(100 - M_{ad}) \quad (14\text{-}21)$$

$$Q_{gr,daf} = Q_{gr,ad} \times 100/(100 - M_{ad} - A_{ad} - (CO_2)_d) \quad (14\text{-}22)$$

式中，$(CO_2)_d$ 为分析煤样中碳酸盐矿物质中 CO_2 的含量（质量分数）,%。当 CO_2 含量不大于 2%时，此项可略去不计。

$$Q_{gr,maf} = Q_{gr,ad} \times (100 - M)/(100 - M_{ad} - A_{ad} - A_{ad} \times M/100) \quad (14\text{-}23)$$

式中，$Q_{gr,maf}$为恒温无灰基高位发热量；M 为恒湿条件下测得的水分含量,%。

14.5.6.3 测定方法

一定量的分析试样在氧弹热量计中，在充有过量氧气的氧弹内燃烧，煤的发热量是在氧弹热量计中测定的，取一定量的分析试样放于充有过量氧气的氧弹热量计中完全燃烧，氧弹筒浸没在盛有一定量水的容器中。煤样燃烧后放出的热量使氧弹热量计量热系统的温度升高，根据测定水温度的升高值即可计算氧弹弹筒发热量 Q_{DT}，兆焦/千克，MJ/kg。热量计的热容通过在相近条件下燃烧一定量的基准物苯甲酸来确定，根据试样燃烧前后量热系统产生的温升并对点火热等附加热进行校正，即可求得试样的弹筒发热量。从发热量中扣除硝酸形成和硫酸校正热即得高位发热量。

（1）试剂和材料。

1）氧气，纯度至少99.5%，不含可燃成分，不允许使用电解氧，压力足以使氧弹充氧至3.0MPa。

2）苯甲酸，基准量热物质，二等或二等以上，其标准热量经权威计量机构确定。

3）点火丝，直径0.1mm左右的铂、铜、镍丝或其他已知热值的金属丝或棉线。如使用棉线，则应选用粗细均匀，不涂蜡的白棉线。各种点火丝点火时放出的热量如下：铁丝6700J/g；镍丝6000J/g；铜丝2500J/g；棉线17500J/g。

4）点火导丝，直径0.3mm左右的镍络丝。

5）酸洗石棉绒，使用前在800℃下灼烧30min。

6）擦镜纸，使用前先测出燃烧热。

（2）仪器和设备。

1）自动恒温式热量计，仪器结构、弹筒、内筒、外筒、搅拌器、量热温度计。

2）燃烧皿、压力表和氧气导管、压饼机。

3）天平：分析天平、工业天平。

4）点火装置：点火采用12~24V的电源，可由220V交流电源经变压器供给。

5）线路中应串联一个调节电压的变阻器和一个指示点火情况的指示灯和电流计。点火电压应预先试验确定。其方法是：接好点火丝，在空气中通电试验。采用熔断式点火时，调节电压使点火丝在1~2s内达到亮红；在采用棉线点火时，调节电压使点火丝在4~5s内达到暗红。上述电压和时间确定后，应准确测出电压、电流和通电时间，以便据此计算电能产生的热量。

（3）试验步骤：

1）按照仪器说明书安装和调节热量计。

2）在燃烧皿中称取粒度小于0.2mm的空气干燥煤样或水煤浆干燥试样0.9~1.1g，称准到0.0002g，然后将燃烧皿装入氧弹的干锅架上。

3）取一段已知热值的点火丝，两端分别接在氧弹的两个电极柱上，弯曲点火丝接近试样，注意与试样保持良好接触或保持微小的距离，对易飞溅和易燃的煤，并注意勿使点火丝接触燃烧皿，以免形成短路而导致点火失败，甚至烧毁燃烧皿。同时还应注意防止两电极间以及燃烧皿与另一电极之间的短路。

4）当用棉线点火时，把已知质量棉线的一端固定在已连接到两电极柱上的点火导线上，最好夹紧在点火导线的螺旋中，另一端搭接在试样上，根据试样点火的难易，调节搭接的程度。对易飞溅的煤样，应保持微小的距离。

5）往氧弹中加入 10mL 蒸馏水。小心拧紧氧弹盖，注意避免燃烧皿和点火丝的位置因受震动而改变。有的恒温自动量热计需人工往氧弹中缓缓充入氧气，直至压力到 2.8~3.0MPa，达到压力后的持续充氧时间不得小于 15s，如果不小心充氧压力超过 3.2MPa，应停止实验，放掉氧气后，重新充氧至 3.2MPa 以下。有的恒温自动量热计不需人工往氧弹中充入氧气。

6）按仪器操作说明书进行其余步骤实验，直至结束实验。

7）结束实验后，取出氧弹开启放气阀、放出燃烧废气，打开氧弹，仔细观察弹筒和燃烧皿内部，如果有试样燃烧不完全的迹象或有碳存在，实验应作废。

8）需要时，用蒸馏水充分冲洗氧弹内各部分、放气阀、燃烧皿内外和燃烧残渣，把全部洗液，共约 100mL，收集在一个烧杯中供测硫使用。

9）实验结果被打印或显示后，校对输入的参数，确定无误后报出结果。

（4）实验结果表述与方法：

1）弹筒发热量按式（14-24）计算：

$$Q_{b,ad} = \frac{EH[(t_n + h_n) - (t_0 + h_0) + C] - (q_1 - q_2)}{m} \tag{14-24}$$

2）高位发热量：

$$Q_{gr,ad} = Q_{b,ad} - (94.1S_{b,ad} + aQ_{b,ad}) \tag{14-25}$$

3）恒容低位发热量的计算：

$$Q_{net,v,ar} = Q_{gr,ad} - 206H_{ad} \tag{14-26}$$

4）工业上多依收到基煤的低位发热量进行计算和设计。收到基煤的恒容低位发热量的计算方法为：

$$Q_{net,v,ar} = (Q_{gr,ad} - 206H_{ad}) \times \frac{100 - M_{ar}}{100 - M_{ad}} - 23M_{ar} \tag{14-27}$$

5）恒压低位发热量的计算。由弹筒发热量算出的高位发热量和低位发热量都属恒容状态，在实际工业燃烧中则是恒压状态，严格地讲，工业计算中应使用恒压低位发热量，如有必要恒压低位发热量可按式（14-28）计算：

$$Q_{net,p,ar} = (Q_{gr,ad} - 212H_{ad} - 0.8Q_{ad}) \times \frac{100 - M_{ar}}{100 - M_{ad}} - 24.4M_{ar} \tag{14-28}$$

14.6 飞灰分析

飞灰和炉渣可燃物可以反映锅炉燃烧情况，反映煤粉燃尽程度和燃烧效率，进而反映火电厂管理水平。因此其测量就显得尤为重要。

14.6.1 飞灰可燃物分析方法 A

飞灰可燃物分析（方法概要）：称取一定质量的飞灰或炉渣样品，使其在（815±10）℃下缓慢灰化，根据其减少的质量计算其中的可燃物含量。

（1）仪器设备。

1）箱形电炉：炉膛具有足够的恒温区，能保持温度为（815±10）℃。炉后壁的上部带有直径为25～30mm的烟囱，下部离炉膛底20～30mm处，有一个插热电偶的小孔，炉门上有一直径为20mm的通气孔。

2）瓷灰皿：瓷质，长方形，底面长45mm，宽22mm，高14mm。

3）感量0.0001g。

（2）分析步骤：1）按DL/T 567.3—2006采集飞灰或炉渣样品；2）按DL/T 567.4—1995制备出粒度小于0.2mm的灰、渣样品；3）按GB/T 212—2008中缓慢灰化法测定灰、渣的灰分A_{ad}。

（3）结果计算：

$$CM_{ad} = 100 - A_{ad} \tag{14-29}$$

式中　CM_{ad}——空气干燥基飞灰渣样的可燃物含量,%；

A_{ad}——空气干燥基飞灰的灰分,%。

14.6.2　飞灰可燃物分析方法B

方法提要：对于锅炉机组性能考核及精确的热力计算，应同时测定其中水分和碳酸盐二氧化碳含量，并在方法A测定结果中把这部分予以扣除。

（1）分析步骤：1）按GB/T 212—2008空气干燥法测定灰、渣空气干燥基水分（M_{ad},%）和灰分（A_{ad},%）；2）按GB/T 218—2016测定灰、渣中碳酸盐二氧化碳含量（$(CO_2)_{car,ad}$,%）。

（2）结果计算：

$$CM_{ad} = 100 - A_{ad} - M_{ad} - (CO_2)_{car,ad} \tag{14-30}$$

14.6.3　测定结果精密度

飞灰测定精密度见表14-13。

表14-13　飞灰测定精密度

方　法	含量/%	重复性/%	再现性/%
A	≤5	0.3	无
	>5	0.5	
B	≤5	0.2	0.4

14.7　炉渣分析

14.7.1　二氧化硅的分析

炉渣中，硅以硅酸盐的形态存在。以稀酸分解后，硅可变为可溶性的硅酸盐，在一定的酸度下，硅酸与钼酸铵形成黄色的硅钼络合物，用亚铁铵将其还原为蓝色硅钼络合物，然后进行比色测定。

（1）试剂。1）盐酸，1+1；2）草硫混酸，以4%的草酸和1+3硫酸等体积混合；3）钼酸铵溶液5%；4）硫酸亚铁铵溶液6%，每100mL溶液中加1+1硫酸5mL。

（2）分析方法。

1）母液的制备。称取试样，用磁铁吸取后0.1000g于250mL烧杯中加沸水100mL搅拌，缓慢加入 1+1 的盐酸 20mL 继续加热搅拌至试样溶解，冷却至室温，移至 250mL 容量瓶中以水稀释至刻度摇匀。

2）母液分析方法。

用移液管吸取母液 5mL 于 250mL 容量瓶中，加钼酸铵 5mL，加水 10mL，沸水加热 30s，加草酸混合液 15mL、硫酸亚铁铵 5mL，以水稀至刻度，摇匀。以水为空白，640nm 处用 1cm 比色皿测其吸光度。

（3）计算方法。

二氧化硅含量计算方法见式（14-31）。

$$w(SiO_2) = \frac{C \times E_2}{E_1} \tag{14-31}$$

式中 C——标样中 SiO_2 的百分含量；

E_1——标样的消光值；

E_2——试样的消光值。

（4）注意事项：

1）加盐酸时应边搅拌边加，以免局部酸度过高，使硅酸凝聚影响结果。

2）每加入一种试剂必须摇匀。

3）发色应在水浴中加热，以缩短发色时间。

（5）公差范围。

二氧化硅含量公差范围见表 14-14。

表 14-14 二氧化硅含量公差范围 （%）

二氧化硅含量	允许公差
≤5.0	±0.20
5.0~10.0	±0.30
10.0~15.0	±0.40
<15.0	±0.50

注：公差是指按照国家标准或行业标准、企业标准给定的误差范围，后表同。

14.7.2 氧化钙的测定

试液用三乙醇胺掩蔽铁、铝、锰，以钙指示剂（NN）为指示剂，在 pH 值为 12 时，以 EDTA 标准溶液进行滴定。

（1）试剂。

1）氢氧化钾溶液 20%。

2）指示剂：称 1g 钙指示剂，用紫尿酸铵或氯化钠 100g 混合研磨，保持干燥备用。

3）EDTA 标准溶液 0.01mol。

4）三乙醇胺 12%。

（2）分析方法。取 20mL 测二氧化硅的母液（见 14.7.1 节）于 250mL 锥形瓶中，加三乙醇胺 10mL、氢氧化钾 20mL、加水 50mL、钙指示剂 0.1g，EDTA 标准溶液滴定至纯蓝色为终点。

（3）计算方法。

氧化钙含量计算方法见式（14-32）。

$$w(\mathrm{CaO}) = \frac{C \times V_2}{V_1} \tag{14-32}$$

式中 C——标样中氧化钙的百分含量；

V_1——滴定标样时消耗 EDTA 标准溶液的毫升数；

V_2——滴定试样时消耗 EDTA 标准溶液的毫丌数。

（4）注意事项：1）滴定时一定要控制溶液的 pH 值为 12；2）加入氢氧化钾溶液后放置 1min，使镁沉淀完全以防止干扰钙的测定。

（5）公差范围。

氧化钙含量公差范围见表 14-15。

表 14-15 氧化钙含量公差范围 （%）

氧化钙含量	允许公差
≤20.0	±0.30
20.01~30.0	±0.40
30.01~40.0	±0.50
<40.0	±0.60

14.7.3 氧化镁的测定

试液以三乙醇胺掩蔽铁、铝、锰，以 K-B 指示剂在 pH 值为 10 时以 EDTA 标准溶液进行滴定。

（1）试剂。

1）氨性缓冲液：称 67.5g 氯化铵溶于 300mL 水中，加 570mL 浓氨水以稀释至 1L。

2）三乙醇胺 12%。

3）K-B 指示剂：称取 0.5g 酸性铬兰 K、0.5g 萘酚绿 B 及 100g 氯化钠研细、混匀。

4）EDTA 标准溶液 0.01mol。

（2）分析方法。吸取测二氧化硅的母液 20mL（见 14.7.1 节）于 300mL 三角瓶中，加三乙醇胺 10mL 氨性缓冲溶液 10mL，加水 50mL K-B 指示剂，以 EDTA 标准溶液滴定至纯蓝色为终点。

（3）计算。

氧化镁含量计算方法见式（14-33）。

$$w(\mathrm{MgO}) = [A \times (V_2 - V_1)]/(V_4 - V_3) \tag{14-33}$$

式中 A——标样中氧化镁的百分含量；

V_1——滴定试样时氧化钙消耗 EDTA 标准溶液的毫升数；

V_2——滴定试样时氧化镁消耗 EDTA 标准溶液的毫升数；

V_3——滴定标样时氧化钙消耗 EDTA 标准溶液的毫升数；

V_4——滴定标样时氧化镁消耗 EDTA 标准溶液的毫升数。

（4）注意事项。测定氧化镁时，在滴定前加入氨性缓冲溶液时，必须控制溶液的 pH 值为 10。

（5）公差范围。

氧化镁含量公差范围见表 14-16。

表 14-16　氧化镁含量公差范围　（%）

氧化镁含量	允许公差
≤5.0	±0.25
5.01~10.0	±0.30
10.01~15.0	±0.35
<15.0	±0.40

14.7.4　三氧化二铝的分析

试液用氢氧化铵将铁、铝、钛沉淀分出，然后用氢氧化钠使铝与铁、钛分离，使铝成铝酸钠留于溶液中，加过量 EDTA 标准溶液，在 pH 值为 4.5 时，与铝络合，过量的 EDTA 以 PNA 为指示剂，用硫酸铜标准溶液回滴。

（1）试剂。

1）氯化铵。

2）氢氧化铵。

3）盐酸，1+1。

4）氢氧化钠 5%，2%。

5）EDTA 标准溶液 0.01788。

6）甲基红指示剂 0.1%。

7）醋酸-醋酸铵缓冲溶液 pH 值为 4.7，称取 77g 醋酸铵溶于水，加冰醋酸 59mL，以水稀释至 1L。

8）PNA 指示剂：称取 1-2,2-吡啶偶氮 1-2-萘酚指示剂 0.1g 溶于 100mL 无水乙醇中。

9）硫酸铜标准溶液 0.01783mol。

10）1mol 硫酸铜标准溶液。

11）0.01783mol 硫酸铜标准溶液。

（2）分析方法。取分析二氧化硅的母液（见 14.7.1 节）50.00mL 于烧杯中，加热煮沸，加氯化铵 3g，用氨水中和至铁铝沉淀完全，pH 值为 7~8，加热煮沸，取下，待沉淀下降后，用快速滤纸过滤，沉淀用 2%氯化铵溶液洗涤 7~8 次，沉淀用 1+1 热盐酸溶于原烧杯中，并用热水洗净滤纸将溶液稀释至 70mL，用 5%氢氧化钠中和至铁沉淀完全。并用过量 10mL 并煮沸 1~2min，取下过滤，用 2%氢氧化钠洗涤烧杯及沉淀 8~10 次，沉淀弃去，于滤液中加入 0.01783mol EDTA 标准溶液，三氧化二铝为 10%，20~25mL 三氧化二铝为 10%~15%，加 TA 30~50mL，并过量 5mL 甲基红指示剂 2 滴，用盐酸调至溶液变红，再用氨水调至溶液刚变黄色，加醋酸胺缓冲溶液 15mL，煮沸 3min 取下，加 PNA 指示剂 15 滴，用 0.01783mol 硫酸铜标准溶液滴定至呈紫红色为终点。

（3）计算。

三氧化二铝含量计算方法见式（14-34）。

$$w(Al_2O_3) = [(V_1 - KV_2) \times N]/[1 \times (50/250)] \tag{14-34}$$

式中　V_1——EDTA 标准溶液的毫升数；

V_2——硫酸铜标准溶液的毫升数；

N——EDTA 标准溶液的当量浓度；

K——EDTA 标准溶液与硫酸铜标准溶液的比例关系，按该方法求之，即取 20.00mL 硫酸铜溶液于 250mL 三角瓶中，滴加 1+1 氨水至溶液呈深蓝色并过量 1~2 滴，加入适量指示剂，以 EDTA 溶液滴至纯蓝为终点。有：

$$K-EDTA 毫升数÷硫酸铜的毫升数$$

（4）注意事项：三氧化二铝含量较高时，适当减少试液含量。

（5）公差范围。

三氧化二铝公差范围见表 14-17。

表 14-17　三氧化二铝含量公差范围　（%）

二氧化二铝含量	允许公差
	±0.30
<5.00	±0.40

14.7.5　全铁的分析

试样用盐酸中氟化铵加热分解，使铁呈 Fe^{3+}、Fe^{2+}状态存在，以钨酸钠为指示剂，用三氯化钛将 Fe^{3+}还原为 Fe^{2+}，过量的 Ti^{3+}还原 WO_4^{2-}生成钨兰，然后用重铬酸钾将钨兰氧化，使蓝色退去，以二苯磺酸钠为指示剂在硫酸、磷酸介质中，用重铬酸钾标准溶液滴定，使 Fe^{2+}全部被氧化成 Fe^{3+}根据滴定消耗的重铬酸钾标准溶液的体积，求得全铁含量。

（1）试剂。

1）盐酸：1+1。

2）氯化亚锡：100g/L，称取氯化亚锡 100g，与 20mL 浓盐酸混合，用水稀至 1L。

3）三氯化钛：2%，取三氯化钛 2mL，用 1+1 盐酸稀至 100mL。

4）甲基橙：5g/L。

5）钨酸钠溶液：250g/L。称取钨酸钠 250g 溶于水中，加浓磷酸 50mL，用水稀至 1000mL 混匀。

6）二苯磺酸钠：5g/L。

7）硫磷混酸：将 150mL 硫酸、150mL 磷酸缓缓倒入 700mL 水中，并不断搅拌冷却混匀。

8）氟化铵溶液：250g/L。

9）重铬酸钾标准溶液：$1/6K_2Cr_2O_7=0.05mol/L$。称取重铬酸钾（烘干）49g 溶于 20L 水中混匀。

（2）分析方法。称取试样 0.4000g 于 500mL 三角瓶中，加氟化铵（250g/L）5mL，盐酸（浓）20mL 置于低温电热板上加热至微沸，取下，在不断摇动下趁热滴加氯化亚锡 100g/L 至呈现浅黄色，加水 80mL，钨酸钠 250g/L 15 滴，甲基橙 5g/L 1 滴，用三氯化钛溶液继续将高价铁还原成低价铁至生成钨蓝，用重铬酸钾氧化至蓝色消失，加入硫磷混酸 20mL，二苯胺磺酸钠指示剂 50g/L 3 滴，用重铬酸钾标准溶液滴定至稳定的浅紫色即为终点，记下重铬酸钾标准溶液消耗的体积（mL），计算出铁的百分含量。

（3）计算。

$$w(\mathrm{TFe}) = (1/6\mathrm{K_2Cr_2O_7} \times V \times 0.05685/m_s) \times 100 \qquad (14\text{-}35)$$

式中，$1/6K_2Cr_2O_7$为重铬酸钾标准溶液的浓度；V 为滴定中消耗重铬酸钾标准溶液的体积；m_s 为试样克数。

（4）注意事项：

1）用氯化亚锡还原时，溶液不可成为无色，应为浅黄色，过量时可用高锰酸钾氧化为浅黄色。

2）氟化铵可用氟化钠代替。

3）分解试样时可将氯化亚锡加入盐酸少许，促使试样分解速度更快。

4）氧化还原及滴定时，溶液的温度应控制在 20~24℃较好。

5）随同试样做试剂空白，所用试剂需取自同一瓶。

14.7.6 氧化亚铁的分析

在隔绝空气并有二氧化碳存在下，将试样用盐酸分解，二价铁不被氧化，仍然保持二价状态，以流水冷却至室温，以二苯胺黄酸钠为指示剂，用重铬酸钾滴定，至浅紫色为终点。

（1）试剂。

1）盐酸（浓）。

2）碳酸氢钠。

3）氟化铵：250g/L。

4）饱和硼酸、硫酸、磷酸混合酸：150+150+700。

5）二苯胺黄酸钠指示剂：5g/L。

6）重铬酸钾标准溶液：$1/6K_2Cr_2O_7 = 0.05mol/L$。

（2）分析方法。称取试样 0.5000g 于 300mL 三角瓶中，加氟化铵 50mL 碳酸氢钠 1.5g，盐酸 20mL，立即塞上气门置于热板加热分解，待试样安全分解后，体积浓缩到大约 10mL 左右取下，拔掉橡皮塞，立即加水 100mL 饱和硼酸 20mL，二苯胺黄酸钠指示剂 3 滴，用重铬酸钾标准溶液迅速滴定至稳定的浅紫色为终点。

（3）计算。

$$w(\mathrm{FeO}) = [V \times 0.07185 \times N/m_s] \times 100 \qquad (14\text{-}36)$$

式中 V——滴定试样消耗标准溶液的体积；

N——重铬酸钾标准溶液的当量浓度；

m_s——试样的重量；

0.07185——氧化亚铁的毫克当量浓度。

14.7.7 五氧化二磷的分析

试样被氧化性酸溶解，以高锰酸钾氧化次磷酸为正磷酸，在适当的酸度下，钼酸与正磷酸形成磷钼杂多酸磷钼黄，在氟化钠存在下，用氯化亚锡还原成磷钼兰，测其消光值。

（1）试剂。

1）硝酸：1+3。

2）酒石酸钾钠，钼酸铵混合液。以10%的钼酸铵和10%的酒石酸钾钠，铵1+1比例混合，摇匀备用。

3）高锰酸钾：4%。

4）氟化钠-氯化亚锡混合液。于100mL 1.5%氟化钠溶液中，加氯化亚锡0.2g摇匀。

（2）分析方法。称取试样0.5000g于250mL三角瓶中，加1+3硝酸10mL，加热溶解后滴加高锰酸钾2滴，煮沸10s，取下立即加酒石酸钾钠-钼酸铵溶液5mL，氟化钠-氯化亚锡溶液40mL，加水30mL，用2cm比色皿在580nm处比色。

（3）计算。称取不同含磷标样，按相同的步骤作曲线，或带标样进行直接换算。

（4）公差范围。

五氧化二磷含量及其允许公差见表14-18。

表14-18 五氧化二磷含量及其允许公差 （%）

五氧化二磷含量	允许公差
0.05	±0.10
3.01~6.00	±0.15
6.01~10.0	±0.20

14.7.8 氧化锰的分析

试样用混合酸溶解，在硝酸银存在下，用过硫酸铵将二价锰氧化为七价锰，过量的硝酸银用氯化钠除去，然后用亚砷酸钠-亚硝酸钠滴定。

（1）试剂。

1）硫酸、磷酸、硝酸银混合液。取硫酸100mL，缓缓加入425mL水中，冷却后加入硝酸250mL、磷酸125mL、硝酸银2.84g混合备用。

2）过硫酸铵：25%，现配现用。

3）硫酸-氯化钠溶液：每100mL的1+1硫酸溶液中加氯化钠0.5g。

4）亚砷酸钠-亚硝酸钠标准溶液0.025N。

（2）分析方法。称取试样0.5000g于300mL锥形瓶中，加混合酸30mL，加热溶解，煮沸2~3min，除去氮化物，取下加冷水50mL，过硫酸铵溶液10mL，加热煮沸30s，取下放置到不冒气泡为止，流水冷却至室温，加硫酸-氯化钠10mL，用亚砷酸钠-亚硝酸钠标准溶液滴定至红色消失为终点。

（3）计算。

$$w(\text{MnO}) = [(TV)/m] \times 100 \qquad (14\text{-}37)$$

式中 T——每毫升亚砷酸钠-亚硝酸钠相当于氧化锰的克数；

V——消耗亚砷酸钠-亚硝酸钠溶液的毫升数；

m——试样的克数。

（4）公差范围。

氧化锰含量及其允许公差见表14-19。

表 14-19 氧化锰含量及其允许公差 (%)

氧化锰含量	允许公差
2. 00~5. 00	±0. 15
>5. 00~10. 00	±0. 20
>10. 00~25. 00	±0. 30
>25. 00~50. 00	±0. 50

15 脱 硫 分 析

吸收塔浆液通过浆液循环泵输送到吸收塔上部形成喷淋层，对含有 SO_2的烟气进行洗涤循环、吸收、强制氧化、石膏结晶等反应。浆液中的固体物质连续地从浆液中分离出来，经过水力旋流和真空皮带机脱水制成可利用的石膏副产品。在吸收塔内进行的过程中，烟气穿过吸收塔喷淋层，经过吸收塔顶部二级除雾器除去液滴及部分烟尘，从吸收塔上部的烟气出口排出，经净烟气烟道进入烟囱排向大气。烟气湿法脱硫工艺流程如图 15-1 所示。

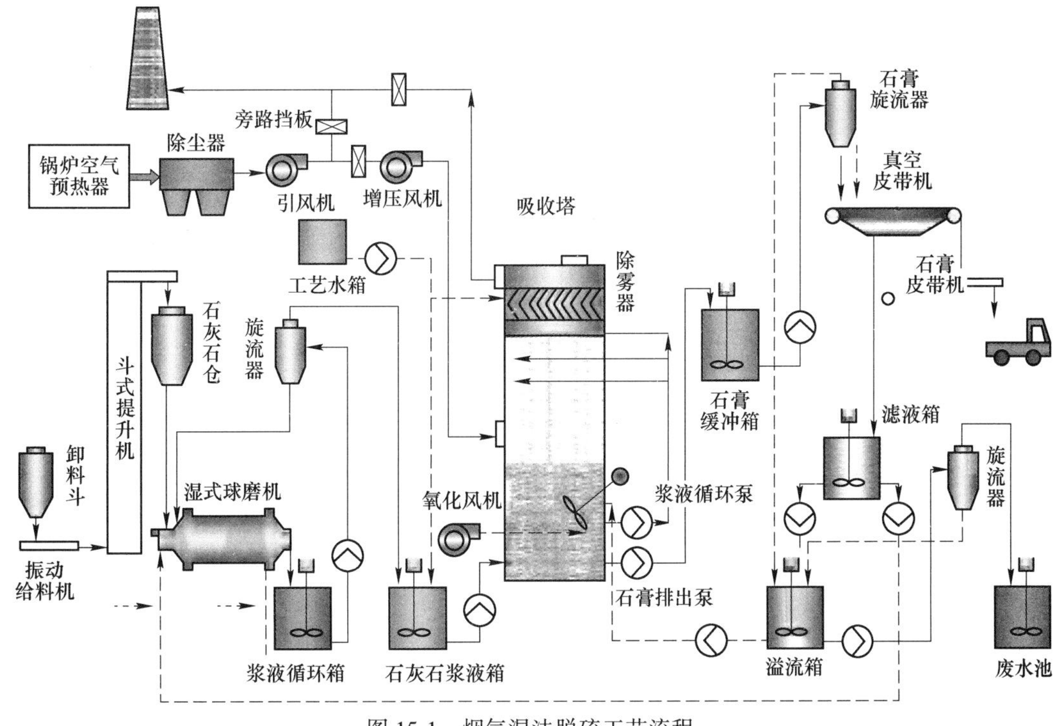

图 15-1 烟气湿法脱硫工艺流程

15.1 石灰石分析

随着火电厂环保要求的提高，如何确保脱硫装置在全烟气时能够满足经济、安全运行，是目前每个电厂所考虑和重视的问题，而在注重脱硫效率的同时石灰石选择是非常重要的一个环节，关系到运行成本、系统运行性能和可靠性。

石灰石的反应活性、可用镁含量、硬度、粒度、结晶形态以及浆液的化学性质均是影响石灰石溶解的重要因素。石灰石是由碳酸钙所组成的沉积岩，主要矿物是方解石，常见的杂质是 $MgCO_3$、SiO_2、Al_2O_3、Fe_2O_3。

在脱硫系统运行条件下，部分 $MgCO_3$可溶解，而绝大多数金属氧化物即使在强酸中也不溶解，石灰石中的 $MgCO_3$主要以两种形式存在：纯 $MgCO_3$和白云石。溶解的 $MgCO_3$可提高 SO_2吸收效率，但 Mg^{2+}浓度过高将影响副产物的沉淀和脱水。白云石在脱硫系统中基本上不溶解，其含量增加将增加石灰石的消耗，降低石膏的纯度。

SiO_2和少量的 Al、Fe 氧化物等杂质的影响：（1）SiO_2具有腐蚀性，会增加球磨机、浆液循环泵、喷嘴及输运管道的磨损，这些物质的腐蚀性可通过细磨来减少，但是 SiO_2的硬度较 $CaCO_3$高，需要消耗更多的能源，减低磨机的生产能力；（2）与白云石一样，降低石膏纯度和石灰石活性；（3）溶解的 Al^{3+}和 Fe^{3+}将降低脱硫系统的运行性能，Al^{3+}和 F^-形成的氟化铝络合物将石灰石包裹，导致浆液 pH 值的降低和失控。Al^{3+}对亚硫酸盐的催化作用将导致自然氧化或抑制氧化脱硫系统发生石膏结垢。

石灰石的可磨性指数为石灰石硬度的一个指标，简称 BWI，是石灰石球磨系统的一个重要参数，BWI 越大，其硬度越高，可磨性指数越小，越难磨，球磨石灰石的能耗正比于 BWI，一般石灰石的可磨性指数为 7.67~38.62，微晶白云石、富含黏土的石灰石、粗纹理化石石灰石可磨指数最高，而微晶石灰石、石英质石灰石和粗晶白云石一般较硬，可磨指数也较低。BWI 的变化将影响到 PSD（粒度分布）的细度，或者说在保证同等 PSD 时，将降低球磨机的生产能力，BWI 的改变将改变产品的细度和生产率，闭路系统中，球磨机的能耗与硬度粒度的关系可用式（15-1）计算：

$$W = \left(\frac{11\mathrm{BWI}}{\sqrt{P}} - \frac{11\mathrm{BWI}}{\sqrt{F}}\right) \times C_\mathrm{F} \tag{15-1}$$

式中　W——能耗；

BWI——可磨指数；

P——80%的产品可通过的筛网孔径，μm；

F——80%的入料可通过的筛网孔径，μm；

C_F——修正系数，无量纲。

修正系数可用于多种不同的球磨场合，如当产品粒径非常小（$P<75\mu m$）时，$C_\mathrm{F} = \frac{P + 10.3\mu m}{1.145P}$。入料尺寸为 13~20mm、44μm、37μm（325 目）时，F 约为 15000μm，P 约为 40μm。

在闭路系统中，利用水力旋流器进颗粒进行分离比“开路”更加节能，因此，石灰石球磨均采用“闭路”系统。吸水率最高的为微晶白云石和含黏土较多的石灰石，微晶石灰石吸水率最低。

石灰石溶液的 pH 值在常温下为 9.5~10.2，在饱含空气的水中略低，为 8~8.6，石灰石几乎与所有的强酸都发生反应，生成相应的钙盐，同时放出二氧化碳，反应速度取决于石灰石所含杂质及其晶体的大小，杂质含量越高，晶体越大，反应速度愈小，白云石的反应速度就慢。石灰石的反应活性与吸收塔中残留的碳酸钙联系起来，活性可由其溶解速率、流程温度、粒度以及液相中碳酸盐的数量来显示。

石灰石的化学成分的大致含量（质量分数）范围如下：SiO_2 0.2%~10%；Al_2O_3 0.2%~2.5%；Fe_2O_3 0.1%~2%；CaO 45%~55%；MgO 0.1%~2.5%；烧失量 36%~43%。一般要求石灰石的 SiO_2含量小于 2%，CaO 含量大于 53.5%（$CaCO_3$含量大于 95%）。

15.1.1　试样的制备

试样必须具有代表性和均匀性，取样按 GB/T 2007.1—1987 进行。由大样缩分后的试样不得少于 100g，然后用颚式破碎机破碎至颗粒小于 13mm，再以四分法或缩分器将试样缩减至约 25g，然后通过密封式制样机研磨至全部通过孔径为 0.08mm 方孔筛。充分混匀后，装入试样瓶中，供分析用。其余作为原样保存备用。

15.1.2　二氧化硅的测定

准确称取 1.0g 试样（精确至 0.0001g），置于 100mL 蒸发皿中，加入 5~6g NH_4Cl，用平头玻璃棒混匀，盖上表面皿，沿皿口滴加 10mL（1+1）HCl 及 8~10 滴 HNO_3，搅拌均匀，使试料充分分解。把蒸发皿置于沸水浴上，皿上放一玻璃三脚架，再盖上表面皿加热，期间搅拌 2 次，待蒸发至干后再继续蒸发 10~15min。取下蒸发皿，加 20mL（3+97）热 HCl，搅拌，使可溶性盐类溶解，以中速定量滤纸过滤，用胶头扫棒以（3+97）热 HCl 擦洗玻璃棒及蒸发皿，并洗涤沉淀 10~12 次，滤液及洗液盛接于 500mL 容量瓶中，定容至标线。此即为试验溶液，用于测定 CaO、MgO、Fe_2O_3、Al_2O_3 用。

滤纸与沉淀置于已恒重的瓷坩埚（m_1）中，先在电炉上以低温烘干，再升高温度使滤纸充分灰化，然后置于 950℃ 高温炉中灼烧 40min，取出，等红热退去后置于干燥器中冷却 15~30min，称重。如此反复灼烧，直至恒重。记录沉淀及坩埚的质量（m_2）。

$$w(SiO_2) = \frac{m_1 - m_2}{1.0} \times 100 \tag{15-2}$$

注意事项：

（1）严格控制硅酸脱水的温度和时间。硅酸溶胶加入电解质后并不立即聚沉，必须在沸水浴（可用大号烧杯加水煮沸代替水浴锅用）中蒸发干涸，时间为 10~15min，温度严格控制在 100~110℃ 以内。超过 110℃，某些氯化物（如 $AlCl_3$、$FeCl_3$等）易水解，生成难溶性碱式盐甚至氢氧化物，与硅酸沉淀混在一起使 SiO_2分析结果偏高。若脱水时间过长，将会有一部分硅酸胶粒转变成黏状的冻胶，造成过滤困难，导致分析结果波动。若脱水时间过短，脱水不完全也将导致分析结果波动。

（2）过滤操作应迅速，若时间拖长，随着溶液温度的降低，则硅酸凝胶有可能形成胶冻而使过滤困难，同时一部分硅酸凝胶仍有可能变为溶胶而透过滤纸。

（3）硅酸沉淀的洗涤，次数不宜过多。体积一般控制在 120mL 左右。用热 HCl(3+97) 作洗涤剂，是为了防止 Fe^{3+}、Al^{3+}等的水解，否则会引起分析结果偏高；由于 HCl(3+97) 是一种极稀的电解质，可防止形成硅酸溶胶而透过滤纸，导致分析结果偏低。

15.1.3　三氧化硫的测定

称取 0.5g 试样，置于 300mL 烧杯中，加入 30~40mL 水及 10mL（1+1）HCl，加热至沸，并保持微沸 5min，使试样充分分解。取下，以中速滤纸过滤，用温水洗涤 10~12 次，调整滤液体积至 200mL，煮沸，在搅拌下滴加 10% $BaCl_2$溶液 10mL，并将溶液煮沸 5min，然后移至温热处静置 4h 或在室温下放置过夜（此时溶液体积应保持在 200mL），用慢速滤纸过滤，以温水洗至无氯根反应（用 $AgNO_3$溶液检验）。将沉淀及滤纸一并移入已灼烧恒量（m_1）的瓷坩埚中，灰化后在800℃的高温炉内灼烧30min。取出坩埚，置于干燥器中冷至室温，称量（m_2）。如此反复灼烧，直至恒重。

$$w(SO_3) = \frac{(m_2 - m_1) \times 0.3430 \times \frac{500}{100}}{m} \times 100 = 171.5 \times (m_2 - m_1) \qquad (15\text{-}3)$$

（1）加入HCl溶液可防止$Ba(OH)_2$共沉淀生成，同时，在盐酸中沉淀可以促使形成粗大易于过滤的沉淀物。因此，必须在酸化后滴加沉淀剂$BaCl_2$溶液。

$$w(S) = \frac{32}{80} \times w(SO_3) = 0.4 \times w(SO_3) \qquad (15\text{-}4)$$

（2）在沉淀及沉淀的放置过程中，应控制HCl溶液的浓度为0.3~0.4mol/L，在此酸度条件下Ca^{2+}、Fe^{3+}、Al^{3+}不会生成沉淀，对测定不产生干扰。

（3）共沉淀决定于溶液的浓度、温度、沉淀方法及其他因素。溶液浓度愈大则共沉淀愈多，因此应在稀溶液中慢慢加入沉淀剂，并且边加边搅拌。

（4）必须在热溶液中进行沉淀，这样可使沉淀颗粒增大，同时减少对杂质的吸附。沉淀完毕后应静置陈化，以使小晶体溶解，大晶体不断长大。目的都是为了得到纯净的易于过滤的粗大结晶的沉淀。

（5）灼烧沉淀时，应先经充分灰化，滤纸呈灰白色时灰化完全。否则，未燃尽的碳可将部分的$BaSO_4$还原为BaS（呈浅绿色），使测定结果偏低。

（6）恒量空坩埚和恒量沉淀时，掌握的条件如灼烧的温度、冷却时间等都应一致。反复灼烧的时间每次约为15min即可。

15.1.4　氧化钙的测定

吸取分离硅后的试液25mL，放入400mL烧杯中，用水稀释至约250mL，加5mL（1+2）三乙醇胺及适量的CMP混合指示剂（钙黄绿素-甲基百里香酚蓝-酚酞混合指示剂：准确称取1g钙黄绿素，1g甲基百里香酚蓝，0.2g酚酞与50g已在105℃烘干的硝酸钾混合研细，保存在磨口瓶中），在搅拌下加入20% KOH溶液，至出现绿色荧光后再过量7~8mL，此时溶液的pH值在13以上，用0.015mol/L EDTA标准溶液滴定至绿色荧光消失并呈现红色。

$$w(CaO) = \frac{T_{EDTA/CaO} \times V \times \frac{500}{25}}{1.0} \times 100 = 1.6824V \qquad (15\text{-}5)$$

$$w(CaO) = w(CaO) \times \frac{100}{56} = 1.7857 \times w(CaO) \qquad (15\text{-}6)$$

注意事项：

（1）配位滴定法测定CaO可选用的指示剂有多种，一定要注意选用的指示剂所要求的范围及终点颜色的变化。

（2）指示剂的加入量要适宜，加入过多底色加深，影响终点的观察；加入过少，终点时颜色变化不明显。

（3）控制滴定时溶液的体积，以250mL左右为宜，这样可减少$Mg(OH)_2$对Ca^{2+}的吸附以及其他干扰离子的浓度。

（4）滴定近终点时应充分搅拌，使 $Mg(OH)_2$ 沉淀吸附的 Ca^{2+} 能与 EDTA 充分反应，然后再缓慢滴定至终点时的颜色。

15.1.5 氧化镁的测定

吸取分离硅后的试液 25mL，放入 400mL 烧杯中，用水稀释至约 250mL，加 1mL（10g/100mL）酒石酸钾钠溶液，5mL（1+2）三乙醇胺，搅拌，以（1+1）$NH_3 \cdot H_2O$ 调节溶液 pH 值至约 10（用精密试纸检验），然后加入 20mL（pH 值为 10）NH_3-NH_4Cl 缓冲溶液及适量的酸性铬蓝 K-萘酚绿 B 混合指示剂，以 0.015mol/L EDTA 标准溶液滴定，近终点时应缓慢滴定至纯蓝色，此消耗体积为滴定钙、镁总量所消耗的体积 $V_{总}$。

$$w(MgO) = \frac{T_{EDTA/MgO}(V_{总} - V_{Ca}) \times \frac{500}{25}}{1.0} \times 100 = 1.2092 \times (V_{总} - V_{Ca}) \quad (15\text{-}7)$$

注意事项：

（1）应严格控制 pH 值，当 pH 值大于 11 时，Mg^{2+} 转化成 $Mg(OH)_2$ 沉淀；当 pH 值小于 9.5 时，则 Mg^{2+} 与 EDTA 的配位反应不易进行完全。若试验溶液中有大量的铵盐存在，将使溶液的 pH 值有所下降，所以应先以（1+1）$NH_3 \cdot H_2O$ 调整溶液 pH 值约为 10，然后再加入缓冲溶液。

（2）用酒石酸钾钠（Tart）与三乙醇胺（TEA）联合掩蔽 Fe^{3+}、Al^{3+}、TiO^{2+} 的干扰比单独使用 TEA 的掩蔽效果好。使用时须在酸性溶液先加 Tart 再加 TEA。

（3）试样中 MnO 含量在 0.5%以下时，对镁的干扰并不显著，但超过 0.5%时却有明显干扰。这是由于 Mn^{3+} 与三乙醇胺生成三乙醇锰，绿色背景太深，影响终点观察。应在滴定近终点时，加盐酸羟胺将 Mn^{3+} 还原成 Mn^{2+}，使其与 Ca^{2+}、Mg^{2+} 一起被滴定，测得钙、镁、锰含量。

（4）近终点时，滴定速度应当缓慢，并充分搅拌。因终点颜色变化较迟钝，若太快易滴过量，引起镁的结果偏高。

（5）所用 K-B 指示剂的配比要合适，萘酚绿 B 的比例过大，终点提前；反之则延后且变色不明显。每新用一种试剂，应根据试剂的质量，经用标准溶液试验后确定其适合的比例。

（6）用带硅的试验溶液测钙、镁含量时还应注意在加入缓冲溶液后应及时滴定，放置时间过长，硅酸也会影响滴定。

15.1.6 三氧化二铁的测定

吸取试液 100mL（铁、铝含量高时应吸取 50mL），放入 250mL 锥形瓶中（加水稀释至约 100mL），加 2 滴 10%磺基水杨酸钠指示剂，用（1+1）$NH_3 \cdot H_2O$ 调节至颜色由红变黄，再滴加（1+1）HCl 调节至颜色由黄变红，并过量 10 滴，此时溶液 pH 值约为 1.8~2.0，将溶液加热至 70℃，加 10 滴 10%磺基水杨酸钠指示剂，以 0.015mol/L EDTA 标准溶液缓慢地滴定至紫红色消失，溶液视铁的含量而呈现亮黄色或淡黄色或无色（终点时，溶液温度应在 60℃左右）。试样中 Fe_2O_3 的含量按式（15-8）或式（15-9）计算：

$$w(Fe_2O_3)=\frac{CV\times\frac{1}{2}\times\frac{M(分子量)}{1000}\times\frac{500}{100}}{1.0}\times 100 \quad (15\text{-}8)$$

或

$$w(Fe_2O_3)=\frac{T_{EDTA/Fe_2O_3}\times V\times\frac{500}{100}}{1.0}\times 100=0.598895V \quad (15\text{-}9)$$

注意事项：

（1）滴定前应保证全部 Fe^{2+}氧化为 Fe^{3+}，否则结果偏低。

（2）因 Fe^{3+}与 EDTA 配位反应速度较慢，近终点时应缓慢滴定，充分搅拌，否则易滴过量，造成结果偏高。

（3）严格控制溶液的 pH 值为 1.8~2.0，低于此值终点变色缓慢，超过此值时因受 Al^{3+}干扰而使测定结果偏高。可采用以下方法调节 pH 值：在试验溶液中先加入磺基水杨酸钠指示剂，用（1+1）$NH_3 \cdot H_2O$ 调至溶液出现橘红色（pH 值大于 4），然后滴加（1+1）HCl 至溶液刚刚变成紫红色，再继续滴加 8 或 9 滴，此时溶液的 pH 值一般都在 1.8~2.0 范围内。

（4）控制温度。滴定的起始温度为 70℃，终点应为 60℃。若起始温度太低，由于 EDTA 与 Fe^{3+}的反应速度缓慢而使终点不明显，则易滴过量使结果偏高；若起始温度太高，则 Al^{3+}部分配合，也使分析结果偏高。

（5）滴定时体积以 100mL 左右为宜。因为体积大浓度稀，终点变色不明显，体积小则干扰离子浓度增大，同时溶液温度下降太快，都不利于滴定。

15.1.7 三氧化二铝的测定

将测定铁后的溶液用水稀释至约 200mL，加 1~2 滴 0.2%溴酚蓝指示剂，滴加（1+1）$NH_3 \cdot H_2O$ 至溶液出现蓝紫色，再滴加（1+1）HCl 至黄色，加入 15mL HAc-NaAc（pH 值为 3）缓冲溶液，加热至微沸并保持 1min，然后加入 10 滴 Cu-EDTA 溶液及 2~3 滴 0.2% PAN 指示剂，以 0.015mol/L EDTA 标准溶液滴定至红色消失，继续煮沸、滴定，直到煮沸后红色不再出现，呈稳定的亮黄色为止。

$$w(Al_2O_3)=\frac{T_{EDTA/Al_2O_3}\times V\times\frac{500}{100}}{1.0}\times 100=0.38235V \quad (15\text{-}10)$$

注意事项：

（1）滴定时溶液 pH 值应控制在 2.5~3 左右，若 pH 值大于 3，则 Al^{3+}水解倾向大，若 pH 值小于 2，则 Al^{3+}配位不完全，都导致分析结果偏低。

（2）Cu-EDTA 的加入量与溶液中 TiO_2含量有关，一般分析水泥样品时加入量以 10 滴为宜，太少，终点变色不敏锐；太多，将随溶液中 TiO^{2+}、Mn^{2+}含量增大而产生一定正误差。

（3）因 Al^{3+}与 EDTA 反应速度较慢，故必须反复滴定。第一次约有 90%的 Al^{3+}被测定，第二次以后约有 99%被测定，因此一般滴定 2~3 次，所得结果的准确度已能满足要求。

15.1.8 烧失量的测定

称取约 1g 试样，精确至 0.0001g，置于已灼烧恒量的瓷坩埚中，将盖斜置于坩埚上，放在高温炉内从低温逐渐升高温度，在 950~1000℃ 下灼烧 1h，取出坩埚，置于干燥器中冷至室温，称量。如此反复灼烧，直至恒重（两次称量之差小于 0.0005g）。

$$烧失量 = \frac{m - m_1}{m} \times 100 \tag{15-11}$$

注意事项：灼烧应从低温逐渐升至高温，若直接将坩埚置于 950~1000℃ 的高温炉内，则因试样中挥发物质的猛烈排出而使样品有飞溅的可能，特别是碳酸盐含量高的试样尤为明显。

15.1.9 五氧化二磷的测定

向四个分液漏斗中，依次加入 4.5mL、4mL、3.5mL、3mL 水，依次加入 5mL（1+1）HNO_3，用滴定管分别加入 0.5mL、1.0mL、1.5mL、2.0mL（0.1mg/mL）P_2O_5 标准溶液 B（分别相当于 0.05mg、0.10mg、0.15mg、0.20mg P_2O_5），依次用移液管加入 15mL 萃取液，依次加入 5mL 钼酸铵溶液（5g/100mL），塞紧漏斗塞，用力振荡 2~3min，静置分层。小心移开塞子减除漏斗内压力，先放掉少量有机相用来洗涤分液漏斗颈壁，然后依次将有机相转移到 50mL 干烧杯中，并加盖。用 721 型分光度计，以萃取液作参比，使用 10mm 比色皿（最好加盖），于 420nm 处测定有机相溶液的吸光度。然后由测得吸光度与比色溶液浓度的关系绘制工作曲线。向分液漏斗中加入 5mL（1+1）HNO_3，移取 5mL 试验溶液，加入 15mL 萃取液和 5mL 钼酸铵溶液（5g/100mL），同上操作，测定吸光度，在工作曲线上查得相应的浓度 c。

$$w(P_2O_5) = \frac{c \times 50}{m \times 1000} \times 100 \tag{15-12}$$

注意事项：

（1）比色皿必须保持清洁、干燥，若受潮湿可用无水乙醇洗 2~3 次后使用。

（2）萃取分层后最好打开瓶塞放置 2min 减除漏斗内压力，以免因为气泡使有机相浑浊。

（3）萃取液有刺激性，不宜多次连续操作，整个操作要注意通风，盛接容器要用水封，比色皿最好加盖，盛接溶液的烧杯要加盖表面皿，用过的废液集中保管，妥善处理。

（4）此法的关键在于控制好溶液中的 HNO_3 浓度在 1~1.2mol/L 之间，总体积在 30~32mL，固定有机相为 15mL，保持两相之比约为 1：1。若磷的含量有变化，分取的体积要相应变动，除保持有机相不变动外，可适当调整钼酸铵溶液的浓度或 HNO_3 的比例及水的用量。

（5）萃取液要用干燥的移液管移取。

15.2 浆液分析

脱硫石膏是烟气湿法 FGD 系统的最终产品，石膏浆液通常是指石膏排出泵从吸收塔内排出的以 $CaSO_4 \cdot 2H_2O$ 晶体为主的混合浆液，其品质好坏取决于整个工艺的运行状态，是石膏浆液能否脱水称为可利用副产品的前提。对无抛弃系统的烟气脱硫装置来说，良好的石膏浆液品质是持续稳定运行的保证。因此，研究分析影响石膏品质的因素、如何加强运行调控，提高石膏浆液品质对湿法烟气脱硫具有重要意义。

石膏浆液的主要品质指标是纯度、氧化程度、石灰石利用率、可溶性盐含量、pH 值、粒径、粉尘含量等。

石膏浆液品质标准见表 15-1。

表 15-1 石膏浆液品质标准

石膏				
取样及分析项目	控制标准	取样时间	取样位置	备注
$CaSO_4$	90%	每星期一次	石膏输送带上	石膏品质控制
$CaSO_3$	0.5%	每星期一次		
含水量（质量分数）	小于 10%	每星期一次		
$CaCO_3$	小于 3%	每星期一次		
CT	小于 1.0×10^{-4}	每星期一次		
石膏浆液				
取样及分析项目	控制标准	取样时间	取样位置	备注
pH 值	5.0~5.6	每星期一次	吸收塔排浆泵取样阀	脱硫性能控制
浆液浓度（质量分数）	15%~25%	每星期一次		

15.2.1 pH 值的测定

主要进行吸收塔浆液、石膏旋流器底流浆液、石膏旋流器溢流液、工艺水、废水等的 pH 值的测定。

（1）液相 pH 值的测定：

1）开始分析前，必须用标准溶液校准 pH 计。

2）将 pH 值电极插入样品瓶中。

3）接通 pH 计测量 pH 值。

4）待 pH 计显示稳定后，取读数（读到小数点后两位）。

5）测量液体温度。

（2）固相 pH 值的测定（5%溶液）：

1）开始分析前，必须用标准溶液校准 pH 计。

2）准确称取 5g 样品置于 200mL 烧杯中，并加入 100mL 去二氧化碳的除盐水，搅拌均匀。

3）将 pH 电极插入样品瓶中。

4）接通 pH 计测量 pH 值。

5）待 pH 计显示稳定后，取读数（读到小数点后两位）。

6）测量溶液温度。

15.2.2 浆液密度的测定

主要进行吸收塔浆液、石膏旋流器底流浆液、石膏旋流器溢流液等的密度的测定。

(1) 准备一个干燥的称量瓶（30mL)，用于重量分析和称重得到 ag。

(2) 充分地摇匀样品。

(3) 吸入一些样品浸湿移液管（20mL)，然后倒掉浆液。

(4) 再用此移液管（20mL）准确移取 20mL 样品，放入称量瓶中。

(5) 称重装有 20mL 样品的称量瓶（bg)。

(6) 测量浆液的温度。

(7) 浆液密度的计算如式（15-13)：

$$\rho = (b - a)/20 \tag{15-13}$$

式中 ρ——浆液的密度，g/mL;

b——装有样品的称量瓶的重量，g;

a——称量瓶的重量，g。

15.2.3 含固率的测定

主要进行吸收塔浆液、石膏旋流器底流浆液、石膏旋流器溢流液等的含固率（固含量）的测定。

(1) 准备一个干燥的取样瓶（300mL)，用于取样和重量分析得到 ag。

(2) 从浆液集中处取样品 200mL 左右，并将样品连同取样瓶一起称重得到 bg。

(3) 称重 11cm 直径的滤纸得到 cg，滤纸在称重前必须在 45℃温度下进行干燥。

(4) 将滤纸放在过滤器上，逐步地将样品倒入过滤器。

(5) 向过滤器施加真空，将滤液单独保存好以供液相成分分析。

(6) 用饱和石膏水冲洗样品瓶内的残留物。

(7) 用丙酮冲洗一张滤纸和滤出固体。

(8) 用干燥机在 45℃温度下将滤纸和滤出的固体物干燥 2h。

(9) 干燥后用干燥器冷却样品，然后称重。

(10) 再将样品干燥 1h，然后重复第（9）步得到 dg。

(11) 重复第 10 步，直至测得的重量变化低于 0.1g。

(12) 含固率（固含量）质量分数,%的计算如式（15-14)：

$$\text{含固率(固含量)} = (d - c) \times 100/(b - a) \tag{15-14}$$

15.2.4 悬浮物的测定

主要进行废水、工艺水中悬浮物的测定。

(1) 从悬浮固体中吸取 500mL 样品，置于 1L 的量筒内，并测量容积得到 amL。

(2) 称重 47mm 直径的玻璃纤维滤纸得到 bg，滤纸在称重前必须在 105℃温度下进行干燥。

(3) 将滤纸放在过滤器上，逐步地将样品倒入过滤器。

(4) 向过滤器施加真空，将滤液单独保存好以供液相成分分析。

(5) 用水冲洗量筒内的残留物。

(6) 用水冲洗滤纸和滤出固体。

(7) 用干燥机在 105℃温度下将滤纸和滤出的固体物干燥 2h。

（8）干燥后用干燥器冷却样品，然后称重。

（9）再将样品干燥 1h，然后重复第（8）步得到 cg。

（10）重复第 9 步，直至测得的重量变化低于 0.1g。

（11）悬浮物（mg/L）的计算如式（15-15）所示：

$$悬浮物 = (c - b) \times 10^6/a \tag{15-15}$$

15.2.5 石膏附着水的测定

主要进行成品石膏附着水的测定。

（1）称取约 1g 试样（m_1），精确至 0.0001g，放入已烘干至恒重的带有磨口塞的称量瓶（m_2）中。

（2）于（45±3）℃的烘箱内烘 1h（烘干过程中称量瓶应敞开盖）。

（3）取出，盖上磨口盖（但不应盖得太紧），放入干燥器中冷却至室温。

（4）将磨口塞紧密盖好，称重。

（5）再将称量瓶敞开盖放入烘箱中，在同样温度下烘干 30min，如此反复烘干、冷却、称重，直至恒重（m_3）。

（6）石膏附着水的计算如式（15-16）：

$$X_1 = (m_1 + m_2 - m_3) \times 100/m_1 \tag{15-16}$$

式中 X_1——附着水的质量分数，%；

m_1——烘干前试样质量，g；

m_2——称量瓶质量，g；

m_3——烘干后试样与称量瓶的质量，g。

15.2.6 石膏结晶水的测定

主要进行成品石膏结晶水的测定。

（1）称取约 1g 试样（m_4），精确至 0.0001g，放入已烘干至恒重的带有磨口塞的称量瓶（m_5）中。

（2）于（230±5）℃的烘箱内加热 1h（烘干过程中称量瓶应敞开盖）。

（3）用坩埚钳取出，盖上磨口盖（但不应盖得太紧），放入干燥器中冷却至室温。

（4）将磨口塞紧密盖好，称重。

（5）再将称量瓶敞开盖放入烘箱中，在同样温度下烘干 30min，如此反复烘干、冷却、称重，直至恒重（m_6）。

（6）石膏附着水的计算如式（15-17）：

$$X_2 = (m_4 + m_5 - m_6) \times 100/m_4 - X_1 \tag{15-17}$$

式中 X_2——结晶水的质量分数，%；

m_4——烘干前试样质量，g；

m_5——称量瓶质量，g；

m_6——烘干后试样与称量瓶的质量，g；

X_1——附着水的质量分数，%。

15.2.7 酸不溶物的测定

主要进行石灰石、石灰石浆液固相、成品石膏酸不溶物的测定。

（1）称取约0.5g样品（m_1），精确至0.0001g，置于250mL烧杯中，用水湿润后盖上表面皿。

（2）从杯口慢慢加入40mL盐酸（1+5）。

（3）待反应停止后，用水冲洗表面皿及杯壁并稀释至约75mL。

（4）加热煮沸3~4min。

（5）用慢速定量滤纸过滤，以热水洗涤，直至检验无氯离子为止（10g/L硝酸银检验）。

（6）将残渣和滤纸一并移入已灼烧、恒重的瓷坩埚（m_2）中，灰化，在950~1000℃的温度下灼烧20min。

（7）取出，放入干燥器中，冷却至室温，称重。如此反复灼烧，冷却，称重，直至恒重（m_3）。

酸不溶物的质量分数X的计算如式（15-18）：

$$X = (m_3 - m_2) \times 100/m_1 \tag{15-18}$$

式中 X——酸不溶物的质量分数,%；

m_1——烘干前试样质量，g；

m_2——坩埚质量，g；

m_3——烘干后试样与坩埚的质量，g。

15.2.8 液相 Ca^{2+}、Mg^{2+}的测定

主要进行吸收塔浆液滤液、石膏旋流器溢流液、石膏旋流器底流液滤液、工艺水、废水等。

15.2.9 固相 Ca^{2+}、Mg^{2+}的测定

主要进行石灰石、吸收塔浆液固体、石膏、石膏旋流器底流液固体等。

（1）称取0.2g试样，精确至0.0001g，置于100mL烧杯中。

（2）加入30~40mL水使其分散。

（3）加10mL盐酸（1+1），用平头玻璃棒压碎块状物。

（4）慢慢加热溶液，直至试样完全溶解。继续将溶液加热微沸5min。

（5）用中速滤纸过滤，用热水洗涤10~12次。

（6）将滤液定容至250mL。（此溶液可用于固相样品中钙、镁、硫酸根等离子的分析）

（7）钙的测定：吸取25mL上述溶液（液相中的钙离子分析直接取滤液）于250mL锥形瓶中，加除盐水、5mL盐酸羟胺（50g/L）、5mL三乙醇胺（1+1）、15mL氢氧化钾（200g/L），使溶液pH值大于12.5，加少许钙红指示剂，摇匀。用0.1M EDTA溶液滴定至溶液由酒红色变为纯蓝色为终点。

液相中钙离子的计算公式：

$$Ca^{2+} = M \times a \times 40.08 \times 1000/V \tag{15-19}$$

式中 M——EDTA 的浓度，mol/L；

a——滴定消耗的 EDTA 的体积，mL；

V——取水样的体积。

石灰石中碳酸钙的计算公式：

$$w(CaCO_3) = M \times (V_2 - V_1) \times 0.1001 \times 100/(m \times V_A/V) \tag{15-20}$$

式中 M——EDTA 的浓度，mol/L；

V_2——滴定消耗的 EDTA 的体积，mL；

V_1——空白试样滴定消耗的 EDTA 的体积，mL；

V——试样溶液的总体积，mL；

V_A——吸取试样溶液的体积，mL；

m——试样的质量，g；

0.1001——与 1mL EDTA 标准滴定溶液（1.000mol/L）相当的，以克表示的碳酸钙质量。

（8）镁的测定：吸取 25mL 上述溶液（液相中的镁离子分析直接取滤液）于 250mL 锥形瓶中，加除盐水、5mL 盐酸羟胺（50g/L）、5mL 三乙醇胺（1+1）、10mL 氨-氯化铵缓冲溶液，2~3 滴酸性铬蓝 K 指示液（5g/L 溶液，使用期一周）和 6~7 滴萘酚绿 B 指示液（5g/L 溶液，使用期一周），摇匀。用 0.1M EDTA 溶液滴定至溶液由暗红色变为亮绿色为终点。

液相中硬度的计算公式（将硬度减去钙的摩尔数，即可得到镁的摩尔数）：

$$YD = M \times a \times 2 \times 1000/V \tag{15-21}$$

式中 M——EDTA 的浓度，mol/L；

a——滴定消耗的 EDTA 的体积，mL；

V——取水样的体积。

石灰石中碳酸镁的计算公式：

$$w(MgCO_3) = M \times [(V_4 - V_3) - (V_2 - V_1)] \times 0.08431 \times 100/(m \times V_B/V) \tag{15-22}$$

式中 M——EDTA 的浓度，mol/L；

V_4——滴定钙镁合量消耗的 EDTA 的体积，mL；

V_3——滴定钙镁合量的空白试样消耗的 EDTA 的体积，mL；

V_2——滴定钙消耗的 EDTA 的体积，mL；

V_1——滴定钙空白试样消耗的 EDTA 的体积，mL；

V——试样溶液的总体积，mL；

V_B——吸取试样溶液的体积，mL；

m——试样的质量，g；

0.08431——与 1mL EDTA 标准滴定溶液（1.000mol/L）相当的，以克表示的碳酸镁质量。

15.2.10 Cl^-的测定

主要进行吸收塔浆液滤液、石膏、石膏旋流器底流液、石膏旋流器溢流水、工艺水、废水。

液相中氯离子的测定：取25mL水样于锥形瓶中，并用除盐水稀释至100mL，加2~3滴酚酞，若成红色，用稀硫酸中和至无色，若不成红色，用稀氢氧化钠中和至微红色，再以稀硫酸回滴至无色，再加入1mL 10% K_2CrO_4溶液，用 $AgNO_3$标准溶液滴定至橙色。

液相中氯离了（mg/L）计算公式：

$$c(Cl^-) = (a - b) \times M \times 1000/V \tag{15-23}$$

式中 a——水样消耗的硝酸银体积，mL；

b——空白试验消耗的硝酸银体积，mL；

M——硝酸银标准溶液的滴定度；

V——水样体积。

对于固相样品中氯离子的测定，可准确称取5g试样与250mL高脚烧杯中，加入100mL除盐水，使试样分散，煮沸溶液15~30min（边加热边搅拌），然后过滤，热水洗涤数次，并将滤液定容至250mL。然后参照液相中氯离子的分析方法进行。

15.2.11 SO_4^{2-} 的测定

主要进行吸收塔浆液滤液、吸收塔浆液固体、石膏、石膏旋流器底流液滤液、石膏旋流器底流液固体、石膏旋流器溢流水、工艺水、废水等。

液相中硫酸根的测定：

（1）取一定量（200~1000mL）的过滤水样，加入2~3滴甲基橙指示剂，用盐酸调整酸度至甲基橙恰为红色，加热浓缩至100mL左右，再加入1mL（1+1）盐酸溶液。

（2）继续加热煮沸，在不断搅拌下滴加15mL 5%氯化钡溶液，再煮沸5~10min，静置片刻，待澄清后再加2mL氯化钡溶液，观察其上部溶液有无浑浊生成。如浑浊，应再将溶液加热煮沸，并在搅拌下继续滴加10mL 5%氯化钡溶液，再用氯化钡检查沉淀是否完全。

（3）沉淀完全后，放置过夜或将溶液置于80~90℃水浴锅里保温2h，取出冷却至室温。

（4）用致密定量滤纸过滤，用热蒸馏水洗涤至无氯离子为止（用硝酸银溶液检查）。

（5）将沉淀连同滤纸置于预先灼烧至恒重的空坩埚中烘干，并在电炉上彻底灰化后，移入高温炉中在800~850℃的温度下灼烧1h，取出，稍冷后移入干燥器中冷却至室温，称重。

（6）再在相同条件下灼烧半小时，冷却，称重。如此反复操作直至恒重。

水样硫酸盐含量（mg/L）按式（15-24）计算：

$$c(SO_4^{2-}) = (G_1 - G_2) \times 0.4115 \times 1000/V \tag{15-24}$$

式中 G_1——灼烧后沉淀物与坩埚的重量，mg；

G_2——坩埚的重量，mg；

V——水样的体积，mL；

0.4115——硫酸钡换算成硫酸盐（SO_4^{2-}）的系数。

固相样品中硫酸根的测定，其溶解制样方法与钙镁测定时一致。将滤液调整至200mL左右后，煮沸，在搅拌下滴加15mL氯化钡溶液（100g/L），继续煮沸数分钟，然后静置过夜。(以下步骤同液相硫酸根测定步骤)

固相中硫酸钙（%）的计算：

$$w(CaSO_4) = (m_3 - m_2) \times 0.5831 \times 100/m_1 \quad (15\text{-}25)$$

式中　m_1——称取样品的质量，g；

m_2——坩埚的质量，g；

m_3——恒重后坩埚和样品的质量，g。

15.2.12　SO_3^{2-}的测定

主要进行吸收塔浆液滤液、吸收塔浆液固体、石膏、石膏旋流器底流液滤液、石膏旋流器底流液固体、石膏旋流器溢流水、废水等。

（1）吸取 0.1mol/L 碘溶液 15mL 注入碘量瓶中，注入水样 100mL。用新煮沸并冷却了的除盐水稀释到 120mL 左右，加入冰乙酸 5mL，摇匀。置暗处静置 5min。

（2）用 0.1mol/L 硫代硫酸钠标准溶液滴定过量的碘，滴定至溶液呈淡黄色，加 1mL 淀粉溶液，继续滴定至蓝色刚刚褪去。记录所消耗的硫代硫酸钠标准溶液体积 b（mL）。

（3）按测定步骤同时做空白试验，记录消耗的硫代硫酸钠标准溶液体积 a（mL）。

（4）亚硫酸盐（SO_3^{2-}）的浓度按式（15-25）计算：

$$c(SO_3^{2-}) = (a - b)M \times 80 \times 0.5 \times 1000/V \quad (15\text{-}26)$$

式中　a——空白试验所消耗的硫代硫酸钠溶液的体积，mL；

b——滴定水样所消耗的硫代硫酸钠溶液的体积，mL；

M——硫代硫酸钠的浓度，mol/L；

V——水样的体积，mL；

80×0.5——硫酸钡换算成硫酸盐（SO_4^{2-}）的系数。

16　火电厂化学环保监督

16.1　化学监督

根据《电力工业技术监督规定》及其技术监督规程与管理办法的要求，在发供电企业一般分为九大监督，即电能质量监督、环保监督、热工监督、金属监督、电测监督、继电保护监督、化学监督、节能监督、绝缘监督。化学监督是火力发电厂中的一项重要技术监督，它又包含水汽监督（含氢）、油务监督（含 SF_6）及燃料监督三个方面。

16.1.1　化学监督的内容

16.1.1.1　水汽监督

水汽监督涉及面广，对生产影响大，技术性强，故它在化学监督中占有特殊的地位。一般来说，水汽监督的内容包括补给水、给水、炉水、蒸汽、凝结水、循环冷却水、发电机内冷水及在线化学仪表监督。水汽监督的质量直接关系到电厂锅炉及汽轮机的安全运行，因而如何做好水汽监督工作，历来受到电厂各级领导及各个部门的重视。

16.1.1.2　油务监督

油务监督的内容包括汽轮机油、抗燃油、变压器油及 SF_6绝缘气体介质的监督。他们与电厂充油设备的安全运行密切相关，因而油务监督也就构成了火力发电厂化学监督的重要组成部分。

16.1.1.3　燃料监督

燃料监督包括入厂及入炉燃料两大方面的监督，其中对入厂燃料的监督尤为重要，它对锅炉机组的安全经济运行及降低发电成本具有显著作用。

16.1.2　水汽监督

16.1.2.1　水汽监督的任务

水汽监督的任务：

（1）火力发电厂水汽监督的目的：通过对热力系统进行定期或不定期的水汽质量化验，测定及调整处理工作，及时反映炉内水处理的情况，掌握运行规律，确保水汽质量合格，防止热力设备和水汽系统结垢、积盐、腐蚀，确保机组安全经济运行。

（2）水汽监督以预防为主，及时发现问题和消除隐患。加强加药和排污处理，使水汽品质尽快恢复到控制范围内。

16.1.2.2　各阶段的水汽监督工作

A　锅炉冷态启动点火前的水冲洗

在锅炉点火之前，对给水管路及锅炉本体系统进行水冲洗，试运期间，若停运时间较长，再启动之前，同样要进行水冲洗。

a　炉前系统冲洗

当凝结水含铁量大于1000μg/L时，采取排放冲洗方式。当除氧器水含铁量大于1000μg/L时，通过除氧器放水管排放。当含铁量小于1000μg/L时，如果凝结水精处理系统可以投入，则停止排放；如果凝结水精处理系统不能投入，则必须采取排放冲洗方式直至除氧器出口水含铁量降至100~200μg/L，炉前系统冲洗结束。

b　炉本体的冷态冲洗

启动电泵经高压加热器（先旁路后本体）、省煤器向锅炉上水，同时投入给水加氨设备，控制冲洗水pH值为9.0~9.3，上至汽包高水位后，停止上水，开锅炉底部放水进行排放，如此反复进行，直至炉水含铁量小于200μg/L时，冷态冲洗结束。

B　锅炉热态冲洗（点火后或热态启动时必须进行）

锅炉点火后投入给水加联胺设备，维持冲洗水联胺含量50~100μg/L。锅炉点火升压至0.5~1.0MPa，最大限度地开启锅炉排污（连排和定排），直至炉水澄清，炉水含铁量小于200μg/L，热态冲洗结束。锅炉可继续升压，若炉水很脏，且浑浊，可降压灭火进行整炉换水，直到炉水水质合格为止。在所有冲洗过程中，要分别将有关的仪表管、取样管及其他管路同时进行冲洗。

C　锅炉蒸汽冲管期间

锅炉蒸汽冲管期间，给水、炉水要进行加药处理。

锅炉蒸汽冲管期间，若炉水发红，浑浊，含铁量过高（大于3000μg/L）时，应加强排污，并在吹管间歇进行整炉换水。锅炉蒸汽冲管期间，应投入除氧器运行，降低给水中的溶解氧含量，减少热力系统氧腐蚀。锅炉吹管结束以后，应对凝结水箱、除氧器水箱、泵入口滤网等进行仔细彻底的清理工作。

D　空冷塔冲洗

因空冷系统庞大，机组在调试期间设有空冷塔冲洗一步。国外资料推荐空冷塔冲洗出水合格标准为：悬浮物浓度小于10mg/L。根据工期情况，一般推荐空冷塔冲洗出水合格标准为：$c(\mathrm{Fe})<1000\mu g/L$，即精处理允许投入的最恶劣工况，这样空冷塔冲洗结束以后，凝结水可直接利用精处理进行回收。

E　机组整套启动及试运期间

a　机组启动时的监督要点

机组启动前必须分析除氧器水质合格后，才能给锅炉上水，否则进行换水至合格。汽机冲转前蒸汽品质必须符合启动时蒸汽标准，否则不准冲转。机组启动过程中，给水水质加强监督，使给水水质符合启动时给水标准。凝结水水质必须符合启动时凝结水回收标准，方可回收。

b 机组启动前的准备

各加药系统处于完好备用状态，溶药箱中已备满药液。检查取样装置，在线仪表处于良好备用状态。取样冷却水量充足，压力正常。试验仪器良好备用，试验药品充足，齐全、无失效。化验发电机内冷水符合标准，否则立即更换至合格。汽轮机油、抗燃油油质合格。做好在线仪表投运准备工作。将机组启动前的设备状况、水质情况汇报管理人员，并记录在日志上。

c 机组启动期间

分析凝结水、除氧器水质合格。除氧器打循环，启动给水加氨和联胺泵，尽快提高除氧器水质 pH 值及加强化学除氧，分析除氧器 pH 值为 9.0~9.5 时允许给锅炉上水。锅炉点火后，根据水质情况调整给水加氨和联胺量。从启动凝结水泵到锅炉升压至 0.3~0.5MPa，逐步投运除疏水外的所有取样分析装置。

锅炉升压至 1.5MPa 时，分析炉水水质，根据水质情况启动磷酸盐加药泵向汽包加药。锅炉升压至 2.5MPa 时，分析给水、炉水、蒸汽，根据水质情况调整各加药量和排污。启动过程中，发现炉水浑浊时，应加强炉内处理及排污，必要时申请采取降负荷、降压等措施，直至炉水澄清。蒸汽品质符合启动时蒸汽品质时方可冲转。汽机冲转后，分析凝结水水质，严格执行凝结水回收标准，当凝结水符合回收标准后，及时通知精处理值班人员投运覆盖过滤器，并投运出水母管加氨系统。加强凝结水溶氧的监督，发现凝汽水溶氧超标时，应及时查找原因，及时消除缺陷。机组带负荷后应加强对除氧器溶氧监督，督促管理人员对除氧器的运行进行调整，尽快使溶氧达到运行控制标准。机组投入运行后，及时对各水、汽质量进行全面化验分析，并根据水质情况调整加药量和排污。将机组启动过程中点火、冲转、并网、凝结水回收时间。在任何情况下，当采用正当的给水、炉水校正处理后，炉水 pH 值低，不能维持在 8.0 以上时，应立即停炉（机组启动时水汽控制标准见表 16-1）。

表 16-1 机组启动时水汽控制标准

标准名称	分析项目	单 位	标 准	备 注
汽轮机冲转前蒸汽标准	电导率	μS/cm	≤1	电导率以氢离子交换后 25℃
	SiO_2	μg/kg	≤60	
	铁	μg/kg	≤50	
	铜	μg/kg	≤15	
	钠	μg/kg	≤20	
锅炉启动时给水标准	YD	μmol/L	≤2.5	
	铁	μg/L	≤80	
	O_2	μg/L	≤30	
	SiO_2	μg/L	≤80	
机组启动时回收凝结水标准	YD	μg/L	≤10	有凝结水处理，含铁量 1000μg/L
	铁	μg/L	≤100	
	SiO_2	μg/L	≤80	
	铜	μg/L	≤30	
	外状		无色透明	

d 机组运行期间

根据炉水水质及时调整加药量和排污。根据给水水质，及时调整加氨，加联胺量。加强对给水溶氧的监督。加强给水、炉水监督，及时调整加药量和锅炉排污量，注意炉水pH值的变化，如发现pH值超标，应及时采取相应应急措施。运行中严格按照水汽质量标准进行各水质控制，当水、汽质量水劣化时，应及时向上级部门汇报，并积极查找原因，进行处理，使其恢复正常，若短期不能恢复继续恶化，按“三级处理”原则处理。

随时检查取样装置，在线仪表运行情况，使水样流量、温度在规定范围内。随时检查加药设备运行情况，注意各加药泵压力指示，溶药箱液位，加药泵油位。经常了解机组运行方式、设备异常和缺陷情况及可能影响到水汽品质的有关问题，应及时汇报，并提出化学监督意见（机组正常运行时水汽控制标准见表16-2）。

表16-2 机组正常运行时水汽控制标准

水样名称	分析项目	单位	过热蒸汽压力/MPa				
			3.8~5.8	5.9~12.6	12.7~15.6	>15.7~18.3	>18.3
凝结水泵出口	YD	μmol/L	≤2.0	≈0	≈0	≈0	≈0
	$O_2$①	μg/L	≤50	≤50	≤40	≤30	≤20
	电导率	μS/cm	—	≤0.3	≤0.3	≤0.3	≤0.2
	钠	μg/L	—	—	—	≤5②	≤5

水样名称	分析项目		单位	汽包炉压力/MPa				直流炉压力/MPa	
				3.8~5.8	5.9~12.6	12.7~15.6	>15.7	5.9~18.3	>18.3
给水	YD		μmol/L	≤2.0	—	—	—	—	—
	氢电导率		μS/cm	—	≤0.3	≤0.3	≤0.15③	≤0.15	≤0.1
	溶解氧	AVT（R）	μg/L	≤15	≤7	≤7	≤7	≤7	≤7
		AVT（O）	μg/L	≤15	≤10	≤10	≤10	≤10	≤10
	SiO_2		μg/L	≤20（蒸汽）	≤15（蒸汽）	≤15（蒸汽）	≤20	≤15	≤10
	N_2H_4	AVT（R）	μg/L	—	≤30				
		AVT（O）		—	—	—	—	—	—
	TOCi		μg/L	—	≤500	≤500	≤200	≤200	≤200
	铁		μg/L	≤50	≤30	≤20	≤15	≤10	≤5
	铜		μg/L	≤10	≤5	≤5	≤3	≤3	≤2
	钠		μg/L	—	—	—	—	≤3	≤2
	氯离子		μg/L	—	—	—	≤2	≤1	≤1

水样名称	分析项目	单位	过热蒸汽压力/MPa	
			≤18.3	>18.3
凝结水精处理后	电导率	μS/cm	≤0.15	≤0.1
	SiO_2	μg/L	≤15	≤10
	钠	μg/L	≤3	≤2
	铁	μg/L	≤5	≤5
	氯离子	μg/L	≤2	≤1

续表 16-2

水样名称		分析项目	单位	锅炉汽包压力/MPa				
				3.8~5.8	5.9~10.0	10.1~12.6	12.7~15.6	>15.6
汽包炉炉水	固体碱化剂处理	电导率(25℃)	μS/cm	—	<50	<30	<20	<15
		pH 值		9~11	9~10.5	9~10	9~9.7	9~9.7
		磷酸根	μg/L	5~15	2~10	2~6	≤3	≤1
		氯离子	μg/L	—	—	—	≤1.5	≤0.4
		SiO_2	μg/L	—	≤2.0④	≤2.0④	≤0.45④	≤0.1
		氢电导率	μS/cm	—	—	—	—	<5⑤
	炉水全挥发处理	电导率	μS/cm	—	—	—	—	—
		pH 值		—	—	—	—	9~9.7
		磷酸根	μg/L	—	—	—	—	—
		氯离子	μg/L	—	—	—	—	≤0.03
		SiO_2	μg/L	—	—	—	—	≤0.08
		氢电导率	μS/cm	—	—	—	—	<1.0

水样名称	分析项目	单位	过热蒸汽压力/MPa			
			3.8~5.8	5.9~15.6	15.7~18.3	>18.3
蒸汽	钠	μg/kg	≤15	≤5	≤3	≤2
	SiO_2	μg/kg	≤20	≤15	≤15	≤10
	铁	μg/kg	≤20	≤15	≤10	≤5
	铜	μg/kg	≤5	≤3	≤3	≤2
	氢电导率（25℃）	μS/cm	≤0.3	≤0.15⑥	≤0.15⑥	≤0.10
发电机内冷水	电导率（25℃）	μS/cm	<5.0			
	pH 值（25℃）		7.0~9.0			
	铜	μg/L	≤40			
疏水	YD	μmol/L	≤2.5			
	铁	μg/L	≤100			
	TOCi	μg/L	—			

①直接空冷机组凝结水溶解氧浓度标准值为小于 100μg/L，期望值小于 30μg/L。配合混合式凝汽器的间接空冷机组凝结水溶解氧浓度宜小于 200μg/L。

②凝结水有精除盐装置时，凝结水泵出口的钠浓度可放宽至 10μg/L。

③没有凝结水精处理除盐装置的水冷机组，给水氢电导率应不大于 0.3μS/cm。

④汽包内有清洗装置时，其控制指标可适当放宽。炉水二氧化硅浓度指标应保证蒸汽二氧化硅浓度符合标准。

⑤仅适用于炉水氢氧化钠处理。

⑥表面式凝汽器、没有凝结水精除盐装置的机组，蒸汽的脱气氢电导率标准值不大于 0.15μS/cm，期望值不大于 0.10μS/cm；没有凝结水精除盐装置的直接空冷机组，蒸汽的氢电导率标准值不大于 0.3μS/cm，期望值不大于 0.15μS/cm。

F　机组洗硅运行

洗硅过程是在保证蒸汽含硅量维持在一定的前提下，根据锅炉汽包压力与炉水允许含硅量的关系进行的，凝结水处理设备是洗硅运行时保证给水、炉水含硅量合格的主要手段，它在带负荷升压后就必须投入运行。

在启动升压过程中，应控制炉水含硅量，使蒸汽的含硅量不超过35μg/L，其具体过程如下：

压力从5.88MPa（60ata）开始，逐步按9.8MPa（100ata）、13.72MPa（140ata）、16.66MPa（170ata）等压力等级升压。在升至某一压力后，运行中尽可能带较高的负荷。

由于负荷升高，在给水质量和排污量不变的情况下，炉水的浓缩程度增高，使其含硅量增大，逐步升至该压力下的炉水极限允许含硅量值，此极限炉水含硅量应保证蒸汽含硅量不超过上限值（35μg/L）。

把锅炉压力降低到比前一次升压起始值高的压力，即8.33MPa（85ata）、11.76MPa（120ata）、14.70MPa（150ata）以保证蒸汽合格。

压力降低一些后，增大锅炉排污量，提高给水品质，以降低炉水含硅量。将炉水含规量降到比上次未升压时含硅量还要低的数值，以便为锅炉升至更高的压力创造条件。

当炉水含硅量降至能够保证进一步升至高压力时蒸汽品质合格的数值后再升压。如此“升压—升负荷（炉水浓缩）—降压—降低炉水含硅量”一个循环完成，再开始新的循环，直至达到额定参数。

为了使洗硅过程能够进行得迅速和彻底，洗硅运行前尽可能把热力系统的设备、管路全部投入，以避免事后投入造成的水质污染（锅炉的排污水量，应根据炉水水质监督结果调整。水质正常情况下，锅炉排污率控制在0.3%~0.5%）。

G　机组停运及停运保护

停运各加药泵、停取样装置。通知仪表维护人员关停微机监测系统。冬季机组停运应做好各加药系统和取样装置防冻措施。热力设备在停备用期间，必须进行防腐保护，其具体做法可参照《火力发电厂停（备）用热力设备防锈蚀导则》执行。

H　氢气系统运行监督

在氢气系统运行或操作期间，化学人员应按表16-3进行监督。

表16-3　氢气系统运行纯度

<table>
<tr><td>1</td><td colspan="2">发电机氢气纯度</td><td>≥96%</td></tr>
<tr><td>2</td><td colspan="2">发电机氢气湿度</td><td>-25~0℃</td></tr>
<tr><td>3</td><td colspan="2">置换用氮气纯度</td><td>≥98%</td></tr>
<tr><td>4</td><td colspan="2">置换用二氧化碳纯度</td><td>≥98%</td></tr>
<tr><td rowspan="2">5</td><td rowspan="2">系统由空气置换为氢气</td><td>氮气置换空气，CO_2置换空气</td><td>含O_2量小于2%
CO_2纯度大于85%</td></tr>
<tr><td>氢气置换氮气，氢气置换CO_2</td><td>H_2纯度不小于96%
H_2纯度不小于96%</td></tr>
</table>

续表 16-3

6	系统由氢气转换为空气	氮气置换氢气，CO_2置换氢气	H_2纯度不大于 1.5% CO_2纯度不小于 94%
		空气置换氮气，空气置换 CO_2	含 O_2量不小于 15% CO_2纯度不大于 10%
7	氢气系统泄漏量		H_2<2%
8	厂区动火区域		H_2<3%

16.1.3 油务监督

“油务监督”一词，传统上特指电力系统使用的“汽轮机油”和“变压器油”的监督。但是，随着电力事业的发展，高参数、大容量设备的日益增加，“油务监督”还涵盖了抗燃油和六氟化硫绝缘气体介质的监督。

16.1.3.1 汽轮机油的监督

汽轮机油亦称透平油（turbine oil）。通常用于汽轮发电机组的润滑和调速系统，起润滑、液压调速和冷却作用。汽轮机油是从石油中提炼加工而成的烃类混合物。运行中汽轮机油质量标准见表 16-4，NAS 的油清洁度分级标准见表 16-5，MOOG 的污染等级标准见表 16-6。

表 16-4 运行中汽轮机油质量标准

序号	项 目		设备规范	质量指标	检验方法
1	外观			透明	外观目测
2	运动黏度（40℃）/$mm^2 \cdot s^{-1}$			与新油原始测值偏离不大于 20%	GB/T 265—1998
3	闪电（开口杯）/℃			与新油原始测值相比不低于 15	GB/T 267—1988
4	机械杂质			无	外观目测
5	颗粒度⑤		250MW 及以上	报告①	SD/T 313 或 DL/T 432—2018
6	酸值（KOH）/$mg \cdot g^{-1}$	未加防锈剂油		≤0.2	GB/T 264—1983 或 GB/T 7599—1987
		加防锈剂油		≤0.3	
7	液相锈蚀			无锈	GB/T 11143—2008
8	破乳化度/min			≤60	GB/T 7605—2008
9	水分④/$mg \cdot L^{-1}$		200MW 及以上 200MW 及以下	≤100 ≤200	GB/T 7600—2014 或 GB/T 7601—2008

续表 16-5

序号	项　　目	设备规范	质量指标	检验方法
10	起泡沫试验/mL	250MW 及以上	报告②	GB/T 12579—2002
11	空气释放值/min	250MW 及以上	报告③	GB/T 0308

①参考国外标准控制极限值 NAS1638 规定 8~9 级或 MOOG 规定 6 级；有的 300MW 汽轮机润滑系统和调速系统共用一个油箱，也用矿物汽轮机油，此时油中颗粒度指标应按制造厂提供的指标。

②参考国外标准极限值为 600/mL。

③参考国外标准控制极限值为 10min。

④在冷油器处取样，对 200MW 及以上的水轮机油中水分质量指标为小于或等于 200mg/L。

⑤对 200MW 机组油中颗粒度测定，应创造条件，开展检验。

表 16-5　NAS 的油清洁度分级标准

分级（颗粒度/10^2mL）	颗粒尺寸/μm				
	5~15	15~25	25~50	50~100	>100
00	125	22	4	1	0
0	250	44	8	2	0
1	500	89	16	3	1
2	1000	178	32	6	1
3	2000	356	63	11	2
4	4000	712	126	22	4
5	8000	1425	253	45	8
6	16000	2850	506	90	16
7	32000	5700	1012	180	32
8	64000	11400	2025	360	64
9	128000	22800	4050	720	128
10	256000	45600	8100	1440	256
11	512000	91200	16200	2880	512
12	1024000	182400	32400	5760	1024

表 16-6　MOOG 的污染等级标准

分级（颗粒度/10^2mL）	颗粒尺寸/μm				
	5~10	10~25	25~50	50~100	>100
0	2700	670	93	16	1
1	4600	1340	210	28	3
2	9700	2680	380	56	5
3	24000	5360	780	110	11
4	32000	10700	1510	225	21
5	87000	21400	3130	430	41
6	128000	42000	6500	1000	92

16.1.3.2 抗燃油的化学监督

抗燃油的突出特点是比石油基液压油蒸汽压低，没有易燃和维持燃烧的分解产物，而且不沿油流传递火焰，甚至其分解产物构成的蒸汽燃烧时，也不会引起整个液体的着火。抗燃油质量标准见表16-7，运行中变压器油质量标准见表16-8。

表16-7 抗燃油质量标准

项　目	ZR-881 中压油		ZR-881-G 高压油		试验方法
	新油	运行油	新油	运行油	
外观	透明	透明	透明	透明	DL/T 429.1—2017
颜色	淡黄	橘红	淡黄	橘红	DL/T 429.2—2016
密度（20℃）/$g \cdot cm^{-3}$	1.13~1.17	1.13~1.17	1.13~1.17	1.13~1.17	GB/T 1884—2000
运动黏度（20℃）/$mm^2 \cdot s^{-1}$	28.8~35.2	28.8~35.2	37.9~44.3	37.9~44.3	GB/T 265—1988
凝点/℃	≤-18	≤-18	≤-18	≤-18	GB/T 510—2018
闪点/℃	≥235	≥235	≥240	≥235	GB/T 3536—2008
自燃点/℃	≥530	≥530	≥530	≥530	
颗粒污染度 SAE749D 级	≤6	≤5	≤4	≤3	SD 313—1989
水分(*m*/*m*)/%	≤0.1	≤0.1	≤0.1	≤0.1	GB/T 7600—2014
酸值(KOH)/$mg \cdot g^{-1}$	≤0.08	≤0.25	≤0.08	≤0.20	GB/T 264—1983
氯含量(*m*/*m*)/%	≤0.005	≤0.015	≤0.005	≤0.010	DL/T 433—2015
泡沫特性(24℃)/mL	≤90	≤200	≤25	≤200	GB/T 1259—2007
电阻率(20℃)/$\Omega \cdot cm^{-1}$	—	—	≥5.0×10^9	≥5.0×10^9	DL/T 421—2009
矿物油含量(*m*/*m*)/%		≤4		≤4	

表16-8 运行中变压器油质量标准

序号	项　目	设备电压等级	质量控制		检测方法
			投入运行前的油	运行油	
1	外状		透明、无杂质或悬浮物		外观目测
2	水溶性酸（pH值）		>5.4	≥4.2	GB/T 7598—2008
3	酸值（KOH）/$mg \cdot g^{-1}$		≤0.03	≤0.1	GB/T 7599—1987 或 GB/T 264—1983
4	闪点（闭口）/℃		≥140（10号、25号油） ≥135（45号油）	与新油原始测定值相比不低于10	GB/T 261—2008
5	水分/$mg \cdot L^{-1}$	330~500 220 ≤110及以下	≤10 ≤15 ≤20	≤15 ≤25 ≤35	GB/T 7600—2014 或 GB/T 7601—2008
6	界面张力（25℃）/$mN \cdot m^{-1}$		≥35	≥19	GB/T 6541—2004

续表 16-8

序号	项　目	设备电压等级	质量控制		检测方法
			投入运行前的油	运行油	
7	介质损耗系数（90℃）	500 ≤330	≤0.007 ≤0.010	≤0.020 ≤0.040	GB/T 5654—2007
8	击穿电压/kV	500 330 66~220 35 及以下	≥60 ≥50 ≥40 ≥35	≥50 ≥45 ≥35 ≥30	GB/T 507—2013 或 DL/T 429.9—1991
9	体积电阻率（90℃）/Ω·m	500 ≤330	$\geq 6\times10^{10}$	$\geq 1\times10^{10}$ $\geq 5\times10^{9}$	GB/T 5654—2007 或 DL/T 421—2009
10	油中含气量（体积分数）/%	330~500	≤1	≤3	DL/T 423—2009 或 DL/T 450—1991
11	油泥与沉淀物（质量分数）/%		<0.02（以下可忽略不计）		GB/T 511—2010
12	油中溶解气体组分含量色谱分析		按 DL/T 596—1996 中第 6、7、9 章		GB/T 17623—2017 GB/T 7252—2001

16.1.3.3 绝缘油的监督

绝缘油监督的目的就是通过监督检测绝缘油的各项理化、电气性能指标，确保绝缘油满足充油电气设备的安全运行要求；通过油中溶解气体、糖醛等项目分析，掌控设备的健康水平，为状态检修提供依据。一般来说，绝缘油具有三大功能，即绝缘、散热和灭弧作用。六氟化硫质量标准见表 16-9。

表 16-9　六氟化硫质量标准

杂质或杂质组合	规定值（质量比）
空气（N_2+O_2）	≤0.05%
四氟化碳（CF_4）	≤0.05%
水分	≤8μg/g
酸度（以 HF 计）	≤0.3μg/g
可水解氟化物（以 HF 计）	≤1.0μg/g
矿物油	≤10μg/g
纯度	≥99.8%
毒性生物试验	无毒

16.1.3.4 六氟化硫的监督

六氟化硫气体具有良好的绝缘、灭弧、不燃性，目前已广泛应用于电气设备，尤其是高压、超高压电气设备中。在相同的气压下、均匀的电场中，SF_6气体的绝缘强度约为空气的2.5~3倍。

16.2 环保监督

16.2.1 环保监督的依据

电厂环保监督的依据为《中华人民共和国环境保护法》《中华人民共和国电力法》《电力工业环境保护管理办法》和《电力工业技术监督工作规定》等有关法律和规定。

火电厂环境保护技术监督工作是全过程环保管理的重要组成部分，是火电厂环境保护管理工作的重要基础和保证，必须纳入火电厂生产经营管理的全过程。

火电厂环境保护技术监督以燃料及原材料、环保设施和污染特排放为对象，以环境保护标准为依据，以环境监测为手段，监督环保设施的正常投运和污染物的达标排放。

16.2.2 环保监督的内容

环保监督的内容包括：

（1）三废：燃料等原材料；各种废水、油处理设施及排放情况；烟气处理设施及排放情况；各种噪声治理装置；贮灰（渣）场及粉煤灰（渣）综合利用现场。

（2）对燃料及原材料的监督：对燃料（煤等）的硫分、灰分、挥发分、发热量等进行定期监督；对用水中的污染物与电厂排放有关的污染因子进行监督。

（3）环保设施的监督。

1）静电除尘器的技术监督。

静电除尘器考核指标为：电场投用率、除尘效率、阻力、漏风率、一次电压、一次电流、二次电压和二次电流。

静电除尘器新建或改造工程完工及机组大修后，应进行静电除尘器的性能验收试验，性能试验没有达到标准要求的，不能投入运行。

静电除尘器应有管理制度、设备台账、运行检修规程及记录。

2）湿式除尘器的技术监督。

湿式除尘器的考核指标为：除尘效率、阻力、漏风率、水压、水量。

湿式除尘器新建或改造工程完工及机组大修后，应进行湿式除尘器的性能验收试验，性能试验没有达到标准要求的，不能投入运行。

湿式除尘器应有管理制度、设备台账、运行检修规程及记录。

3）脱硫设施的技术监督。

脱硫设施的考核指标为：脱硫效率、烟气处理率、耗电率、设备投用率及其他根据不同脱硫方式确定的考核指标。应定期对脱硫设施的脱硫效率进行监测。

脱硫设施应有管理制度、设备台账、运行检修规程及记录。

4）废水处理设施的技术监督。

废水处理设施的考核指标为：废水排放口污染物浓度、废水处理率、设备投用率、处理水量。废水处理设施应保证排水达标排放。废水处理设施应有管理制度、设备台账、运行检修规程及记录。

5）噪声治理设施的监督。

火电厂厂区产生噪声的主要污染源均要设置噪声治理设施并符合有关规定。定期对设备的消音隔声装置使用状况进行检查，保证其正常投用。贮灰（渣）场及综合利用设施的技术监督。贮灰（渣）场应有使用、维护规程制度，防止二次污染。综合利用设施及现场粉尘及现场粉尘污染的监督。

6）各类环保在线自动监测仪器应正常投运，考核指标为在线自动监测仪器的投运率。

（4）污染排放的监督包括：

1）烟气排放的监督：烟气排放监督的主要项目有烟气量、烟尘浓度、烟尘排放量、二氧化硫排放浓度、二氧化硫排放量、氮氧化物排放浓度和除尘器出口空气过剩系数等。

2）废水排放的监督：对各类废水排放的污染因子按有关规定进行监督。

3）噪声监测的监督：按有关规定定期进行厂界和重点噪声源的噪声监测工作。

4）灰渣排放的监督：对灰渣排放量进行监督。对灰场管理（碾压、喷水、覆土、绿化、扬尘等）进行监督。对灰渣的综合利用量和综合利用率进行监督。

16.3　电厂环保监测的项目

16.3.1　排水监测采样周期

排水水质排放监测点有：（1）电厂废水总排放口排水；（2）灰场排水；（3）工业废水；（4）厂区生活污水；（5）酸碱废水；（6）脱硫废水；（7）经过各种废水处理装置处理过的外排水。（8）其他可能受污染的排水。

排水监测采样周期见表 16-10。

表 16-10　排水监测分析周期

测定项目	灰场排水	厂区工业废水	厂区生活污水	脱硫废水	酸碱废水
pH 值	1 次/旬	1 次/旬		1 次/旬	1 次/旬
水温		1 次/旬			
BOD_5			1 次/季		
氨氮					
COD	1 次/旬	1 次/旬	1 次/月	1 次/月	
SS	1 次/旬	1 次/旬	1 次/月	1 次/月	
氟化物	1 次/月	1 次/月		1 次/月	
氯化物				1 次/月	
硫化物	1 次/月				
砷	1 次/月	1 次/月			
酚	1 次/年	1 次/年			
油		2 次/月	1 次/月		
排水量	1 次/月	1 次/月	1 次/月	1 次/月	

16.3.2 锅炉烟气排放监测

监测项目：烟尘、二氧化硫、氮氧化物的排放浓度和排放量。烟气含氧量及温度、压力、流速、烟气量（标准干烟气）等辅助参数。

监测周期：烟尘、二氧化硫、氮氧化物的排放浓度和排放量每年监测一次。除尘器大修前后应测定除尘器除尘效率，同时测量各项烟气辅助参数。

16.3.3 工频电场与磁场监测

监测项目：监测厂界工频电场和磁场的电场强度和磁场强度。

监测周期：厂界工频电场和磁场每年测定 2 次，测量时间分别为当年冬季和夏季。

16.3.4 噪声监测

监测项目：厂界环境 A 计权等效连续噪声（LAeg）。

监测周期：每年测定 2 次，应在接近年 75%发电负荷时和夏季测定。

16.3.5 粉尘监测

监测项目：监测厂界粉尘浓度。

监测周期：每年监测 2 次。

16.3.6 废渣监测

炉渣及飞灰现在全部综合处理，不需要进行监测。

环保排水水样采集及保存。

16.3.7 采样方法

为了获得排污量数据，在采样的同时，应测得排水流量，并依据流量确定按比例采样的体积，而对不同的采样地点和分析项目，常需选用相应的采样方法。

（1）表层水的采样：采集表层水样，可用瓶、桶类容器进行直接采样，采样器一般要轻轻地进入水面下 30cm，以防水面漂浮物进入采样器内，同时还要距离水底 30cm 以上（若水深小于 60cm，应采取中间部位的水样，应避免搅动污泥而造成不应有的混浊），另外采样时还必须防止人为的污染。

（2）深层水的采样：在采集深层水时，应用深层采样器、抽吸泵等作为采样器，在水域中按照不同层次采样。

（3）灰水的采样：灰水水样，应在灰场（或沉灰池）排放口溢流水面下 15cm 处采集，并应避免漂浮的空心微珠、木块、枯草、树枝等进入容器。采样后及时盖紧水样瓶口，灰水的 pH 值、碱度等变化较快，须及时测定，在冲灰沟沿程采集的水样，应及时将悬浮物分离出去（用离心法或过滤法分出），以便准确测得已溶解成分的数据。

（4）含油污水的采样：含油污水应单独采样，采样时不应使水样充满至瓶口，更不应任意倾出。若仅测水中乳化状态的油，则采样时应避开漂浮的油膜，一般在水面下 20~

50cm 处采样，若连同油膜一起采样，则要注意水的深度、油膜厚度及覆盖面积。

（5）排水管检查井中取样：在排水管道的检查井中取样时，应先将沉砂、淤泥部分清除干净，待水流稳定一段时间后，再行采样；同时要注意检查井中的水流产生的滞流、旋流情况，特别是当管道满流而某些漂浮物不能随水流排走时，更应注意避免漂浮物进入采样器内。在汇流检查井中取样时，应尽量避免不同水流水质的相互影响。

（6）雨水排水采样：应从初期中等雨量开始采样或在雨水管道内开始容纳雨水并达到正常排水时采样。

（7）自动采样：在排水采样点可装设自动采样器，水样自动采样器应能连续工作 24h，并可根据时间、流量，自动按比例间歇采样和自动混合。

（8）采样点的选择：采样时，正确的布点是使采集排水水样代表性的关键环节，采样点应根据环保要求，结合火电厂实际情况而定，可参照下列各处设置：厂区各排水口、贮灰场排水口、油罐区排水口、酸碱中和池排水口、生活污水排水口、贮煤场排水口或贮煤场废水处理设施排水口和输煤系统煤泥冲洗水排水口等。

（9）采样容器：采样容器应使用带瓶塞的硬质玻璃瓶或者聚乙烯塑料瓶（不适用于含油脂类、有机物等水样）。采样容器在使用前必须清洗干净。

（10）采样器：应根据分析的目的、要求以及采样地点的实际条件选择合适的采样器。采样器的材质应不会与水样发生作用，易于洗涤，并易将水样转移到采样容器内。采样前应预先将采样器清洗干净。

（11）采样量：单项分析的排水水样，可取 50～2000mL；供全分析用的排水水样，采样量应不小于 3000mL。若水样的均匀性较差、干扰物较多，需要改变分析方法或需要重复测定时，则宜多采些水样。

16.3.8 排水样品的保存

排水样品的保存、保存的基本要求、保存的主要方法及注意事项如下所示。

（1）样品的保存：排水样品在存放期间应尽量减少其中成分的变化，以保证分析测定的可靠性。目前的各种保存法，可减少样品的理化变化，但并不能达到完全制止变化，故应尽可能地抓紧时间尽早做完分析。

（2）保存排水样品的基本要求：保存排水水样的基本要求是减缓排水样品的生化作用，减缓化合物或络合物的氧化-还原作用，减少某些成分的挥发损失和避免沉淀及结晶物析出所引起的成分变化。对某些组分容易变化的测试项目，若其排水水样不宜保存，应在现场测定或尽量缩短存放时间。

（3）保存排水水样的主要方法：保存排水水样的主要方法有加酸控制溶液 pH 值；加化学试剂抑制氧化-还原反应与微生物的降解作用、冷藏或冰冻等。

（4）排水水样在分析前应存放于避光和低温处。

保存水样的方法，都应尽量避免产生副作用，例如，加入试剂保存方法，有可能发生试剂与水中的污染物相互作用，从而引起某些成分的变化，出现沉淀、浑浊、离子价态改变等情况，对重金属的测定，当加入试剂时有可能引入一定量的某种金属元素等。

对于一般轻度污染和严重污染的排水样，可分别允许存放 48h 或 12h，清洁水可达 72h。部分测定项目的排水水样保存方法见表 16-11。

表 16-11 排水水样保存方法

序号	测定项目	保存条件	可保存时间/h	采样体积/mL	容器	备注
1	pH值	4℃	6	50	G/P	最好现场测
2	色度	4℃	24	200	G	
3	BOD_5	4℃	6	1000	G	现场测定
4	COD	加硫酸至pH值小于2		100	G	应尽快测定
5	SS	4℃		200	G/P	
6	DO（碘量法）	250mL排水水样中加入2mol/L的硫酸锰2mL和mol/L的碱性碘化钾2mL	4~8	250~300	G	现场测定避免气泡
7	氟化物	4℃	168	400	P	
8	氯化物		168	100	G/P	
9	氰化物	加氢氧化钠至pH值大于12	24	400	P	现场固定
10	硫化物	每升废水用氢氧化钠调至中性，加2mol/L乙酸锌2mL和1mol/L氢氧化钠1mL	24	2000	G	现场固定
11	砷	加硫酸至pH值小于2	168	100	P	
12	金属	加硝酸至pH值小于2	168	1000	G/P	
13	总汞	加硝酸至pH值小于2	312	1000	G/P	
14	六价铬	加氢氧化钠至pH值为8.5	12	100	G/P	
15	总铬	加硝酸至pH值小于2	12	100	G/P	
16	酚	加氢氧化钠至pH值大于12或每升水样中加1g硫酸铜	24	1000	G	
17	油	加硫酸至pH值小于2	24	2000		

注：G为细口玻璃瓶；P为聚乙烯塑料瓶。

16.4 案例：某电厂“11·15”柴油泄漏事件

2006年12月25日，S省环保局正式通报了L市“11·15”环境污染事件调查结果，此事件被定性为系L市某发电有限公司某电厂（以下简称某电厂）及施工单位安全生产事故引发的重大环境污染事件，相关单位及责任人均已受到严肃查处。

通报说，2006年11月15日，某电厂发生柴油泄漏事件，部分柴油流入长江，造成L市区自来水厂停止取水，并对C市部分地区造成影响。事件发生后，S省委、省政府高度重视，省环保局长立即带领环评处、环境监察总队相关人员赶赴现场指导处置工作，西南环保督查中心也立即展开工作，并成立了省、市环保联合调查组，对事故进行深入调查。

群众举报电厂柴油泄漏，油污部分进入长江。2006年11月13日9时许，L市环境监察支队接到群众举报，反映某电厂有油污外排。执法人员调查发现，电厂排污口下游有少量油污，但未继续排放。经查，这些油污是电厂抽取废油池底部清水时将部分池中废油带出所致。油污未进入长江。执法人员当即向企业下达《环境监察通知书》，要求查明废油来源，停止排放，清理小溪沟油污，并将处理情况书面报市环境监察支队。

2006年11月15日15时30分，L市环境监察支队又接到举报，长江L市某镇段发现油污，疑为某电厂所排。当日16时40分，环境执法人员在现场发现长江江面有条长约几千米的柴油污染带，立即通知某电厂环保人员查找原因，检查发现这些柴油是经1号供油泵冷却水管泄漏，随雨水排放沟直接外排，执法人员立即组织封堵，切断泄漏源。

此次柴油泄漏从2006年11月15日上午10时供油泵运行时开始至下午6时切断，历时8h，核定泄漏油量为16.9t。

联合调查组查明，发生柴油泄漏事件的某电厂2×60万千瓦发电机组建设项目，总投资47亿元，其中环保投资6.86亿元。

此次柴油泄漏事件主要原因为：(1) 某电厂与施工单位擅自将冷却水管接入雨水沟，导致点火系统调试过程中供油泵密封圈损坏，大量柴油从冷却水管外泄；(2) 厂方及施工单位管理不善，操作工人蛮干，致使抽取污油池中冷却水时不慎将部分污油外排。

专家对企业第二次提供的泄漏量估算进行了核算，约为16.9t，其中约4.5t被周围群众打捞收集，其余流失在厂外小溪沟及长江。同时查明，在监测数据超标的情况下，水务集团南郊水厂1号和2号泵停止取水6h，北郊水厂1号泵停止取水2.5h，2号泵停止取水4.5h，但未停止向城市供水，局部区域供水有失压现象，对居民用水影响不大。

联合调查组认为，此次柴油泄漏系某电厂及施工单位安全生产事故引发的重大环境污染事件；事件造成L市水务集团两个取水点取水中断，但未对L市生活用水造成大的影响，未造成人员伤亡和较大经济损失；污染物流入C市J县境内，属跨省域污染事件。没有制定应急预案，事故应急池也未建成。联合调查组认为，发生此次污染事件，也暴露出企业环境安全意识淡薄，管理中存在严重缺陷。

“三同时”制度执行不到位。某电厂在事故应急池未建成、污油池未连通污水处理厂，也没有制定环境污染应急预案，不具备带油调试条件的情况下，未报告当地环保部门擅自调试分系统，引发了柴油泄漏污染环境事件。

企业环境安全意识淡薄。擅自修改冷却水排放管道，将冷却水管直接与雨水排放沟连通，致使本应在污油池及集油管（沟）收集的废油直接外排。同时，企业在管理中也存在严重缺陷。某电厂废油池的抽油泵无严格操作管理规程，与施工单位责任不明确，加之施工单位操作人员责任心不强，致使污油外排。

此外，柴油泄漏量估算失误。在泄漏柴油量初次核算中，某电厂技术人员误将小启动锅炉燃油量按大启动锅炉计算，大大高估了燃料消耗量，并故意将实际购油数量减少3%，致使第一次上报的柴油泄漏量与实际泄漏量差距很大，导致报送信息失实。扣减有关责任人员绩效奖金，副总工程师职务被撤销。

根据国家生态环境部《关于严肃查处某发电有限责任公司某电厂11·15燃油泄漏事件责任人的监察通知》和国家生态环境部西南环保督查中心有关通知要求，S省依法从严、从快追究肇事责任。

对某发电有限责任公司，责成其立即停工整改，全面排查环保隐患，并向省环保局做出书面检查；同时处以20万元的经济处罚。

参考文献

[1] 巩耀武，管丙军．火力发电厂化学水处理实用技术［M］．北京：中国电力出版社，2006.
[2] 王洁如．华能玉环电厂海水淡化工程介绍［J］．电力建设，2008，29（2）：51-54，57.
[3] 庞胜林，刘金生．华能浙江分公司海水淡化系统研究［J］．电力设备，2006，7（9）：15-18.
[4] 张建丽．低温多效海水淡化系统预处理工艺在黄骅电厂的应用［J］．电力设备，2008，9（10）：80-81.
[5] 刘金生，庞胜林．华能玉环电厂海水淡化工程涉及概述［J］．水处理技术，2005，31（11）：73-75，85.
[6] 刘克成，孙心利，马东伟，等．低温多效海水淡化技术在发电厂的应用［J］．河北电力技术，2008，27（4）：5-6，83.
[7] 戚自学．反渗透设备运行维护和在线化学清洗在淮北电厂的应用［J］．电力设备，2008，9（6）：62-64.
[8] 黄君礼．水分析化学［M］.3 版．北京：中国建工出版社，2008.
[9] 郝瑞霞，吕鉴．水质工程学试验与技术［M］．北京：北京工业大学出版社，2006.
[10] 国家环境保护总局《水和废水检测分析方法》编委会．水和废水检测分析方法［M］.4 版．北京：中国环境科学出版社，2005.
[11] 武汉大学．分析化学［M］.4 版．北京：高等教育出版社，2018.
[12] 钟录生，苏钢，钟祎勍．井冈山电厂发电机局部氢爆事故原因分析及改进措施［J］．华北电力技术，2004（1）：38-39，42.
[13] 王爱玲．火电厂反渗透及预处理系统的优化设计［J］．电力建设，2006（5）．
[14] 杨长生，龚明树，羊梅，等. 高密度沉淀池+空气擦洗滤池工艺电厂原水净化站的设计［J］．成都航空职业技术学院学报，2011，27（3）：41-43.
[15] 高廷耀，顾国维，周琪．水污染控制工程（下册）［M］．北京：高等教育出版社，2018.
[16] 青果园电厂化学资料网．电厂化学．http：//www. qgyhx. cn/.
[17] 吕鹏飞．发电机氢气湿度大原因分析与处理［J］．华电技术，2009，31（11）：15-17，35.